新编

Word/Excel/PPT 2016 高效办公三合一

全彩版

杰诚文化　编著

机械工业出版社
China Machine Press

图书在版编目（CIP）数据

新编 Word/Excel/PPT 2016 高效办公三合一：全彩版 / 杰诚文化编著. —北京：机械工业出版社，2017.10（2017.11 重印）

ISBN 978-7-111-58303-5

Ⅰ. ①新… Ⅱ. ①杰… Ⅲ. ①办公自动化 – 应用软件 Ⅳ. ① TP317.1

中国版本图书馆 CIP 数据核字（2017）第 253705 号

Office 是由微软公司开发的风靡全球的办公软件套装，其中的 Word、Excel 和 PowerPoint 是办公中最常用的三大组件。本书以初学者的需求为立足点，以 Office 2016 为软件平台，通过大量详尽的操作，帮助读者直观地掌握三大组件的基础知识和操作技巧，快速变身办公达人。

本书共 13 章，可分为 5 个部分。第 1 部分主要介绍 Office 2016 的安装与启动及文档的新建、打开、保存与关闭等基本操作。第 2 部分讲解 Word 2016 的操作，如文档的基础编辑、插图和表格的应用、长篇文档的高效处理、文档页面设置与打印输出等。第 3 部分讲解 Excel 2016 的操作，如工作表和单元格的基本操作、公式与函数的使用、数据的分析与管理、图表的应用等。第 4 部分讲解 PowerPoint 2016 的操作，如演示文稿的基本操作、动画效果的设置、演示文稿的放映与共享等。第 5 部分以综合实例的形式对三个组件的应用进行了回顾与拓展。

本书结构编排合理，图文并茂，实例丰富，不仅适合广大 Office 新手进行入门学习，而且能够帮助有一定基础的读者掌握更多的 Office 实用技能，对公司文秘、行政、财务等需要使用 Office 的职场人员也极具参考价值，还可作为大中专院校和社会培训机构的教材。

新编 Word/Excel/PPT 2016 高效办公三合一（全彩版）

出版发行：机械工业出版社（北京市西城区百万庄大街 22 号 邮政编码：100037）

责任编辑：杨 倩　　责任校对：庄 瑜

印 刷：北京天颖印刷有限公司　　版 次：2017 年 11 月第 1 版第 2 次印刷

开 本：170mm × 242mm 1/16　　印 张：13.5

书 号：ISBN 978-7-111-58303-5　　定 价：49.80 元

凡购本书，如有缺页、倒页、脱页，由本社发行部调换

客服热线：（010）88379426 88361066　　投稿热线：（010）88379604

购书热线：（010）68326294 88379649 68995259　　读者信箱：hzit@hzbook.com

PREFACE 

前言

Office 是风靡全球的办公软件套装，它的三大核心组件 Word、Excel、PowerPoint 分别用于完成文字处理和文档编排、数据处理与分析、幻灯片制作与演示。本书以初学者的需求为立足点，以 Office 2016 为软件环境，通过大量详尽的操作解析，帮助读者快速变身办公达人。

◎ 内容结构

本书共 13 章，可分为 5 个部分。第 1 部分为第 1 章，主要介绍 Office 2016 的安装与启动及文档的新建、打开、保存与关闭等基本操作。第 2 部分包括第 2 ～ 5 章，讲解 Word 2016 的操作，如文档的基础编辑、插图和表格的应用、长篇文档的高效处理、文档页面设置与打印输出等。第 3 部分包括第 6 ～ 9 章，讲解 Excel 2016 的操作，如工作表和单元格的基本操作、公式与函数的使用、数据的分析与管理、图表的应用等。第 4 部分包括第 10 ～ 12 章，讲解 PowerPoint 2016 的操作，如演示文稿的基本操作、动画效果的设置、演示文稿的放映与共享等。第 5 部分为第 13 章，以综合实例的形式对三个组件的应用进行了回顾与拓展。

◎ 编写特色

★图文并茂：本书的每个知识点均从新手的需求出发，用通俗易懂的语言做详尽讲解，并配以大量屏幕截图，直观、清晰地展示操作效果，便于读者理解和掌握。

★实例丰富：本书以大量实例涵盖了新手必须掌握的 Office 三大组件的核心功能，并通过穿插“技巧提示”“补充知识”“你问我答”，介绍诀窍、延展知识，开阔读者的眼界。

★知识进阶：除第 13 章外，每章最后通过“知识进阶”对本章知识进行延伸应用，让读者在实际动手解决常见办公问题的过程中巩固所学并得到提升。

◎ 读者对象

本书不仅适合广大 Office 用户进行入门学习和进阶提高，对公司文秘、行政、财务等需要使用 Office 的职场人员也极具参考价值，还可作为大中专院校和社会培训机构的教材。

◎ 改版说明

本书自 2017 年 1 月以黑白印刷方式首次面市后，收获了诸多好评。本次改版修订了书中的疏漏，增加了手机微信扫描二维码在线观看操作视频的功能，并以精美的全彩印刷方式出版，学习方式更加灵活，阅读体验更加舒适，希望能够更好地满足广大读者的学习需求。

由于编者水平有限，在编写本书的过程中难免有不足之处，恳请广大读者指正批评，除了扫描二维码添加订阅号获取资讯以外，也可加入 QQ 群 227463225 与我们交流。

编者

2017 年 10 月

如何获取云空间资料

一、扫描关注微信公众号

在手机微信的“发现”页面中点击“扫一扫”功能，如右一图所示，进入“二维码/条码”界面，将手机对准右二图中的二维码，扫描识别后进入“详细资料”页面，点击“关注”按钮，关注我们的微信公众号。

二、获取资料下载地址和密码

点击公众号主页面左下角的小键盘图标，进入输入状态，在输入框中输入本书书号的后6位数字“583035”，点击“发送”按钮，即可获取本书云空间资料的下载地址和访问密码。

三、打开资料下载页面

方法1：在计算机的网页浏览器地址栏中输入获取的下载地址（输入时注意区分大小写），如右图所示，按Enter键即可打开资料下载页面。

方法2：在计算机的网页浏览器地址栏中输入“wx.qq.com”，按Enter键后打开微信网页版的登录界面。按照登录界面的操作提示，使用手机微信的“扫一扫”功能扫描登录界面中的二维码，然后在手机微信中点击“登录”按钮，浏览器中将自动登录微信网页版。在微信网页版中单击左上角的“阅读”按钮，如右图所示，然后在下方的消息列表中找到并单击刚才公众号发送的消息，在右侧便可看到下载地址和相应密码。将下载地址复制、粘贴到网页浏览器的地址栏中，按Enter键即可打开资料下载页面。

四、输入密码并下载资料

在资料下载页面的“请输入提取密码”下方的文本框中输入步骤2中获取的访问密码（输入时注意区分大小写），再单击“提取文件”按钮。在新页面中单击打开资料文件夹，在要下载的文件名后单击“下载”按钮，即可将其下载到计算机中。如果页面中提示选择“高速下载”还是“普通下载”，请选择“普通下载”。下载的资料如为压缩包，可使用7-Zip、WinRAR等软件解压。

提示：若由于云服务器提供商的故障导致扫码看视频功能暂时无法使用，可通过上面介绍的方法下载视频文件包在计算机上观看。在下载和使用云空间资料的过程中如果遇到自己解决不了的问题，请加入QQ群227463225，下载群文件中的详细说明，或找群管理员提供帮助。

CONTENTS 目录

第 3 章　插图与表格的应用

第 4 章　高效处理长篇文档

第 5 章　规范文档页面与输出文档

第 6 章 Excel 2016 基础操作

第 7 章 公式与函数的使用

第 8 章 分析与管理数据

第 9 章 图表的应用

第 10 章 PowerPoint 2016 新印象

第 11 章　演示文稿的动态效果

第 12 章　放映与共享演示文稿

第 13 章　制作市场调查报告

第1章

1

Office 2016全接触

Office 2016是一套由微软公司开发的电子化办公程序，可以帮助办公人员实现无纸化办公。该程序中包括图文并茂的文字处理组件Word 2016、强大的数据处理组件Excel 2016以及灵活多变的动态文稿制作组件PowerPoint 2016，读者通过这些组件，可以使办公变得更加丰富多彩、得心应手。

- 初识Office 2016三大常用组件
- Office 2016的安装与启动
- 新建与打开文档
- 保存与关闭文档
- 设置Office 2016的操作环境

1.1 初识Office 2016三大常用组件

Word 2016、Excel 2016和PowerPoint 2016是Office 2016中三个常用的组件，分别用于文档处理、管理与分析数据以及制作动态演示文稿。由于这三个组件的作用不同，所以它们的操作窗口也会有所不同，本节中将分别对这三个组件的作用、操作窗口进行介绍。

1.1.1 Word 2016

Word 2016是Office 2016中的一个文字处理程序，Word 2016中提供了丰富的功能，通过这些功能可以在文档中编辑文字、图像、声音、动画等对象，从而使文档内容丰富多彩，也可以进行图形制作和编辑艺术字、数学公式等操作，从而满足对文档的各种处理需要。Word还提供了强大的制表功能，可以自动制表，也可以手动制表。除了可以对表格进行装饰外，表格中的数据还可以进行计算，从而使表格的应用更加得心应手。在Word 2016的操作窗口中，根据不同的功能进行了不同区域的划分，具体划分如下图所示，各区域的作用见下表。

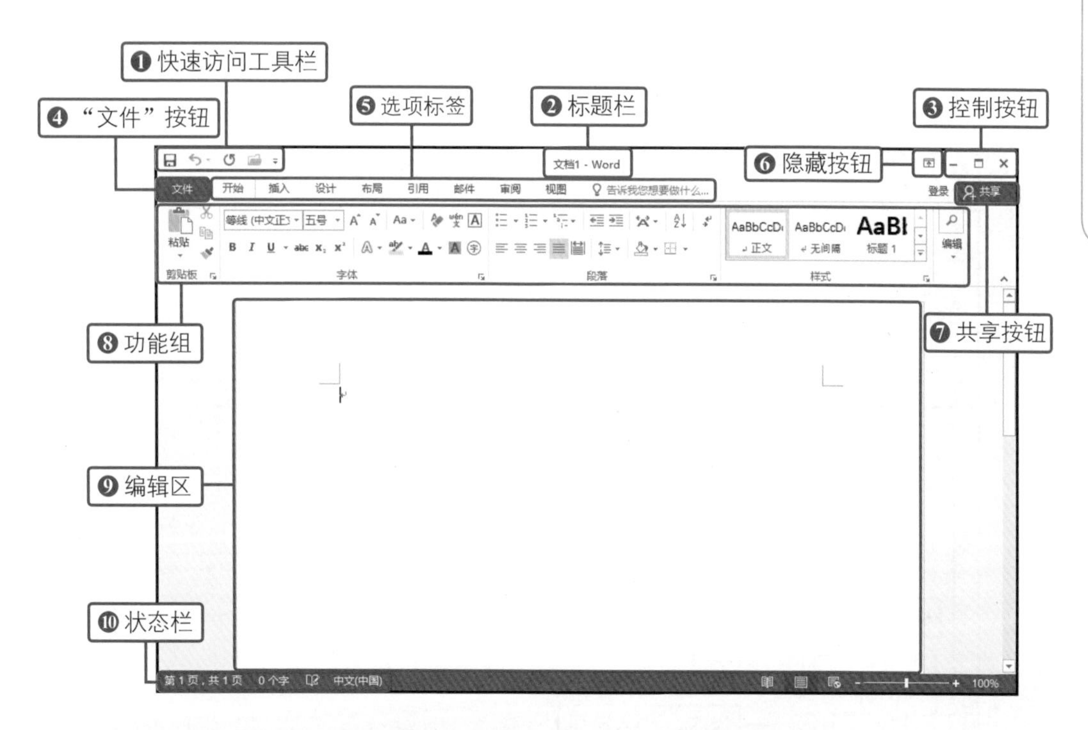

编　号	名　称	作　用
❶	快速访问工具栏	用于放置一些常用工具，在默认的情况下包括保存、撤销、恢复三个工具按钮，也可以根据需要进行添加

续表

编　号	名　称	作　用
❷	标题栏	显示文档的名称以及类型
❸	控制按钮	用于完成当前窗口的最小化、最大化及关闭
❹	“文件”按钮	用于打开文件菜单
❺	选项标签	用于进行功能区之间的切换
❻	隐藏按钮	用于隐藏功能区
❼	共享按钮	用于分享文档
❽	功能组	用于放置编辑文档时所用的功能
❾	编辑区	用于显示文档内容或对文档文字、图片、图形、表格等对象进行编辑
❿	状态栏	用于显示当前文档的页数、状态、视图方式以及显示比例等内容

1.1.2 Excel 2016

Excel 2016用于进行数据预算、财务统计、数据汇总等工作，能够轻松地创建出专业级报表。另外，通过公式和函数进行复杂的数据运算和图表、数据查询、分析等功能的应用，使数据处理变得轻松快捷。Excel 2016与Word 2016的操作界面有不同之处，也有相同之处，本小节只对Excel 2016中其他组件没有的功能进行介绍，Excel 2016的操作界面如下图所示，各区域的作用见下表。

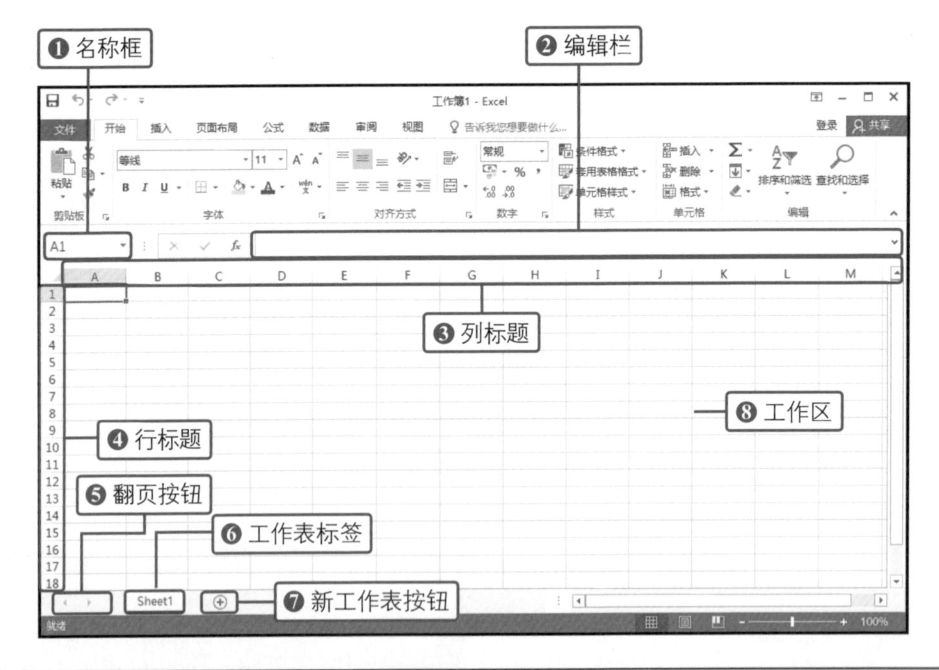

编　号	名　称	作　用
❶	名称框	用于显示或定义所选择单元格或者单元格区域的名称

续表

编　号	名　称	作　用
❷	编辑栏	用于显示或编辑所选择单元格中的内容
❸	列标题	用于对工作表中的列进行命名，以A、B、C……的形式进行编号
❹	行标题	用于对工作表中的行进行命名，以1、2、3……的形式进行编号
❺	翻页按钮	用于向后或向前查看当前工作簿中的工作表标签
❻	工作表标签	显示当前工作簿中的工作表名称，程序在默认的情况下将标签的标题显示为Sheet1、Sheet2、Sheet3
❼	新工作表按钮	用于插入新的工作表，单击该按钮即可完成操作
❽	工作区	在Excel的工作区中，每个单元格都以虚拟的网格线进行界定，用于对表格内容进行编辑

1.1.3 PowerPoint 2016

PowerPoint 2016用于创建动态演示文稿，有助于演讲、教学、产品演示等工作的开展。通过PowerPoint 2016可以与使用不同平台和设备的用户进行交流。PowerPoint的特点在于：重点使用图示说明、丰富的色彩以及精彩的动画效果、多途径的播放方式。下面来具体介绍PowerPoint 2016操作界面，如下图所示，各区域的作用见下表。

编　号	名　称	作　用
❶	幻灯片窗格	用于显示幻灯片缩略图或大纲文本
❷	编辑区	用于显示“幻灯片”窗格中的幻灯片，同时可对幻灯片进行编辑
❸	备注栏	用于显示和编辑幻灯片的备注信息

1.2 Office 2016的安装与启动

Office 2016是微软公司推出的目前为止最新版本的办公软件，该软件为第三方软件，所以在使用前，首先要将其安装到电脑中，本节就来具体介绍Office 2016的安装与启动操作。

1.2.1 安装Office 2016

在安装Office 2016时，程序会默认选择安装到C盘的路径下，可根据自身需要更改安装路径。另外，安装程序中包括多个组件，可根据需要自行选择要安装的组件。

01 启动安装程序

❶启动Office 2016安装程序，在“选择Microsoft Office产品”界面中单击“Microsoft Office专业增强版 2016”单选按钮。❷单击“继续”按钮，如下图所示。

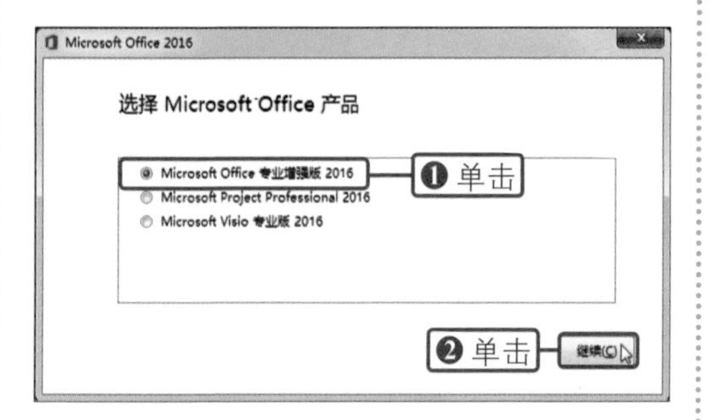

02 选择安装方式

进入“选择所需的安装”界面，单击“自定义”按钮，如下图所示。

03 自定义选择安装的组件

❶切换到“安装选项”选项卡。❷单击不需要安装的“Microsoft Access”选项左侧下三角按钮。❸展开下拉列表中单击“不可用”选项，取消安装该组件。同样方法，将其他不需要的组件也设为不可用状态，如下图所示。

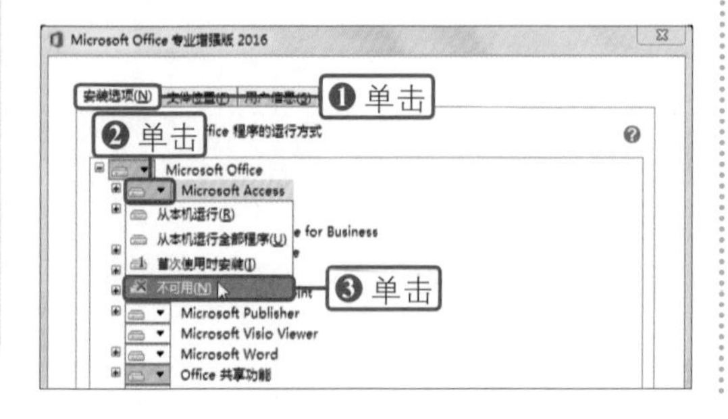

04 自定义选择安装的路径

❶切换到“文件位置”选项卡。❷通过“浏览”按钮设置Office 2016的安装路径，如下图所示。

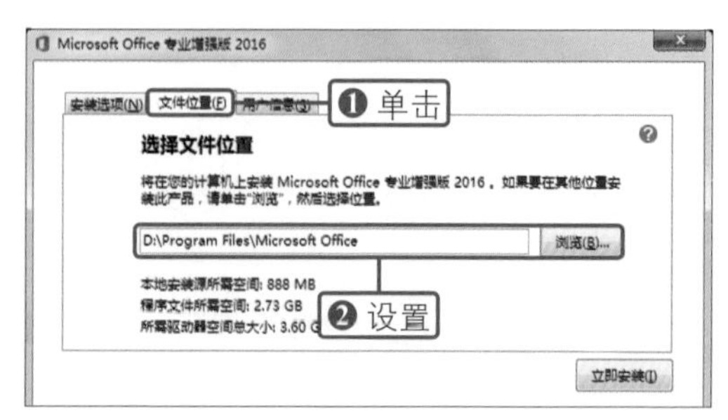

05 设置用户信息

❶切换到"用户信息"选项卡。❷在"键入您的信息"区域内输入用户信息。❸单击"立即安装"按钮，如下图所示。

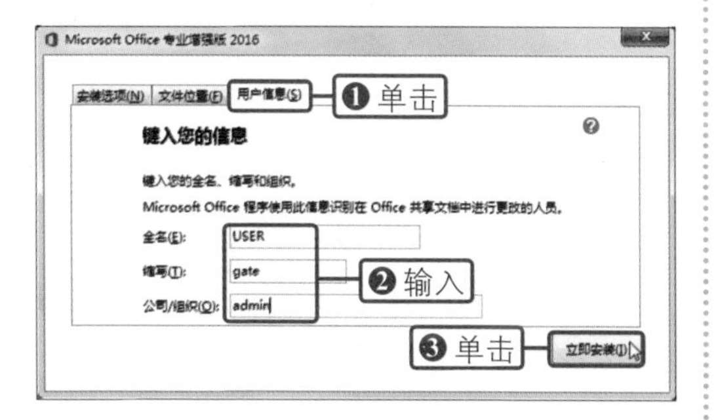

06 安装进度

此时在对话框中会显示安装的进度，如下图所示。

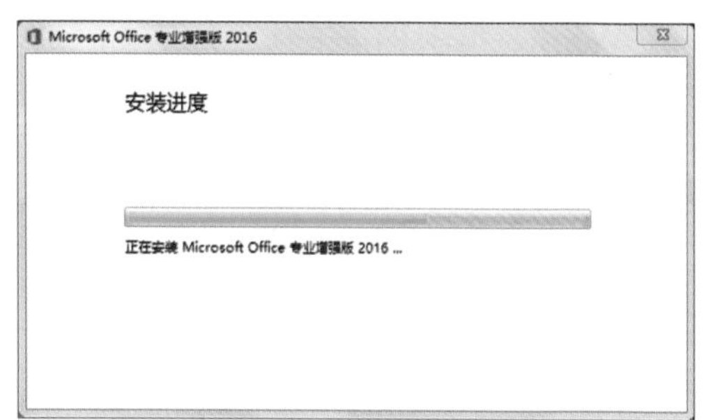

07 完成Office 2016的安装

经过以上操作，程序安装完毕，进入安装完成界面，单击"关闭"按钮，就完成了Office 2016的安装操作，如右图所示。

技巧提示　重启电脑

将 Office 2016 安装到电脑中后，为了保证程序的正常运行，可对电脑进行重启，然后再使用 Office 2016 程序。

第1章

1.2.2 启动Office 2016

将Office 2016安装到电脑中后，系统会自动在"开始"菜单中添加已安装的Office 2016组件的启动程序，所以需要使用Office 2016中的任一组件时，可通过"开始"菜单完成操作，本节中以启动Word 2016为例，来介绍一下操作步骤。

01 选择要启动的组件

❶进入系统桌面后，单击"开始"按钮。❷在弹出的菜单中单击"所有程序>Word 2016"选项，如下图所示。

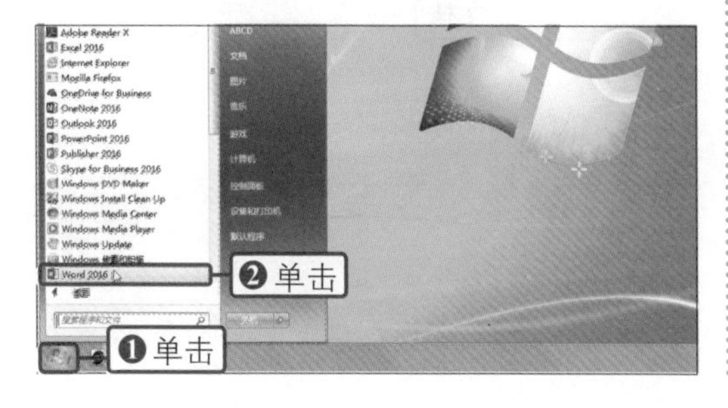

02 显示启动效果

经过以上操作，就会弹出Word 2016窗口，如下图所示。可按照类似方法启动程序中的其他组件。

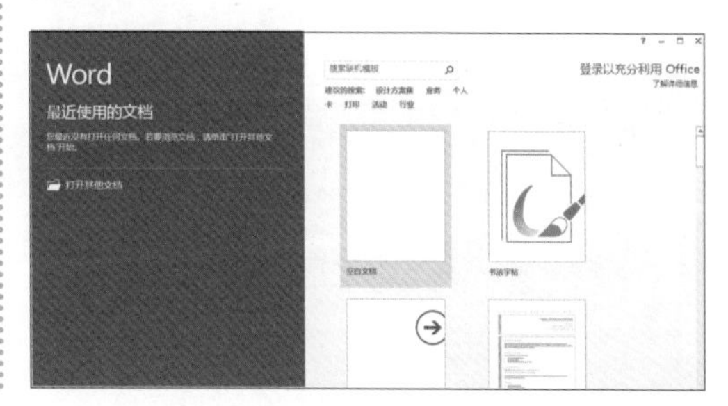

1.3 新建与打开文档

在编辑文档时，首先要打开文档或是新建一个文档，然后才可以进行编辑。在执行新建与打开的操作时，可通过不同的方法完成操作，本节中仍以Word 2016为例，来介绍一下具体操作步骤。

1.3.1 新建文档

新建文档就是新建空白的文档，可通过多种方法完成操作。本小节将介绍三种比较常用的新建方法，分别是在计算机中新建、在文档中新建空白文档以及新建模板文档。

1. 在计算机中新建文档

在计算机中新建文档是指通过“计算机”窗口进入要创建文档的路径，然后将文档建立在该路径中，通过这种方法新建文档时，可直接对文档进行命名。

01 执行“新建”命令

❶通过“我的电脑”窗口进入要创建文档的路径，右击文件夹中的空白位置。❷在弹出的快捷菜单中单击“新建”命令。❸弹出子菜单后，单击“Microsoft Word文档”选项，如右图所示。

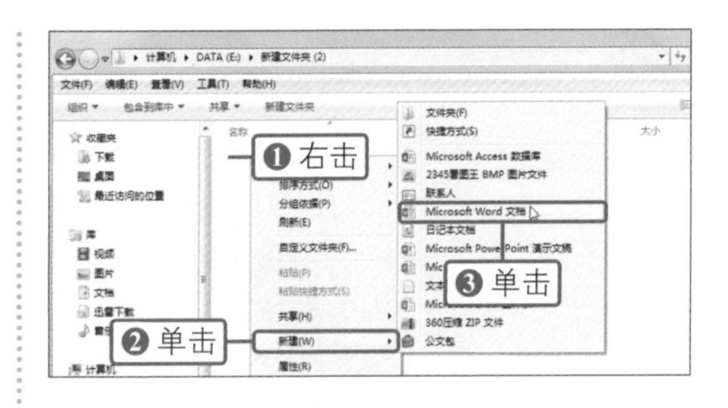

02 选中文件名称

此时在窗口中就会显示创建的文件，拖动鼠标选中文件名称中除扩展名以外的文本，如下图所示。

03 显示创建文档效果

选中了文档的名称后，直接输入需要的名称，然后单击窗口中任意位置，如下图所示。双击即可打开新建的Word文档。

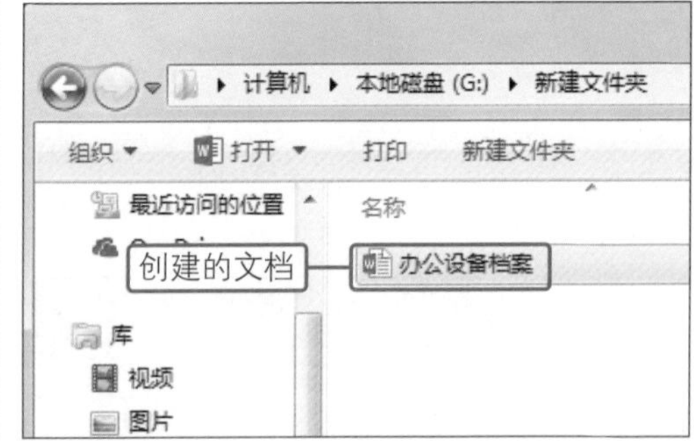

2. 在视图窗口中新建空白文档

打开了Word文档后，若要重新建立空白文档，可通过视图窗口完成，具体操作如下。

01 执行“新建”命令

❶在Word窗口中单击“文件”按钮后，在弹出的菜单中单击“新建”命令。❷在视图窗口中单击“空白文档”缩略图，如下图所示。

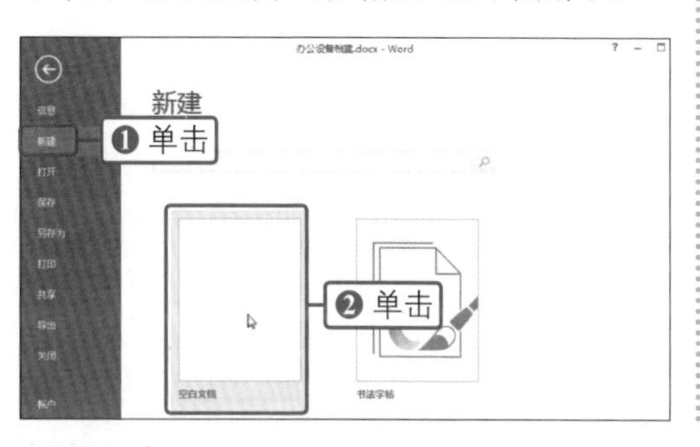

02 显示新建文档效果

经过以上操作，即可创建一个空白的Word 文档，如下图所示。

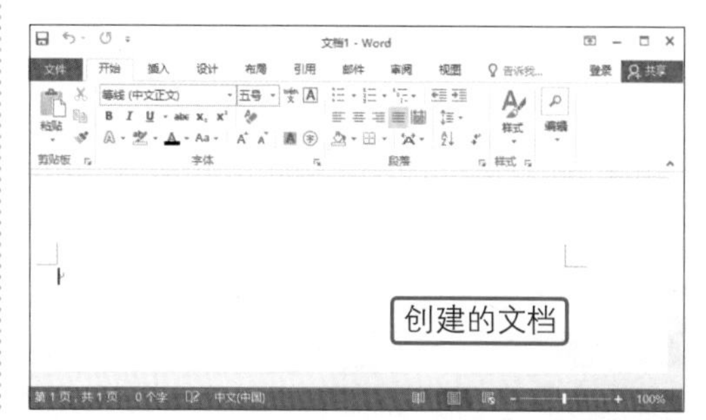

3. 基于模板新建文档

在Word 2016中，预设了报告、传真、简历、信函等一系列常用文档的模板，要制作这些类型的文档时，可直接基于模板新建文档，然后在模板的基础上进行编辑。

01 选择模板

❶在打开的文档中单击“文件”按钮后，在弹出的菜单中单击“新建”命令。❷在右侧的界面中显示出可用模板内容，单击“简历（永恒设计）”按钮，如下图所示。

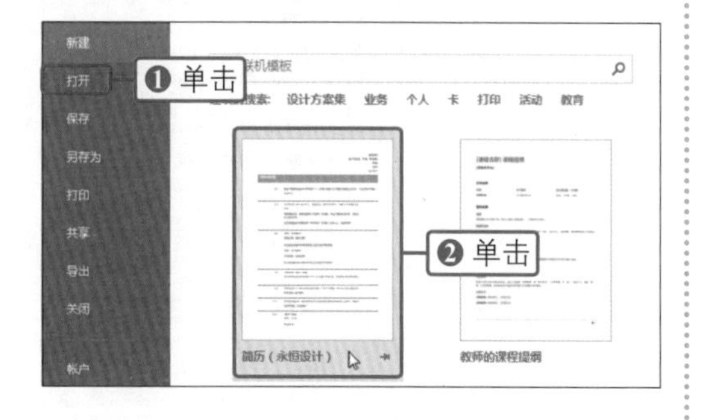

02 单击“创建”按钮

弹出对话框，界面中显示了所选模板的提供者、大小等信息，单击“创建”按钮，如下图所示。

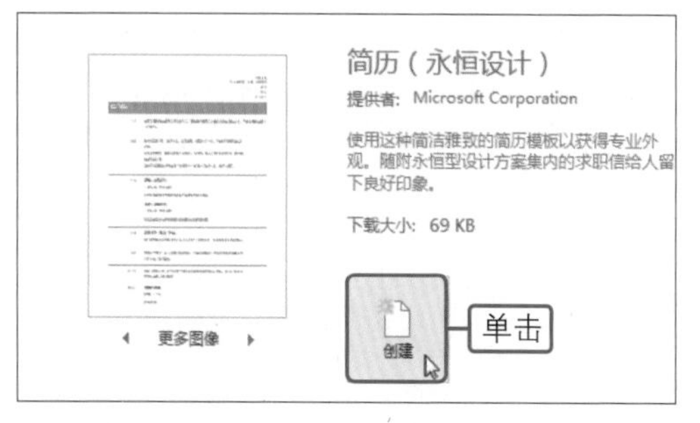

03 显示创建的文档效果

经过以上操作，就可以创建一个“原创简历”的文档，在文档中已设置好了目标职位、学历等内容的格式，只需将自己的情况填写到相应位置即可，如右图所示。

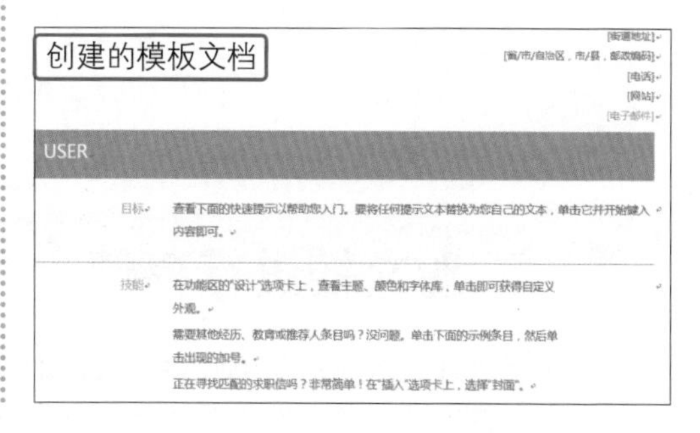

第1章

1.3.2 打开文档

如果当前并没有打开的文档，可通过“计算机”窗口进入要打开的文档所在路径，双击文档即可打开，与1.3.1中在计算机中新建文档后打开的方法是一致的；如果需要在已打开的文档中打开其他文档，可按以下步骤完成操作。

01 执行“打开”命令

❶在打开的文档中单击“文件”按钮，在弹出的菜单中单击“打开”命令。❷单击“浏览”按钮，如下图所示。

02 选择要打开的文档

❶弹出“打开”对话框后，进入要打开的文档所在路径。❷然后单击选中要打开的文档，如下图所示，然后单击“打开”按钮。

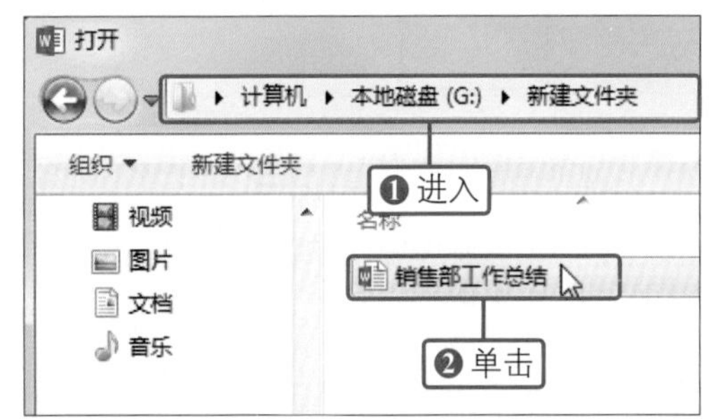

03 显示打开的文档效果

经过以上操作，将弹出新的Word操作界面，显示出所打开文档的内容，如右图所示。

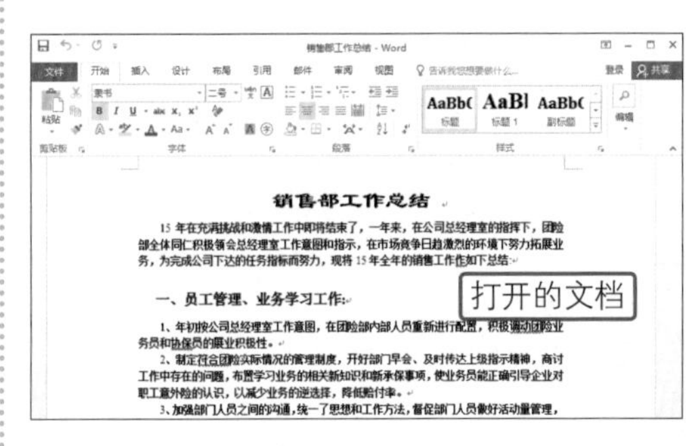

技巧提示 用快捷键打开文档

在 Word 窗口中按下【Ctrl+O】键，也可打开“打开”对话框，选择要打开的文档，单击“打开”按钮，即可打开其他文档。

1.4 保存与关闭文档

将文档编辑完毕后，为了防止文件的丢失或是需要停止对文件的编辑时，可对文档进行保存或关闭，本节中就来介绍一下保存与关闭文档的几种方法。

1.4.1 对文档进行存储

为了防止计算机突然断电等情况造成的文件丢失，最好随时对文件进行保存。在保存文档时，有将文档保存在原位置以及另存在其他位置两种方式，可根据需要选择适当的保存方式。本小节仍以Word 2016为例，来介绍操作步骤。

1. 将文档保存在原位置中

需要将文档保存在原位置时，可通过多种方法完成操作，下面介绍两种较常用的方法。

方法1：通过快速访问工具栏保存

单击快速访问工具栏中的“保存”按钮，就会执行保存操作，将文档保存在创建的位置中，如下图所示。

方法2：通过菜单保存

单击“文件”按钮后，单击“保存”命令，同样可以完成保存操作，如下图所示。

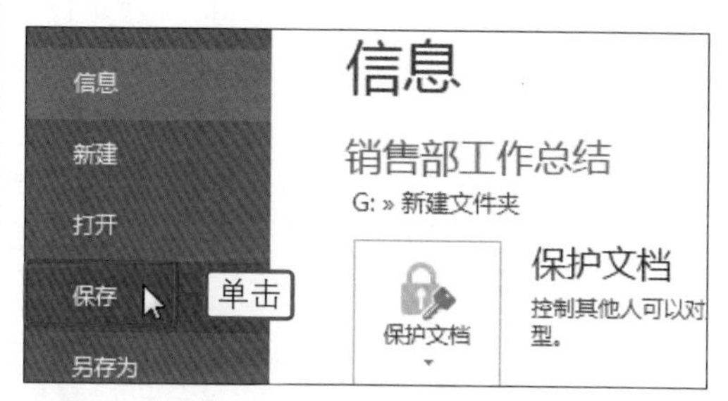

补充知识

在保存文档时，如果文档是启动 Word 后建立的，并且没有保存过，将会弹出“另存为”对话框，可根据需要对保存名称与位置进行设置，然后单击“保存”按钮，第二次保存时，不会弹出该对话框，文档将默认保存在设置好的位置中。

2. 将文档另存在其他位置中

当需要对文档进行备份时，可在计算机的其他位置将文档重新保存一份。这一操作可通过“另存为”命令完成。

◎ 原始文件：下载资源\实例文件\第1章\原始文件\简报.docx
◎ 最终文件：下载资源\实例文件\第1章\最终文件\简报.docx

01 执行“另存为”命令

❶打开原始文件，单击“文件”按钮后，在弹出的菜单中单击“另存为”命令。❷单击“浏览”选项，如下图所示。

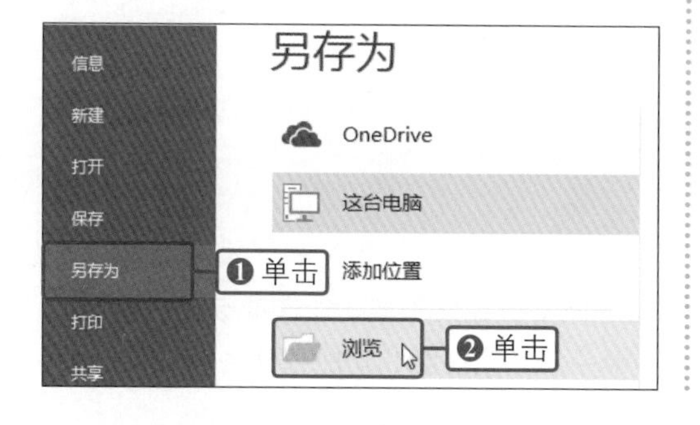

02 设置保存名称与保存位置

❶弹出“另存为”对话框，设置文档要保存的位置。❷在“文件名”文本框中输入保存的名称，如下图所示，最后单击“保存”按钮，就完成了另存文档的操作。

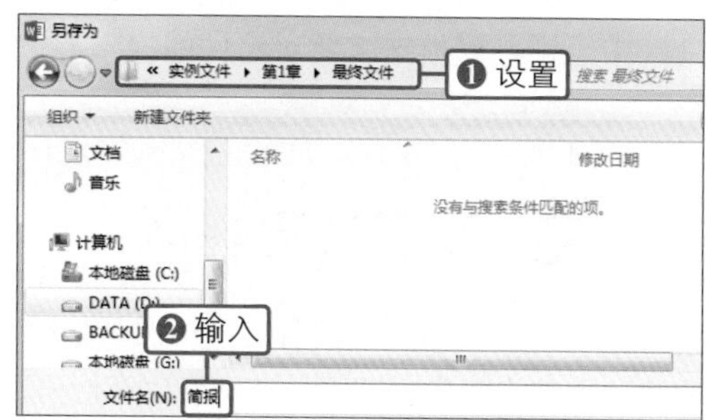

技巧提示 保存与另存文档的快捷键

在保存文档时，按下【Ctrl+S】键，文档同样会执行保存操作。需要将文档另存在其他位置时，可按下【F12】键，弹出“另存为”对话框后，根据需要对保存的选项进行设置即可。

1.4.2 关闭文档

当不再需要编辑当前文档时，就可以将其关闭，Office 2016中三个组件的关闭方法都是相同的，本小节就以Word 2016为例，介绍关闭文档的方法。

方法1：通过控制按钮关闭

单击文档操作界面右上角的“关闭”按钮，即可将该文档关闭，如下图所示。

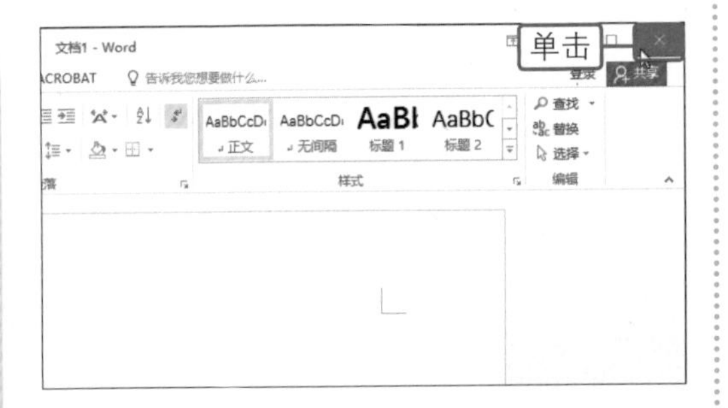

方法2：通过快捷菜单关闭

❶右击显示在桌面任务栏中的文档名称。❷弹出快捷菜单后，单击“关闭窗口”命令，同样可以将文档关闭，如下图所示。

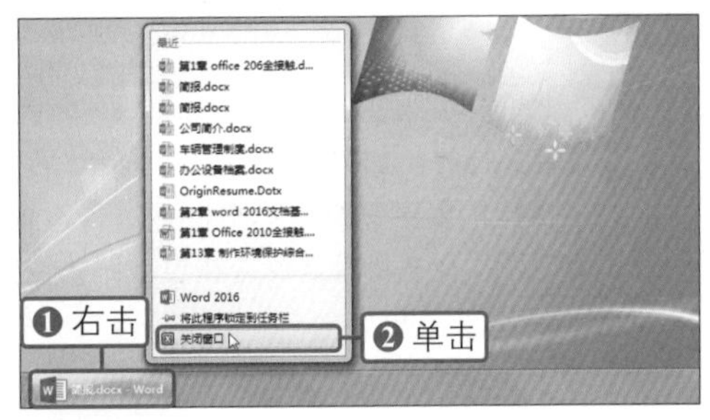

方法3：通过视图菜单关闭

单击“文件”按钮后，在弹出的视图菜单中单击“关闭”命令，即可关闭文档，如右图所示。

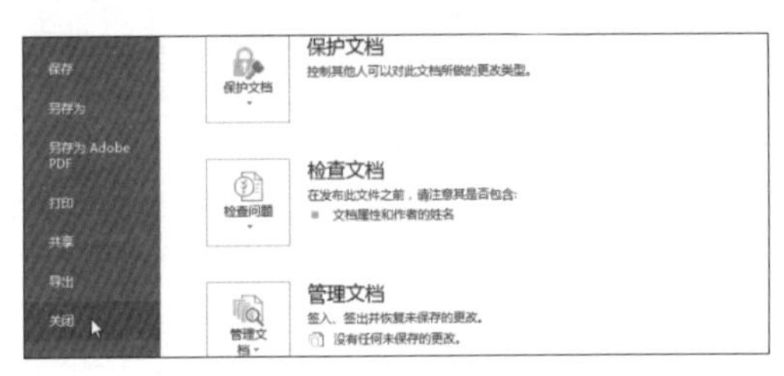

1.5 设置Office 2016的操作环境

由于个人习惯不同，每个用户对Office程序的操作环境的要求也会有所不同。为了让每位用户都能够拥有舒适的操作环境，在Office 2016的每个组件中，都可以根据需要对组件的操作界面进行设置。

1.5.1 自定义功能区

Office 2016中新增了自定义功能区功能，可根据需要自定义添加功能选项卡，或在已有的选项卡中添加功能按钮。本小节以在已有的选项卡中添加功能组和功能按钮为例介绍。

01 单击“选项”命令

在打开的文档中单击“文件”按钮后，在弹出的视图菜单中单击“选项”命令，如下图所示。

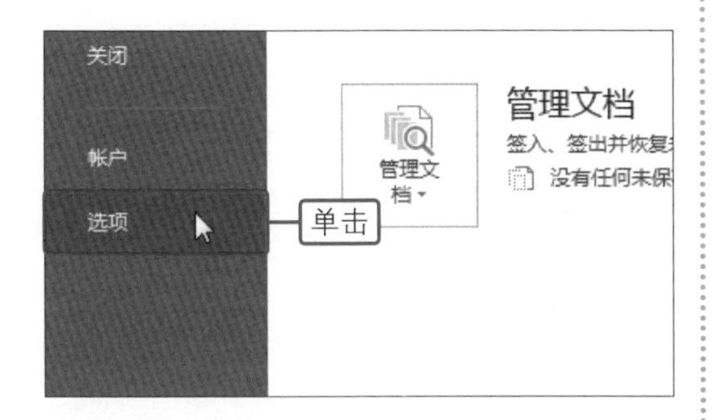

02 单击“自定义功能区”选项标签

弹出“Word选项”对话框后，单击“自定义功能区”选项标签，如下图所示。

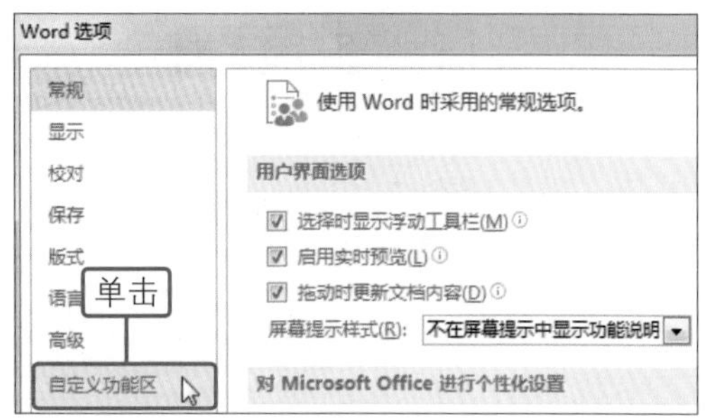

03 单击“新建组”按钮

❶界面中显示出相关内容后，在“自定义功能区”列表框中选中“插入”选项卡。❷单击“新建组”按钮，如下图所示。

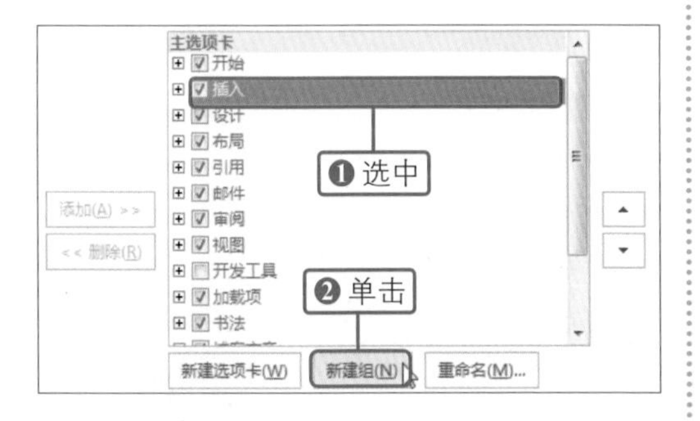

04 单击“重命名”按钮

创建了新的工作组后，单击“重命名”按钮，如下图所示。

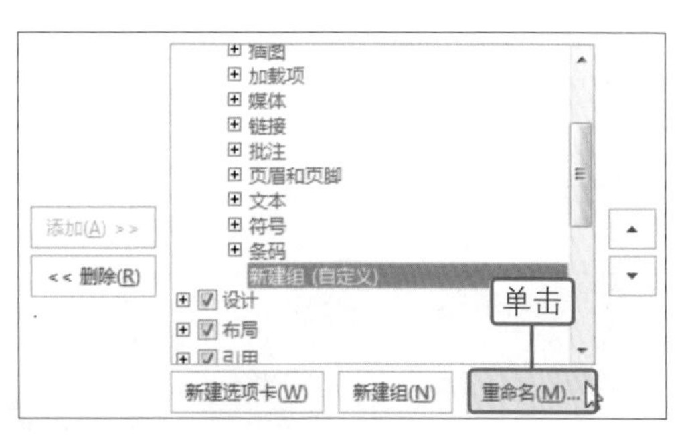

05 为新建组重命名

❶弹出“重命名”对话框，在“显示名称”文本框中输入组的名称。❷然后单击“确定”按钮，如下图所示。

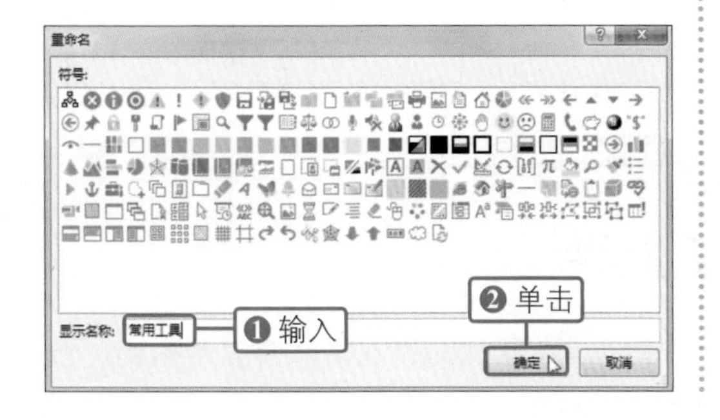

06 为新建的功能组添加命令

❶将新建的组重命名后，在“从下列位置选择命令”列表框中选中要添加到新功能组的命令“格式刷”。❷然后单击“添加”按钮，如下图所示。

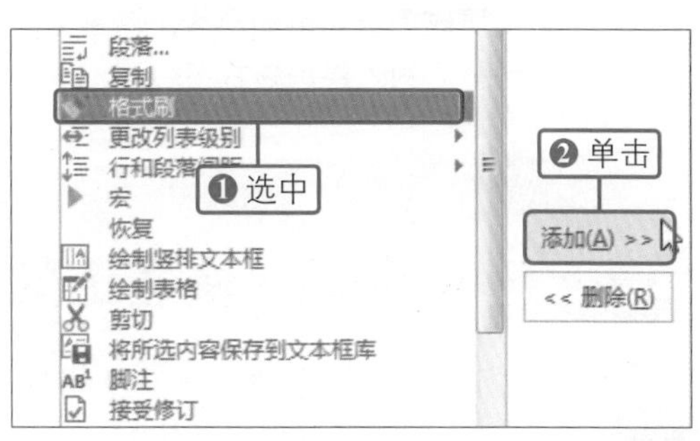

07 确定功能组的建立

❶参照步骤6的操作，为新建的功能组添加其他需要的命令按钮。❷最后单击“确定”按钮，如下图所示。

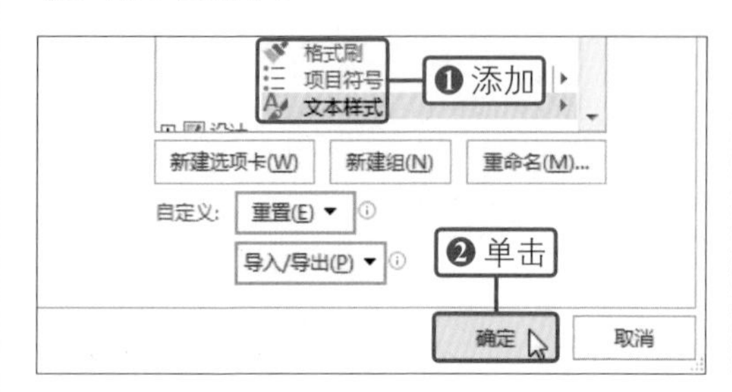

08 显示新建功能组效果

经过以上操作，完成了为Word选项卡新建功能组的操作，返回文档中，切换到“插入”选项卡，即可看到新建的功能组，如下图所示。

1.5.2 自定义用户界面

Office 2016的用户界面包括浮动工具栏、启用实时预览、拖动时更新文档内容。本小节以Word 2016用户界面的设置操作为例进行讲解。

01 单击“选项”命令

打开目标文档，单击“文件”按钮，在弹出的菜单中单击“选项”命令，如下图所示。

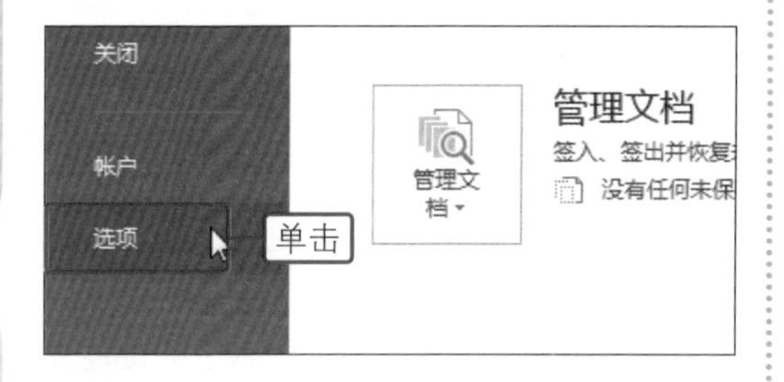

02 选择要使用的配色方案

❶弹出“Word选项”对话框，在“常规”界面中单击“Office主题”框右侧的下三角按钮。❷在展开的下拉列表中单击“深灰色”选项，如下图所示，最后单击“确定”按钮。

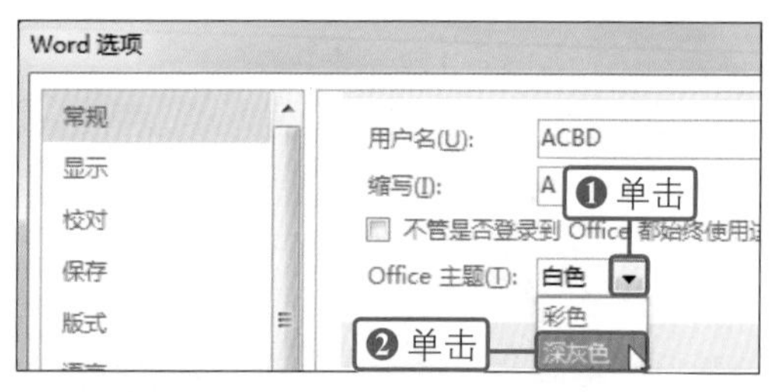

03 显示更改文档配色方案后的效果

经过以上操作，就完成了将Word 2016操作界面的配色方案更改为深灰色的操作，返回文档中即可看到设置后的效果，如右图所示。

1.5.3 自定义“快速访问工具栏”

快速访问工具栏用于放置一些常用的工具按钮，在默认的情况下，会显示撤销、恢复、保存三个按钮，可根据需要添加一些自己常用的按钮。

❶单击快速访问工具栏右侧的快翻按钮。❷在展开的下拉列表中单击要添加的工具名称“打开”，如下左图所示。经过以上操作，可以看到“快速访问工具栏”中已添加了“打开”按钮，可根据需要为快速访问工具栏添加其他工具，如下右图所示。

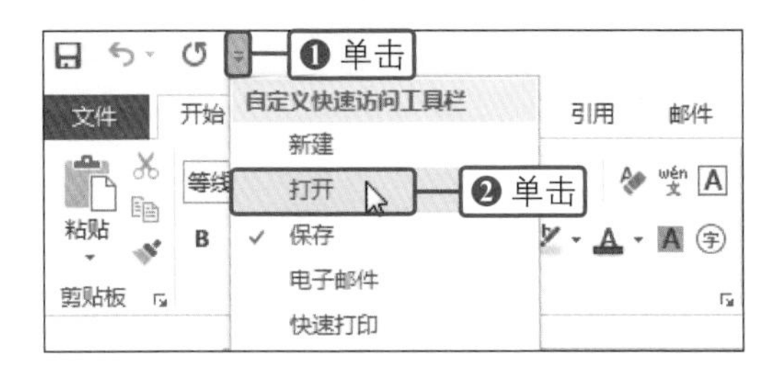

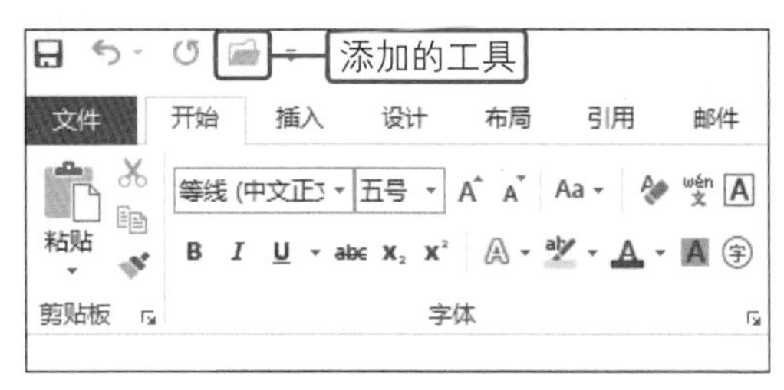

知识进阶 更改“最近”菜单显示的文档数量

在 Office 2016 的任意一个组件中，打开“文件”菜单后，在视图菜单下的“打开”面板中会显示最近查看过的文件，如果想要更改显示最近文件的数量，可通过以下方法设置。这里以 Word 2016 为例进行具体的讲解。

扫码看视频

01 单击“选项”命令

在打开的文档中单击“文件”按钮，在弹出的菜单中单击“选项”命令，如下图所示。

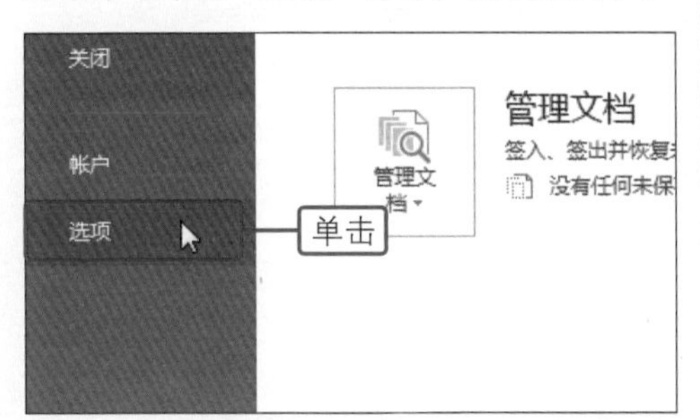

02 弹出“Word选项”对话框

弹出“Word选项”对话框，单击“高级”选项标签，如下图所示。

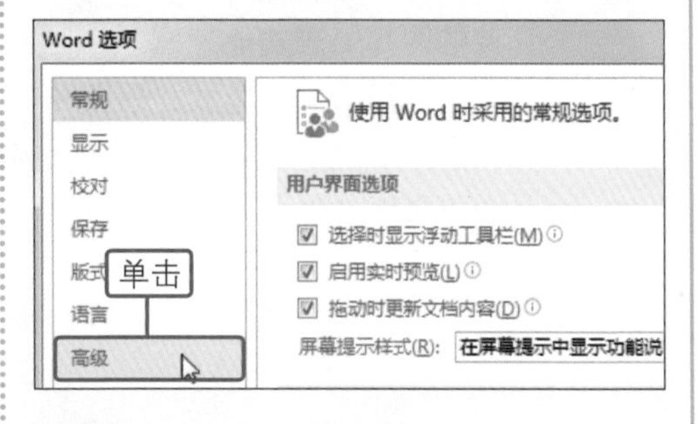

03 设置“显示”组

在“显示”组中“显示此数目的‘最近使用的文档’”数值框内输入数目“5”，如下图所示，最后单击“确定”按钮。

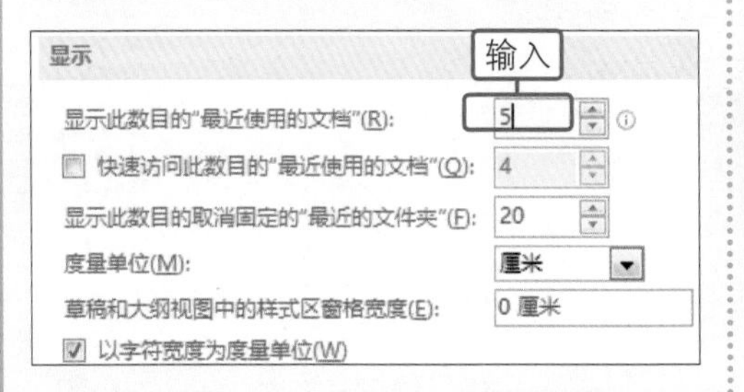

04 显示最近使用的文档

返回到文档中，执行“文件>打开>最近”命令，在弹出的菜单中会只显示最近使用的5个文档，而不会过多显示，如下图所示。

第2章

2

Word 2016文档基础编辑

Word 2016 是 Office 2016 办公程序的一个组件，用于进行文档处理。其直观的操作界面、强大的文档处理功能以及图文并茂的图片处理功能使它越来越受到广大用户的欢迎。本章将对文本的选择、文本格式、段落格式的设置以及文本的移动与复制功能进行介绍，读者通过本章的学习，可以为学习 Word 2016 奠定坚实的基础。

- 选择文本
- 设置文本格式
- 设置文档段落格式
- 剪切与复制文本

2.1 选择文本

选择文本就是将要编辑的文本内容选定。在选择不同类型的文本时，可以采用不同的方法，例如在选定单个汉字与词组时，为了快速完成操作，可采用最快捷的方法。本节中将对不同文本对象的常用选择方法进行介绍。

◎ 原始文件：下载资源\实例文件\第2章\原始文件\销售部工作总结.docx

◎ 最终文件：无

1. 选择单个文字

打开原始文件，将鼠标指针指向要选择的文本，当鼠标指针变成I形状时，拖动鼠标，经过要选定的文字即可完成选中操作，如下图所示。

2. 选择词组

将鼠标指向要选中的词组，双击鼠标，即可选中该词组。无论是双字词组还是多字词组，都可以通过该方法进行选择，如下图所示。

3. 选择一行文本

将鼠标指针指向该行左侧边距外位置处，当鼠标指针变成指针形状时，单击鼠标，即可选中该行文本，如下图所示。

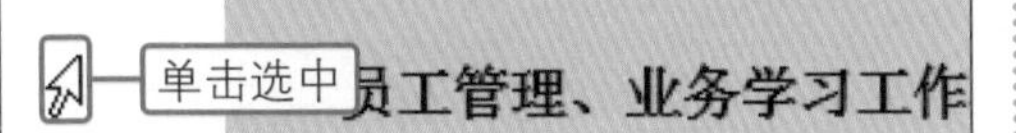

4. 选择段落

将鼠标指针指向该段左侧边距外位置处，当鼠标指针变成指针形状时，双击鼠标，即可选中该段文本，如下图所示。

5. 选择整篇文本

按下【Ctrl+A】组合键，即可将整篇文本选中，如右图所示。

6. 选择不连续的文本

先按住【Ctrl】键不放，然后拖动鼠标，依次经过要选择的文本，即可选中不连续的文本，如下图所示。

一、员工管理、业务学习工作

1. 年初按公司总经理室工作意图，在团险部内部人员重新进行配置，积极调动团险业务员和协保员的展业积极性。
2. 制定符合团险实际情况的管理制度，开好部门早会、及时传达上级指示精神，商讨工作中存在的问题，布置学习业务的相关新知识和新承保事项，使业务员能正确引导企业对职工意外险的认识，以减少业务的逆选择，降低赔付率。
3. 加强部门人员之间的沟通，统一了思想和工作方法，督促部门人员做好活动量管理，督促并较好地配合业务员多方位拓展业务。
4. 制订“开门红”、“国寿争霸”赛业务推动方案，经总经理室批复后，及时进行宣导、督促全体业务员做好各项业务管理工作。
5. 制订 15 年团险业务员的管理和考核办法，并对有些管理和考核办法方面作了相应的

7. 选择一列文本

先按住【Alt】键不放，然后拖动鼠标，经过要选择的列，即可选中该列文本，如下图所示。

一、员工管理、业务学习工作

1. 年初按公司总经理室工作意图，在团险部内部人员重新进行配置，
务员和协保员的展业积极性。
2. 制定符合团险实际情况的管理制度，开好部门早会、及时传达上级指
作中存在的问题，布置学习业务的相关新知识和新承保事项，使业务员能正
工意外险的认识，以减少业务的逆选择，降低赔付率。
3. 加强部门人员之间的沟通，统一了思想和工作方法，督促部门人员做
督促并较好地配合业务员多方位拓展业务。
4. 制订“开门红”、“国寿争霸”赛业务推动方案，经总经理室批复后，

2.2 设置文本格式

文本格式包括字体、字号、字形以及文字效果等内容，在新建的文档中输入文字时，会应用程序默认的设置，但是不同的内容对文本格式的要求不同，将文档编辑完毕后，可根据需要，对不同内容的文本格式分别进行设置。

◎ 原始文件：下载资源\实例文件\第2章\原始文件\通知.docx

◎ 最终文件：下载资源\实例文件\第2章\最终文件\通知.docx

2.2.1 设置文本字体

字体，又称书体，是指文字的风格样式。Word 2016中预设了宋体、隶书、楷体、方正舒体等多种中文字体以及多种西文字体。本小节介绍两种常用的设置字体的方法。

方法1：在功能组中设置

01 单击“字体”框右侧的下三角按钮

❶打开原始文件，选中要设置格式的文本。❷单击“开始”选项卡下“字体”组中“字体”框右侧的下三角按钮，如下图所示。

02 选择要使用的字体

展开字体下拉列表后，单击要使用的字体“隶书”选项，如下图所示。

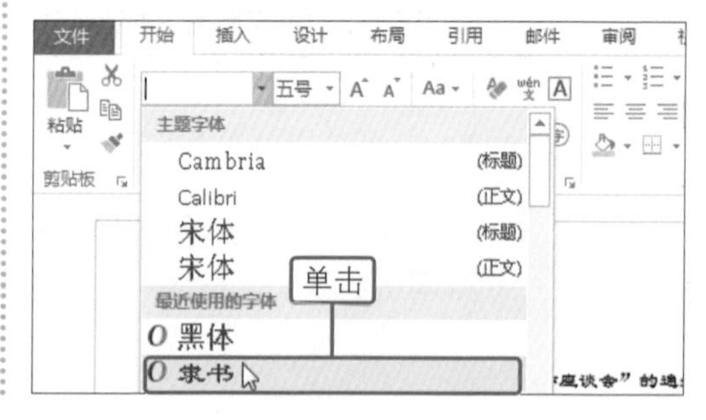

03 显示应用字体的效果

经过以上操作，就完成了通过选项卡为文本设置字体格式的操作，返回文档中即可看到更改后的效果，如右图所示。

方法2：在浮动工具栏中设置

01 显示浮动工具栏

❶打开目标文档后，选中要设置字体格式的文本。❷将鼠标指针指向文本上方的浮动工具栏，然后单击“字体”框右侧的下三角按钮，如下图所示。

02 选择要使用的字体

展开字体下拉列表后，单击要使用的字体“楷体-GB2312”选项，如下图所示。

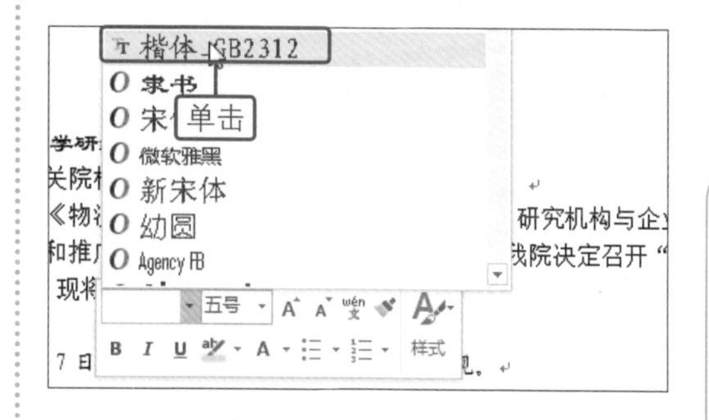

03 显示应用字体的效果

经过以上操作，就完成了通过浮动工具栏为文本设置字体格式的操作，返回文档中即可看到更改后的效果，如右图所示。

2.2.2 设置字号

在Word中，通过字号的更改，可以对文本大小进行控制，Word中对字号的显示有两种方式，分别是点数制（又叫磅数制）和号数制，在字号列表中，6、6.5、9、11等为点数制字号，而小初、一号、二号等为号数制字号。设置文档的字号时，可直接设置特定的字号，也可以以逐级递减或递增的方式对字号进行调整。

1. 在功能组中设置

在Word 2016中的“开始”选项卡下“字体”功能组中设有“字号”下拉列表框，可直接为文本设置特定字号。

01 选择要设置的字号

❶打开原始文件，选中要设置字号的文本。❷单击“开始”选项卡下“字体”组中“字号”框右侧的下三角按钮，在展开的下拉列表中单击“三号”选项，如下图所示。

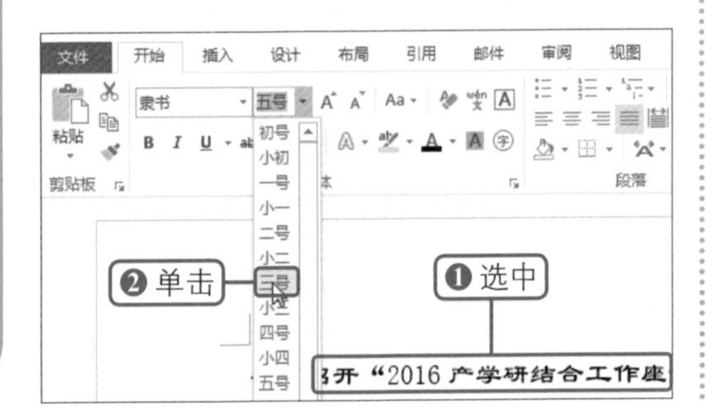

02 显示设置的字号效果

返回文档即可看到设置字号后的效果，如下图所示。

关于召开“2016 产学研结合工作座谈会”的通知
各产学研基地，有关院校、研究机构、企业单位，特约研究员：
为深化落实国务院《物流业调整和振兴规划》，促进物流院校、研究机构与……和项目合作，发现和推广产学研结合的创新模式和典型案例，我院决定召开……结合工作座谈会”。现将有关事宜通知如下：
一、时间、地点
时间：2016 年 5 月 7 日（周五）报到，8 日开会、9 日参观。
地点：辽宁省大连市
大连疗养院宾馆（大连市西岗区滨海西路 20 号　电话：0411－8240XXXX
二、参会人员
1.中国物流学会产学研基地代表（列入考核、务请出席）；
2.中国物流学会特约研究员（列入考核、务请出席）；
设置字号效果

2．逐级增大/减小字号

设置字号时，若没有特定的目标，可对字号进行逐级设置，直到找到合适的效果为止。

01 逐级增大字号

❶选中要设置字号的文本。❷单击“开始”选项卡下“字体”组中的“增大字号”按钮，如下图所示。

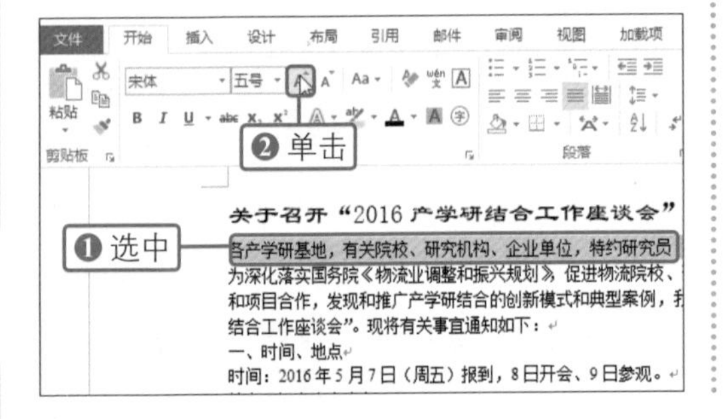

02 显示增大字号的效果

不断单击“增大字号”按钮，直到将文本调整到合适大小，停止单击，就完成了字号的设置操作，如下图所示。

关于召开“2016 产学研结合工作座谈会”的通知
各产学研基地，有关院校、研究机构、企业单位，特约研究员：
为深化落实国务院《物流业调整和振兴规划》，促进物流院校、研究机构与……和项目合作，发现和推广产学研结合的创新模式和典型案例，我院决定召开……结合工作座谈会”。现将有关事宜通知如下：
一、时间、地点
时间：2016 年 5 月 7 日（周五）报到，8 日开会、9 日参观。
地点：辽宁省大连市
大连疗养院宾馆（大连市西岗区滨海西路 20 号　电话：0411－8240XXXX
二、参会人员
1.中国物流学会产学研基地代表（列入考核、务请出席）；
2.中国物流学会特约研究员（列入考核、务请出席）；
设置字号效果

2.2.3 设置字形

字形包括常规、倾斜、加粗三种类型，需要通过格式对文本进行特殊说明或重点显示时，可通过设置字形达到预期效果。

01 设置文本加粗效果

❶继续上例操作，选中要设置字形的文本。❷单击“开始”选项卡下“字体”组中的“加粗”按钮，如右图所示。

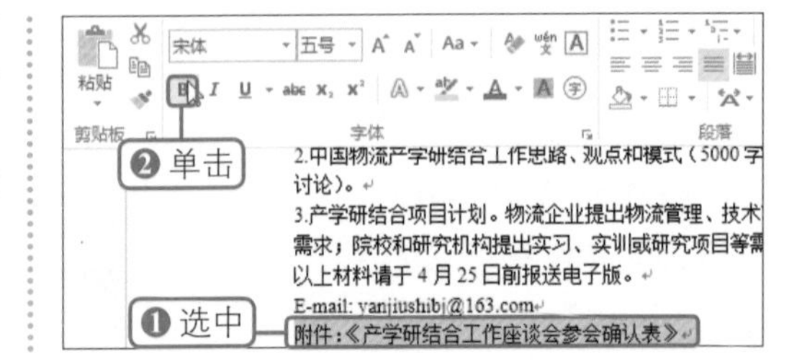

02 设置文本倾斜效果

设置了文本的加粗效果后，单击“字体”组中“倾斜”按钮，如下图所示。

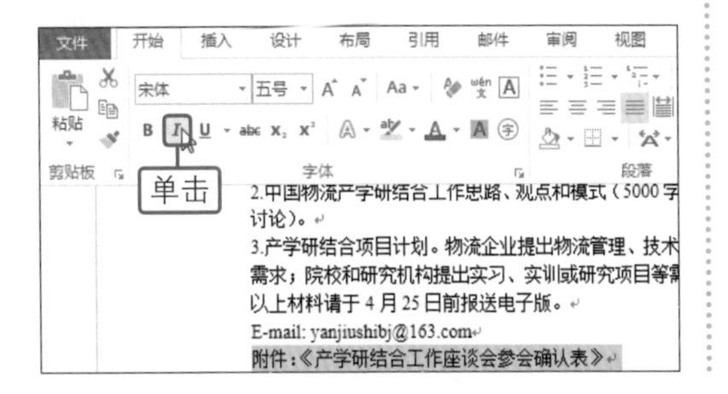

03 显示设置的字形效果

经过以上操作，就完成了设置文本加粗与倾斜的字形效果，如下图所示。

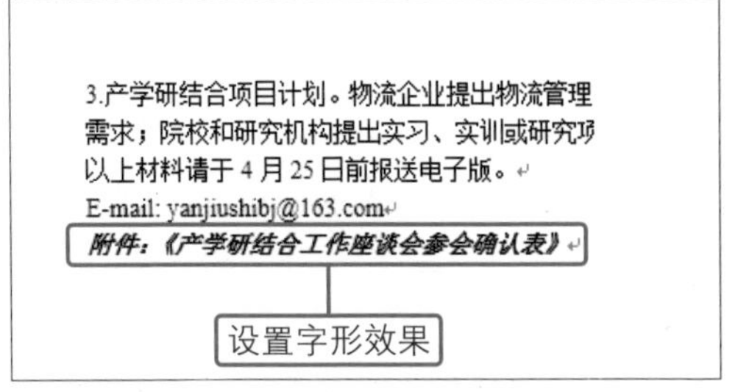

2.2.4 设置文字效果

在Word 2016中，文字效果包括文字的上标与下标、突出显示文本、文本颜色以及文本效果等内容。通过这些内容的设置可以展现文本的不同方面、多种特性，从而体现了Word应用的广泛性，也使制作出的文档更加丰富、专业。

◎ 原始文件：下载资源\实例文件\第2章\原始文件\公司简介.docx
◎ 最终文件：下载资源\实例文件\第2章\最终文件\公司简介.docx

1. 设置文字的上标与下标

上标和下标是指一行中位置比文字略高或略低的文本，经常应用于数学公式中。另外，在一些内容较为特殊的文档中也会使用到上标与下标。下面以上标的设置为例介绍具体的操作方法。

01 单击“上标”按钮

❶打开原始文件，选中要设置上标格式的文本。❷单击“开始”选项卡下“字体”组中的“上标”按钮，如下图所示。

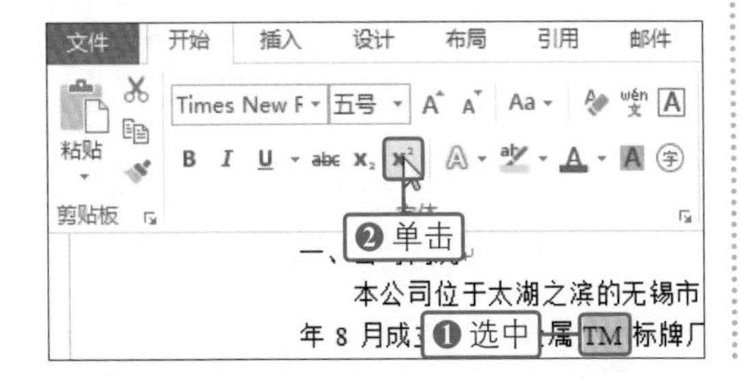

02 显示设置的上标效果

经过以上操作，就可以将所选择的文字设置为上标效果，如下图所示。可按照类似操作，为文字设置下标效果。

一、公司简况
本公司位于太湖之滨的无锡市华清
年 8 月成立的蠡园金属TM标牌厂，198
成立华美集团有限公司，下设五个分公
锡华美钢材加工有限公司，华美科技有
左右，占地面积 139269 平方米，拥有 6
设置上标效果

2. 突出显示文本

突出显示文本是通过为文本设置底纹的方式来突出文本，通常情况下所使用的底纹颜色为黄色，这是由于黄色比较醒目，容易引起观者的注意，其设置方法如下。

第2章

01 标记要突出显示的文本

❶继续上例操作，单击“开始”选项卡“字体”组中的“以不同颜色突出显示字体”按钮。❷此时鼠标指针变成笔状，拖动鼠标，选中要突出显示的文本，如下图所示。

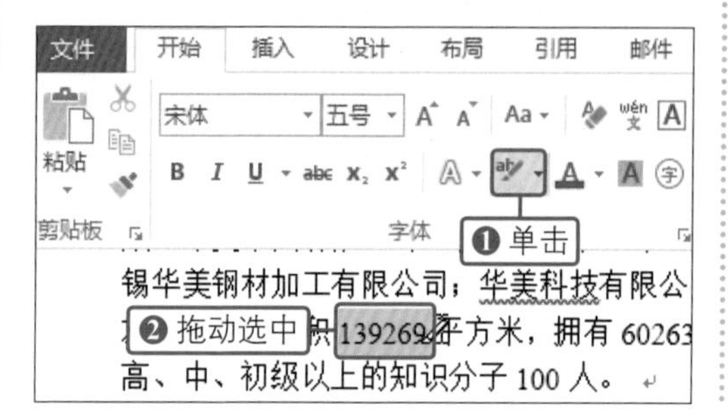

02 显示突出显示文本的效果

释放鼠标，就完成了突出显示文本的标记，在文档中即可看到突出显示后的效果，如下图所示。

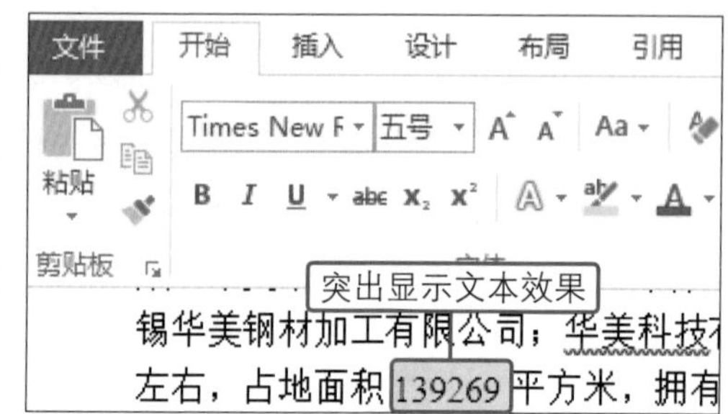

3. 设置文本颜色

不同的文本颜色可以显示出文本的重要性，在Word 2016中可以将文本颜色设置为纯色和渐变色两种效果，这里以纯色的设置为例来进行介绍。

01 设置文本颜色

❶继续上例操作，选中目标文本。❷单击“开始”选项卡下“字体”组中“字体颜色”右侧的下三角按钮。❸展开颜色列表后，单击“绿色”选项，如下图所示。

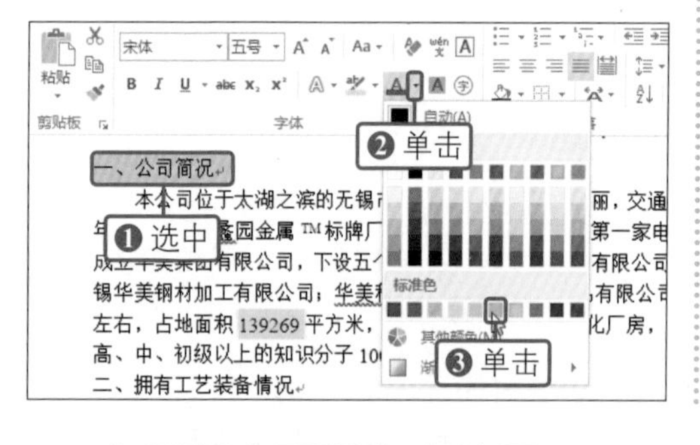

02 显示设置文本颜色的效果

经过以上操作，就完成了为文本设置纯色填充的操作，返回文档中即可看到设置后的效果，如下图所示。

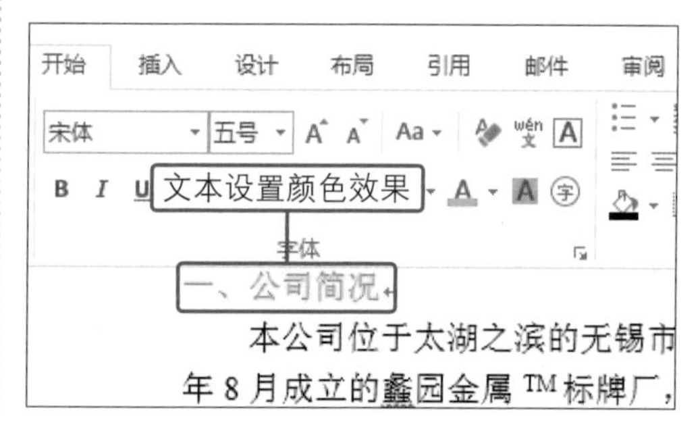

4. 套用程序预设文本效果

Word 2016新增了文本效果功能，且预设了一些文本效果，可直接套用预设效果，并且还可以在套用完毕后，根据需要对文本轮廓、阴影、映像、发光等选项进行更改。

01 选择要套用的文本效果

❶继续上例操作，选择要设置效果的文本。❷单击“开始”选项卡下“字体”组中的“文本效果和版式”按钮。❸在展开的文本效果库中单击合适的样式，如右图所示。

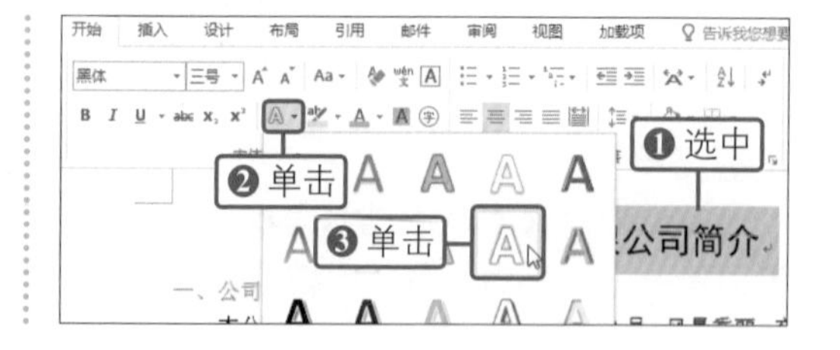

02 设置文本映像效果

❶选择了要使用的文本效果后，再次单击“文本效果和版式”按钮，展开文本效果库，单击“映像”选项。❷展开子列表，单击“全映像，接触”选项，如下图所示。

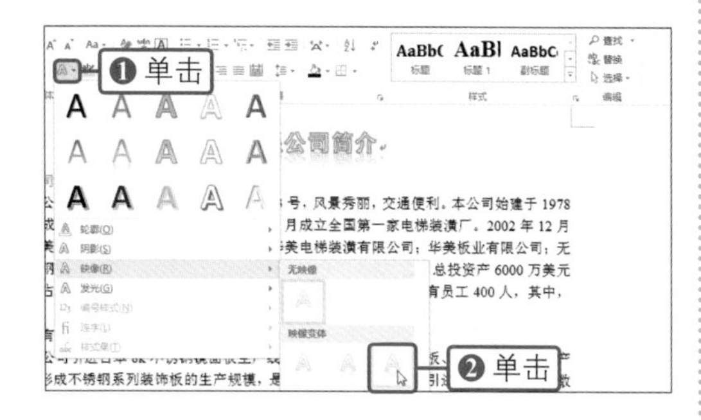

03 设置文本发光效果

❶单击“文本效果和版式”按钮，展开文本效果库后，单击“阴影”选项。❷在展开的列表中单击“透视”组中“左上对角透视”选项，如下图所示。

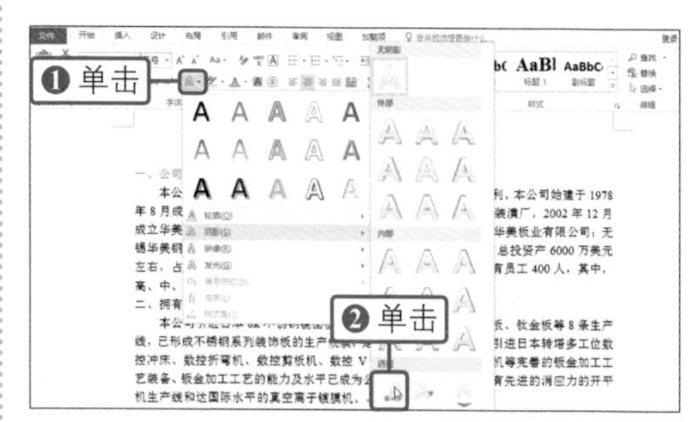

04 显示设置的文本效果

经过以上操作，就完成了为文本设置效果的操作，返回文档中即可看到设置后的效果，如右图所示。

之滨的无锡市华清路 113 号，风景秀丽，交通便
属 TM 标牌厂，1984 年 8 月成立全国第一家电梯

2.2.5 设置字符间距与位置

字符间距是指词组中或一行文本中字符与字符间的距离，Word中设置了标准、加宽、紧缩三种类型，用户也可以根据需要进行自定义设置。而位置则是指文本在该行中的位置，Word中设置了标准、提升、降低三种类型，用户同样可根据需要进行自定义设置。

01 单击“字体”对话框启动器

❶继续上例操作，选中要设置格式的文本。❷单击“开始”选项卡下“字体”组中的对话框启动器，如下图所示。

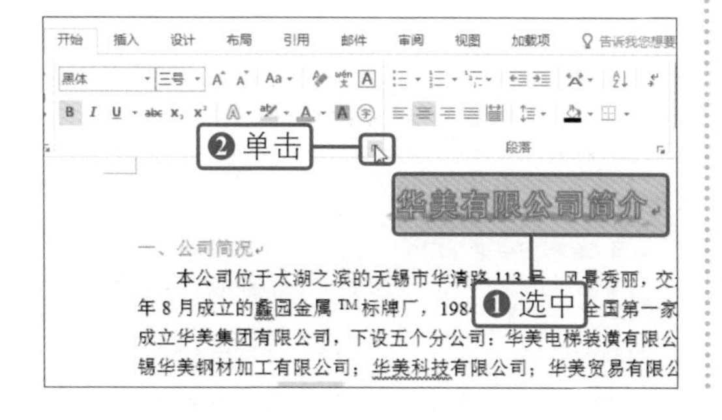

02 选择字符间距选项

❶弹出“字体”对话框，切换到“高级”选项卡。❷单击“间距”右侧的下三角按钮，❸在展开的下拉列表中单击“加宽”选项，如下图所示。

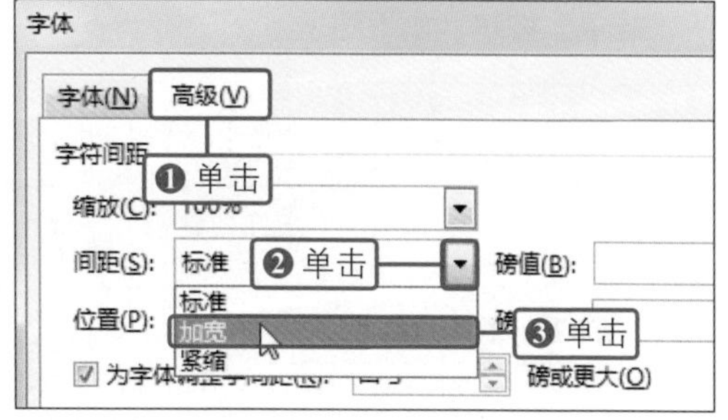

第2章

03 选择字符间距磅值与文本位置

❶在“间距”所对应的“磅值”数值框内输入“5”。❷参照步骤2的操作，将“位置”设置为“降低”，如下图所示。

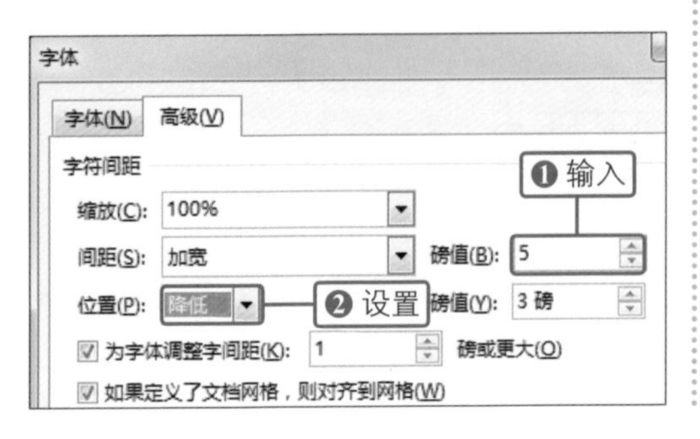

04 显示设置的字符间距与位置效果

单击对话框中的“确定”按钮，返回文档中，即可看到设置后的效果，如下图所示。

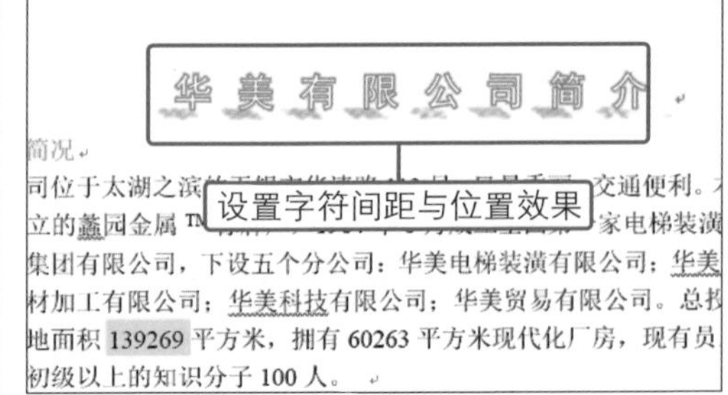

2.3 设置文档段落格式

段落格式包括段落的对齐方式、字符缩进等内容，通过段落格式的设置可以使文档看起来更加整齐、美观。本节将对段落的对齐方式、缩进、项目符号、编号等内容的设置进行介绍。

2.3.1 设置段落对齐方式

段落的对齐方式包括左对齐、居中、右对齐、两端对齐、分散对齐，通常情况下文档的标题为居中对齐，正文内容为两端对齐。下面以居中对齐为例讲解段落对齐的设置方法。

◎ 原始文件：下载资源\实例文件\第2章\原始文件\销售部工作总结.docx
◎ 最终文件：下载资源\实例文件\第2章\最终文件\销售部工作总结.docx

01 设置段落居中对齐方式

❶打开原始文件，选中要设置对齐方式的段落。❷单击“开始”选项卡下“段落”组中的“居中”按钮，如下图所示。

02 显示设置段落对齐方式后的效果

经过以上操作，就完成了将段落的对齐方式设置为居中的操作，效果如下图所示。

销售部工作总结

2015 年在充满挑战和激情工作中即将结束了，一年来，在公司总经理室的指挥下，团险部全体同仁积极领会总经理室工作意图和提示，在市场竞争日趋激烈的环境下努力拓展业务，为完成公司下达的任务……工作作如下总结。

设置对齐方式效果

一、员工管理、业务学习工作

1. 年初按公司总经理室工作意图，在团险部内部人员重新进行配置，积极调动团险业务员和协保员的展业积极性。

2. 制定符合团险实际情况的管理制度，开好部门早会、及时传达上级指示精神，商讨工作中存在的问题，布置学习业务的相关新知识和新承保事项，使业务员能正确引导企业对职工意外险的认识，以减少业务的逆选择，降低赔付率。

3. 加强部门人员之间的沟通，统一了思想和工作方法，督促部门人员做好活动量管理，

补充知识

在设置段落的对齐方式时，也可通过快捷键完成操作，其中【Ctrl+E】键为居中对齐，【Ctrl+L】为左对齐，【Ctrl+R】为右对齐。选中目标段落后，按下相应的快捷键即可完成设置。

2.3.2 设置段落缩进格式与段落间距

Word中段落的缩进格式有首行缩进和悬挂缩进，通常情况下，每个段落会采用首行缩进。段落间距是指各段落间的距离。本小节介绍一下首行缩进与段落间距的设置方法。

01 选择目标单元格

❶继续上例操作，将光标定位在要设置格式的段落内。❷单击“开始”选项卡下“段落”组的对话框启动器，如下图所示。

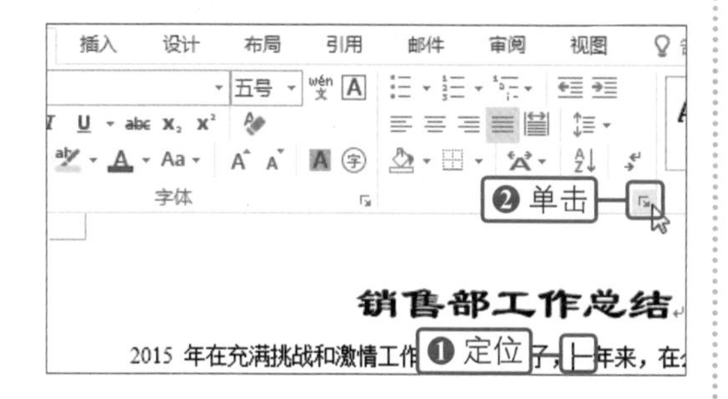

02 设置首行缩进格式

❶弹出“段落”对话框，在“缩进和间距”选项卡下单击“特殊格式”右侧的下三角按钮。❷在展开的下拉列表中单击“首行缩进”选项，如下图所示。

03 设置段落间距

❶单击“间距”下方“段前”数值框右侧的上调按钮，将数值设置为“1行”，按照同样方法，将“段后”也设置为“1”行。❷然后单击“确定”按钮，如下图所示。

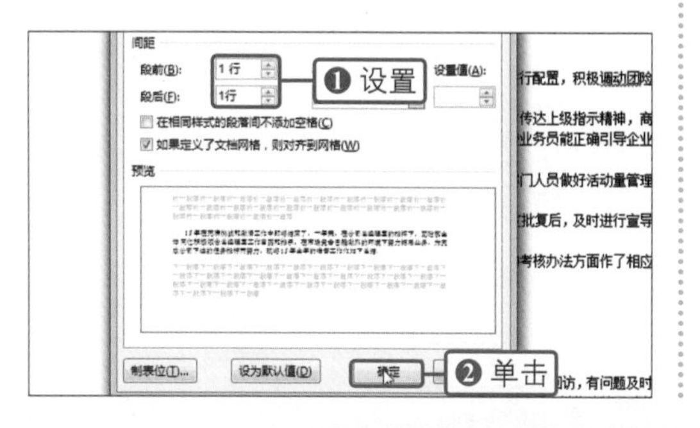

04 显示设置段落缩进与间距效果

经过以上操作，就完成了设置段落的首行缩进与间距的操作，返回文档中即可看到设置后的效果，如下图所示。

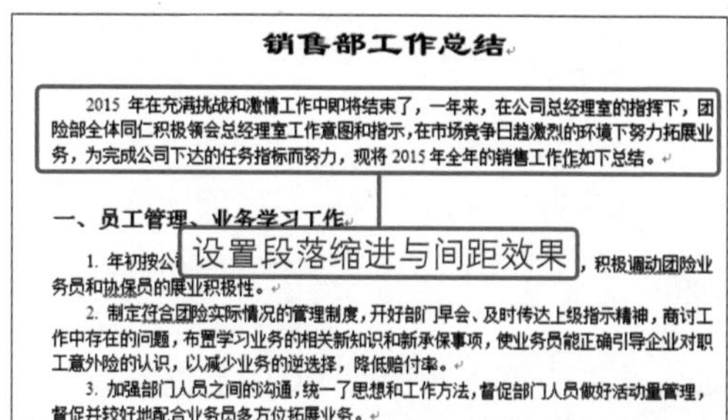

2.3.3 为段落应用项目符号

项目符号是在各项目前标注的符号，添加项目符号可使文档内容条理清晰，也可使文档更美观。为段落应用项目符号时，可直接应用Word项目符号库中的预设的项目符号。

◎ 原始文件：下载资源\实例文件\第2章\原始文件\培训教材.docx
◎ 最终文件：下载资源\实例文件\第2章\最终文件\培训教材.docx

01 单击“项目符号”按钮

❶打开原始文件，选中要添加项目符号的段落。❷单击“开始”选项卡下“段落”组中“项目符号”右侧的下三角按钮，如下图所示。

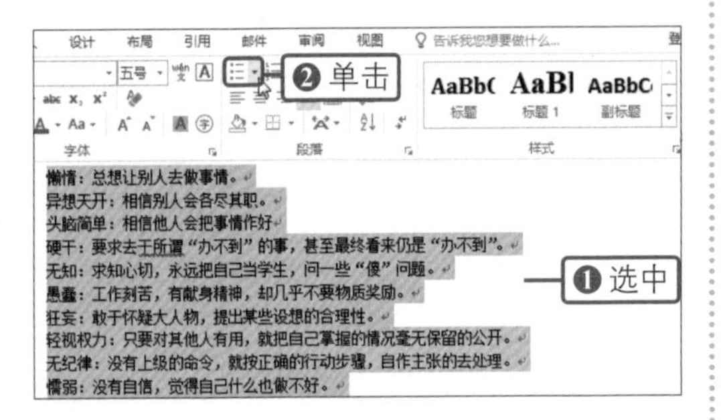

02 选择要使用的项目符号

展开项目符号库后，单击要使用的星形图标，如下图所示。

03 显示应用项目符号后的效果

经过以上操作，就为所选择的段落应用了星形项目符号，返回文档中即可看到设置后的效果，如下图所示。

一、作为一个销售人员必须要克服的问题
✧ 懒惰：总想让别人去做事情。
✧ 异想天开：相信别人会各尽其职。
✧ 头脑简单：相信他人会把事情作好
✧ 硬干：要求去干所谓“办不到”的事，甚至最终看来仍是“办不到”。
✧ 无知：……一些“傻”问题。
✧ 愚蠢：……要物质奖励。
✧ 狂妄：敢于怀疑大人物，提出某些设想的合理性。
✧ 轻视权力：只要对其他人有用，就把自己掌握的情况毫无保留的公开。
✧ 无纪律：没有上级的命令，就按正确的行动步骤，自作主张的去处理。

应用项目符号效果

你问我答

问：怎样选择更多项目符号？

答：为段落添加项目符号时，打开“项目符号库”，单击“定义新项目符号”选项，在弹出的“定义新项目符号”对话框中单击“符号”按钮，弹出“符号”对话框后，选择要做为项目符号的符号，然后依次单击各对话框中的“确定”按钮，就完成了使用更多项目符号的操作。在“定义新项目符号”对话框中，还可以通过单击“图片”按钮获得更多符号。

2.3.4 为段落应用编号

编号是按照一定的顺序给事物编上号数。在Word中为段落应用编号后，接下来为文档添加段落时，会自动继续编号的操作。Word中预设了一些编号样式，设置时可直接套用。

01 选择要使用的编号样式

❶继续上例操作，按住【Ctrl】键不放，依次选择要应用编号的段落。❷单击“开始”选项卡下“段落”组中的“编号”按钮。❸在展开的编号库中单击第二行第一个编号样式，如右图所示。

02 显示应用编号的效果

经过以上操作，就可以为所选择的段落应用编号设置，返回文档中即可看到设置后的效果，如右图所示。

1. 在不能了解客户的真实问题时，尽量让客户说话
多打听一些问题，带着一种好奇的心态，发挥刨根问底的精神，让客户提问题，了解客户的真实需求。而商务沟通管理专家在电话沟通过程中的形式记录客户的牢骚，为事后分析客户的需求留下了第一手的资料，可析客户的详细需求及表述的急切心情，为下一步的销售工作做好了充分的同意客户……
当客……答问题，要感性回避，比如说我感到您……户的戒备心理，让客户感觉到你是和他站在同一个起跑线上。
把握关键问题，让客户具体阐述
"复述"一下客户的具体异议，详细了解客户需求，让客户在关键说明原因。
2. 确认客户问题，并且重复回答客户疑问

应用编号效果

2.4 剪切与复制文本

剪切与复制功能可以帮助用户对文档内容进行移动或重复使用，在很大程度上节约编辑文档所用的时间，以达到高效办公的目的。

2.4.1 剪切文本

剪切文本就是将文本的位置进行移动，当文档中文本的位置需要更改时，就可以通过剪切功能完成操作。

◎ 原始文件：下载资源\实例文件\第2章\原始文件\公司简介.docx
◎ 最终文件：下载资源\实例文件\第2章\最终文件\公司简介2.docx

01 执行剪切命令

❶打开原始文件，选中要剪切的文本，然后右击鼠标。❷在弹出的快捷菜单中单击"剪切"命令，如下图所示。

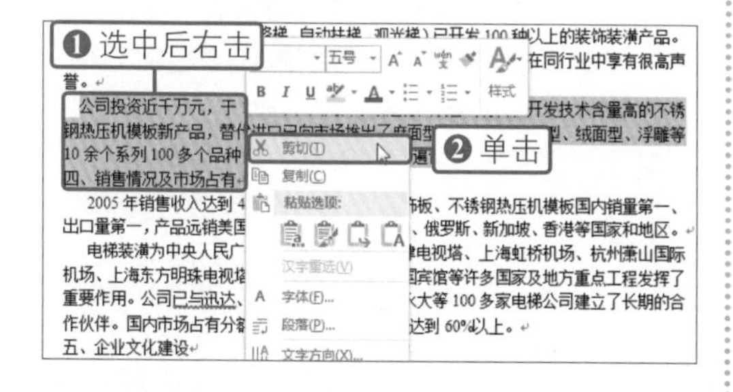

02 执行粘贴命令

❶将光标定位在文本要移动到的位置，然后右击。❷在弹出的快捷菜单中单击"粘贴选项"组中的"保留源格式"命令，如下图所示。

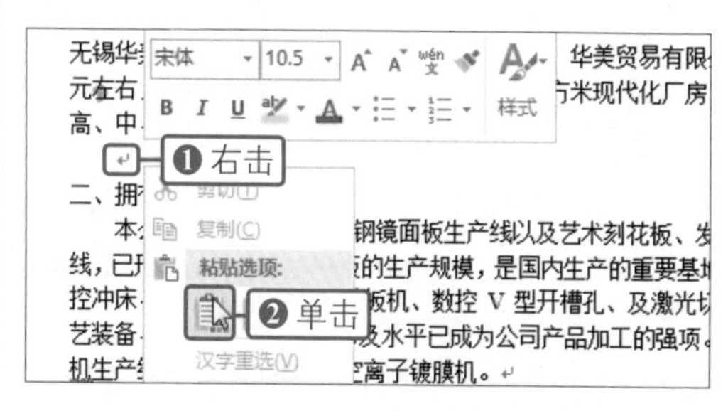

03 显示文本移动效果

经过以上操作后，文本就剪切完成了，如右图所示。文本被剪切到新位置后，原位置就被空了出来。

一、公司简况
本公司位于太湖之滨的无锡市华清路 113 号，风景秀丽，交通便利。本公司始建于 1978 年 8 月成立的鑫园金属 TM 标牌厂，1984 年 8 月成立全国第一家电梯装潢厂。2002 年 12 月成立华美集团有限公司，下设五个分公司：华美电梯装潢有限公司；华美板业有限公司；无锡华美钢材加工有限公司；华……有限公司。总投资产 6000 万美元左右，占地面积 139269 平方米……厂房，现有员工 400 人，其中，高、中、初级以上的知识分子 100 人。
公司投资近千万元，于 1999 年在国内首家引进德国设备与材料，开发技术含量高的不锈钢热压机模板新产品，替代进口已向市场推出了麻面型、木纹型、镜面型、绒面型、浮雕等 10 余个系列 100 多个品种，受到木业加工企业的普遍青睐。
四、销售情况及市场占有
二、拥有工艺装备情况

剪切的文本

技巧提示 剪切与复制命令的快捷键

在执行剪切与复制操作时，可通过快捷键完成操作，其中剪切的快捷键为【Ctrl+X】，复制的快捷键为【Ctrl+C】，而粘贴的快捷键为【Ctrl+V】。

2.4.2 复制文本

需要重复使用文档中的内容时，手动输入会浪费很多时间，此时通过复制功能可以快速完成操作。

01 执行复制命令

❶继续上例操作，选中要复制的文本，然后右击鼠标。❷在弹出的快捷菜单中单击“复制”命令，如下图所示。

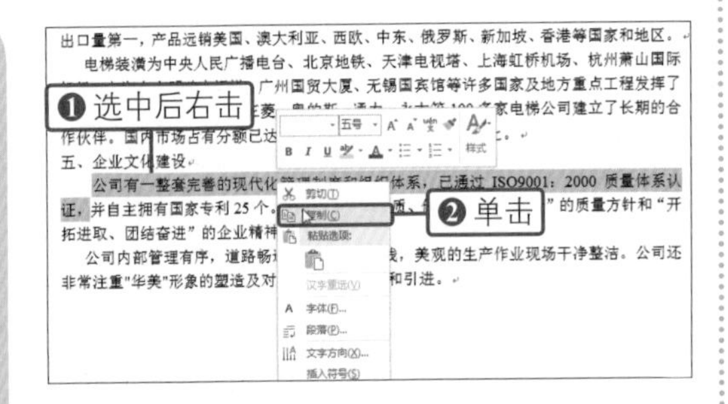

02 执行粘贴命令

❶将光标定位在文本要复制到的位置，再右击鼠标。❷弹出快捷菜单后，单击“粘贴选项”组中的“保留源格式”命令，如下图所示。

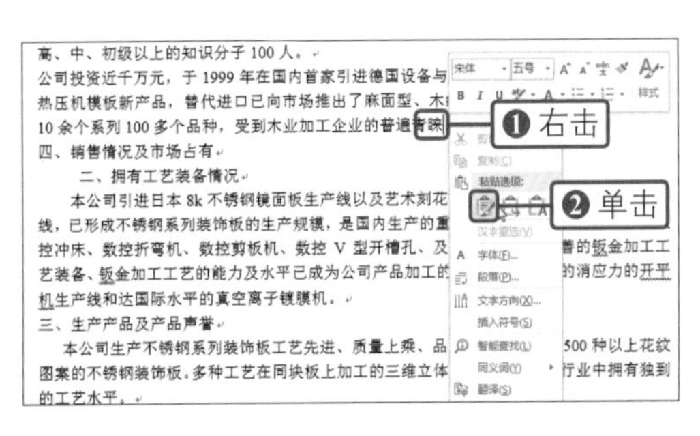

03 显示文本移动效果

经过以上操作，就完成了复制文本的操作，如下图所示。文本被粘贴到新位置后，原位置中的文本保持不变。

复制的文本

技巧提示 认识粘贴选项

复制文本内容后，执行粘贴命令，在快捷菜单的“粘贴选项”组中可以看到“粘贴源格式”“合并格式”和“只保留文本”三个选项，其中“粘贴源格式”是将复制的文本及格式全部粘贴到新位置中，“合并格式”是将复制的文本格式与粘贴到的位置中的格式合并在一起，而“只保留文本”则是指复制的文本内容不使用任何格式，直接粘贴到新位置中。

知识进阶 自定义设置文字的渐变填充效果

Word 2016 新增了文字编辑功能，文档中新增加了文本效果选项，可以对普通文本的填充、轮廓、发光等效果进行设置。除了使用这些文本效果外，还可以通过“字体”对话框自定义设置文字的渐变填充效果。

扫码看视频

◎ 原始文件：下载资源\实例文件\第2章\原始文件\名片.docx

◎ 最终文件：下载资源\实例文件\第2章\最终文件\名片.docx

01 单击对话框启动器

❶打开原始文件，选中要设置文字效果的文本。❷单击“开始”选项卡下“字体”组的对话框启动器，如下图所示。

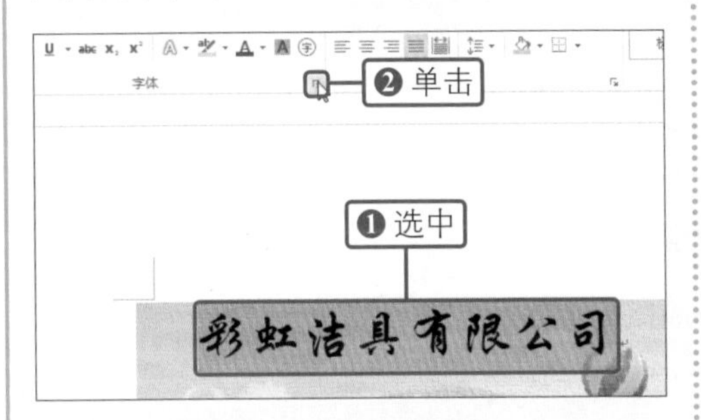

02 弹出“字体”对话框

弹出“字体”对话框，单击对话框下方的“文字效果”按钮，如下图所示。

03 选择渐变填充样式

❶弹出“设置文本效果格式”对话框，在“文本填充”组中单击“渐变填充”单选按钮，❷单击“预设渐变”按钮。❸展开的下拉列表中单击任一填充样式，如下图所示。

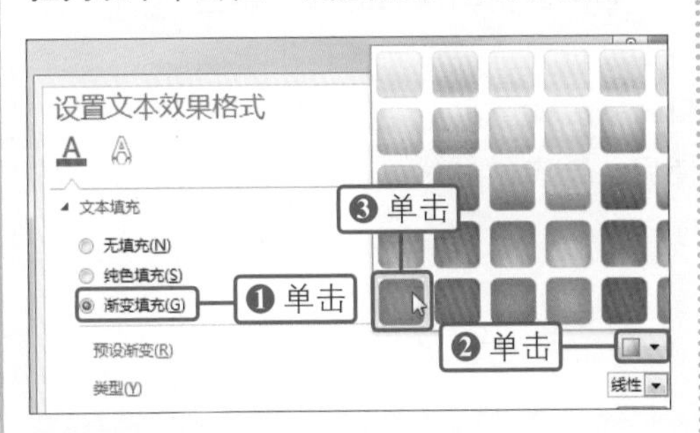

04 单击“方向”按钮

❶选择了渐变填充的预设颜色后，单击“方向”按钮，展开下拉列表。❷在列表中单击合适的样式，如下图所示，最后单击“确定”按钮。

05 单击“确定”按钮

返回“字体”对话框，单击“确定”按钮，如下图所示。

06 显示设置效果

以上操作完成了自定义设置渐变颜色，返回文档中看到设置后的效果，如下图所示。

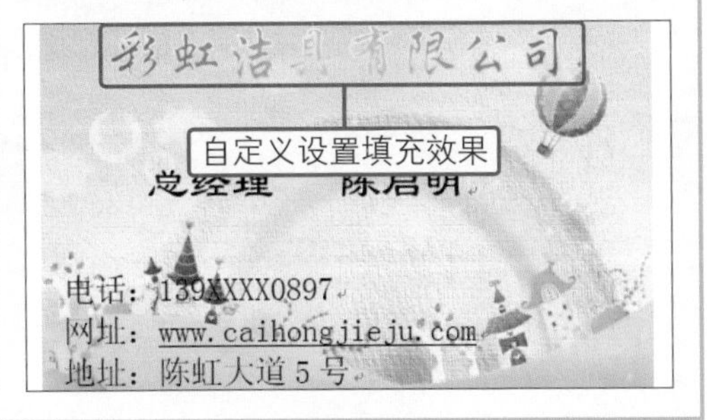

第2章

第3章

3 插图与表格的应用

插图是指穿插在文字中间用以说明文字内容的图画或图形。插图可对文档中的文本内容进行更加形象的说明，同时加强文档的感染力和美观性。表格是按照项目进行划分的单元格，用于显示数字和其他项，以便快速引用和分析。本章将介绍图表、自选图形、SmartArt 图形以及表格的使用。读者通过对这些内容的学习，可以制作出更加生动、简明的文档。

- 使用图片制作图文并茂的文档
- 应用自选图形
- 使用SmartArt图形解析循环关系
- 表格的应用

3.1 使用图片制作图文并茂的文档

图片可以对文档内容进行更加生动、直观的说明。在Word 2016中，设置图片格式时，除了设置图片形状、裁剪图片等内容外，还新增加了应用艺术效果、删除图片背景等功能，使用户对图片的应用更加得心应手，从而制作出更加出色的文档。

◎ 原始文件：下载资源\实例文件\第3章\原始文件\培训计划书.docx、酒店.bmp
◎ 最终文件：下载资源\实例文件\第3章\最终文件\培训计划书.docx

3.1.1 为文档插入图片

在Word 2016中插入图片有多种方法，本小节以插入计算机中的图片以及手动截取画面为例，来介绍一下插入图片的具体操作。

1. 插入计算机中的图片

图片是图画、照片、拓片等的统称，包括JPG、BMP、PNG等多种格式。获取图片的途径很多，可以使用相机拍摄，可以自己制作，也可以从网站中下载。将图片添加到计算机中后，就可以插入到Word文档中了。

01 单击“图片”按钮

❶打开原始文件，将光标定位到要插入图片的位置。❷切换至“插入”选项卡下。❸单击“插图”组中的“图片”按钮，如下图所示。

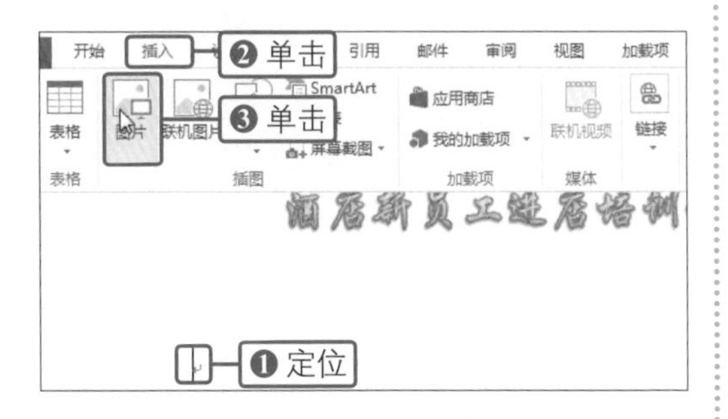

02 选择要插入的图片

❶弹出“插入图片”对话框，选择图片所在路径。❷单击目标图片，如下图所示，然后单击“插入”按钮。

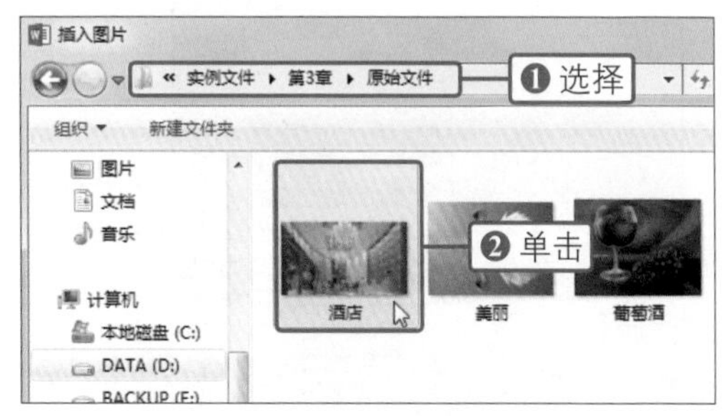

03 显示插入图片的效果

返回文档中，在光标所在位置就可以看到插入的图片，如右图所示。

第3章

2. 截取屏幕画面

截取屏幕画面这个功能可以将系统当前打开的程序画面截取到文档中。截取屏幕画面时，可以直接截取整个屏幕的画面，也可以自定义设置截取画面的大小，这里以自定义截取画面为例来进行介绍。

01 单击“屏幕剪辑”选项

❶打开要截取画面的程序，并在Word文档中定位好光标。❷单击“插入”选项卡下“插图”组中的“屏幕截图”按钮。❸展开列表后单击“屏幕剪辑”选项，如下图所示。

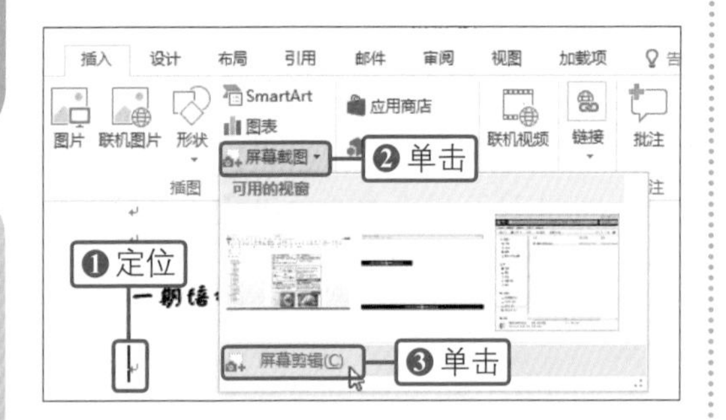

02 选择截图的程序

迅速将鼠标移动到系统任务栏中要截取画面的程序图标处，单击图标激活该程序，如下图所示。

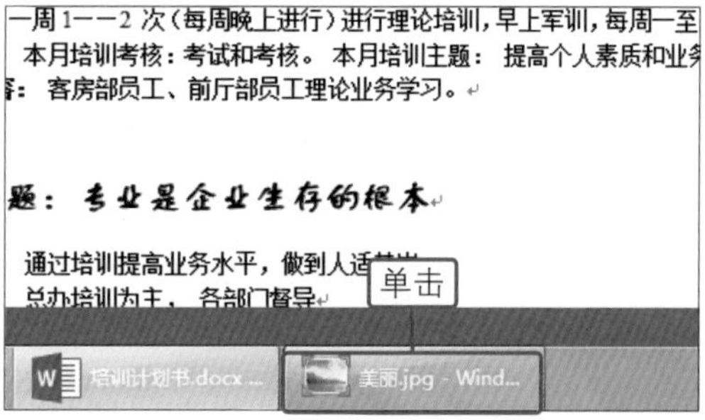

03 截取画面

切换到要截图的画面后，等待几秒，画面就会呈半透明状态，在要截图的位置处拖动鼠标，选中要截取的范围，如下图所示。

04 显示截取的画面效果

将要截取的范围选择好后，释放鼠标，返回文档中，就完成了截图的操作，所截取的图片自动插入到文档中光标所在位置处，如下图所示。

补充知识

当需要截取某个打开的程序窗口时，在文档中定好光标的位置后，在“插入”选项卡下的“插图”组中单击“屏幕截图”按钮，在展开列表中的可用视窗库中单击该窗口的缩略图即可。

3.1.2 调整图片大小和位置

将图片插入到文档中后，Word 2016会根据文档页面以及图片的容量，对图片大小进行默认的设置，在后期的编辑过程中，可根据需要对图片的大小和位置进行调整。

01 调整图片大小

❶选中目标图片。❷切换到“图片工具-格式”选项卡，在“大小”组的“高度”数值框内输入“6”，然后单击文档中的任意位置，完成图片大小的调整，如下图所示。

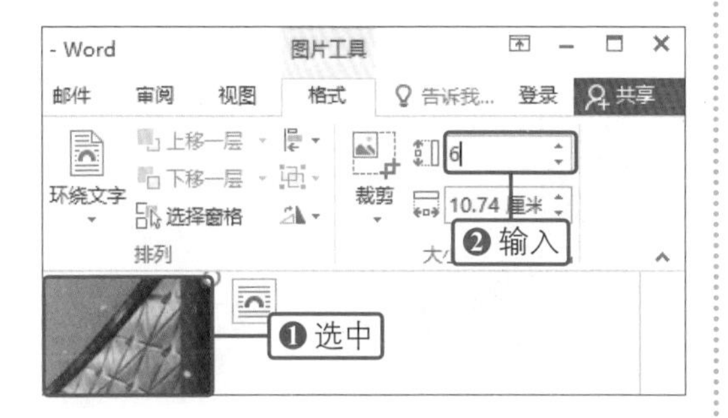

02 设置图片位置

❶调整了图片大小后，单击“排列”组中的“位置”按钮。❷在展开的下拉列表中单击“底端居中，四周型文字环绕”图标，如下图所示。

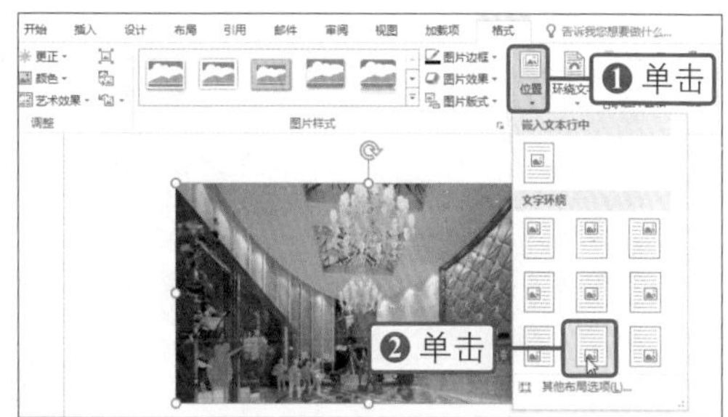

03 显示调整图片大小与位置的效果

经过以上操作，就完成了调整图片大小与位置的操作，如下图所示。

技巧提示 手动调整图片大小

在调整图片大小时，除了本节中介绍的方法外，还可以手动进行设置。选中目标图片后，在图片四周可以看到 8 个控点，将鼠标指针指向目标控点后，向外或向内拖动鼠标，即可调整图片大小。拖动图片左右两侧的控点，可以调整图片的宽度；拖动图片上下方向的控点，可以调整图片的高度；拖动图片四个角的控点，可以按比例调整图片大小。

第3章

3.1.3 裁剪图片

通过裁剪图片功能，可以将图片的范围、形状或比例按照需要的大小进行裁剪，裁剪后的图片将更加规范、美观。

1. 按比例裁剪图片

按比例裁剪图片包括方形、横向、纵向三种选项，每种选项下预设了一些设置好的裁剪比例，裁剪时，选择相应的比例，然后对裁剪的区域进行设置，即可完成裁剪操作。

01 选择裁剪的比例

❶选中目标图片。❷单击“图片工具-格式”选项卡下“大小”组中的“裁剪”按钮，❸在展开的下拉列表中单击“纵横比”选项，弹出子列表后，单击“16：9”选项，如右图所示。

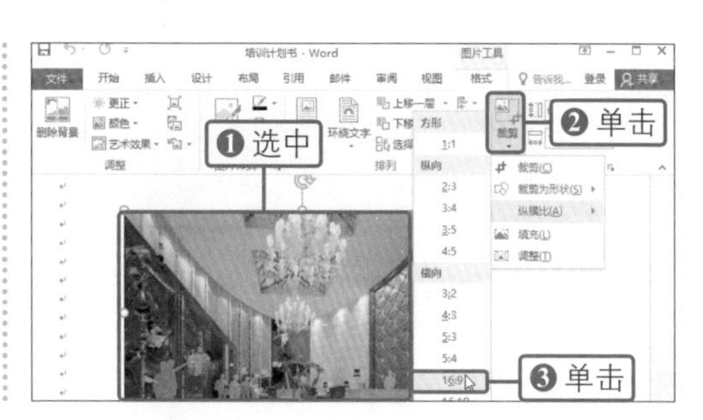

02 调整图片裁剪的位置

选择了图片裁剪的比例后，图片中会显示出裁剪后的效果，将鼠标指针指向图片，当鼠标指针变成双向的十字箭头形状时，向右拖动鼠标，调整图片的裁剪范围，如下图所示。

03 显示图片裁剪效果

设置好图片的裁剪范围后，单击文档任意位置，就完成了按比例裁剪图片的操作，如下图所示。

2. 将图片裁剪为不同形状

对于一些具有艺术效果的图片，可以将其裁剪为不同的形状，这样既可以保证图片的美观，又可以让文档效果更加丰富。

01 调整目标图片大小

参照前面的操作，将要裁剪的图片调整至合适大小，如下图所示。

02 单击“裁剪”按钮

选中图片，单击“图片工具-格式”选项卡下“大小”组中的“裁剪”下三角按钮，如下图所示。

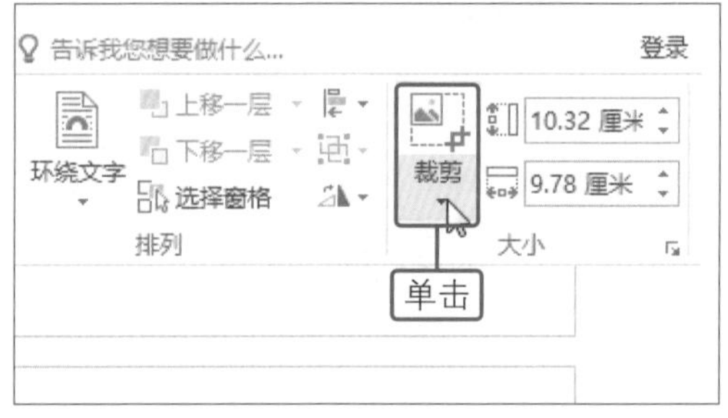

03 选择裁剪的形状

❶展开下拉列表后，单击“裁剪为形状”选项，❷展开子列表后，单击“基本形状”组中的“心形”选项，如下图所示。

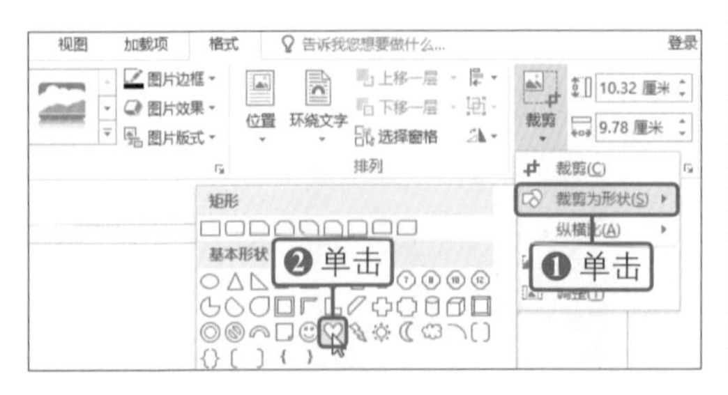

04 显示裁剪为形状后的效果

经过以上操作，图片已被裁剪为所选的“心形”形状，如下图所示。

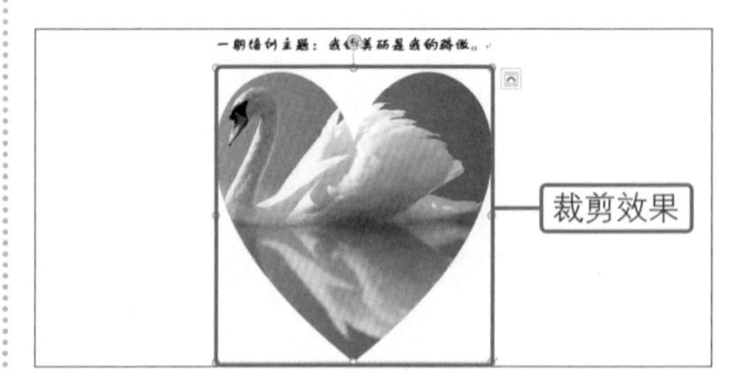

3.1.4 为图片应用艺术效果

艺术效果是Word 2016的一种图片处理效果。一张普通的图片经过艺术效果的装饰后，可以转换为油画、纹理化或其他的风格。Word 2016的艺术效果包括标记、铅笔灰度、铅笔素描等23种，下面以塑封为例介绍艺术效果的具体应用。

01 选择要应用的艺术效果

❶选中目标图片，切换到“图片工具-格式”选项卡。❷单击“调整”组中的“艺术效果”按钮。❸在展开的效果库中单击“塑封”图标，如下图所示。

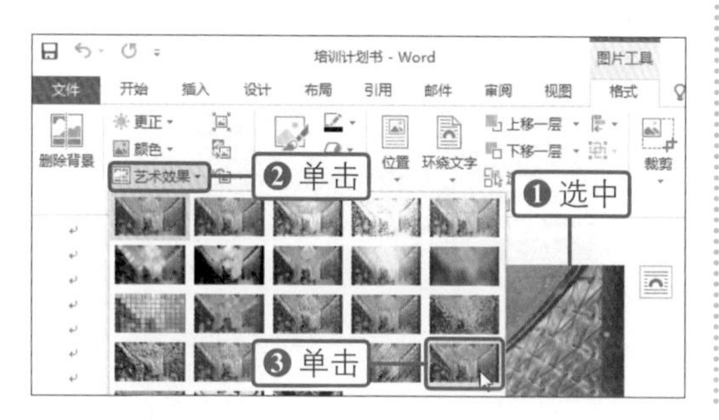

02 显示应用的艺术效果

经过以上操作，就完成了为图片应用“塑封”艺术效果的操作，可按照类似方法为图片应用其他艺术效果，如下图所示。

技巧提示 取消艺术效果的应用

选中应用了艺术效果的图片，切换到“图片工具-格式”选项卡，单击“调整”组中的“艺术效果”按钮，在展开的库中单击第一个“无”选项，即可取消应用的艺术效果。

你问我答

问： 能否对一张图片叠加应用多种艺术效果？

答： 不能。一次只能将一种艺术效果应用于图片，对图片应用新的艺术效果将会删除之前应用的艺术效果。

3.1.5 删除图片背景

利用“删除图片背景”功能，可以将图片中不需要的部分删除为透明效果。在删除时，可根据需要对删除的范围进行调整，并可以通过添加删除点来对要删除的内容进行精确设置。

01 单击“删除背景”按钮

❶参照前面的操作，将目标图片插入到文档中，调整到合适大小，并选中。❷单击“图片工具-格式”选项卡下“调整”组中的“删除背景”按钮，如右图所示。

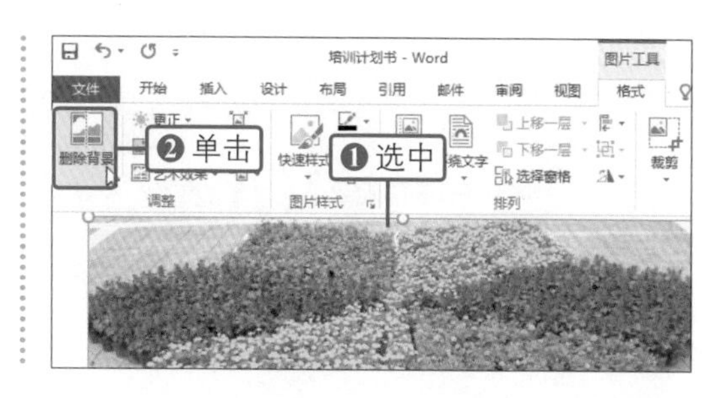

第3章

02 设置删除背景的范围

进入删除背景界面后，被删除的部分显示为洋红色，将鼠标指针指向图片左上角的控点，当鼠标指针变成十字箭头形状时，向外拖动鼠标，至图片最外边缘后释放鼠标，如右图所示。

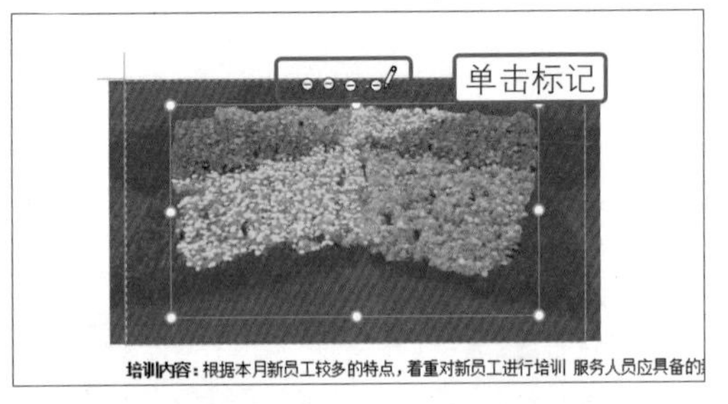

03 单击“标记要删除的区域”按钮

然后单击“背景消除”选项卡下“标记要删除的区域”按钮，如下图所示。

04 精细标记要删除的位置

鼠标指针变成铅笔形状后，在图片中要删除的位置依次单击进行标记，如下图所示。

05 对删除背景的操作进行保留

将图片中需要删除的部分全部标记完毕后，单击“背景消除”选项卡下“关闭”组中的“保留更改”按钮，如下图所示。

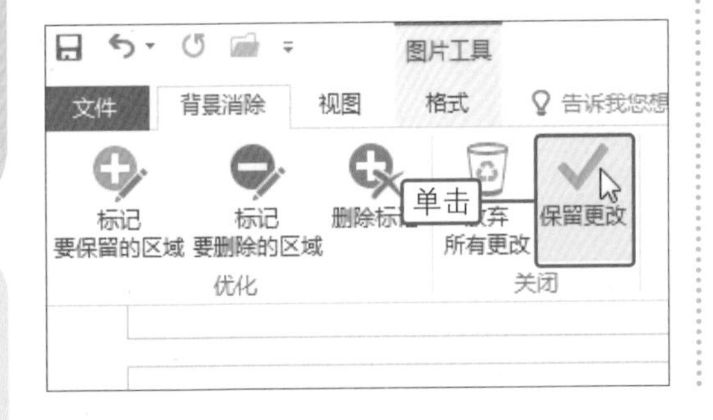

06 显示删除图片背景后的效果

经过以上操作，就完成了删除图片背景的操作，效果如下图所示。

删除背景效果

培训内容：根据本月新员工较多的特点，着重对新员工进行培训 服务人员应具备的

技巧提示 取消删除背景

选中应用了删除背景的图片，切换到“图片格式 - 工具”选项卡，单击“调整”组中的“删除背景”按钮，进入删除背景界面后，单击“背景消除”选项卡下的“放弃所有更改”按钮，即可恢复被删除的背景。

3.1.6 套用图片样式

样式是若干种格式的集合，图片的样式包括边框颜色、边框粗细、边框样式、棱台、阴影、发光等效果，Word 2016中预设了一些经典的图片样式，可直接套用。

01 单击“图片样式”框右侧快翻按钮

❶选中目标图片，切换到“图片工具-格式”选项卡。❷单击“图片样式”组中列表框右下角的快翻按钮，如下图所示。

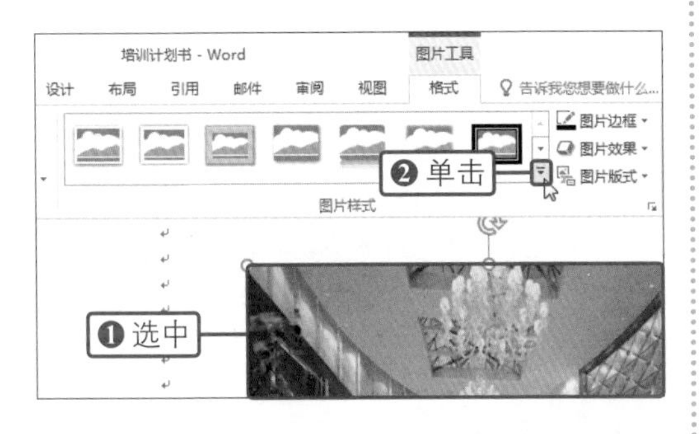

02 选择要套用的图片样式

在展开的图片样式库中单击“柔化边缘，椭圆”选项，如下图所示。

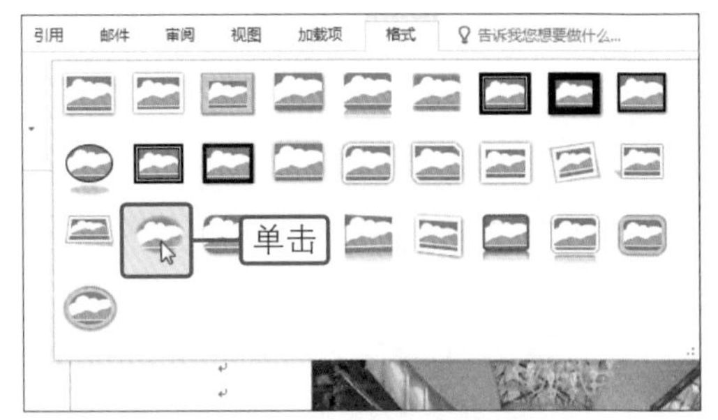

03 显示套用图片样式的效果

经过以上操作，就完成了套用图片样式的操作，如右图所示。

3.2 应用自选图形

自选图形是指一组现成的形状，通过对这些图形的绘制、编辑、组合以及在图形中添加文字等操作，可以制作出美观且专业的流程图、结构图等图形组合。

◎ 原始文件：下载资源\实例文件\第3章\原始文件\电子公司出货流程.docx

◎ 最终文件：下载资源\实例文件\第3章\最终文件\电子公司出货流程.docx

3.2.1 插入自选图形

自选图形包括线条、矩形、基本形状、箭头总汇、公式形状、流程图、星与旗帜、标注八种类型，每种类型下又包括若干个自选图形样式，可根据需要为文档插入相应的图形。

技巧提示 删除插入到文档中的自选图形

如果需要删除插入到文档中的自选图形，可选中目标图形，按下【Delete】键，即可完成删除操作。

01 选择要插入的自选图形

❶打开原始文件，切换到“插入”选项卡，单击“插图”组中的“形状”按钮。❷展开形状样式库后，单击“基本形状”组中的“棱台”选项，如下图所示。

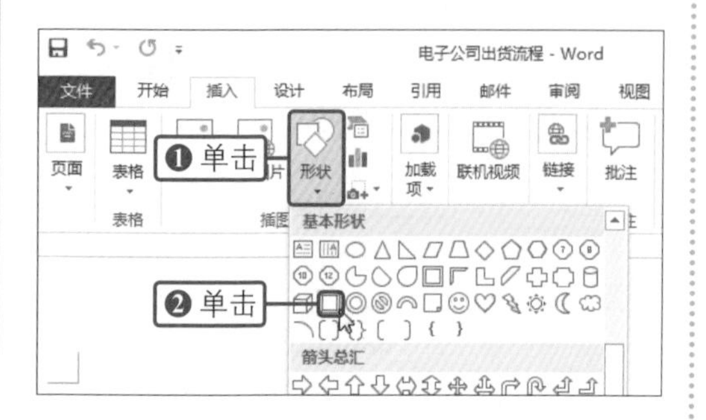

02 绘制自选图形

选择了要插入的图形后，将鼠标指针指向文档中要绘制自选图形的位置，当鼠标指针变成十字形状后，拖动鼠标，绘制需要的自选图形，如下图所示。

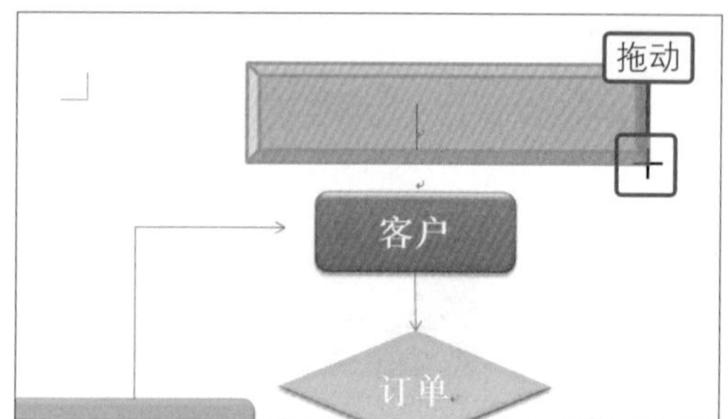

03 显示绘制的图形效果

经过以上操作后，在文档即可看到绘制的棱台形状的自选图形，如右图所示。

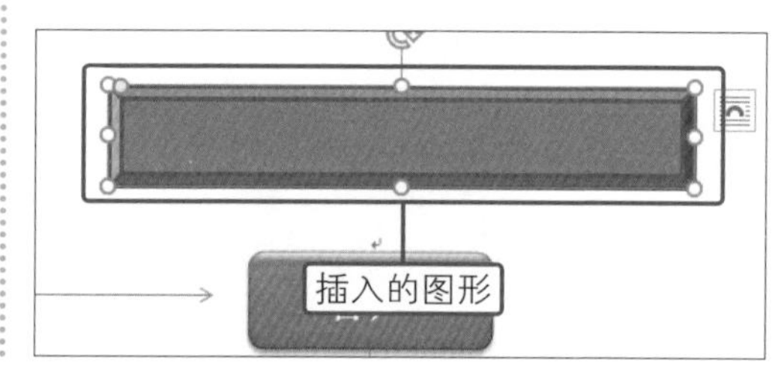

3.2.2 为图形添加文字

在默认的情况下，自选图形中只有两种文本框，当需要使用更多形式的文本框时，可以直接为插入的形状添加文字，将其转化为文本框。

01 执行“添加文字”命令

❶右击要添加文字的图形。❷在弹出的快捷菜单中单击“添加文字”命令，如下图所示。

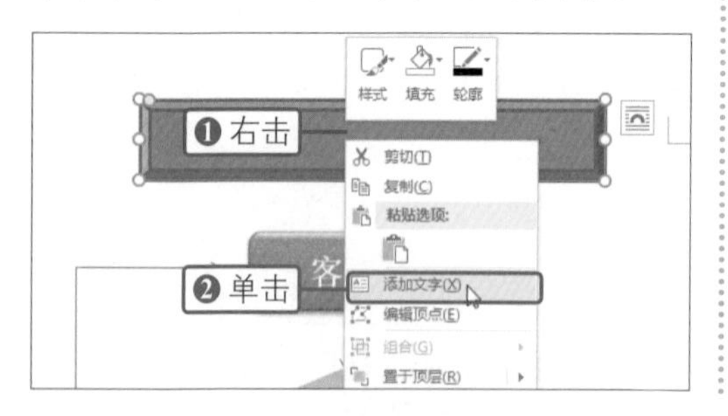

02 为形状输入文字内容

此时光标就会显示在形状中，直接输入需要的文字内容即可完成操作，如下图所示。

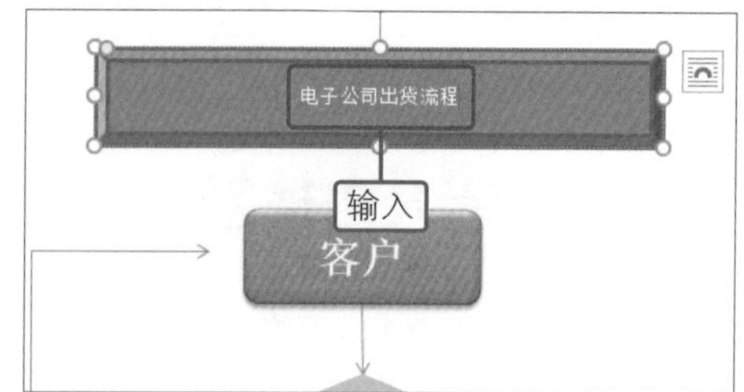

3.2.3 更改图形形状

将自选图形插入到文档中后，如果发现应该使用另外一种形状时，可直接对图形的形状进行更改。

01 选择要更改的形状

❶选中要更改的形状。❷切换到“绘图工具-格式”选项卡，单击“插入形状”组中的“编辑形状”按钮。❸展开下拉列表后，单击“更改形状”选项，弹出子列表，单击“流程图”组中的“资料带”形状图标，如下图所示。

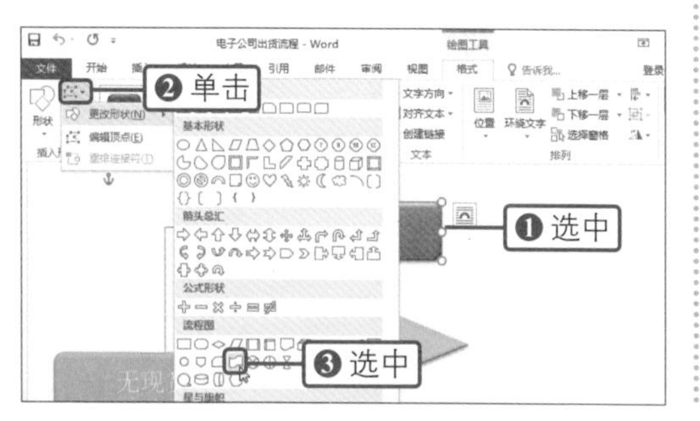

02 显示更改形状的效果

经过以上操作，就完成了更改自选图形形状的操作，由于形状发生了变化，图形中文字的显示效果也会发生一些变化，可根据需要对形状的大小进行调整，如下图所示。

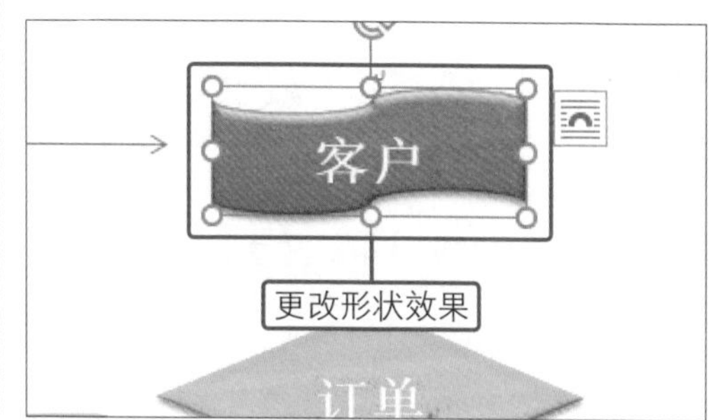

3.2.4 套用形状样式

为了使形状图形更加美观，可以对形状图形的样式进行设置，Word 2016中预设了一些集合填充颜色、轮廓设置、棱台等多种格式的样式，可直接套用预设的形状样式，快速设置专业、美观的形状效果。

01 单击“形状样式”框的快翻按钮

❶选中要设置样式的形状。❷切换到“绘图工具-格式”选项卡下，单击“形状样式”组中的快翻按钮，如下图所示。

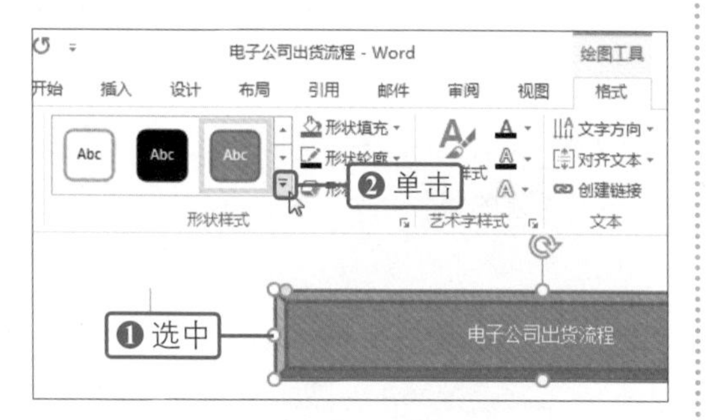

02 选择要使用的形状样式

展开形状样式库后，单击“强烈效果-红色，强调颜色2”图标，如下图所示。

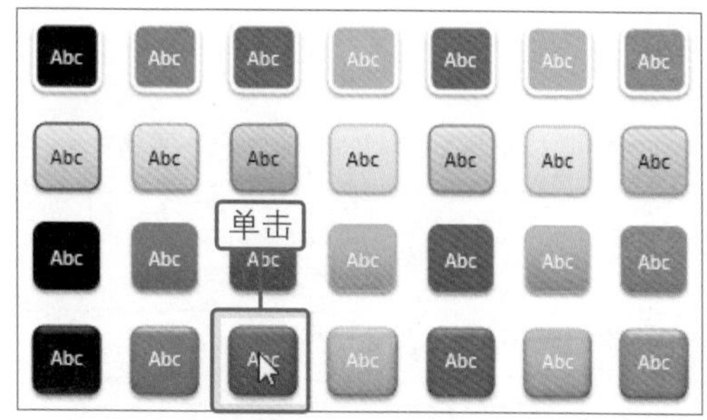

03 显示套用形状样式的效果

经过以上操作，就完成了套用形状样式的操作，可按照类似方法为自选图形套用其他形状样式，如右图所示。

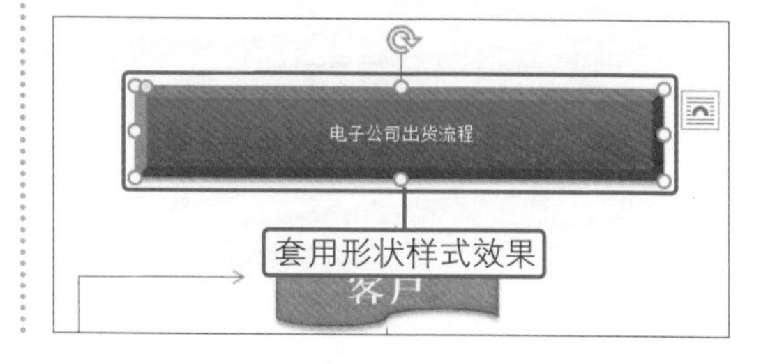

第3章

你问我答

问：能不能自定义设置形状样式？

答：能，如果形状样式库中预设的形状样式不能满足用户的需要，可在选中目标图形后，切换到“绘图工具-格式”选项卡，通过“形状样式”组中的“形状填充”按钮，可对图形的填充颜色、效果进行设置；通过“形状轮廓”按钮，可对形状的轮廓颜色、粗细、虚线样式以及箭头效果进行设置；通过“形状效果”按钮，可对图形的阴影、映像、发光、柔化边缘、棱台、三维旋转等效果进行设置。

3.2.5 设置形状中文字的格式

为形状添加了文字内容后，Word 2016会为文字内容应用默认的格式，为了使图形效果更加美观，可对形状中的文字格式进行设置，仍然可以直接套用Word 2016中预设的艺术字样式。

01 单击“艺术字样式”组的快翻按钮

❶选中要设置文字格式的图形。❷单击“绘图工具-格式”选项卡下“艺术字样式”组中的快翻按钮，如下图所示。

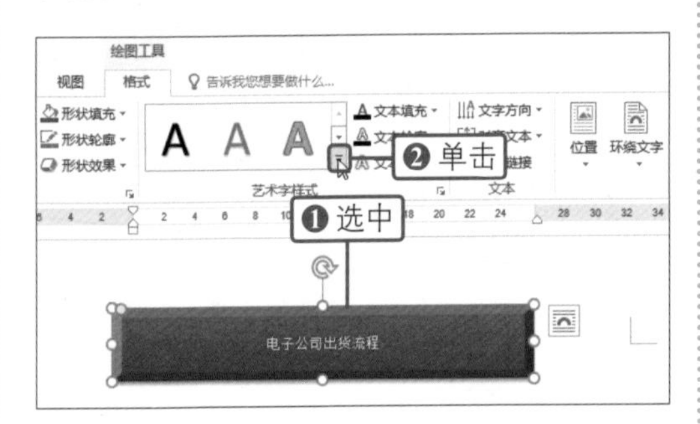

02 选择要使用的艺术字样式

在展开的艺术字样式库中单击合适的样式，如下图所示。

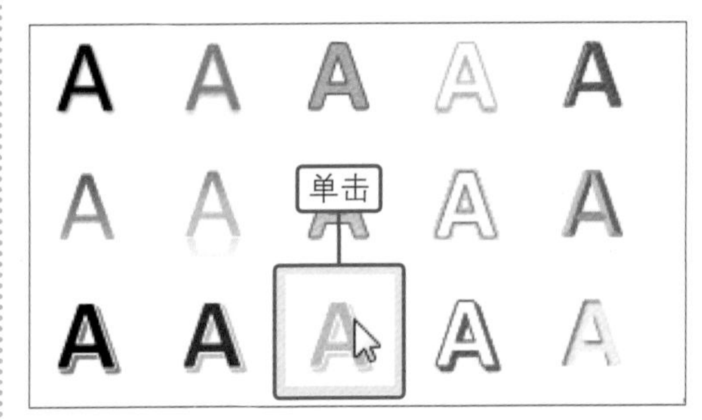

03 设置字体格式

❶切换到“开始”选项卡。❷在“字体”组中设置“字体”为“隶书”、“字号”为“二号”，如下图所示。

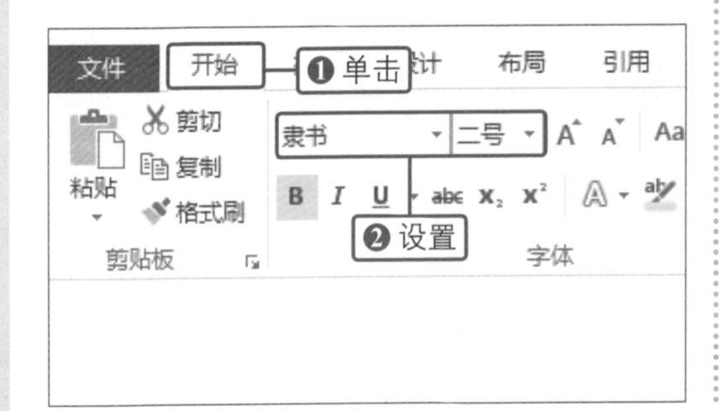

04 显示设置形状内文字格式的效果

经过以上操作，就完成了为形状中的文字设置格式效果的操作，如下图所示。

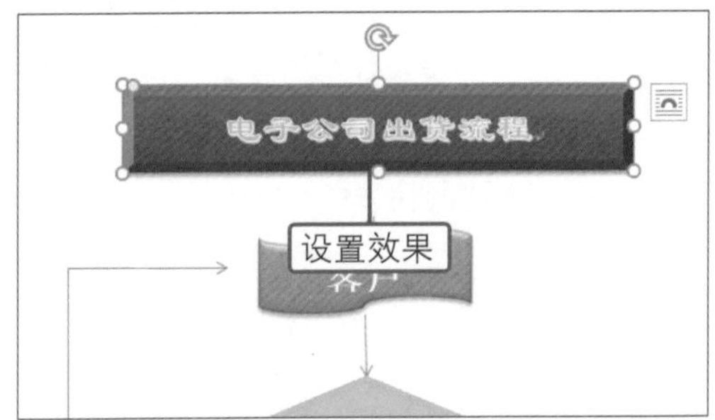

3.2.6 组合图形

组合图形，就是将若干个独立的图形组合为一个形状组，将图形组合后，只要移动其中任意一个图形，整个图形组都会被移动，相应的，为其中一个图形设置了格式效果后，整个图形组都会应用同样的设置。组合的图形具有方便移动、统一管理的特点。

01 执行组合形状命令

❶按住【Ctrl】键不放，将鼠标指针指向要选中的图形的边缘处，当鼠标指针变成双向十字箭头指针形状时，单击选中该形状，按照同样方法将所有需要组合的图形选中。右击选中的任意一个形状，❷在弹出的快捷菜单中执行“组合>组合”命令，如右图所示。

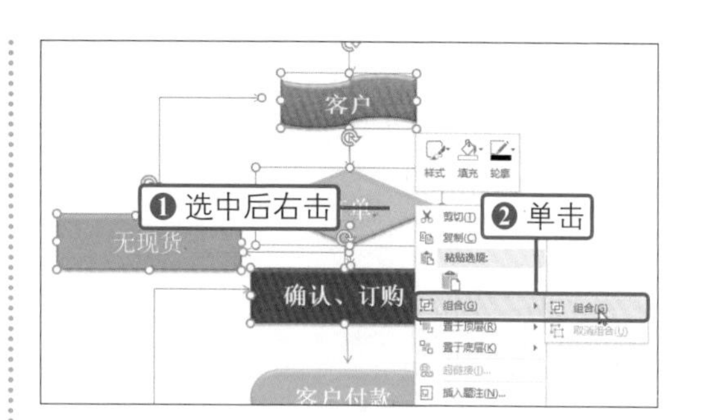

02 显示组合效果

经过以上操作，即可将所选择的图形组合在一起，单击任意一个形状的边缘处，都可以选中形状组，如右图所示。

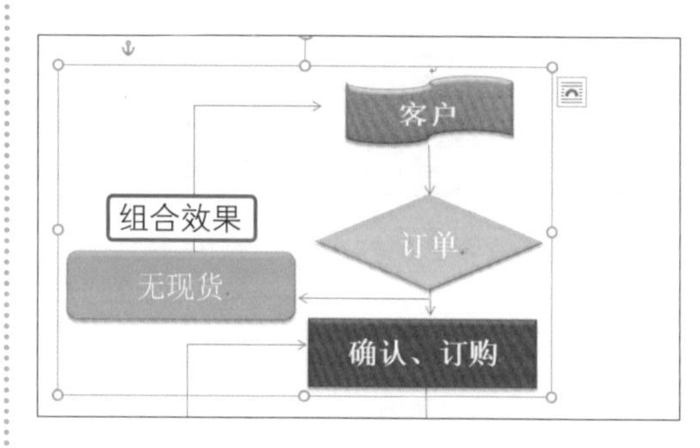

技巧提示 取消形状的组合

需要取消组合时，可右击组合中任意一个形状的边缘处，在弹出的快捷菜单中执行“组合 > 取消组合”命令，即可取消形状的组合。

第3章

3.3 使用SmartArt图形解析循环关系

SmartArt图形是图形和文字的组合，具有专业、美观、智能的特点，包括流程图、结构图等多种类型。可以用SmartArt图形轻松地制作出专业的图形。

3.3.1 插入SmartArt图形并添加内容

Word 2016中包括列表、流程、循环、层次结构、关系、矩阵、棱锥图、图片八种类型的SmartArt图形，可根据需要，为文档插入相应的SmartArt图形。

◎ 原始文件：下载资源\实例文件\第3章\原始文件\葡萄酒.bmp
◎ 最终文件：下载资源\实例文件\第3章\最终文件\葡萄酒.docx

01 单击“SmartArt”按钮

❶在打开的文档中定好光标的位置。❷切换到“插入”选项卡。❸单击“插图”组中的“SmartArt”按钮，如下图所示。

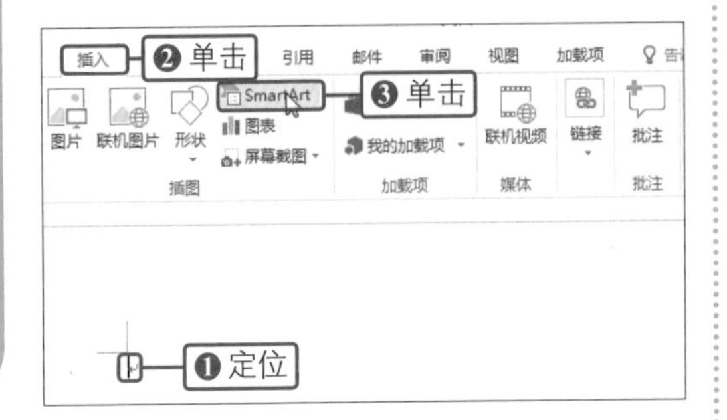

02 选择要插入的SmartArt图形

❶弹出“选择SmartArt图形”对话框后，单击“图片”标签。❷然后单击图形列表框中的“圆形图片标注”选项，如下图所示。最后单击“确定”按钮。

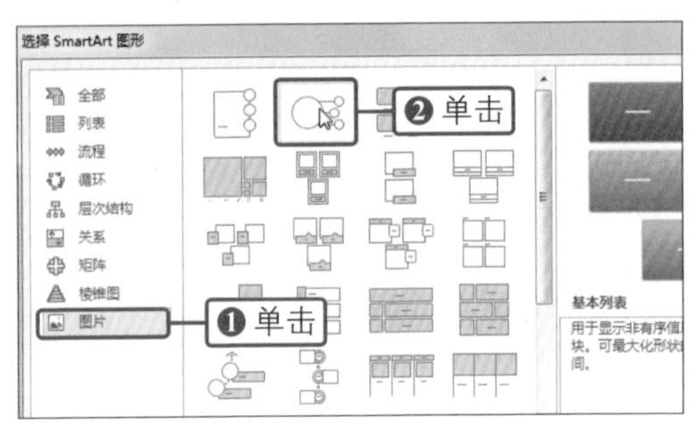

03 单击图片占位符

此时即可在文档中看到已插入的“圆形图片标注”图形，单击目标形状中的图片占位符可为图形添加图片，如下图所示。

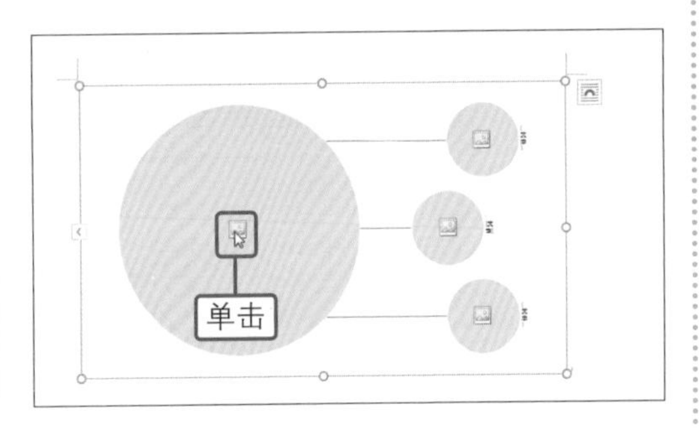

04 选择要添加的图片

❶弹出“插入图片”对话框，选择目标图片所在路径。❷单击选中目标图片，如下图所示，最后单击“插入”按钮。

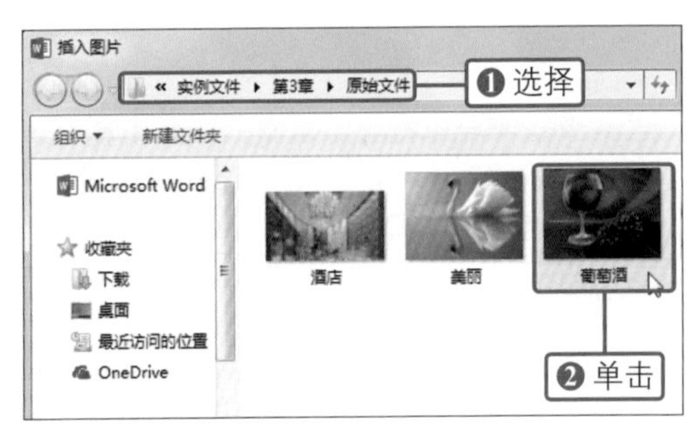

05 打开文本窗格

为图形添加了图片后，单击图形左侧的折叠按钮，如下图所示。

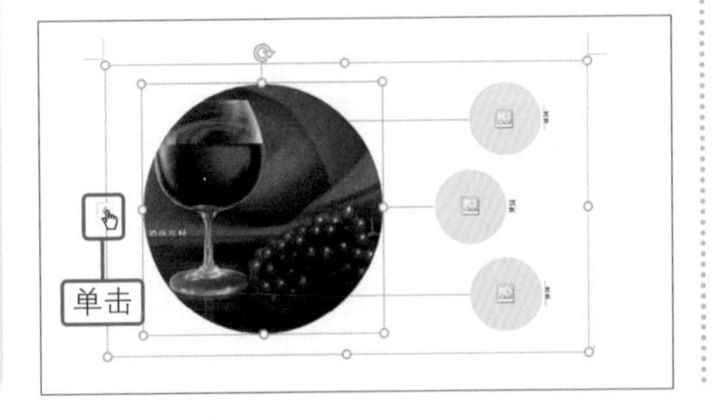

06 添加需要的文本内容

❶打开文本窗格后，将光标定位在目标位置，然后输入需要的文本内容。❷输入完毕后，单击窗格右上角的“关闭”按钮，就完成了为该形状添加内容的操作，如下图所示。

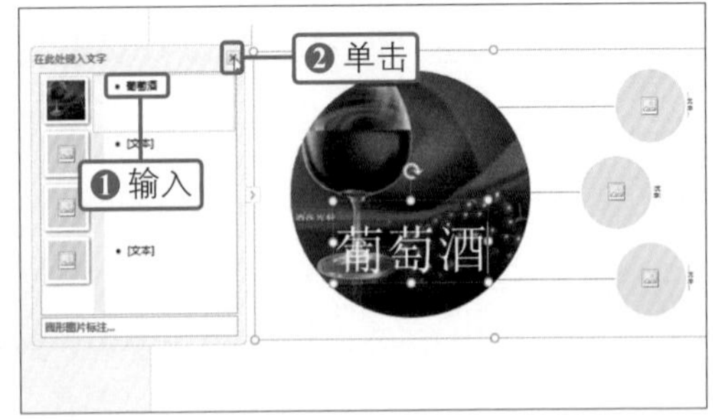

3.3.2 更改图形布局

将SmartArt图形插入到文档中后，如果在编辑的过程中发现图形的布局与所编辑的内容不符合，可对图形布局进行更改。如果已对图形内容进行了编辑，更改布局后不会影响所编辑的内容。

◎ 原始文件：下载资源\实例文件\第3章\原始文件\企业内部关系.docx
◎ 最终文件：下载资源\实例文件\第3章\最终文件\企业内部关系.docx

01 选择更改的图形布局

❶打开原始文件，选中要更改布局的SmartArt图形，切换到“SmartArt工具-设计”选项卡。❷单击“版式”组中的快翻按钮，如下图所示。

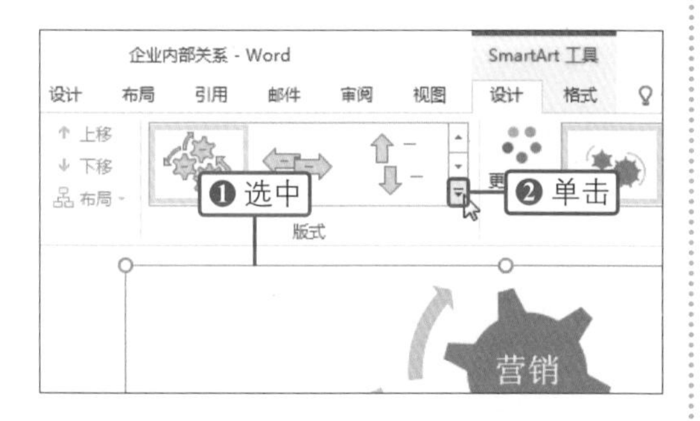

02 选择要替换的图形布局

在展开图表布局列表中单击“圆箭头流程”图标，如下图所示。

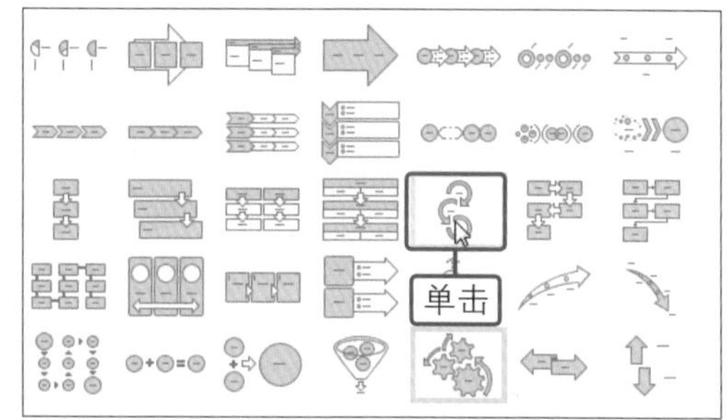

03 显示更改图形布局后的效果

经过以上操作，就完成了将“齿轮”图更改为“圆箭头流程”的操作，如右图所示。

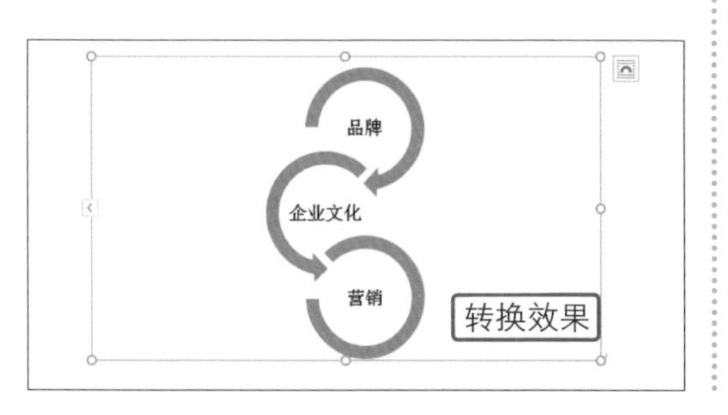

技巧提示 更改其他图形布局

在本节实例中，更改图形后的布局与原图形布局的类型一致，所以在“更改布局”列表中即可完成更改。如果需要更改其他图形布局，可在打开“版式”下拉列表后，单击“其他布局”选项，弹出“选择 SmartArt 图形”对话框，在其中选择要更改的图形布局，然后单击“确定”按钮，即可完成操作。

3.3.3 为图形添加形状

SmartArt图形中形状的数量是固定的，需要在图形中使用更多形状时，可为图形添加适当的形状，并且可对图形形状的级别进行调整。

01 为图形添加形状

❶选中要添加形状的图形。❷在“SmartArt工具-设计”选项卡下单击“添加形状”下三角按钮。❸在展开下拉列表中单击“在下方添加形状”选项，如下图所示。

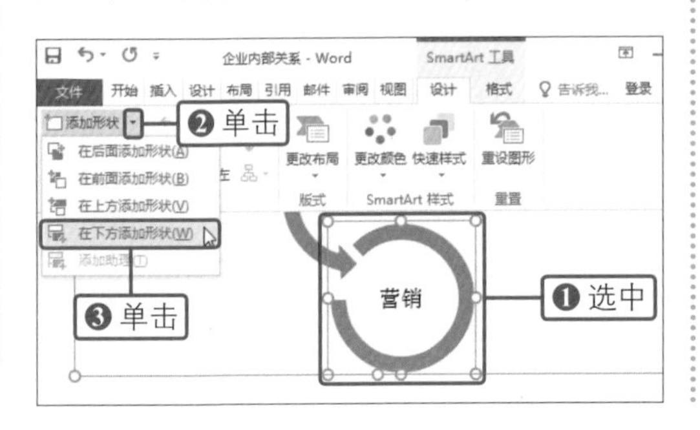

02 为新添加的形状输入文字

经过以上操作，就完成了为图形添加形状的操作，参照3.3.1的操作，为新添加的形状输入文字内容，即可完成本例的操作，如下图所示。

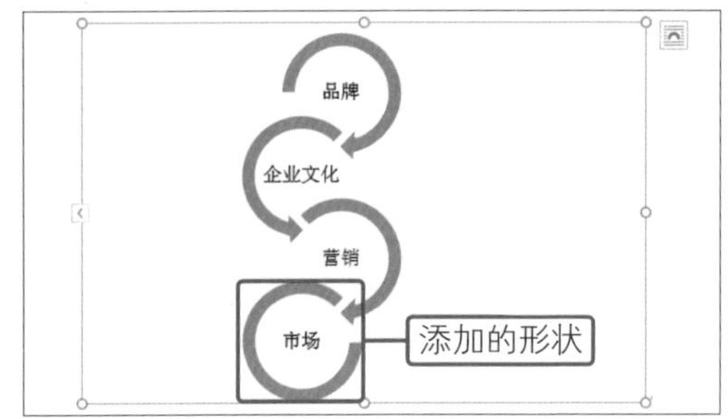

技巧提示 更改形状级别

部分 SmartArt 图形中的形状是有一定的等级划分的，需要对形状的级别进行更改时，可在选中目标形状后，在“创建图形”组中单击“升级”或“降级”按钮，设置图形中形状的级别。

3.3.4 更改图形样式与颜色

为了对图片中形状进行区分，也为了让SmartArt图形更加美观，在设置图形时，可分别对图形的颜色和样式进行设置。Word 2016中预设了一些颜色方案和样式，可直接套用。

01 单击“SmartArt样式”快翻按钮

❶继续上例操作，选中目标SmartArt图形。❷在“SmartArt工具-设计”选项卡下单击“SmartArt样式”组中的快翻按钮，如下图所示。

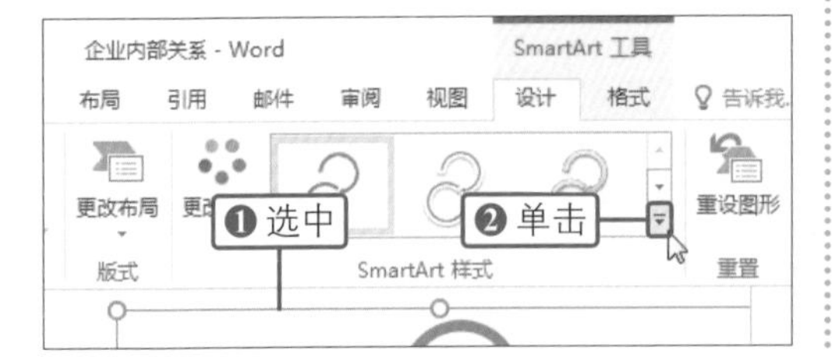

02 选择要套用的图形样式

在展开的SmartArt样式库中单击“三维”组中的“嵌入”图标，如下图所示。

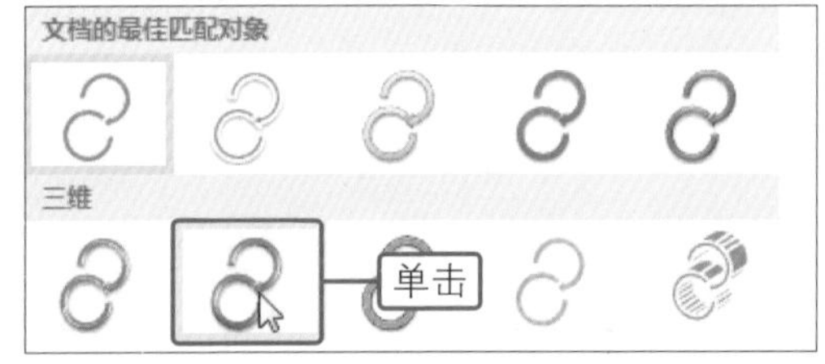

技巧提示 自定义设置SmartArt图形的形状格式

设置 SmartArt 图形的颜色或样式时，可以对图形中的形状进行自定义设置，选中图形中的目标形状后，切换到“SmartArt 工具-格式”选项卡，在“形状样式”组中可以直接应用“形状样式”下拉列表框中的预设样式，也可以通过“形状填充”“形状轮廓”“形状效果”按钮，对图形中的形状进行设置。

03 更改SmartArt图形颜色

❶单击“SmartArt样式”组的“更改颜色”按钮。❷展开颜色库后，在“彩色”组中选择合适的样式，如下图所示。

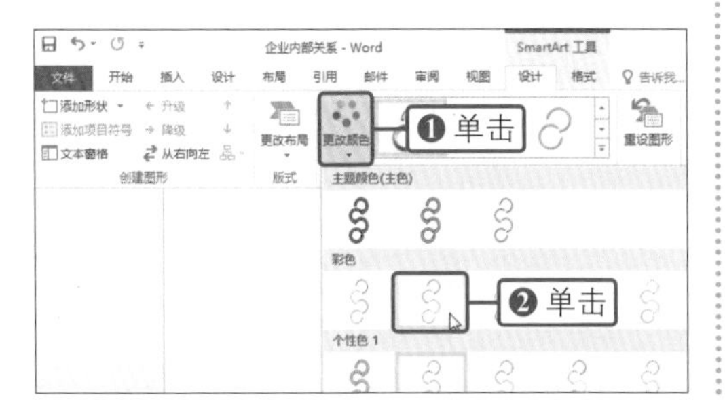

04 显示更改图形样式与颜色后的效果

经过以上操作，就完成了为SmartArt图形套用样式并更改颜色的操作，如下图所示。

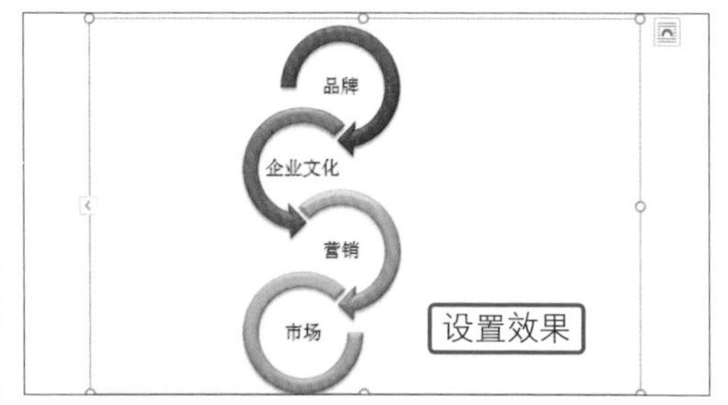

3.4 表格的应用

表格由行、列、单元格三个部分组成，通过表格能够清晰、简明地表达数据。本节将对表格的插入、更改布局以及表格的美化等操作进行介绍。

3.4.1 插入表格

在文档中插入表格时，可根据插入行列的多少，使用不同的方法快速地完成操作。

◎ 原始文件：无

◎ 最终文件：下载资源\实例文件\第3章\最终文件\表格.docx

1. 快速插入10列8行以内的表格

插入10列8行以内的表格，可通过“表格”下拉列表中的虚拟表格区域快速完成操作。

01 执行插入表格操作

❶打开空白文档，在“插入”选项卡下单击“表格”组中的“表格”按钮。❷在展开的下拉列表中选定要插入的表格范围，如下图所示。

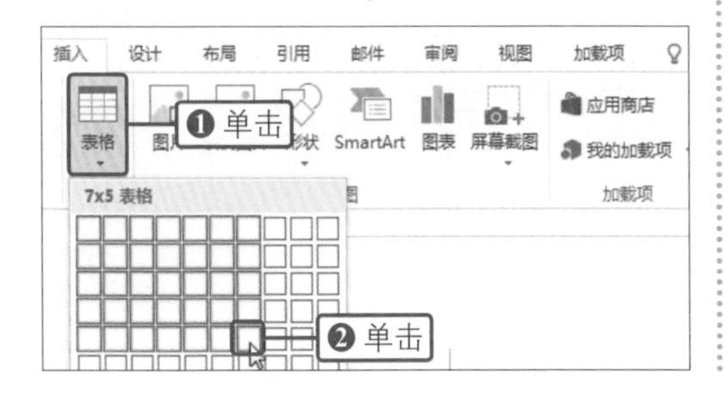

02 显示插入表格的效果

经过以上操作，即可看到文档中插入的表格，如下图所示。

第3章

技巧提示 删除表格

需要删除表格时，右击表格左上角的十字按钮，在弹出的快捷菜单中单击“删除表格”命令，即可完成操作。

2. 插入10列8行以上的表格

需要插入10列8行以上的表格时，可通过“插入表格”对话框完成操作，通过该方法还可以对表格的宽度调整选项进行设置。

01 单击“插入表格”选项

❶在打开的文档中定位好光标的位置，然后切换到“插入”选项卡。❷单击“表格”组中的“表格”按钮。❸在展开的下拉列表中单击“插入表格”选项，如下图所示。

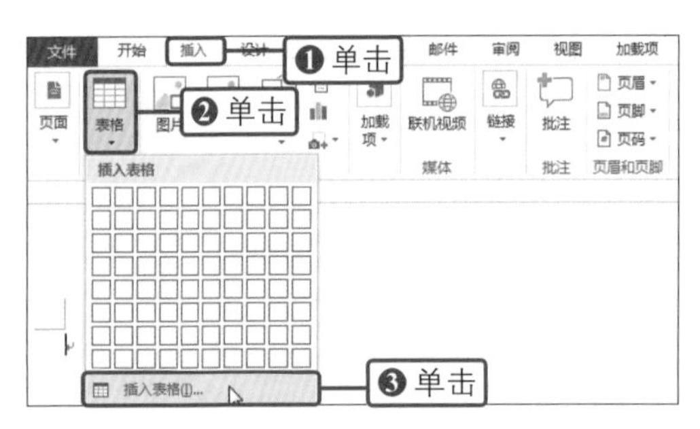

02 设置插入的表格选项

❶弹出“插入表格”对话框，在“列数”“行数”数值框内设置要插入表格的行列数。❷单击“根据内容调整表格”单选按钮。❸然后单击“确定”按钮，如下图所示。

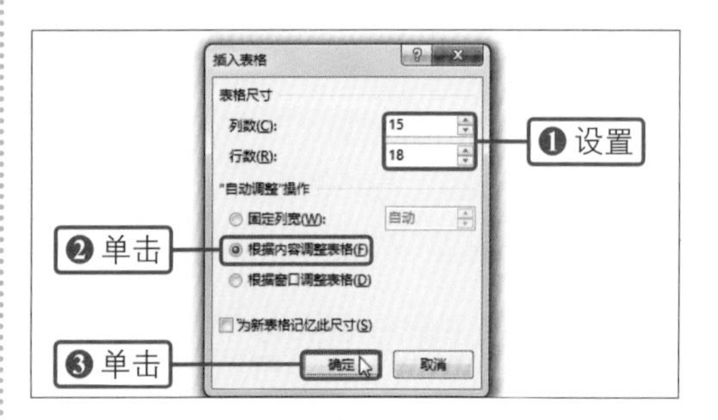

03 显示插入表格的效果

经过以上操作，返回文档中即可看到插入的表格。并且表格中单元格的大小为最小状态，如右图所示。在其中输入了文本内容后，单元格的大小会根据内容自动进行调整。

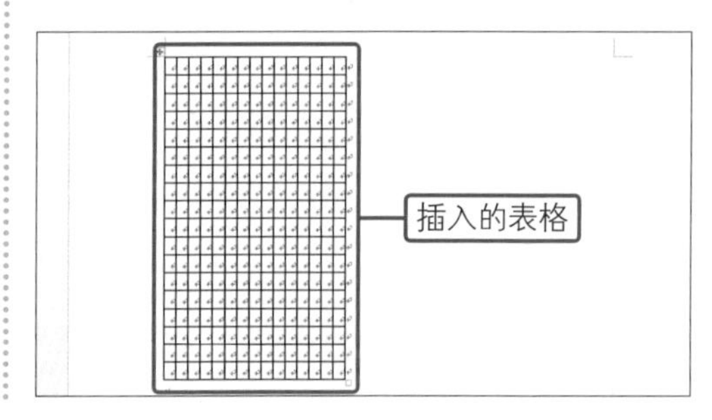

3. 手动绘制表格

手动绘制表格是比较灵活的插入表格的方法，通过该方法可以插入行与列不对称的表格。

01 单击“绘制表格”选项

❶单击“插入”选项卡下“表格”组中的“表格”按钮。❷在展开的列表中单击“绘制表格”选项，如右图所示。

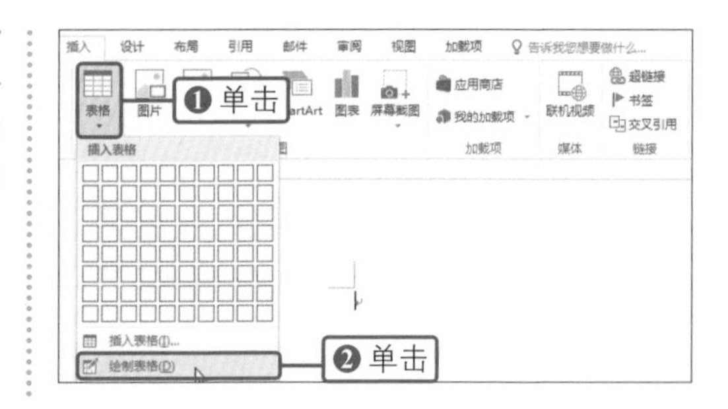

02 绘制表格外框

将鼠标指针指向文档中要绘制表格的区域，拖动鼠标，至合适大小后，释放鼠标，绘制出整个表格的外围框线，如下图所示。

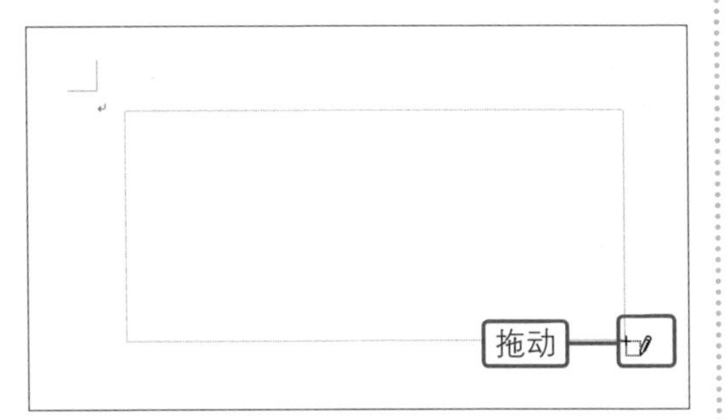

03 绘制表格的行线

将鼠标指针指向表格框内要添加行线的位置，横向拖动鼠标，绘制出需要的行线，当显示的虚线符合要求后，释放鼠标。同样的方法绘制出表格的其他行线，如下图所示。

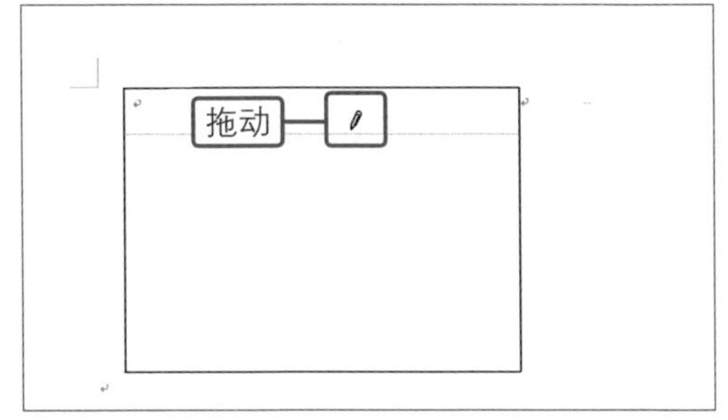

04 绘制表格的列线

将鼠标指针指向表格框内要添加列线的位置，纵向拖动鼠标，绘制出需要的列线，当显示的虚线符合要求后，释放鼠标。同样的方法绘制出表格的其他列线，如下图所示。

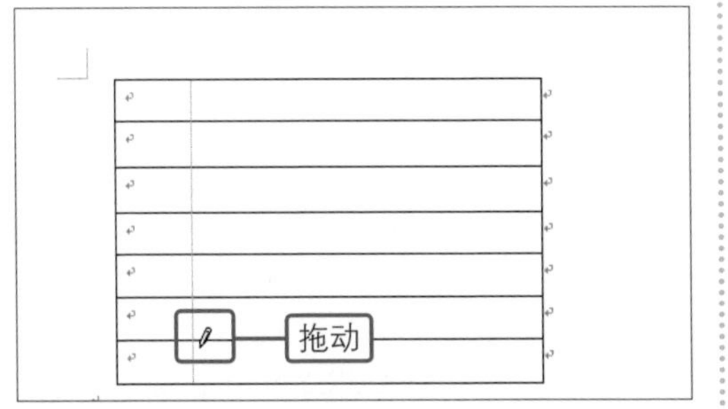

05 显示手动绘制表格的效果

经过以上操作，就完成了手动绘制表格的操作，如下图所示。

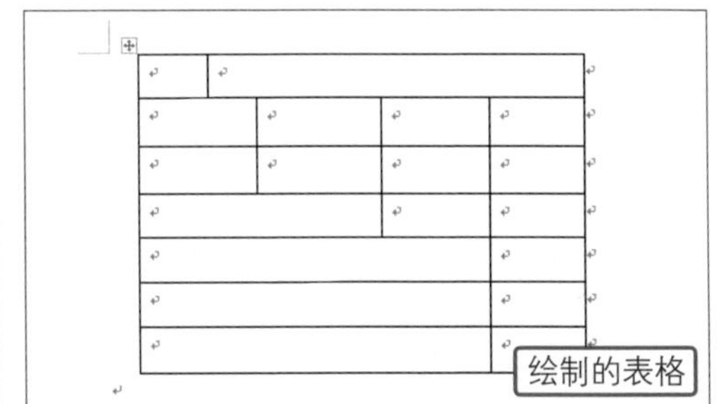

第3章

3.4.2 更改表格布局

表格的布局包括表格中单元格的数量、单元格的合并与拆分以及单元格的大小等内容，本小节就对更改表格布局的操作进行详细介绍。

◎ 原始文件：下载资源\实例文件\第3章\原始文件\面试评价项目表.docx

◎ 最终文件：下载资源\实例文件\第3章\最终文件\面试评价项目表.docx

1. 为表格插入单元格

单元格可分为行单元格、列单元格及单个单元格三种，为表格插入单元格时，可根据需要选择相应的类型，这里以行单元格为例进行介绍。

01 单击“在上方插入”按钮

❶打开原始文件，将光标定位在要插入行单元格下方的单元格内。❷切换到“表格工具-布局”选项卡。❸单击“行和列”组中的“在上方插入”按钮，如下图所示。

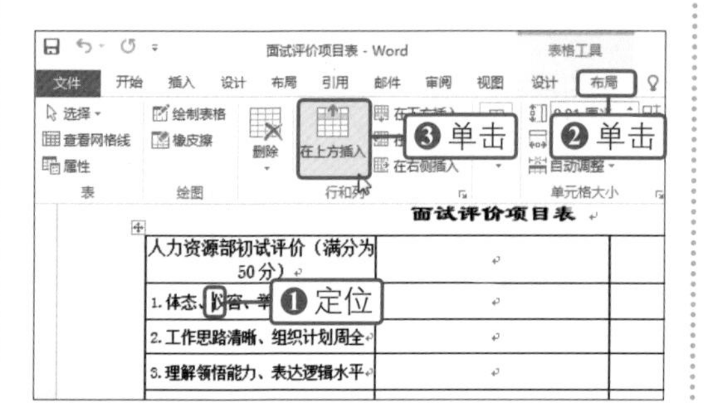

02 显示插入行单元格的效果

此时表格中插入了一行单元格，根据需要在单元格中输入需要的文字内容。按照类似的方法，即可完成插入列单元格及单个单元格的操作，如下图所示。

面试评价项目表

人力资源部初试评价（满分为50分）		
项目		详情
1.体态、仪容、举止、礼貌		
2.工作思路清晰、组织计划周全		
3.理解领悟能力、表达逻辑水平		
4.应变思维、临场判断、分析		
5.正直坦诚度、人品、适应能力		
6.上进心、吃苦能力、工作热情		
7.工作的稳定性、意愿、培养潜力		
8.学历、教育、职称、资格证书		
9.从事专业的适应性		

插入的单元格

技巧提示 通过快捷菜单插入单元格

还可通过快捷菜单为表格插入单元格，下面仍以插入行单元格为例来介绍，右击要插入行单元格下方的单元格，在弹出的快捷菜单中执行“插入 > 在上方插入行”命令，即可完成操作。

2. 合并单元格

合并单元格可以将若干个独立的单元格合并为一个单元格。

01 单击“合并单元格”按钮

❶选中要合并的单元格。❷切换到“表格工具-布局”选项卡。❸单击“合并”组中的“合并单元格”按钮，如下图所示。

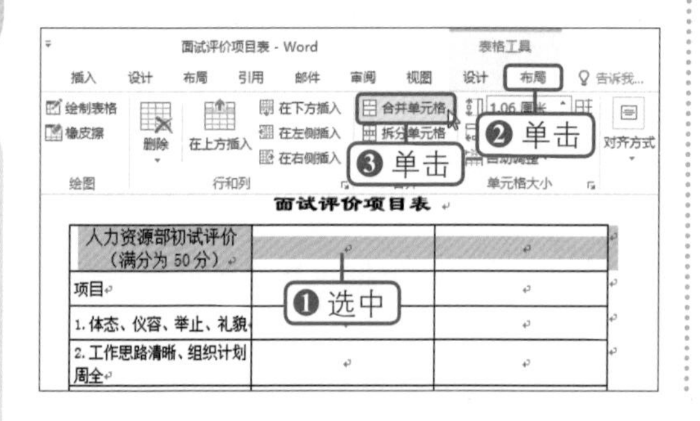

02 显示合并单元格效果

经过以上操作，就可以将几个单元格合并为一个单元格，如下图所示。

面试评价项目表

人力资源部初试评价（满分为 50 分）		
项目		详情
1.体态、仪容、举止、礼貌		
2.工作思路清晰、组织计划周全		
3.理解领悟能力、表达逻辑水平		
4.应变思维、临场判断、分析		
5.正直坦诚度、人品、适应能力		
6.上进心、吃苦能力、工作热情		
7.工作的稳定性、意愿、培养潜力		
8.学历、教育、职称、资格证书		
9.从事专业的适应性		

合并单元格效果

技巧提示 通过快捷菜单合并单元格

选中要合并的单元格后右击，在弹出的快捷菜单中执行“合并单元格”命令即可。

3. 拆分单元格

拆分单元格与合并单元格相反，是将一个单元格拆分为若干个独立的单元格，拆分时，可根据需要对拆分的行、列数进行设置。

01 单击“拆分单元格”按钮

❶将光标定位在要拆分的单元格内。❷切换到“表格工具-布局”选项卡。❸单击“合并”组中的“拆分单元格”按钮，如下图所示。

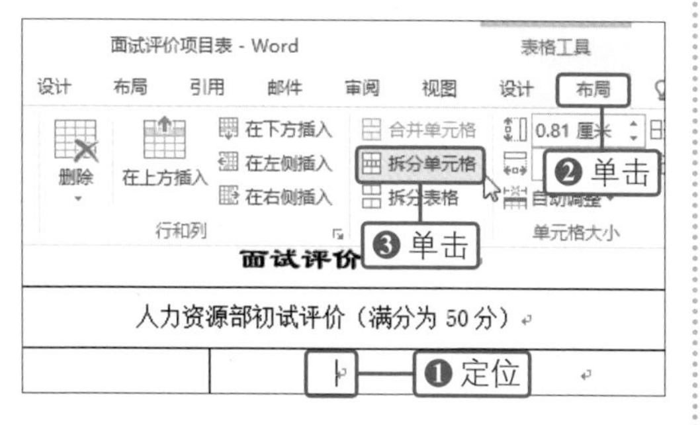

02 设置拆分的单元格数量

❶弹出“拆分单元格”对话框，在“列数”与“行数”数值框内输入要拆分的单元格数量。❷然后单击“确定”按钮，如下图所示。

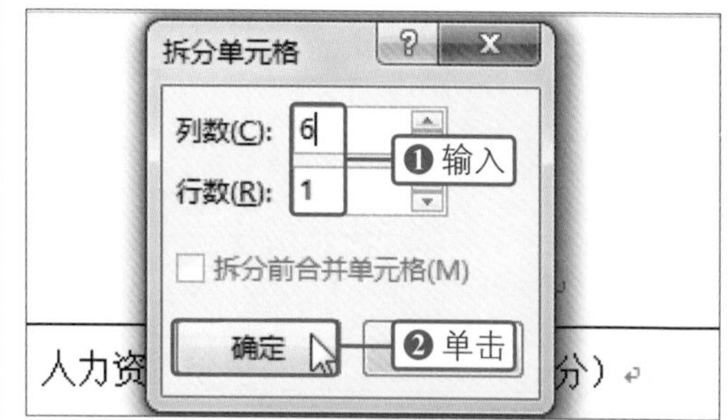

03 显示拆分单元格的效果

经过以上操作，就完成了拆分单元格的操作，按照同样方法对其他需要拆分的单元格进行拆分，如右图所示。

人力资源部初试评价（满分为 50 分）							
项目							详情
1.体态、仪容、举止、礼貌							
2.工作思路清晰、组织计划周全							
3.理解领悟能力、表达逻辑水平							
4.应变思维、临场判断、分析							
5.正直坦诚度、人品、适应能力							
6.上进心、吃苦能力、工作热情							
7.工作的稳定性、意愿、培养潜力							
8.学历、教育、职称、资格证书							
9.从事专业的适应性							
10.工作经历的适应性							

拆分效果

4. 调整单元格大小

单元格大小包括单元格的行高、列宽。在调整时，可以通过选项卡的功能组进行调整，也可以根据单元格的内容手动进行调整，还可以对单元格进行自动调整。

方法1：手动调整单元格大小

01 调整单元格列宽

将鼠标指针指向要调整列宽的单元格的列线处，当鼠标指针变成形状时，向右拖动鼠标，将单元格调整到合适宽度后，释放鼠标，如下图所示。

评 估 项 目	本栏满分	评价得分	评价说明
1.外形、气质、语言、行为、礼貌、配合等总体印象	10		
2.思维、表达、反应、判断、条理性和聪明程度、分析和解决问题	10		
3.人品、稳定、坦诚、耐心、事业心、承受压力、积极性和荣誉感	10		
4.学习的专业、培训的专业、工作中所经历的专业知识是否符合	10		
5.工作的时间经历时间是否符合、是否具备相应技能、工作能否胜任	10		
其他需要加分或者减分的方面			

拖动

02 显示调整单元格大小的效果

经过以上操作，就完成了调整单元格列宽的操作，可按照相同方法对其他单元格的大小进行调整，如下图所示。

评 估 项 目	本栏满分	评价得分
1.外形、气质、语言、行为、礼貌、配合等总体印象	10	
2.思维、表达、反应、判断、条理性和聪明程度、分析和解决问题	10	

调整效果

第3章

插图与表格的应用

方法2：通过选项卡下的功能组调整单元格大小

01 输入表格的高度

❶将光标定位在要调整大小的单元格内。❷切换到“表格工具-布局”选项卡。❸在“单元格大小”组中的“高度”数值框内输入“1.2厘米”，如下图所示。

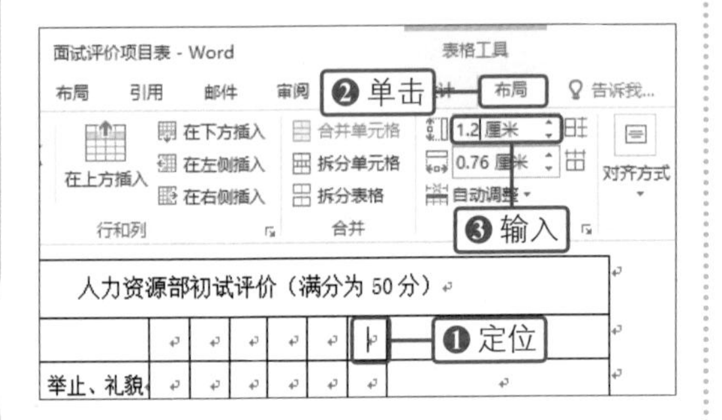

02 显示调整单元格大小的效果

输入后单击文档任意位置，就完成了调整单元格大小的操作，如下图所示。

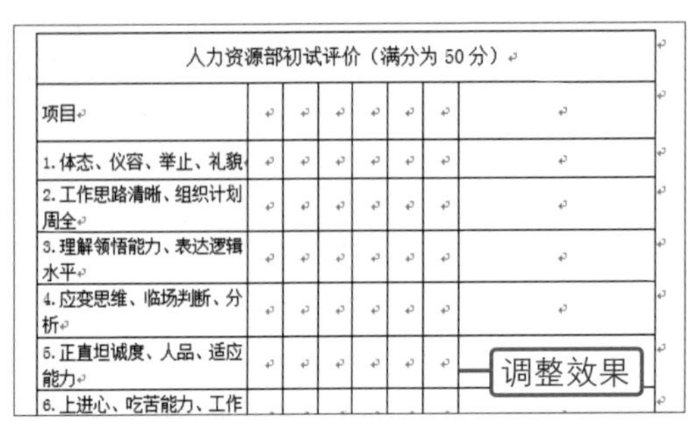

方法3：自动调整单元格大小

01 执行自动调整命令

❶右击表格左上角的十字按钮。❷在弹出的快捷菜单中执行“自动调整>根据窗口调整表格”命令，如下图所示。

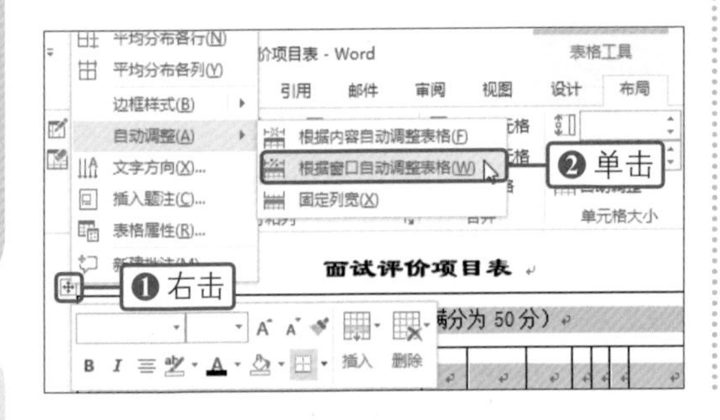

02 显示调整单元格大小的效果

经过以上操作，Word 2016就会根据窗口大小，对表格中所有单元格的大小进行调整，如下图所示。

3.4.3 美化表格

美化表格时，可以对表格的边框、底纹等内容进行设置。Word 2016中提供了一些专业的表格样式，可直接选择预设的表格样式，快速完成设置。

◎ 原始文件：下载资源\实例文件\第3章\原始文件\部门工作分类表.docx
◎ 最终文件：下载资源\实例文件\第3章\最终文件\部门工作分类表.docx

补充知识

需对已套用的表格样式进行修改时，可再次打开表格样式库，单击“修改表格样式”选项，弹出“修改样式”对话框，设置单元格的填充、表格内文本的格式等，最后单击“确定”按钮即可。

01 单击“表格样式”组的快翻按钮

❶打开原始文件，切换至“表格工具-设计”选项卡。❷单击“表格样式”组中的快翻按钮，如下图所示。

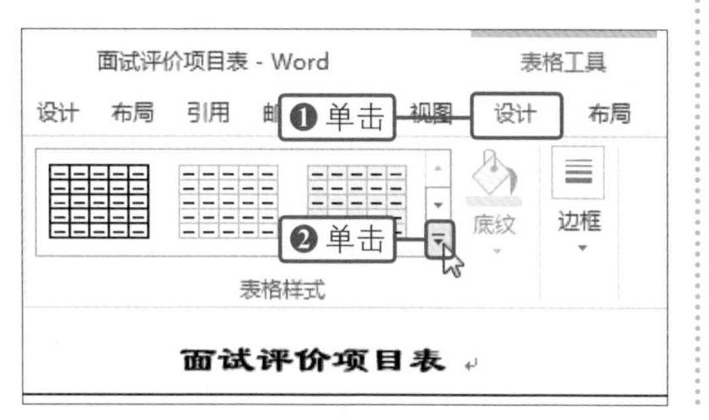

02 选择要套用的表格样式

在展开的表格样式库中单击合适的样式，如下图所示。

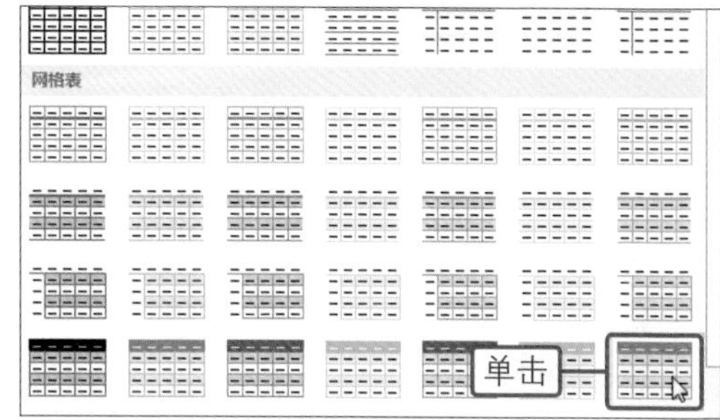

技巧提示 新建表格样式

如果觉得表格样式库内的样式不能满足需要，可自已动手创建表格样式，选中表格后，在“表格工具-设计”选项卡下单击“表格样式”组中的快翻按钮，在展开的样式库中单击“新建表格样式”选项，在弹出的“根据格式设置创建新样式”对话框中根据需要新建表格样式即可。

03 显示套用表格样式的效果

经过以上操作，就完成了套用表格样式的操作，如右图所示。

技巧提示 取消表格样式的应用

需要将已套用了样式的表格恢复为默认效果时，在打开的表格样式库中单击“普通表格”区域内的“网格型”图标即可。

知识进阶 将图片转换为SmartArt图形

在 Word 2016 中，图片与 SmartArt 图形是可以相互转换的，但是转换的 SmartArt 图形类型只能是图片类图形。在转换时，为了能够一次性转换多幅图片，需要对图片的排列方式进行调整，具体的操作步骤如下。

扫码看视频

◎ 原始文件：下载资源\实例文件\第3章\原始文件\协同办公关系图.docx

◎ 最终文件：下载资源\实例文件\第3章\最终文件\协同办公关系图.docx

01 设置图片的环绕方式

❶打开原始文件，选中目标图片。❷单击"图片工具-格式"选项卡下"排列"组中的"环绕文字"按钮，展开下拉列表。❸单击"浮于文字上方"选项，如下图所示。

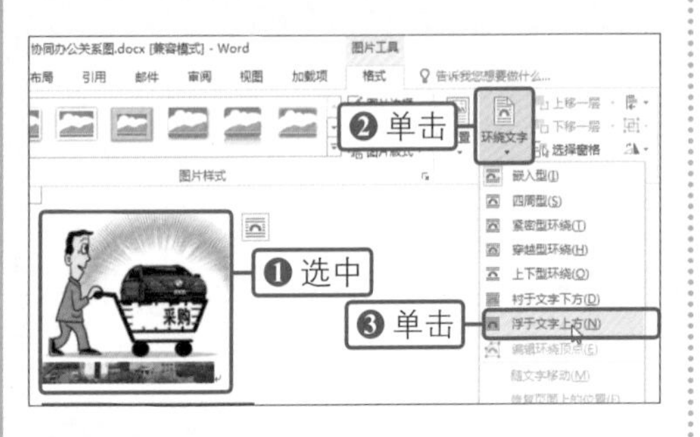

02 按总分顺序排列图片

参照步骤1的操作，将其余几幅图片也调整为浮于文字上方，然后将图片按照总分的顺序进行排列，如下图所示。

03 单击"图片版式"按钮

❶按住【Ctrl】键不放，依次选中要转换为图形的形状。❷单击"图片工具-格式"选项卡下"图片样式"组中"图片版式"按钮，如下图所示。

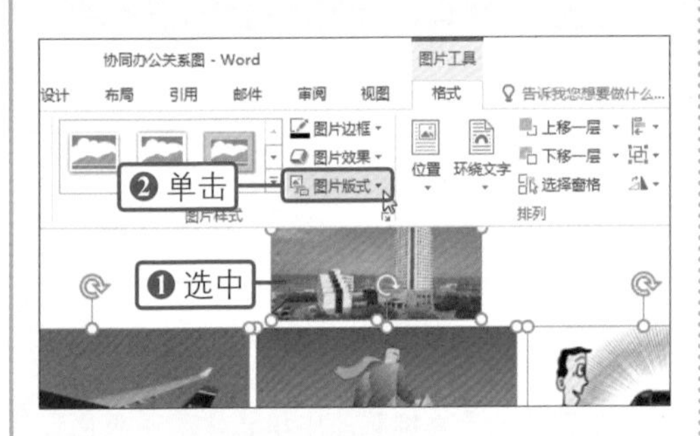

04 设置图片要转换的图形样式

在展开的图片版式库中单击图片要转换为的图形样式，如"圆形图片标注"，如下图所示。

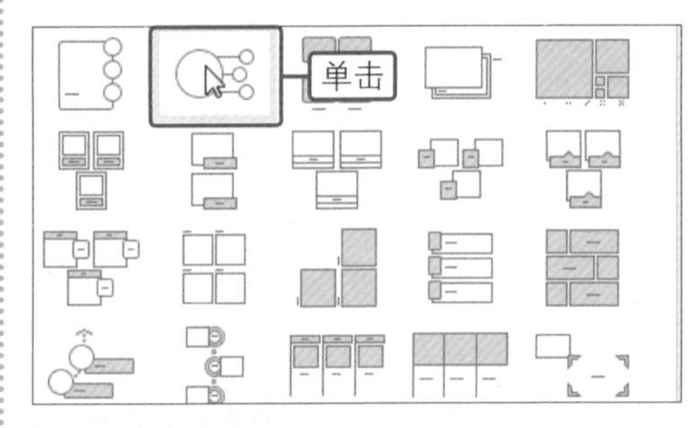

05 图片转换后的效果

经过以上操作，再根据需要在图形中输入相应的文字，就完成了本例的制作，如右图所示。

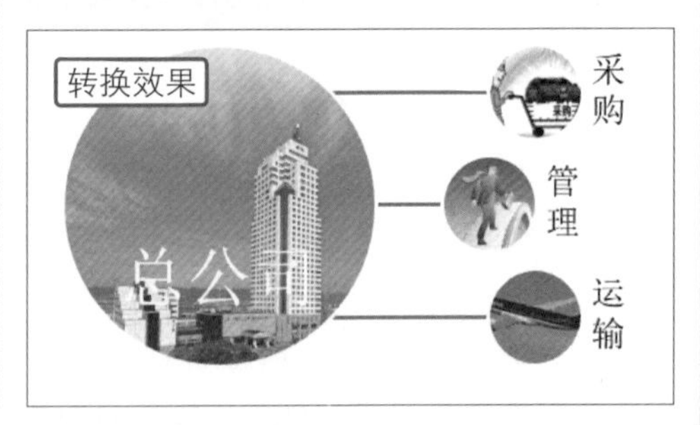

技巧提示 设置SmartArt图形格式

将图片转换为 SmartArt 图形后，可切换到"SmartArt 工具-设计"选项卡或"SmartArt 工具-格式"选项卡下对图形的格式进行设置。

第4章

4

高效处理长篇文档

为了达到高效办公的目的，Word 2016 提供了很多批量处理功能，可以使用这些功能快速完成文档的格式、内容更改等方面的设置。本章将对样式的使用与修改、查找和替换功能的使用以及创建目录的操作进行介绍。读者通过本章内容的学习，可以快速地完成一些费时费力的工作，真正实现高效办公。

- 样式的使用
- 快速查找内容
- 快速替换内容
- 创建目录

4.1 样式的使用

样式是指用有意义的名称保存的字符格式和段落格式的集合。在编排重复格式时，先创建一个该格式的样式，然后在需要的位置套用建立的样式，就可以快速完成多处位置应用同一效果的设置。

◎ 原始文件：下载资源\实例文件\第4章\原始文件\人力资源部工作计划.docx

◎ 最终文件：下载资源\实例文件\第4章\最终文件\人力资源部工作计划.docx

4.1.1 应用预设样式

Word 2016预设了标题、强调、要点、正文等多种样式，可直接套用这些样式。

01 单击“样式”列表框的快翻按钮

❶打开原始文件，将光标定位于要应用样式的标题处。❷单击“开始”选项卡下“样式”组中的快翻按钮，如下图所示。

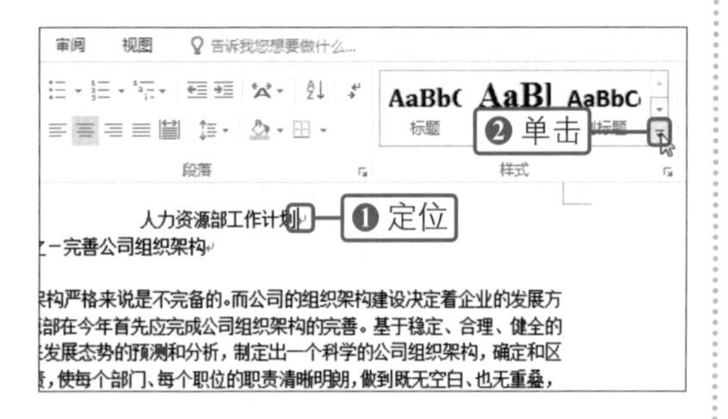

02 选择要应用的样式

在展开的样式库中单击要使用的“标题”样式，如下图所示。

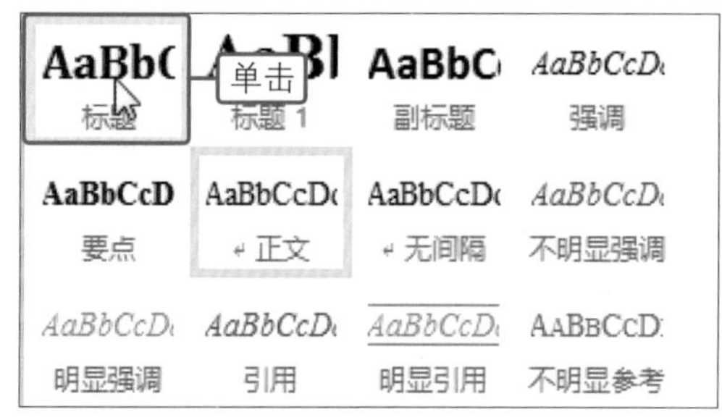

03 显示应用样式效果

为段落应用标题样式的效果如右图所示。

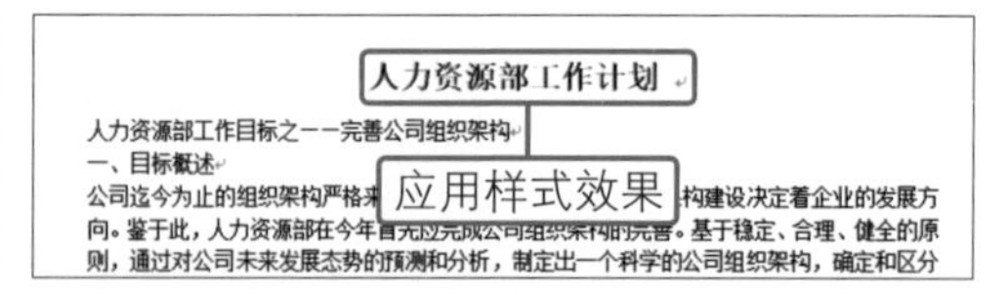

补充知识

Word 2016 在默认情况下，样式库中只显示“标题”和“标题 1”样式，若文档应用了“标题 1”样式，样式库中自动显示“标题 2”样式，应用“标题 2”样式后，自动显示“标题 3”样式，以此类推。

4.1.2 新建样式

Word 2016中预设的样式有限，可自己手动创建样式，创建后的样式将会保存到当前文档的样式库中，需要为其他段落应用该样式时，就可以直接套用了。

01 单击“样式”组的对话框启动器

❶将光标定位在要创建样式的段落内。❷单击“开始”选项卡下“样式”组中的对话框启动器，如下图所示。

02 单击“新建样式”按钮

在打开的“样式”任务窗格左下角单击“新建样式”按钮，如下图所示。

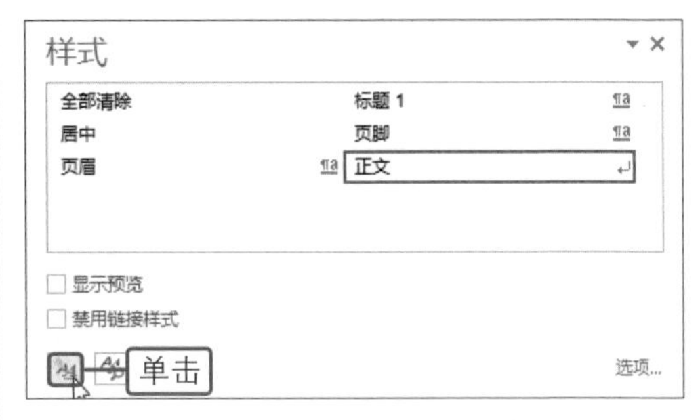

03 输入样式名称并设置字体格式

❶弹出“根据格式设置创建新样式”对话框，在“名称”文本框中输入样式名称。❷单击“字体”框右侧的下三角按钮。❸在展开的下拉列表中单击“隶书”选项，如下图所示。

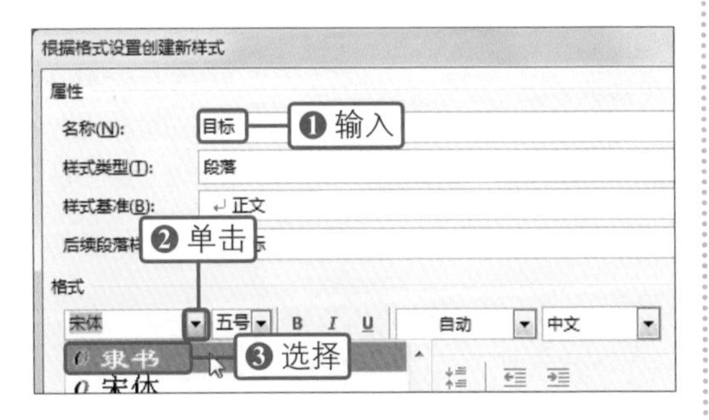

04 设置字号与颜色

❶参照步骤3的操作，设置“字号”为“三号”。❷单击“颜色”框右侧的下三角按钮。❸在展开的颜色列表中单击“白色，背景1”选项，如下图所示。

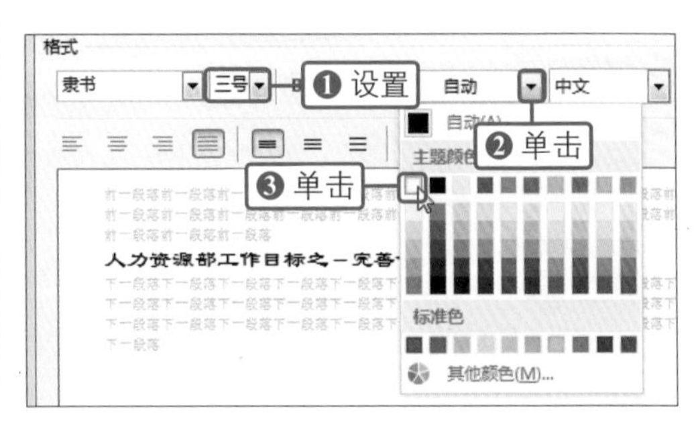

05 选择要设置格式的选项

❶设置了字体格式后，单击对话框左下角的“格式”按钮。❷在展开的下拉列表中单击“边框”选项，如下图所示。

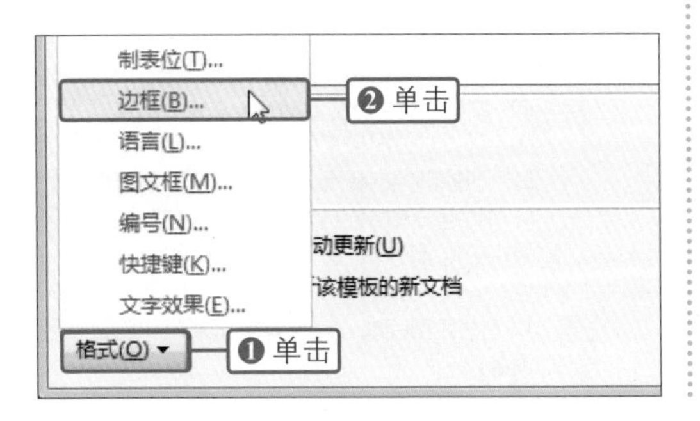

06 设置底纹效果

❶弹出“边框和底纹”对话框，切换到“底纹”选项卡。❷单击“填充”区域内“颜色”框右侧的下三角按钮。❸在展开的颜色列表中单击“橙色，个性色，深色25%”选项，如下图所示，最后单击“确定”按钮。

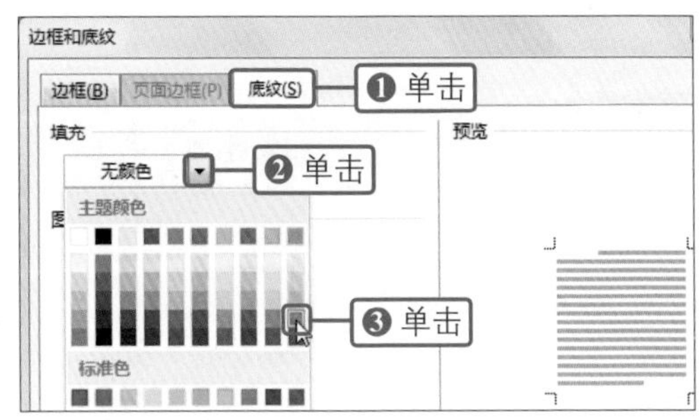

第4章

07 选择要设置格式的选项

❶返回“根据格式设置创建新样式”对话框，单击“格式”按钮。❷在展开的下拉列表中单击“段落”选项，如下图所示。

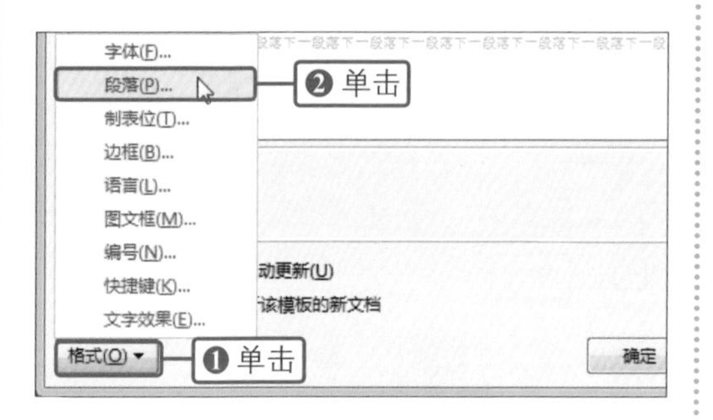

08 设置段落间距

弹出“段落”对话框，单击“段前”数值框右侧的上调按钮，将数值设置为“1行”，按照同样方法，将“段后”也设置为“1行”，如下图所示，最后再依次单击各对话框的“确定”按钮。

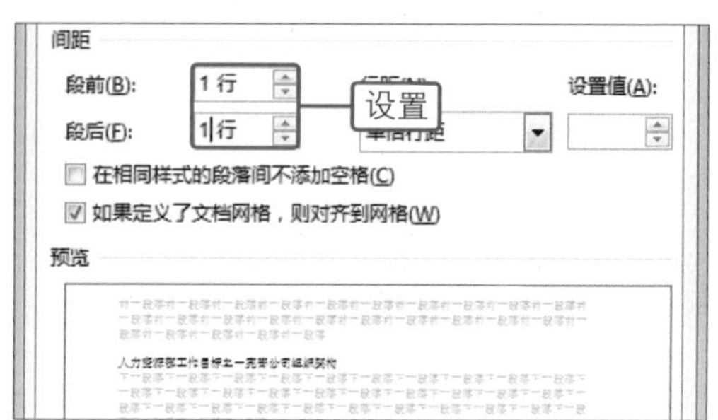

09 显示新建样式效果

返回文档，光标所在的段落就会应用新建的样式，参照本章第1节的操作，为需要应用样式的段落应用该样式，如右图所示。

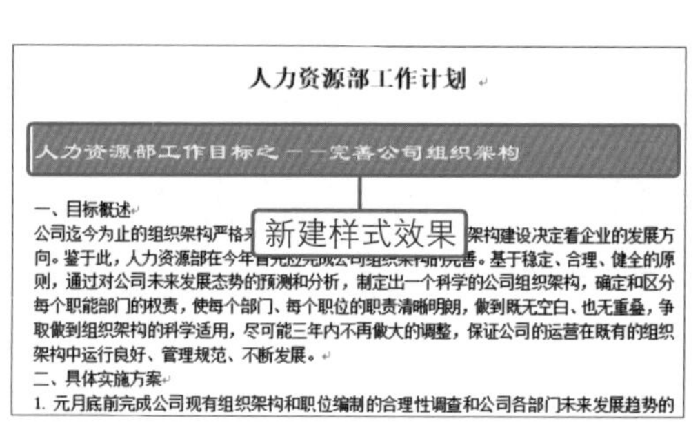

技巧提示 清除格式

为文档的段落或文本设置了格式后，如果需要将其恢复为文档默认的效果，可直接将所添加的格式清除。选中目标内容，单击“开始”选项卡下“样式”组中列表框右下角的快翻按钮，在展开的下拉列表中单击“清除格式”选项即可。

4.1.3 修改样式

在应用样式的过程中，如果所应用的样式不能完全符合需要，可以对该样式进行修改。

01 为段落应用样式

参照第4.1.1节的操作，为文档中的目标段落应用“明显强调”样式，如右图所示。

一、目标概述
公司迄今为止的组织架构严格来说是不完备的。
向。鉴于此，人力资源部在今年首先应完成公司
则，通过对公司未来发展态势的预测和分析，制
每个职能部门的权责，使每个部门、每个职位的
取做到组织架构的科学适用，尽可能三年内不再
架构中运行良好、管理规范、不断发展。
二、具体实施方案
应用
1. 元月底前完成公司现有组织架构和职位编制
调查；

02 单击“修改”选项

❶在“样式”任务窗格中单击“明显强调”样式右侧的下三角按钮。❷在展开的下拉列表中单击“修改”选项，如下图所示。

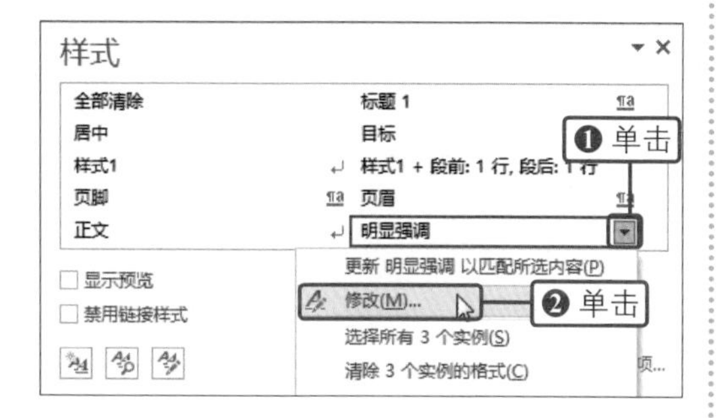

03 取消样式的倾斜格式

弹出“修改样式”对话框，单击“倾斜”按钮，取消该格式，如下图所示。

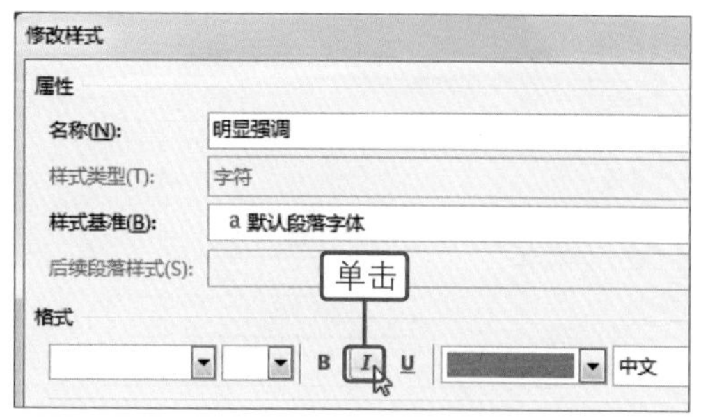

04 更改样式的字号

❶单击“字号”框右侧的下三角按钮，❷在展开的下拉列表中单击“四号”选项，如下图所示。

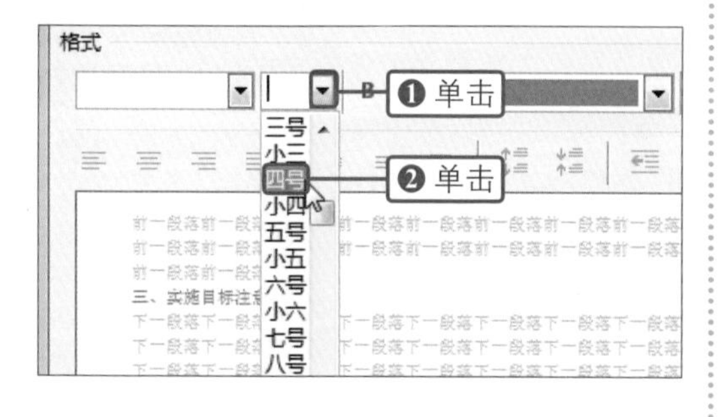

05 更改样式的字体

参照步骤4的操作，将“字体”设置为“华文楷体”，如下图所示，最后单击“确定”按钮。

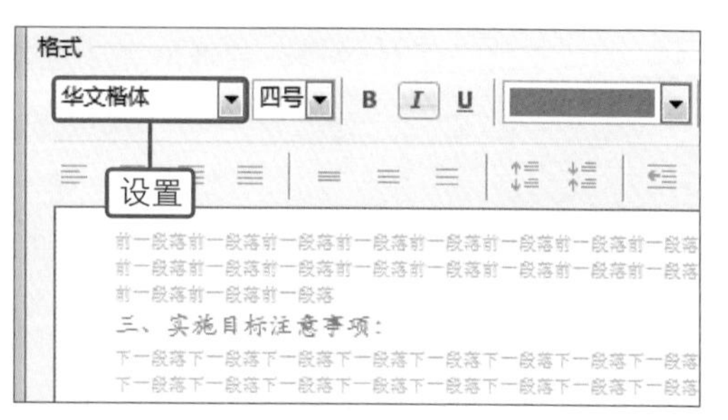

06 显示修改样式的效果

返回文档中，所有应用该样式的段落都进行了相应的更改，如右图所示。

4.1.4 删除样式

如果已为文档应用了相应的样式，却发现不再需要使用该样式时，可直接将该样式删除，删除后文档中所有应用该样式的内容将恢复为默认效果。

技巧提示 管理样式

当文档中所应用的样式较多时，可对样式进行管理。打开“样式”任务窗格，单击窗格左下角的“管理样式”按钮，弹出“管理样式”对话框，在其中即可对样式进行排序、修改等操作。

01 执行删除样式操作

❶在“样式”任务窗格中单击要删除的样式“目标”右侧的下三角按钮。❷在展开的下拉列表中单击“删除‘目标’”选项，如下图所示。

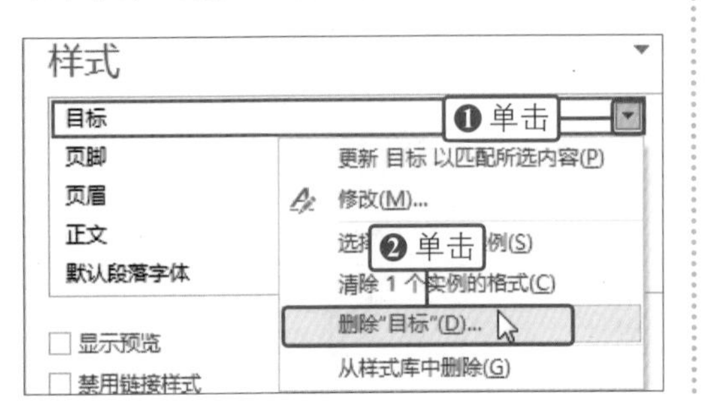

02 确认删除样式

弹出“Microsoft Word”对话框，询问“是否从文档中删除样式 目标”，单击“是”按钮，就完成了删除样式的操作，如下图所示。

4.2 快速查找内容

在篇幅较长的文档中，需要查找一段文本或一个文字时，仅靠眼力去找不仅费时间，而且不能保证一定能够找到，遇到这种情况，可以借助Word 2016中的“查找”工具轻松、准确地完成查找操作。

◎ 原始文件：下载资源\实例文件\第4章\原始文件\人力资源部工作计划.docx

◎ 最终文件：无

4.2.1 使用导航窗格搜索

导航窗格上方显示了一个搜索框，在窗格下方有用于浏览文档标题、浏览文档页面、浏览当前搜索结果的三个选项卡。在执行了搜索操作后，可在“结果”选项卡下对搜索结果进行预览。

01 显示导航窗格

❶打开原始文件，切换到“视图”选项卡。❷勾选“显示”组中“导航窗格”复选框，如下图所示。

02 输入搜索内容

弹出“导航”窗格后，在“搜索”文本框中输入要搜索的内容，在文档中搜索到的内容将全部自动进行突出显示，如下图所示。

03 浏览搜索到的内容

❶切换到“结果”选项卡，❷即可查看搜索到的内容，如下图所示。

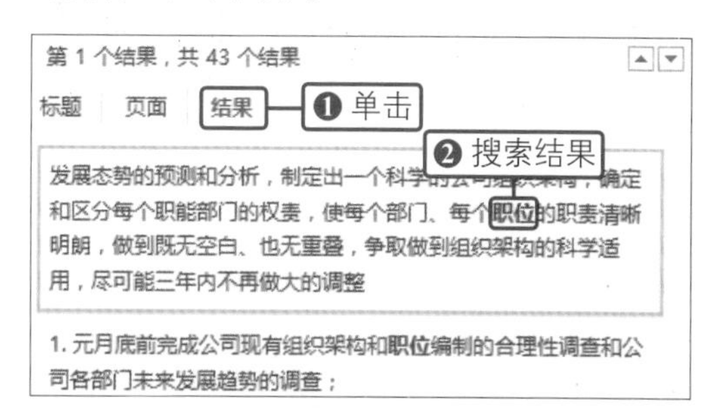

04 显示查找到的内容

选择了要浏览的内容后，文档中该内容就会处于选中状态，如下图所示。

门编制、人员配置的基础，组织架构一旦确定，除经公司董事会研究特批以外，人力资源部对各部门的超出组织架构外增编、增人将有权予以拒绝。
四、目标责任人
第一责任人：人力资源部经理
协同责任人：人力资源部经理助理
五、目标实施需支持与配合的事项和部门
1. 公司现有组织架构和职位编制的合理性调查和公司各部门未来发展趋势的调查需各职能部门填写相关调查表格，人力资源部需调阅公司现有各部门职务说明书；
2. 组织架构草案出台后需请各部门审阅、提出宝贵意见并必须经公司董事会最终裁定。
人力资源部工作目标之一一各职位工作分析
一、目标概述
职位分析是公司定岗、定编和调整组织架构、确定每个岗位薪酬的依据之一，通过职位分析既可以了解公司各部门各职位的任职资格、工作内容，从而使 公司各部门的工作分配、工作衔接和工作流程设计更加精确，也有助于公司了解各部门、各职位全面的工作要素，适时调整公司及部门组织架构，进行扩、缩编制。也可以通过职位分析对每个岗位的工作量、贡献

搜索到的内容

4.2.2 使用对话框查找

需要查找内容时，还可以通过“查找和替换”对话框来完成操作，通过该方法可以对文档中的内容逐一进行查找，并可以根据需要选择是否将查找到的内容进行突出显示。

01 单击“替换”按钮

在打开的文档中单击“开始”选项卡下“编辑”组中的“替换”按钮，如下图所示。

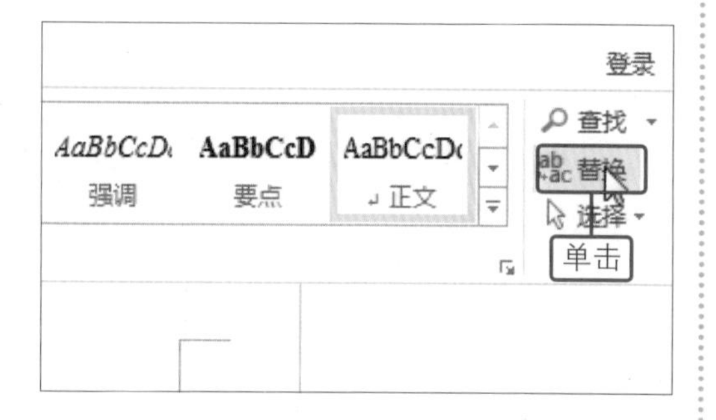

02 设置查找内容

❶弹出“查找和替换”对话框，在“查找”选项卡下的“查找内容”文本框中输入要查找的内容。❷单击“更多”按钮，如下图所示。

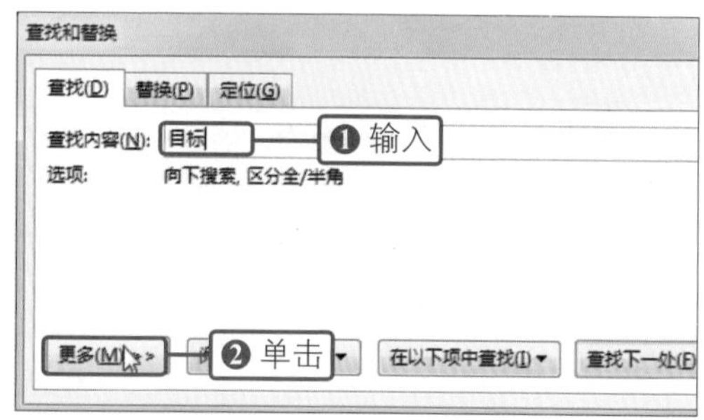

03 选择搜索范围

❶对话框中显示出更多内容后，单击“搜索”框右侧的下三角按钮。❷在展开的下拉列表中单击“全部”选项，如下图所示。

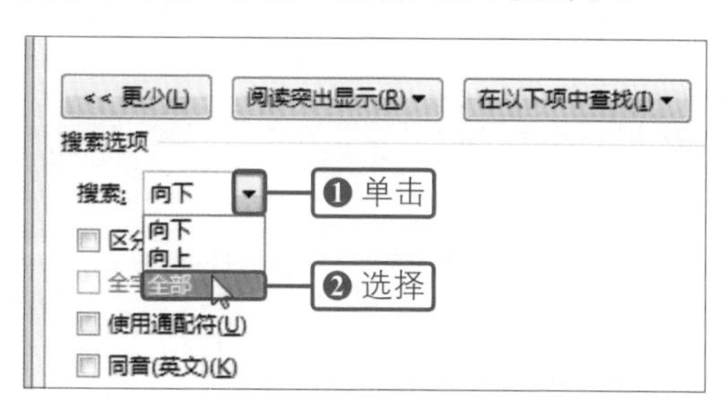

04 查找内容

将查找选项设置完毕后，单击“查找下一处”按钮，如下图所示。

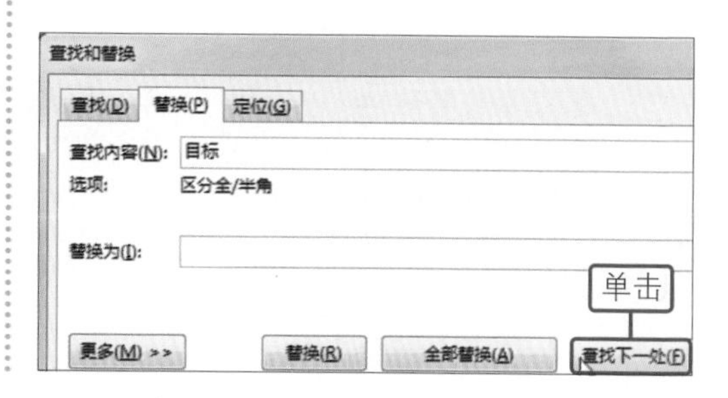

第4章

05 显示查找效果

经过以上操作，文档中第一处“目标”文本就被查找出来，并处于选中状态，需要继续查找时，单击“查找和替换”对话框中的“查找下一处”按钮即可，如右图所示。

4.3 快速替换内容

替换内容是指将文档中的某一处内容更改为另外的内容。在Word 2016中，可以通过查找和替换功能快速完成替换操作。

4.3.1 替换文本内容

在替换文本内容时，设置了替换与被替换的内容后，可根据需要选择是否对文档中的内容进行替换，本小节就来介绍一下替换文本的具体操作。

◎ 原始文件：下载资源\实例文件\第4章\原始文件\销售部工作总结.docx

◎ 最终文件：下载资源\实例文件\第4章\最终文件\销售部工作总结.docx

01 单击“替换”按钮

打开原始文件，单击“开始”选项卡下“编辑”组中的“替换”按钮，如下图所示。

02 执行替换操作

❶弹出“查找和替换”对话框，在“替换”选项卡下的“查找内容”和“替换为”文本框中输入相关内容。❷然后单击“全部替换”按钮，如下图所示。

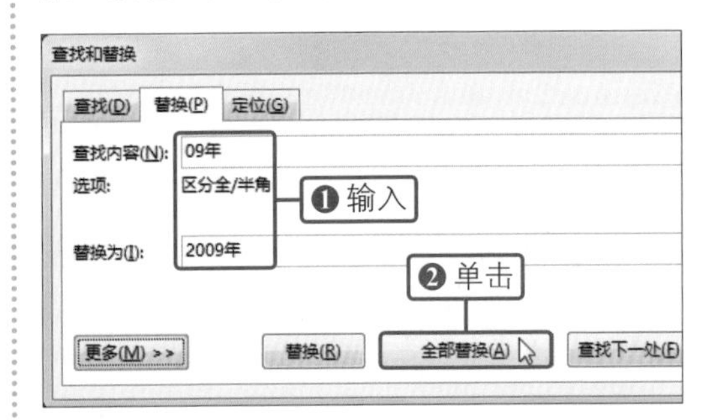

03 显示替换次数

程序执行了替换操作后，弹出“Microsoft Word”对话框，提示已完成了替换以及替换数量，单击“确定”按钮，如右图所示。

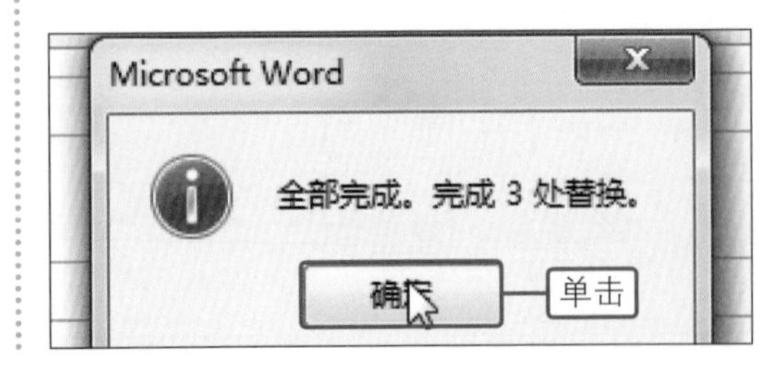

04 显示替换效果

经过以上操作，就完成了一次性为整篇文档替换内容的操作，如下图所示。

05 单击“查找下一处”按钮

❶在“查找和替换”对话框中重新输入查找和替换的内容。❷单击“查找下一处”按钮，若查找到的内容不是需要替换的内容，则再次单击“查找下一处”按钮，如下图所示。

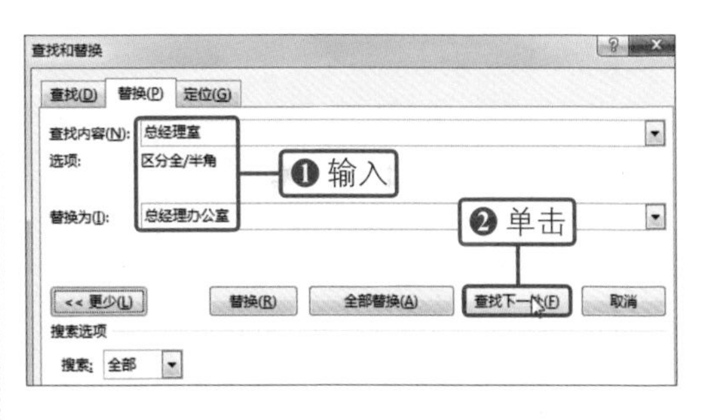

06 替换文本

❶通过“查找下一处”按钮在文档中查找到需要替换的内容。❷单击“替换”按钮，如下图所示。

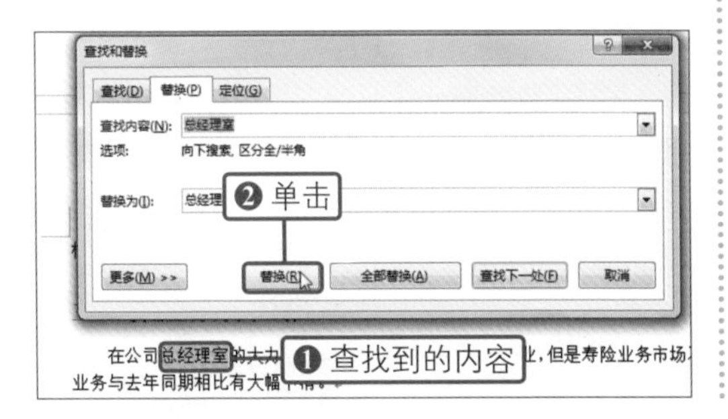

07 显示替换效果

经过以上操作，所查找到的该处内容就会被替换，并且文档中会自动显示出下一处查找的内容，如下图所示。

4.3.2 替换文本格式

在使用替换功能时，除了替换文本内容外，还可以单独对文本的格式进行替换，在设置替换内容时只对格式进行设置即可，具体操作如下。

◎ 原始文件：下载资源\实例文件\第4章\原始文件\销售部工作总结1.docx

◎ 最终文件：下载资源\实例文件\第4章\最终文件\销售部工作总结1.docx

01 单击“更多”按钮

打开原始文件，按下【Ctrl+H】快捷键，打开“查找和替换”对话框，然后单击“替换”选项卡下的“更多”按钮，如右图所示。

02 设置查找内容

❶对话框中显示出更多内容后，将光标定位在“查找内容”文本框。❷单击“特殊格式”按钮。❸在展开的下拉列表中单击“任意数字”选项，如下图所示。

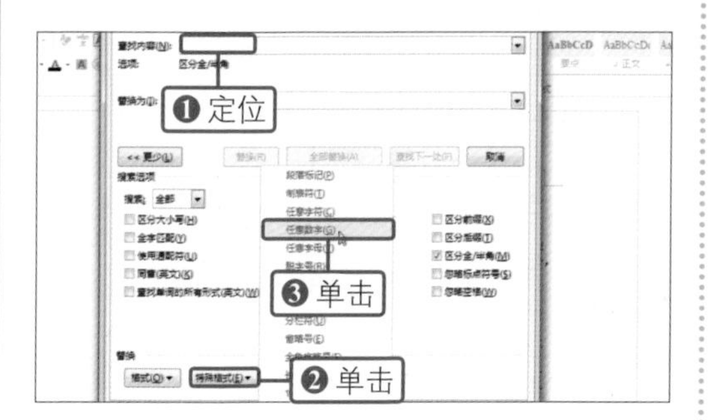

03 单击“字体”选项

❶将光标定位在“替换为”文本框。❷单击“格式”按钮。❸在展开的下拉列表中单击“字体”选项，如下图所示。

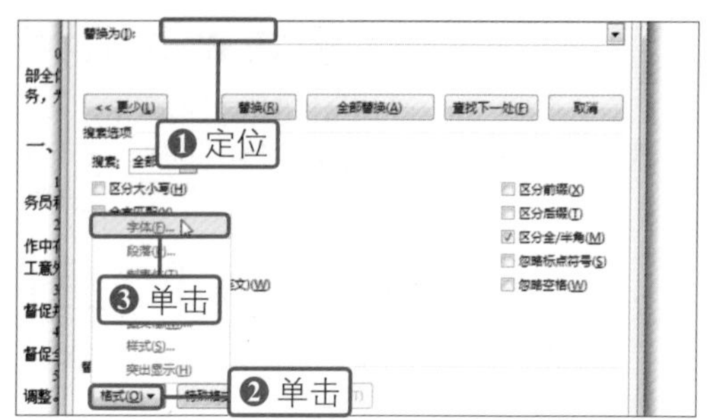

04 设置替换字体

❶弹出“替换字体”对话框，单击“字体”选项卡下“西文字体”框右侧的下三角按钮。❷在展开的列表中单击“Arial”选项，如下图所示。

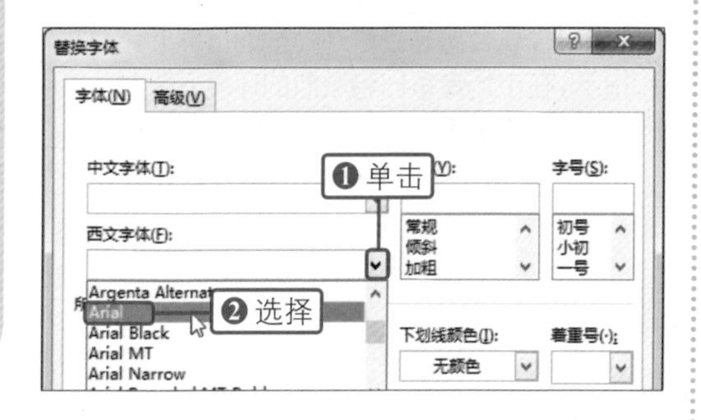

05 设置替换字形

单击“字形”列表框下的“加粗”按钮，如下图所示。然后单击“确定”按钮。

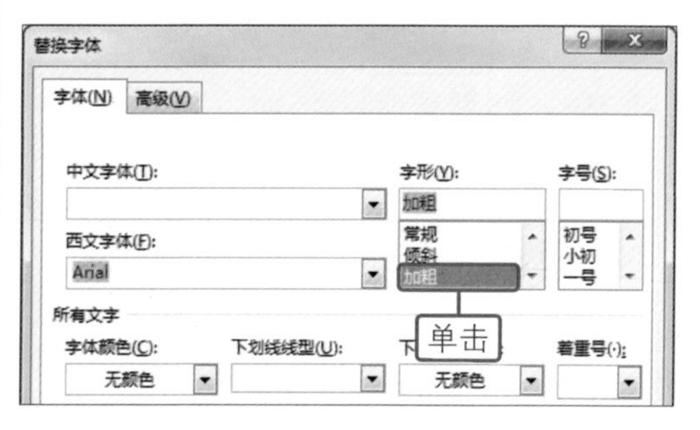

06 单击“全部替换”按钮

将查找内容和替换为的内容都设置完毕后，单击“全部替换”按钮，如下图所示。

07 显示替换次数

程序执行替换操作后，弹出“Microsoft Word”对话框，提示已完成了替换及替换数量，单击“确定”按钮，如下图所示。

08 显示替换效果

经过以上操作，文档中所有数字内容就被替换为了Arial字体、加粗显示的格式，返回文档中即可看到替换后的效果，如右图所示。

09 年在充满挑战和激情工作中即将结束了，一年来，在公司总经理室的指挥下，团险部全体同仁积极领会总经理室工作意图和指示，在市场竞争日趋激烈的环境下努力拓展业务，为完成公司下达的任务指标而努力，现将 09 年全年的销售工作作如下总结：

一、员工管理、业务学习工作

1. 年初按公司总经理室工作意图，在团险部内部人员重新进行配置，积极调动团险业务员和协保员

2. 制定符 制度，开好部门早会、及时传达上级指示精神，商讨工作中存在的问题，布置学习业务的相关新知识和新承保事项，使业务员能正确引导企业对职工意外险的认识，以减少业务的逆选择，降低赔付率。

3. 加强部门人员之间的沟通，统一了思想和工作方法，督促部门人员做好活动量管理，督促并较好地配合业务员多方位拓展业务。

4. 制订“开门红”、“国寿争霸”赛业务推动方案，经总经理室批复后，及时进行宣导、督促全体业务员做好各项业务管理工作。

5. 制订 09 年团险业务员的管理和考核办法，并对有些管理和考核办法方面作了相应的

替换效果

你问我答

问：在“查找和替换”对话框中设置了格式后，如何清除？

答：在执行替换操作时，如果需要取消已设置的格式，可将光标定位在要取消格式的文本框内，然后在展开更多内容后，单击“不限定格式”按钮，即可将该文本框中设置的所有格式取消。

4.4 创建目录

“目录”是目和录的总称。“目”指篇名或书名，“录”是对“目”的说明和编次。在Word 2016中只要对文档内容的大纲级别进行设置，或是为其应用了标题样式后，就可以直接将目录内容提炼出来，在提炼的过程中，可直接套用内置的目录格式，也可以手动对目录的级别、显示内容等项目进行设置。

4.4.1 创建内置的目录格式

Word 2016中内置了手动表格、自动目录1、自动目录2三种目录样式，可直接选择相应的目录格式进行创建。

◎ 原始文件：下载资源\实例文件\第4章\原始文件\会议管理制度.docx

◎ 最终文件：下载资源\实例文件\第4章\最终文件\会议管理制度.docx

01 单击“段落”组的对话框启动器

❶打开原始文件，将光标定位在标题处。❷单击“开始”选项卡下“段落”组的对话框启动器，如右图所示。

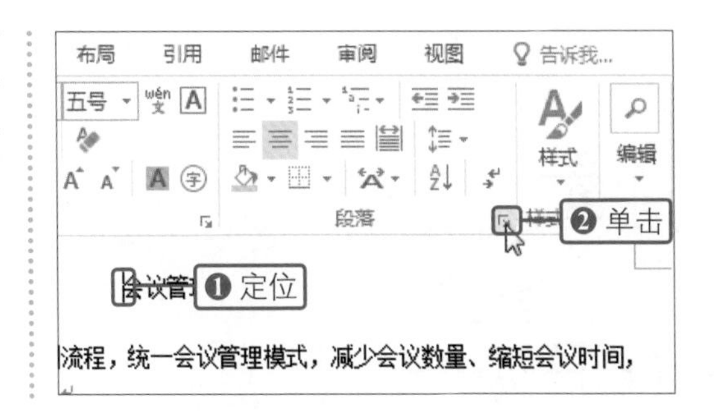

02 设置1级大纲级别

❶弹出“段落”对话框，在“缩进和间距”选项卡下单击“大纲级别”右侧的下三角按钮。❷在展开下拉列表中单击“1级”选项，然后单击“确定”按钮，如下图所示。

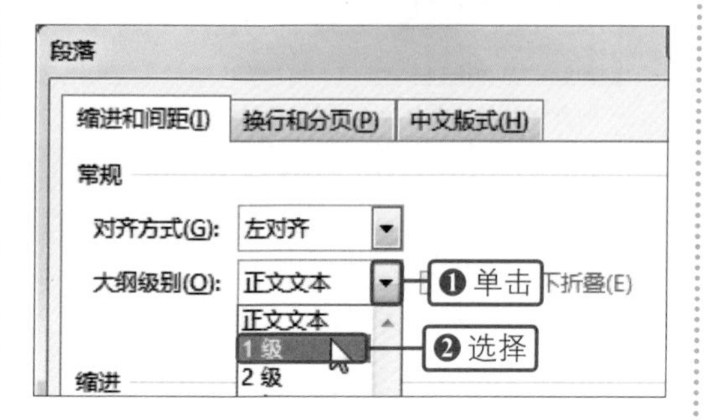

03 单击“段落”组的对话框启动器

❶返回文档中，将光标定位在第二级标题处。❷单击“开始”选项卡下“段落”组的对话框启动器，如下图所示。

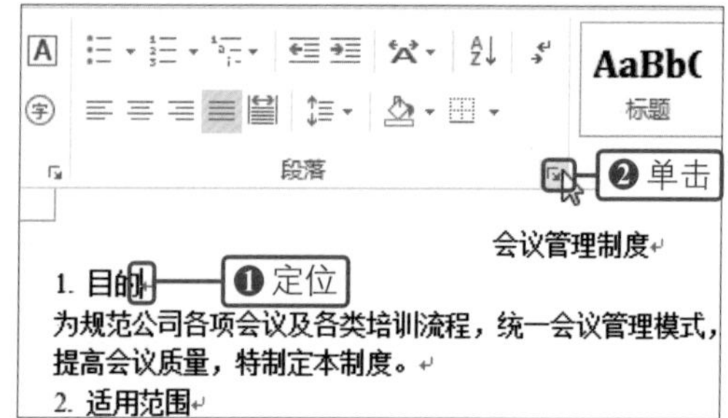

04 设置2级大纲级别

❶弹出“段落”对话框，在“缩进和间距”选项卡下单击“大纲级别”框右侧的下三角按钮。❷在展开的下拉列表中单击“2级”选项，如下图所示，然后单击“确定”按钮。

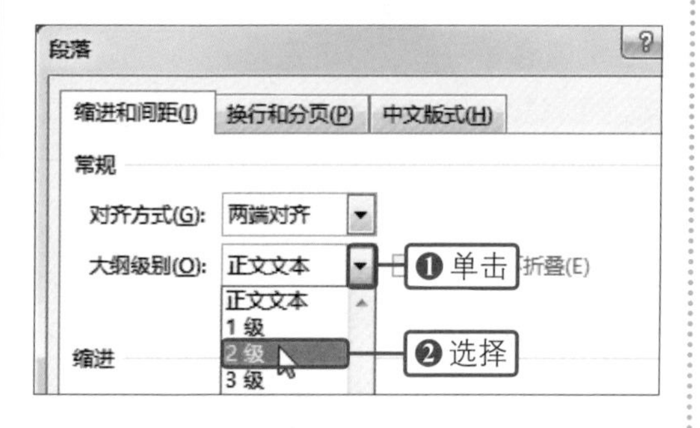

05 设置其他段落的大纲级别

参照步骤1到步骤4的操作，为其他标题设置相应级别，打开“导航”窗格后，即可看到设置的效果，如下图所示。

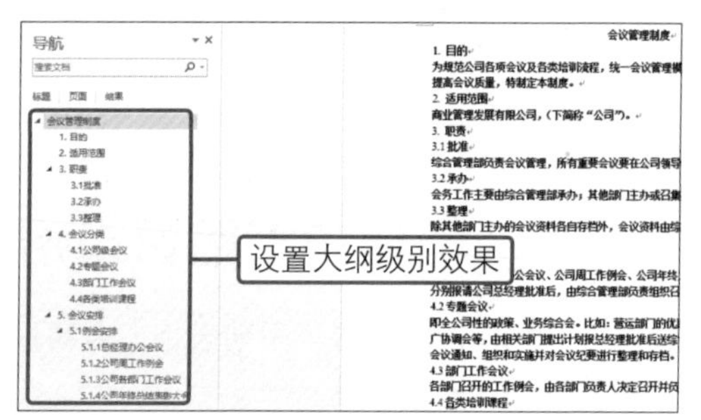

06 选择创建的目录样式

❶将光标定位在插入目录的位置。❷单击“引用”选项卡下“目录”组中的“目录”按钮。❸在展开的下拉列表中单击“自动目录1”，如下图所示。

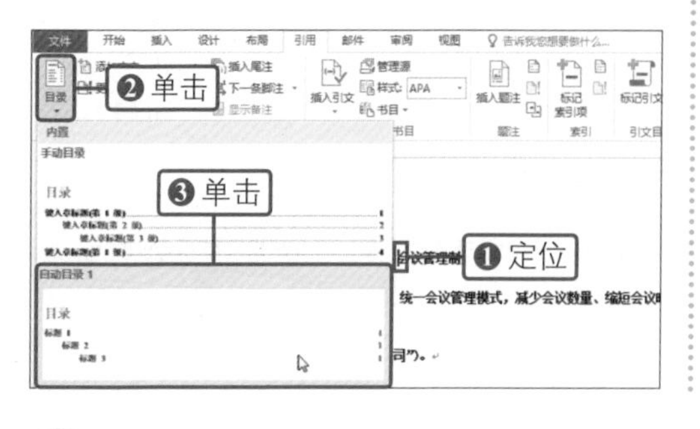

07 显示创建的目录效果

经过以上操作，就完成了为文档创建目录的操作，如下图所示。

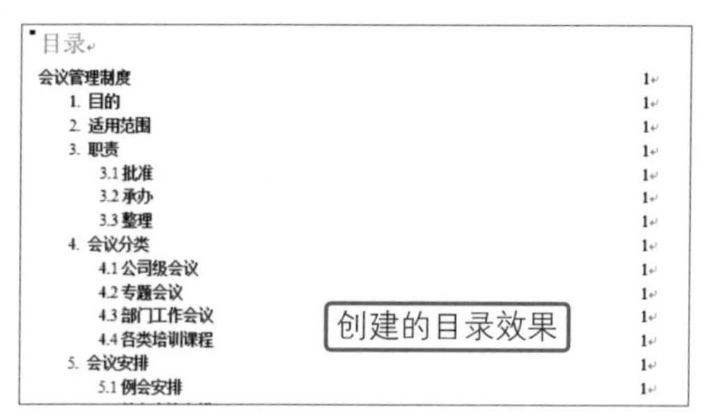

技巧提示　删除目录

为文档创建的目录是以域的形式存在的，需要删除时，可将光标定位在目录中，切换到“引用”选项卡，单击“目录”组中的“目录”按钮，在展开的下拉列表中单击“删除目录”选项，即可将目录删除。

4.4.2 自定义创建目录

在Word 2016中创建的目录包括不同级别的标题、页码以及不同的格式，当需要制作出与众不同的目录时，可自定义创建目录。

◎ 原始文件：下载资源\实例文件\第4章\原始文件\销售部工作总结1.docx
◎ 最终文件：下载资源\实例文件\第4章\最终文件\销售部工作总结2.docx

01 单击“自定义目录”选项

❶打开原始文件，将光标定位于要创建目录的位置。❷单击“引用”选项卡下的“目录”按钮。❸在展开的下拉列表中单击“自定义目录”选项，如下图所示。

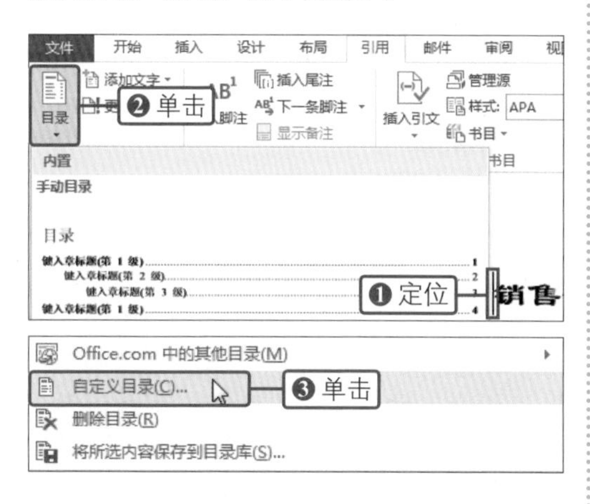

02 选择目录格式

❶在弹出的“目录”对话框中单击“目录”选项卡。❷单击“格式”右侧的下三角按钮。❸在展开的下拉列表中单击“简单”选项，如下图所示。

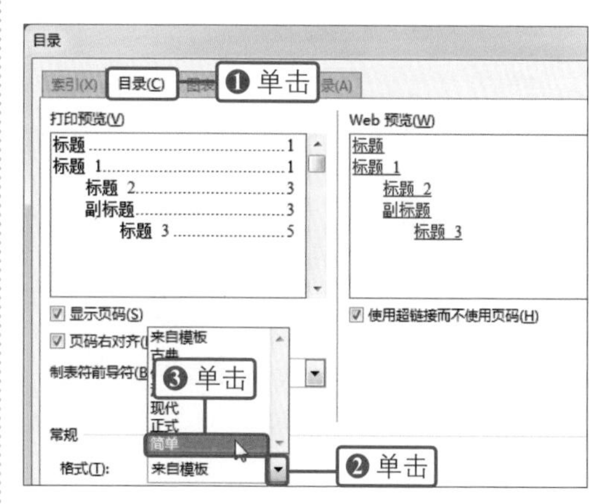

03 取消页码显示

选择了目录格式后，取消勾选“显示页码”复选框，如下图所示，最后单击“确定”按钮。

04 显示创建的目录效果

经过以上操作，就完成了为文档自定义创建目录的操作，如下图所示。

销售部工作总结
一、员工管理、业务学习工作
二、意外险方面工作
三、寿险业务方面工作
四、人员储备
五、建议
创建的目录效果

知识进阶 使用通配符替换文本

通配符是一类键盘字符，包括星号 * 和问号 ?，其中星号 * 代表多个字符，问号 ? 代表一个字符。当查找文件时，可以使用通配符来代替一个或多个真正字符。当不知道文本的完整名称时，就可以使用通配符来代替查找。

◎ 原始文件：下载资源\实例文件\第4章\原始文件\培训课程汇总表.docx

◎ 最终文件：下载资源\实例文件\第4章\最终文件\培训课程汇总表.docx

01 打开"查找和替换"对话框

打开原始文件，按下【Ctrl+H】快捷键，打开"查找和替换"对话框，单击"替换"选项卡下的"更多"按钮，如下图所示。

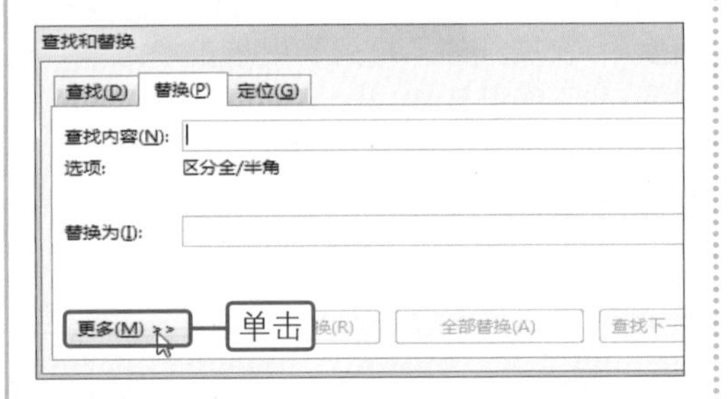

02 勾选"使用通配符"复选框

对话框中显示出更多内容后，勾选"搜索选项"区域内的"使用通配符"复选框，如下图所示。

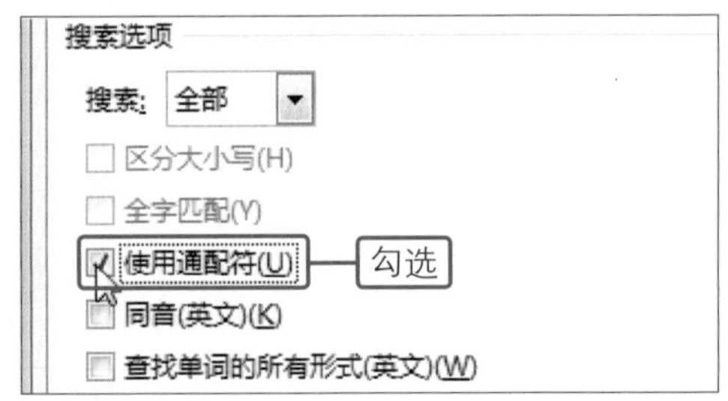

03 输入查找与替换的内容

❶在"查找内容"中输入"李?荣"，在"替换为"文本框中输入要替换的内容。❷然后单击"全部替换"按钮，如下图所示。替换完毕后，弹出"Microsoft Word"对话框，直接单击"确定"按钮。

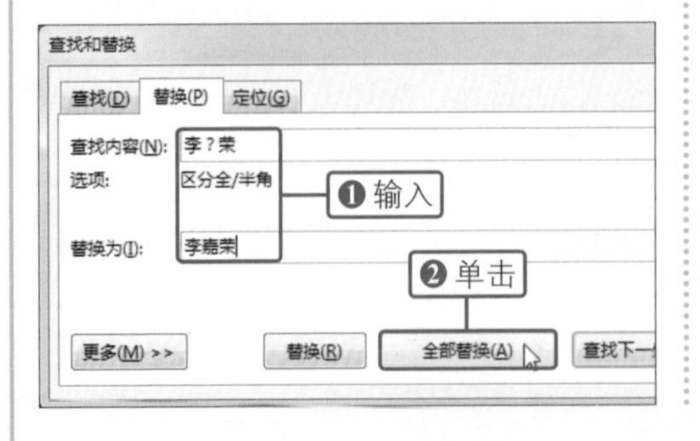

04 显示替换效果

经过以上操作，就可以将文档中所有第一个字符为"李"、最后一个字符为"荣"的词组全部替换为"李嘉荣"，如下图所示。

序号	课程名称	培训师
1	情商管理与压力缓解	李嘉荣
2	心理咨询技术在 HR 管理中的应用	李嘉
3	KPI+BSC 绩效管理实战训练营	刘志
4	员工绩效辅导教练技术	孙明启
5	实用绩效与员工关系管理	赵和祥
6	PTT 国际职业培训师特训营	李纯
7	企业招聘、绩效考核与薪酬体系设计实战特训班	李嘉荣
8	7C 企业文化突破大型公开课	刘洋
9	组织架构设计与部门职能界定	孙洪义
10	员工晋升标准与晋升通道设计	李嘉荣
11	岗位分析与薪酬设计管理培训	刘义
12	企业绩效考核与薪酬体系设计实战特训班	李丽
13	如何做好企业培训的"编剧"和"导演"	赵和祥
14	非人力资源经理的人力资源培训	孙明启
15	STT 企业内部培训师快速提升训练	李纯

替换效果

第5章

5 规范文档页面与输出文档

不同类型的文档，其页面的布局、背景的填充以及页眉与页脚的设置都会有所区别，设置这些不仅仅是为了美化文档，更重要的是对文档进行规范。本章将对文档的页面、背景、页眉和页脚的设置以及文档的打印操作进行介绍。通过本章的学习，就可以将计算机中的电子文件输出为纸质文件。

- 设置文档页面
- 设置文档页面背景
- 为文档添加页眉和页脚
- 打印文档

5.1 设置文档页面

文档页面包括文档的页边距、纸张方向、纸张大小等信息，不同类型的文档对这些内容的要求都不同，可根据文档的需要进行设置。

5.1.1 设置文档页边距

页边距是指页面四周的空白区域，也就是页面边线到文字的距离。页边距会影响文档中内容的多少。通常情况下，页边距内会放置正文内容，而页边距之外会放置页眉、页脚或页码等内容。

◎ 原始文件：下载资源\实例文件\第5章\原始文件\会议管理制度.docx

◎ 最终文件：下载资源\实例文件\第5章\最终文件\会议管理制度.docx

1. 使用预设边距

Word 2016预设了一些常用的页边距参数，包括普通、窄、适中、宽、镜像五种，可直接为文档应用预设页边距。

01 单击“页边距”按钮

❶打开原始文件，单击“布局”选项卡下“页面设置”组中的“页边距”按钮。❷在展开的下拉列表中单击“窄”选项，如下图所示。

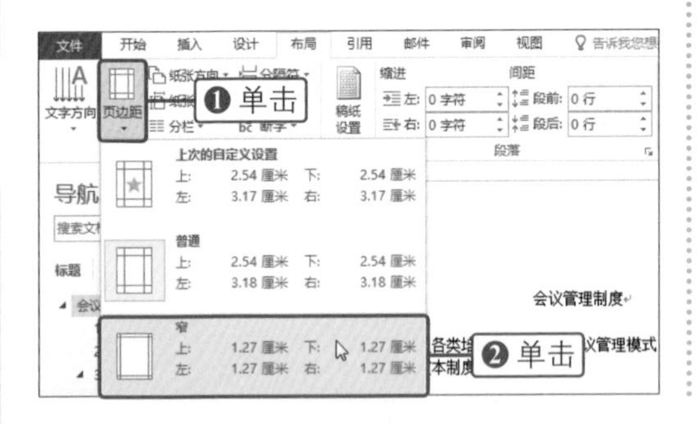

02 显示设置的页边距效果

返回文档即可看到设置后的效果，如下图所示。

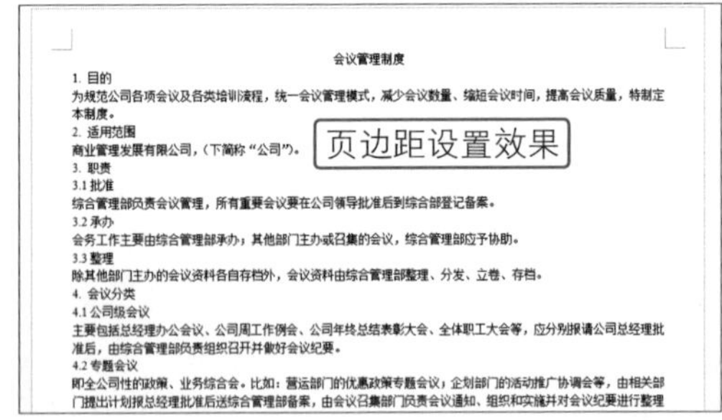

补充知识

在调整页边距时，为了能够掌握所调整页边距的具体数值，可将文档的标尺显示出来切换到“视图”选项卡，勾选“显示”组中的“标尺”复选框即可。

2. 自定义设置页边距

在设置文档的页边距时，如果要使用的页边距Word 中没有预设，可进行自定义设置。

01 单击“页边距”按钮

❶打开目标文档，切换至“布局”选项卡，单击“页面设置”组中的“页边距”按钮。❷在展开的下拉列表中单击“自定义边距”选项，如下图所示。

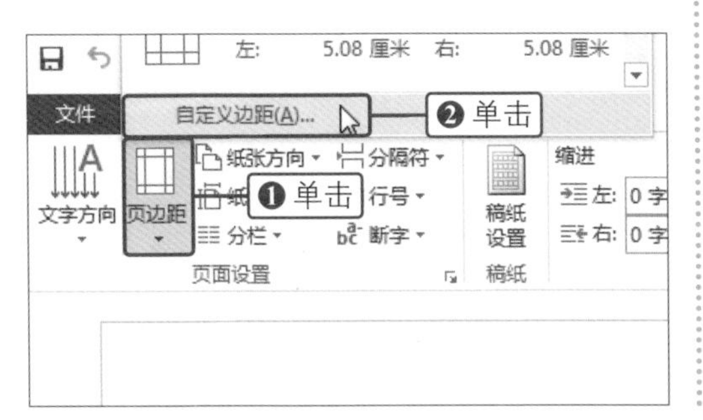

02 设置页边距

弹出“页面设置”对话框，在“页边距”选项卡下“页边距”组中的“上”“下”“左”“右”数值框内分别输入要使用的边距，如下图所示。最后单击“确定”按钮，就完成了自定义设置页边距的操作。

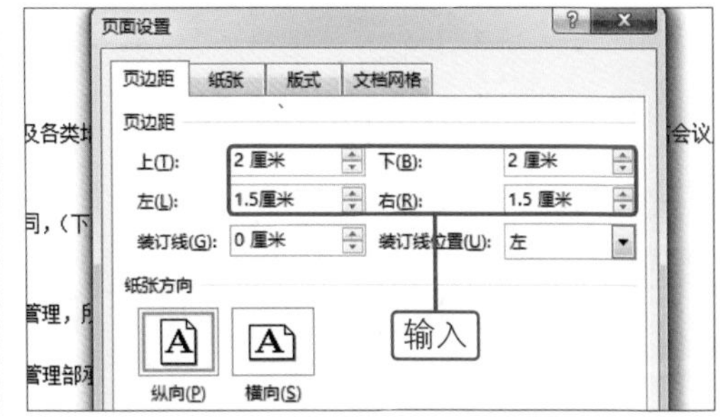

补充知识

也可以打开标尺并根据标尺的数值手动调整页边距。调整时，将鼠标指针指向水平标尺的左边距滑块，当鼠标指针变成横向双箭头形状时，向左拖动鼠标可以减小页边距，向右拖动鼠标可以增大页边距。按照类似方法可以对文档右侧边距以及上、下边距进行相应的设置。

5.1.2 设置文档纸张

文档的纸张信息包括了纸张大小和纸张方向两个内容，设置纸张信息时可通过多种方法完成，本小节以通过功能组的设置为例来进行介绍。

1. 设置纸张大小

在Word 2016中使用的纸张包括A3、A4、A5、B4、B5等类型，可根据需要进行选择。

01 选择要使用的纸张

❶打开目标文档，单击“布局”选项卡下“页面设置”组中的“纸张大小”按钮。❷在展开的下拉列表中单击“B5”选项，如下图所示。

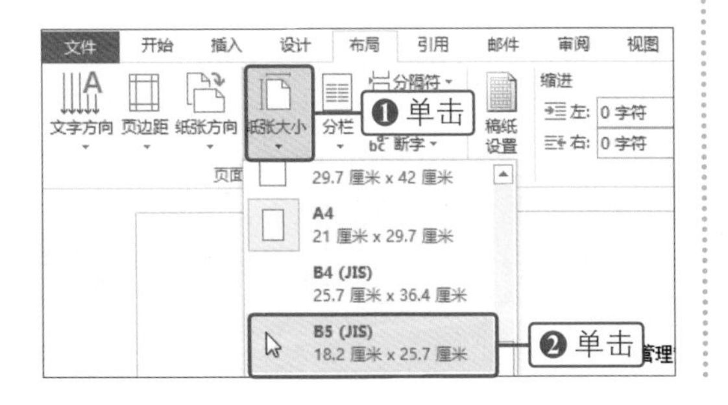

02 显示设置纸张大小的效果

经过以上操作，就完成了设置纸张大小的操作，随着纸张大小的调整，页面中内容的排版也发生了相应的变化，如下图所示。

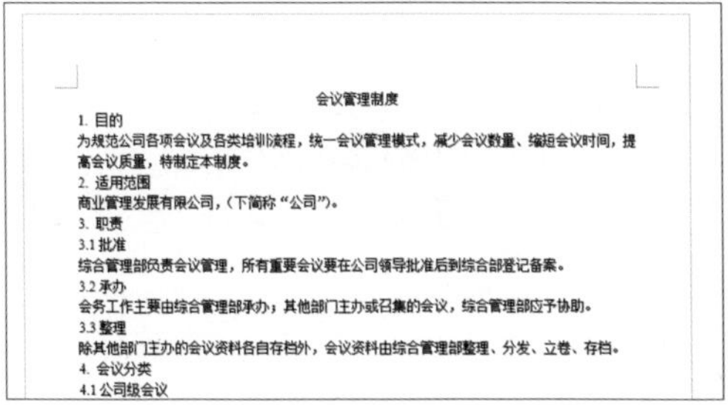

第5章

2. 设置纸张方向

纸张方向包括横向和纵向两种，在默认的情况下，Word 文档所使用的都是纵向，当需要使用横向进行排版时，可对纸张方向进行更改。

01 选择纸张方向

❶打开目标文档后，单击“布局”选项卡下“页面设置”组中的“纸张方向”按钮。❷在展开的下拉列表中单击“横向”选项，如下图所示。

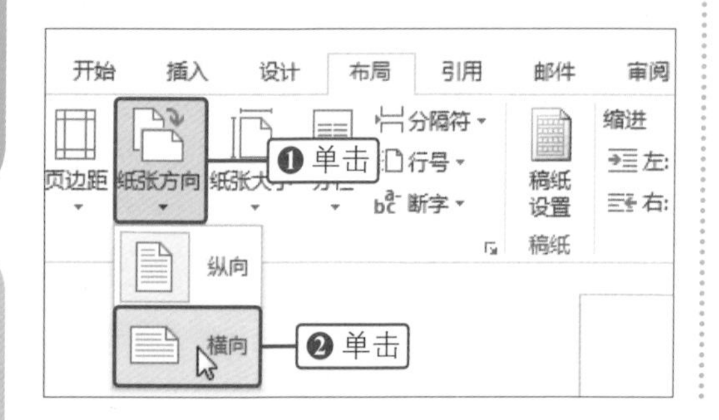

02 显示调整纸张方向的效果

经过以上操作，就完成了更改纸张方向的操作，随着纸张方向的更改，页面中的内容也发生了相应的变化，如下图所示。

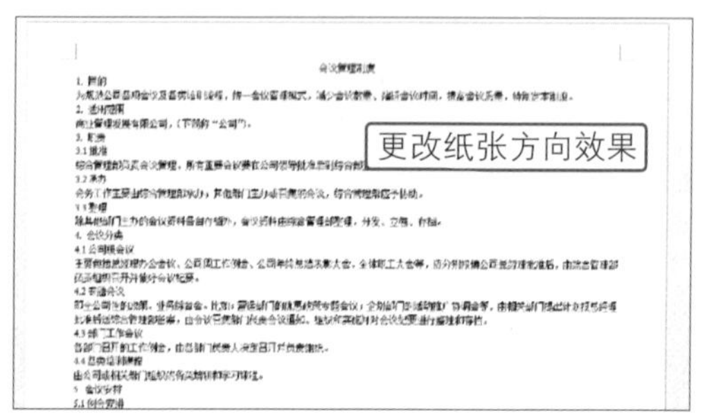

5.2 设置文档页面背景

页面背景是指文档中文本内容下面的区域，在默认的情况下页面背景为白色，但是在一些专业的文档中，会为页面添加水印、为背景填充颜色等。

5.2.1 为文档添加水印

水印就是将一些标志信息印制到文档中，Word 2016中水印的类型包括文字和图片两种，本小节以文字水印为例，来介绍一下自定义添加水印的操作。

◎ 原始文件：下载资源\实例文件\第5章\原始文件\人力资源部工作计划.docx
◎ 最终文件：下载资源\实例文件\第5章\最终文件\人力资源部工作计划.docx

01 单击“自定义水印”选项

❶打开原始文件，单击“设计”选项卡下“页面背景”组中的“水印”按钮。❷在展开的下拉列表中单击“自定义水印”选项，如右图所示。

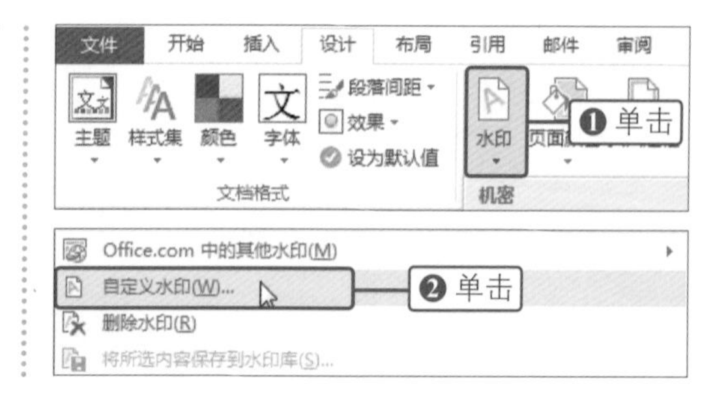

02 选择水印选项

❶弹出“水印”对话框，选中“文字水印”单选按钮。❷在“文字”文本框中输入要设置的水印文字。❸设置水印字体为“华文楷体”，如下图所示。

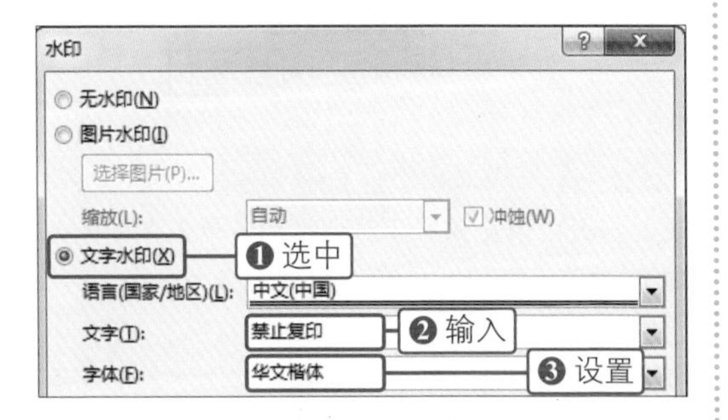

03 设置水印文字

❶设置了水印文字的相关选项后，参照步骤2的操作，将“颜色”设置为“自动”。❷单击“确定”按钮，如下图所示。

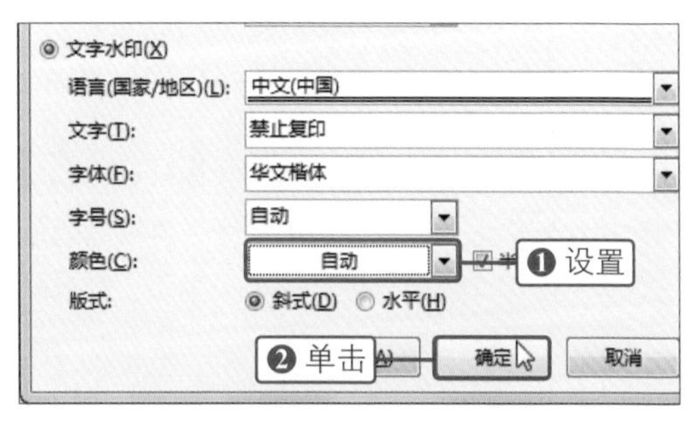

04 显示添加水印的效果

经过以上操作，就为文档自定义添加了水印，如右图所示。

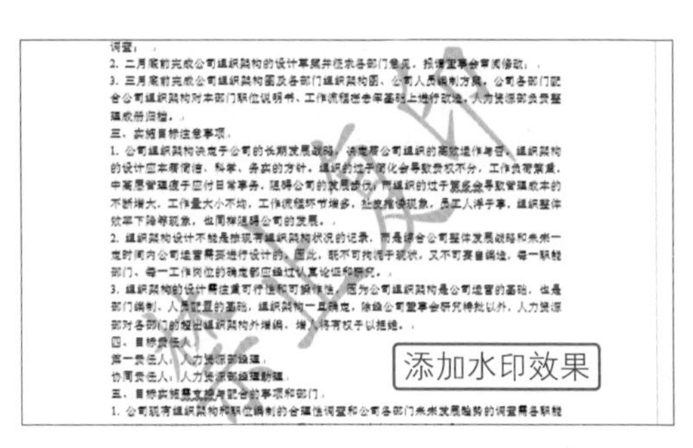

技巧提示 删除水印

需要删除为文档添加的水印时，可打开目标文档，切换到“设计”选项卡，单击“页面背景”组中的“水印”按钮，在展开的下拉列表中单击“删除水印”选项，即可完成操作。

第5章

5.2.2 设置页面填充效果

页面填充包括颜色填充、图案填充、图片填充、纹理填充等方式，本小节以颜色填充为例，对页面的填充进行介绍。颜色填充包括纯色、渐变等方式，具体设置方法如下。

◎ 原始文件：下载资源\实例文件\第5章\原始文件\简报.docx

◎ 最终文件：下载资源\实例文件\第5章\最终文件\简报.docx

01 单击“填充”选项

❶打开原始文件，单击“设计”选项卡下“页面背景”组中的“页面颜色”按钮。❷在展开的列表中单击“填充效果”选项，如右图所示。

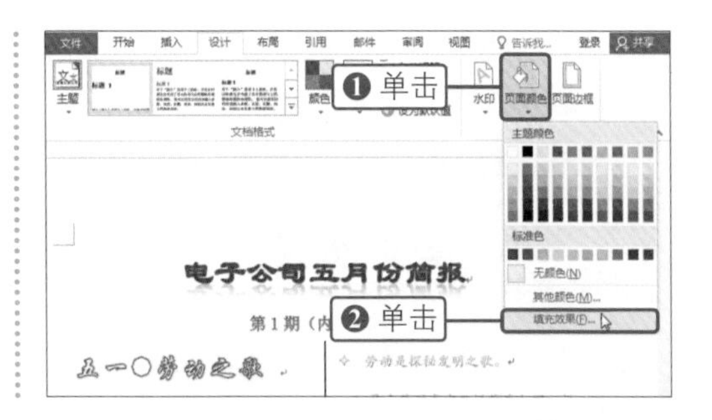

02 设置填充颜色

❶弹出“填充效果”对话框，在“渐变”选项卡下单击“双色”单选按钮。❷单击“颜色2”右侧的下三角按钮。❸在展开的颜色列表中单击“标准色”组中的“浅绿”选项，如右图所示。

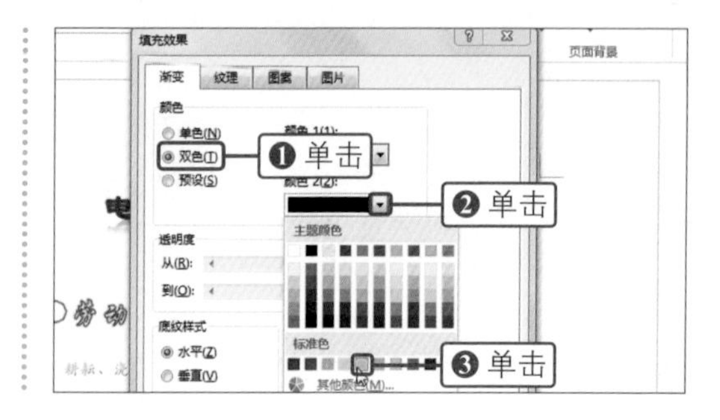

补充知识

在渐变填充时，也可使用程序中预设的渐变样式。打开“填充效果”对话框后，单击“渐变”选项卡下的“预设”单选按钮，单击“预设颜色”右侧的下三角按钮，在下拉列中选择颜色。

03 设置底纹样式

❶单击“底纹样式”区域内的“中心辐射”单选按钮。❷单击“变形”区域内的第一个选项，如下图所示，最后单击“确定”按钮。

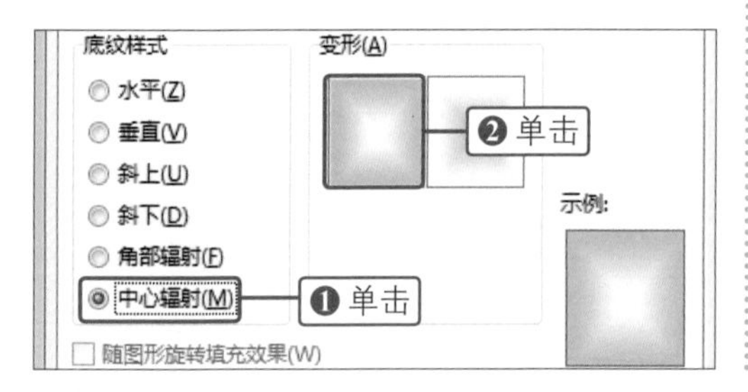

04 显示填充页面的效果

经过以上操作，就完成了为文档填充渐变颜色的操作，返回文档中即可看到填充后的效果，如下图所示。

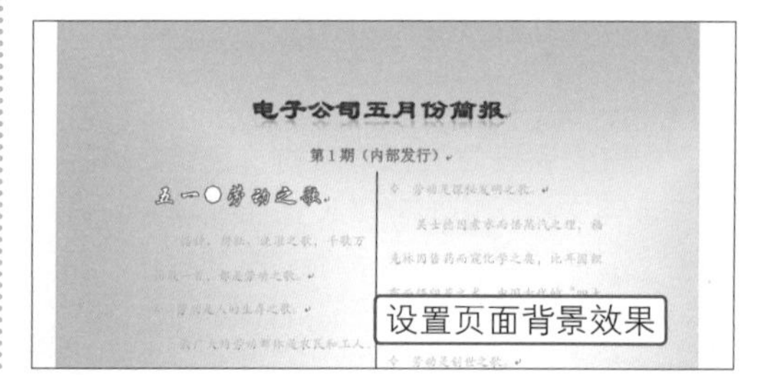

技巧提示 使用图片填充页面背景

为文档填充页面背景时，除颜色填充外，还可纹理填充、图案填充及图片填充，使用图片填充时，打开“页面填充”对话框，在“图片”选项卡下单击“选择图片”按钮，弹出“选择图片”对话框，选择要填充的图片，单击“插入”按钮，返回“页面填充”对话框，单击“确定”按钮。

5.3 为文档添加页眉和页脚

页眉和页脚用于显示文档的附加信息，页眉位于页面顶部，页脚则位于页面底部。页眉和页脚中通常包括时间、日期、公司名称、徽标或文档的注释等内容。

5.3.1 选择要使用的页眉

需要为文档创建一些比较专业的页眉时，可直接使用Word 2016中预设的页眉样式，然后再为其添加需要的内容。

◎ 原始文件：下载资源\实例文件\第5章\原始文件\会议管理制度.docx、标志.bmp
◎ 最终文件：下载资源\实例文件\第5章\最终文件\会议管理制度1.docx

01 选择要使用的页眉样式

❶打开原始文件，单击"插入"选项卡下"页眉和页脚"组中的"页眉"按钮。❷在展开的下拉列表中单击"怀旧"样式，如下图所示。

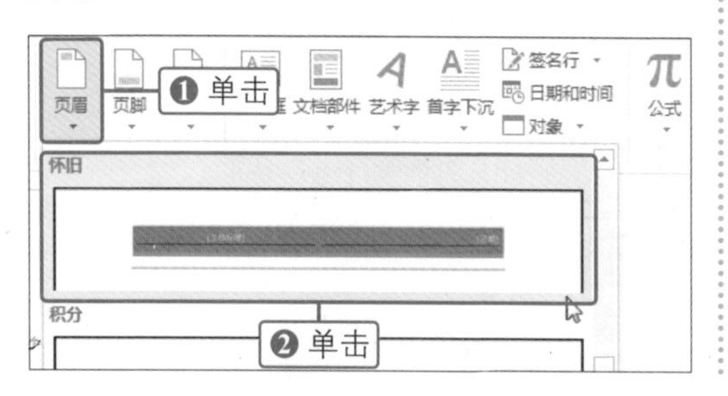

02 显示插入页眉的效果

经过以上操作，就完成了为文档选择了要使用的页眉，但是页眉部分是空白的，如下图所示。

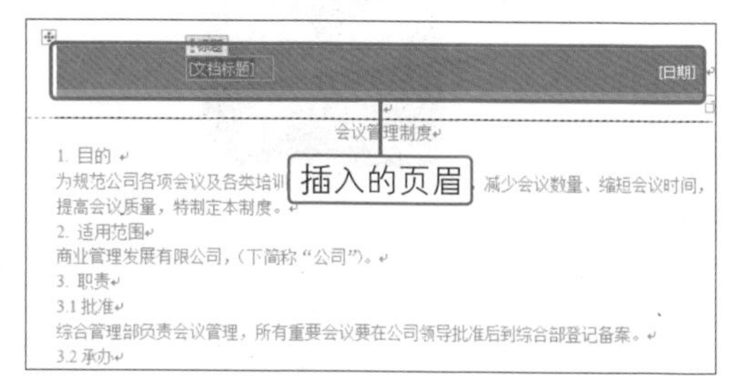

5.3.2 编辑页眉内容

使用Word中预设的页眉样式时，页眉中的内容都是空的，所以还需要对页眉中的内容进行编辑。

01 添加页眉的日期

❶继续上例操作，单击页眉中"选择日期"右侧的下三角按钮。❷在展开的日期列表中，通过列表上方的前进与后退按钮设置好年份与月份，然后单击列表中"日"的数字，即可完成日期的添加，如下图所示。

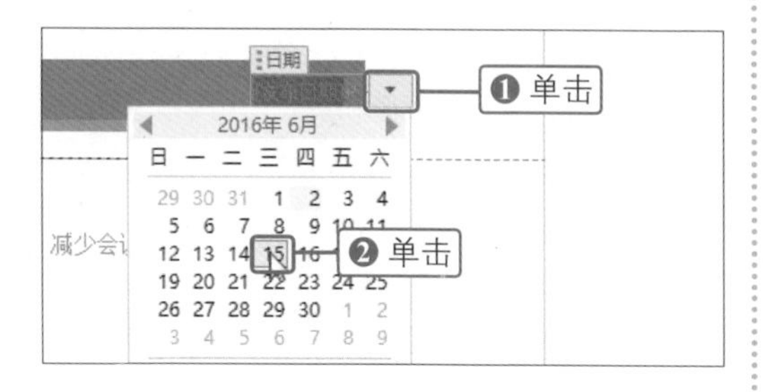

02 单击"图片"按钮

❶在页眉的标题框中输入标题内容，然后将光标定位在标题框之外。❷单击"页眉和页脚工具-设计"选项卡下"插入"组中的"图片"按钮，如下图所示。

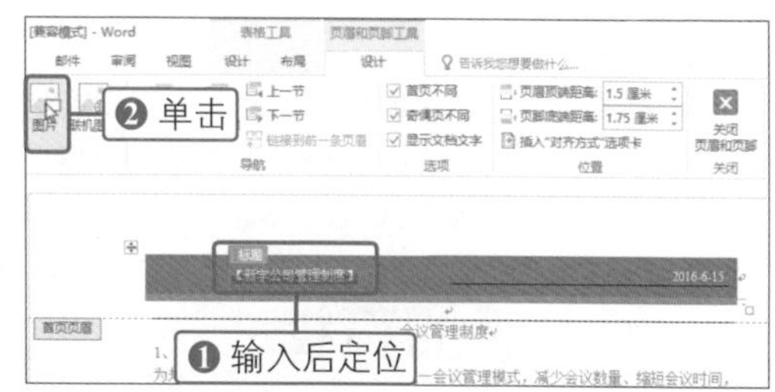

03 选择要插入的图片

❶弹出"插入图片"对话框，选择目标文件所在路径。❷单击目标图片，如右图所示，然后单击"插入"按钮。

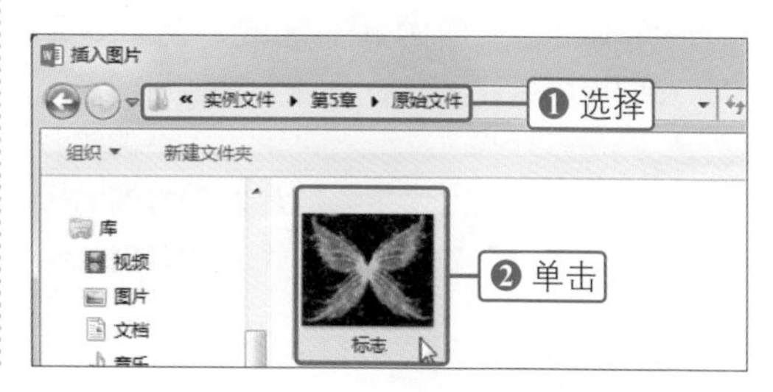

04 调整图片大小

将图片插入到页眉中后，选中图片，将鼠标指针指向图片左上角的控点，当鼠标指针变成双向箭头形状时，向内拖动鼠标，将其调整到合适大小，如下图所示。

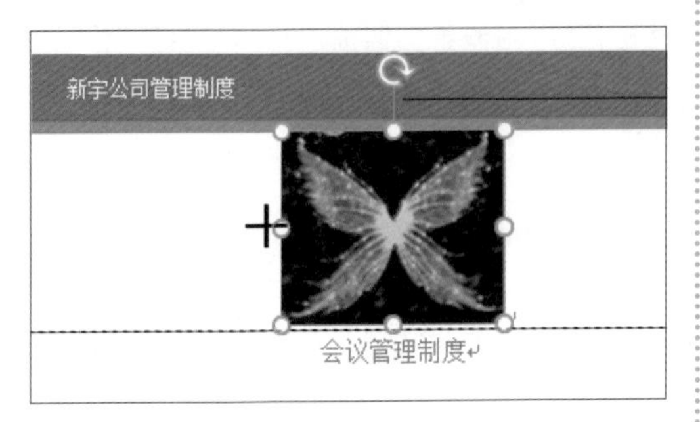

05 设置图片的排列方式

❶切换到“图片工具-格式”选项卡，单击“排列”组中的“环绕文字”按钮。❷在展开的下拉列表中单击“浮于文字上方”选项，然后将图片移动到合适位置，如下图所示。

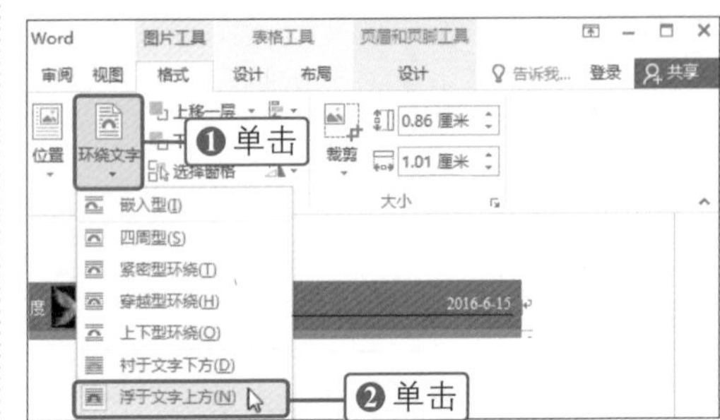

06 清除页眉下方的下画线

❶将光标定位在页眉下方。❷单击“开始”选项卡下“字体”组中的“清除所有格式”按钮，如下图所示。

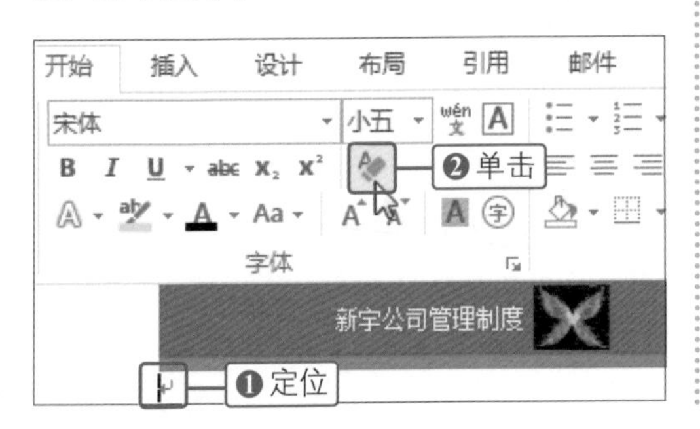

07 显示编辑的页眉效果

经过以上操作，就完成了编辑页眉的操作，双击文档编辑区域，就可以切换到正文的编辑状态下，如下图所示。

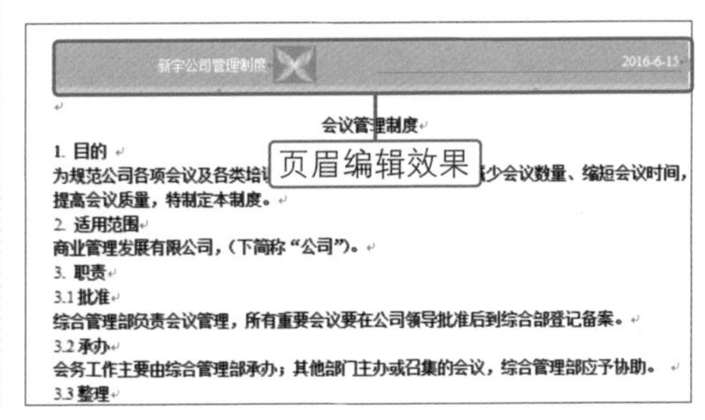

技巧提示 删除页眉

需要删除为文档添加的页眉时，可切换到“插入”选项卡，单击“页眉和页脚”组中“页眉”按钮，在展开的下拉列表中单击“删除页眉”选项即可。

5.3.3 添加页脚

页脚位于页面的底部区域，用于显示文档的附加信息，本小节以自定义制作页脚为例，来介绍一下页脚的添加方法。

◎ 原始文件：下载资源\实例文件\第5章\原始文件\车辆管理制度.docx
◎ 最终文件：下载资源\实例文件\第5章\最终文件\车辆管理制度.docx

01 单击“编辑页脚”选项

❶打开原始文件，单击“插入”选项卡下“页眉和页脚”组中的“页脚”按钮。❷在展开的下拉列表中单击“编辑页脚”选项，如下图所示。

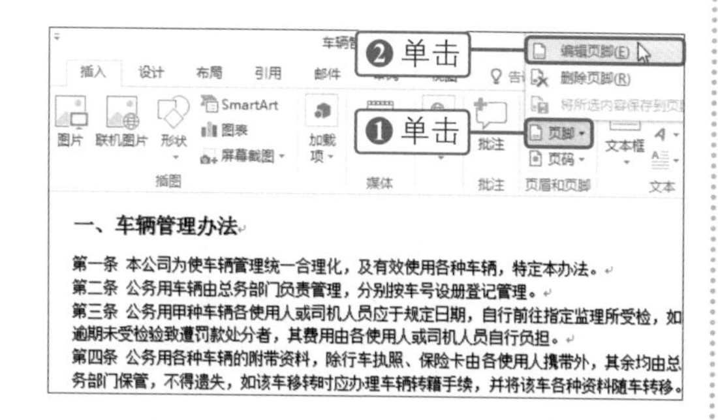

02 为页脚插入图文集

❶进入页脚编辑状态后，单击“页眉和页脚工具-设计”选项卡下“插入”组中的“文档部件”按钮。❷展开文档部件库后，单击“自动图文集”，在弹出的下一级菜单中单击“作者、页码、日期”样式，如下图所示。

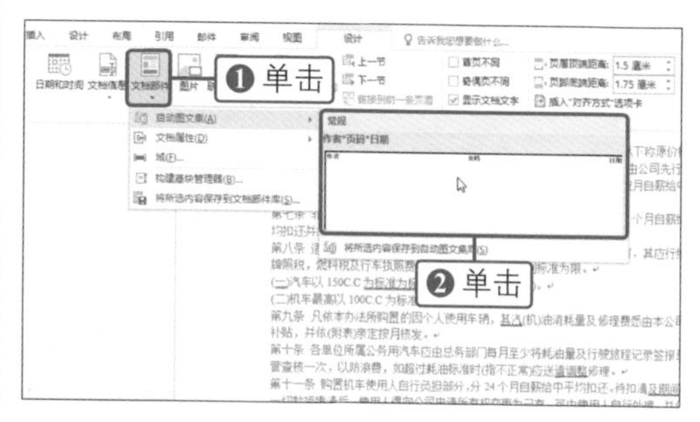

03 显示编辑的页脚效果

经过以上操作，就完成了自定义编辑页脚的操作，双击文档编辑区，进入正文编辑状态，即可看到编辑的页脚效果，如右图所示。

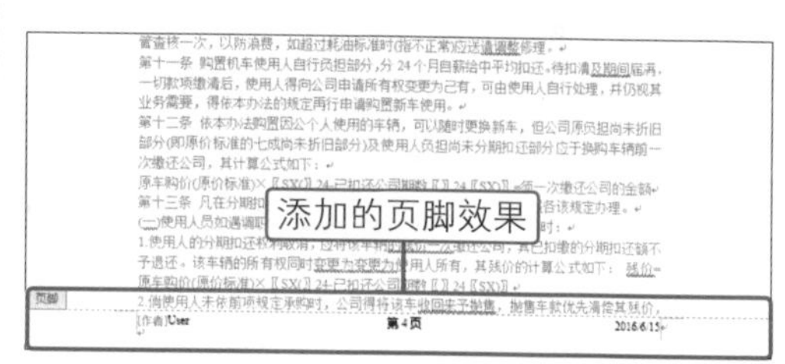

5.3.4 为文档插入页码

页码用于统计整个文档的页数，通常情况下，页码会添加在文档的底部。为文档插入了相应的页码样式后，还可以对其格式进行适当的设置。

◎ 原始文件：下载资源\实例文件\第5章\原始文件\会议管理制度.docx
◎ 最终文件：下载资源\实例文件\第5章\最终文件\会议管理制度2.docx

01 选择要使用的页码样式

❶打开原始文件，单击“插入”选项卡下“页眉和页脚”组中的“页码”按钮。❷展开下拉列表，将鼠标指针指向“页面底端”选项，弹出子列表后，单击“粗线”选项，如右图所示。

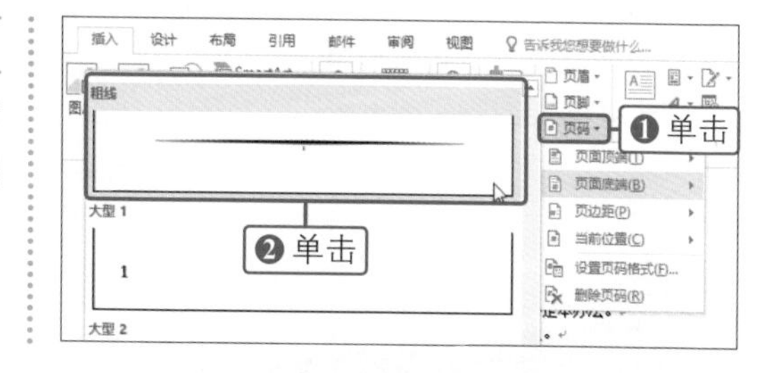

补充知识

为文档添加页码时，如果需要对页码在文档中所占的边距进行调整，可在进入页码编辑状态后，切换到“页眉和页脚工具-设计”选项卡，在“位置”组中的“页眉顶端距离”或“页脚顶端距离”数值框内输入要设置的距离即可。

02 单击“设置页码格式”选项

❶插入页码后，单击“页眉和页脚工具-设计”选项卡“页眉和页脚”组中的“页码”按钮。❷在展开的下拉列表中单击“设置页码格式”选项，如下图所示。

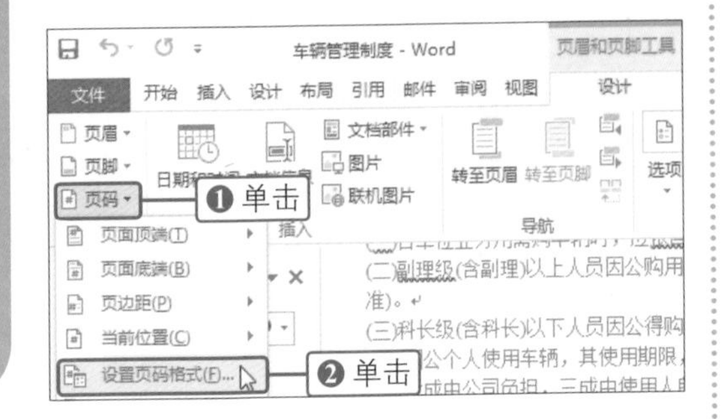

03 选择编号格式

弹出“页码格式”对话框，在“编号格式”列表中选中“Ⅰ,Ⅱ,Ⅲ,…”选项，如下图所示，最后单击“确定”按钮。

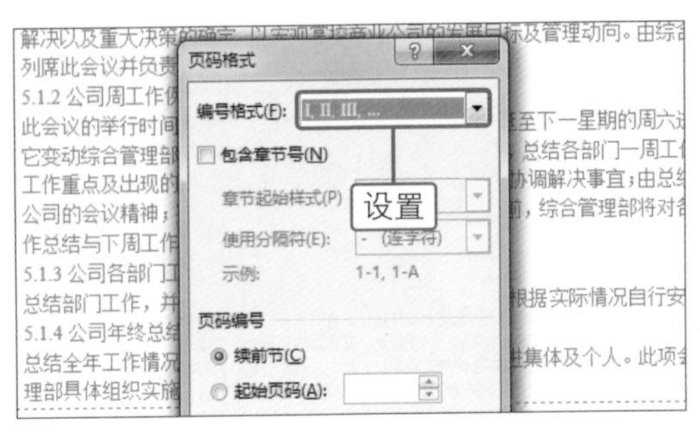

04 显示添加的页码效果

经过以上操作，就完成了为文档添加与设置页码的操作，如右图所示。

你问我答

问： 为文档添加页码时，能不能不从 1 开始编码？

答： 可以，设置时首先打开“页码格式”对话框，然后单击选中“页码编号”组中的“起始页码”单选按钮，在其右侧数值框内输入起始的页码，最后单击“确定”按钮返回文档完成设置。

5.4 打印文档

打印指将计算机或其他电子设备中的文字或图片等数据内容通过打印机输出到纸张中。在打印过程中需要对打印份数、打印范围等内容进行设置，并且要在打印前对打印的效果进行预览。

◎ 原始文件：下载资源\实例文件\第5章\原始文件\会议管理制度1.docx
◎ 最终文件：无

5.4.1 打印份数与打印范围设置

在默认的情况下，打印的份数为1份，打印的范围为整篇文档，如果需要一次打印多份或要打印整篇文档的部分内容时，可在打印文档前对以上选项进行设置。

01 执行“打印”命令

打开原始文件，单击“文件”按钮，在视图菜单中单击“打印”命令，如下图所示。

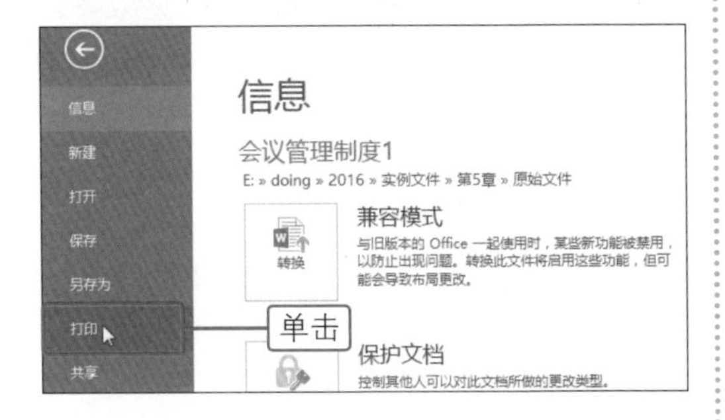

02 设置打印份数

窗口中显示出打印界面后，在“份数”数值框内输入要打印的份数“5”，如下图所示。

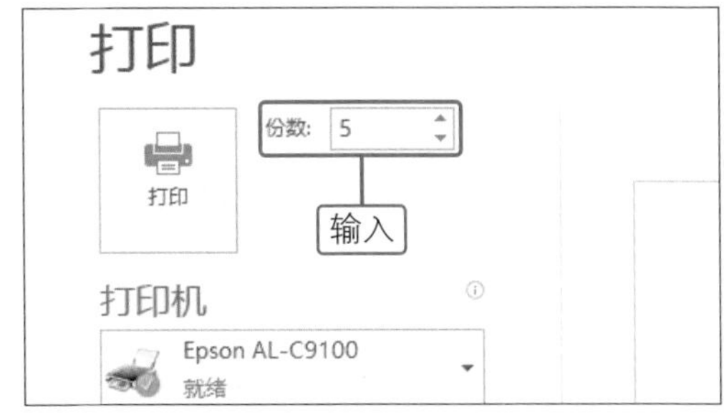

03 选择设置打印范围的方式

❶单击“设置”组中的“打印所有页”右侧下三角按钮。❷在展开的下拉列表中单击“自定义打印范围”选项，如下图所示。

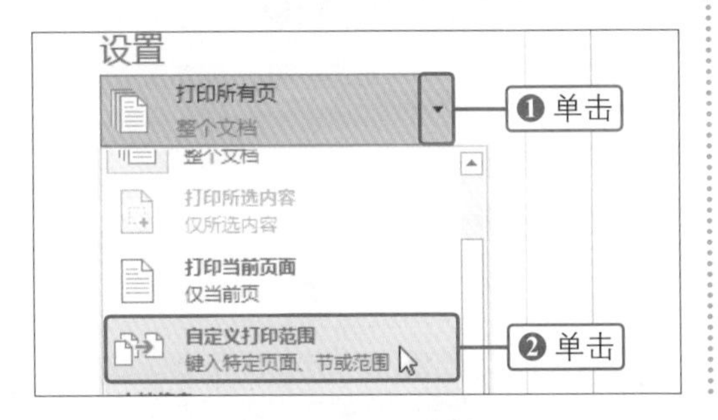

04 设置打印范围

选择打印范围后，在“页数”数值框内输入要打印的页数，注意要以半角状态的逗号隔开，此时完成了打印范围的设置，如下图所示。

5.4.2 打印预览

在打印文档前，为了确保打印质量，可先对打印效果进行预览。在预览时，可根据需要对显示的比例进行设置，以达到预览不同页面的打印效果的目的。

01 进入预览状态

打开目标文档，执行“文件>打印”命令。进入打印界面后，在界面右侧即可预览打印的效果，如下图所示。

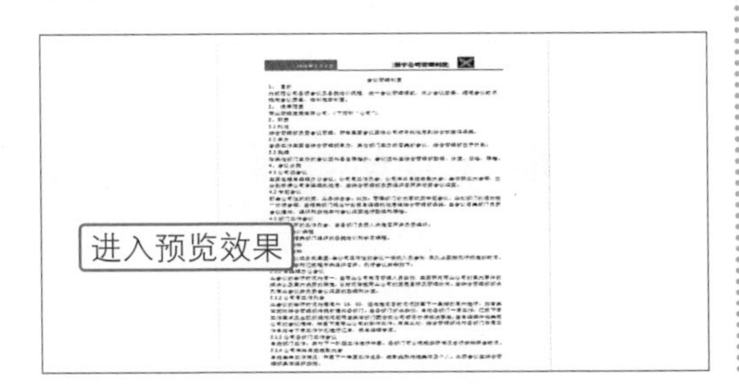

02 调整预览区的显示比例

需要对预览区的显示比例进行调整时，可拖动该区域右下角的滑块，向左为缩小显示区域，向右为放大显示区域，如下图所示。

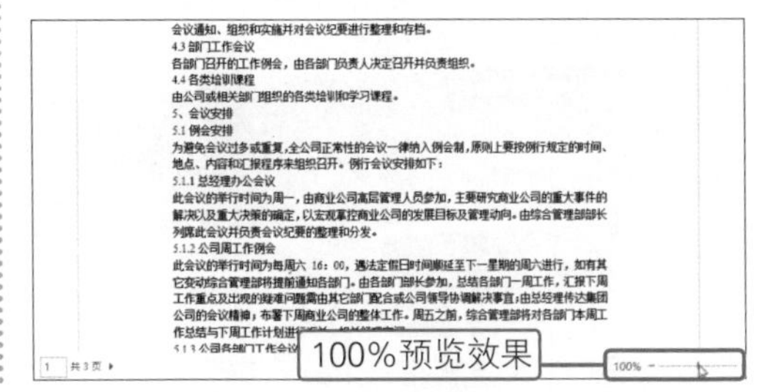

03 预览下一页

需要对下一页文档进行预览时，可单击预览区左下角的“下一页”按钮，预览区内就会显示出下一页内容，如右图所示。

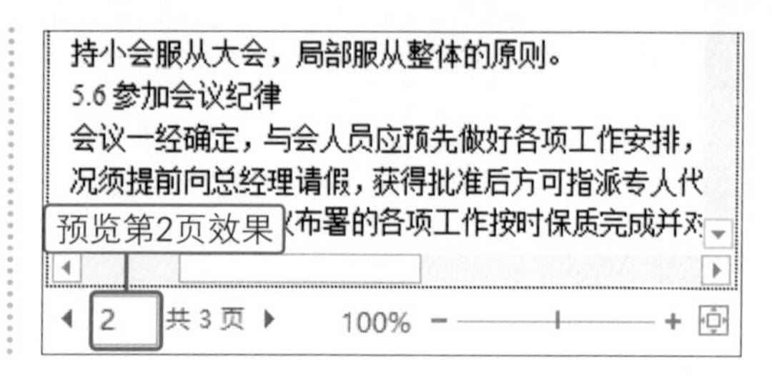

5.4.3 文档的打印

掌握了文档的打印份数、范围等内容的设置操作，并且在文档预览无误后，就可以执行打印操作了，具体操作如下。

01 单击“打印”按钮

❶打开目标文档，单击“文件”按钮，在展开的菜单栏中单击“打印”命令。❷进入打印界面，将相关内容设置完毕后，单击“打印”按钮，如下图所示。

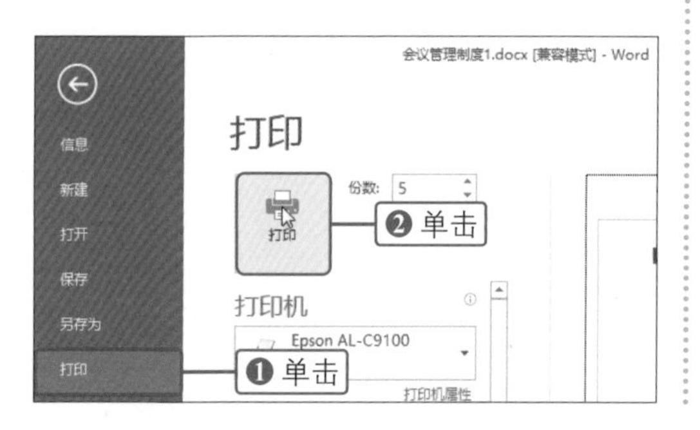

02 显示打印状态

执行了打印操作后，程序会将打印命令发送给系统，在通知区域内可以看到一个打印机图标，如下图所示，表明系统正在打印，打印完毕后，该图标将自动消失。

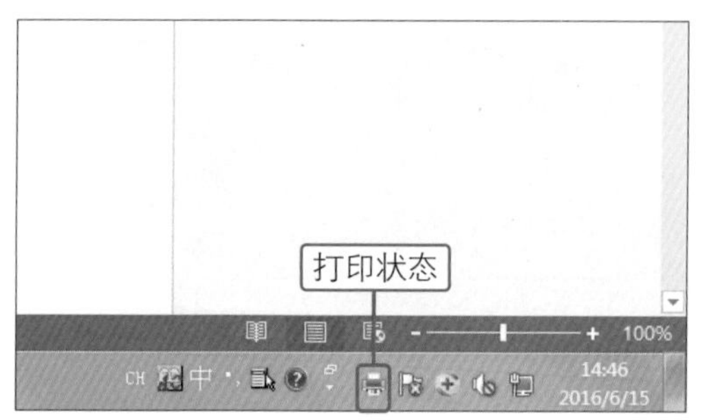

5.4.4 取消打印

在执行了打印操作后，程序会将打印命令发送给系统，需要中途取消文档的打印时，可通过打印的属性对话框来完成设置。

01 单击打印机名称

❶执行打印操作后，右击通知区域内的打印机图标。❷在弹出的快捷菜单中单击相应的打印机的名称，如下图所示。

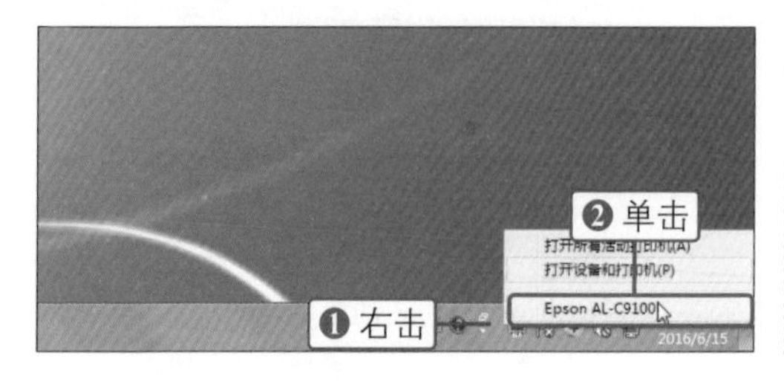

02 取消打印操作

❶弹出打印机的对话框，右击正在执行的打印任务。❷弹出快捷菜单后，单击“取消”命令，如下图所示。

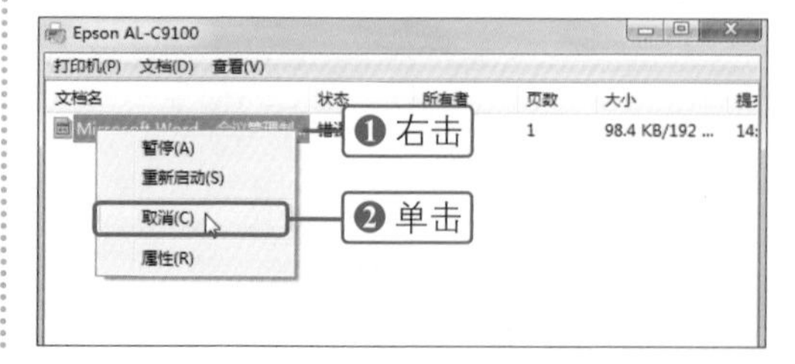

03 确定取消打印操作

弹出“打印机”提示框，提示“您确定要取消该文档吗？”，单击“是”按钮，如下图所示。

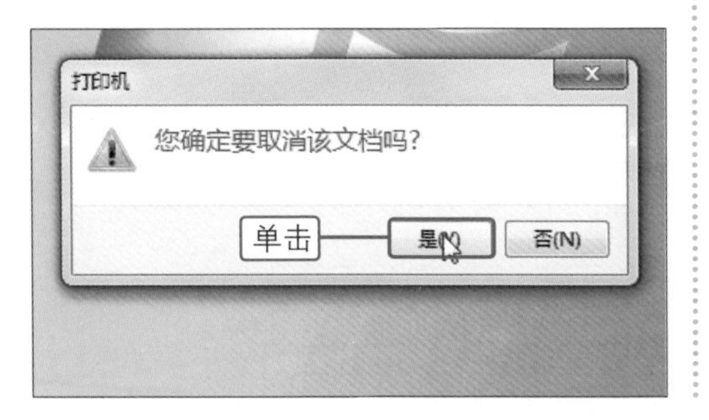

04 显示取消打印的效果

执行了取消操作后，对话框内就会显示出“正在删除”状态，关闭对话框即可，系统将自动执行删除操作，如下图所示。

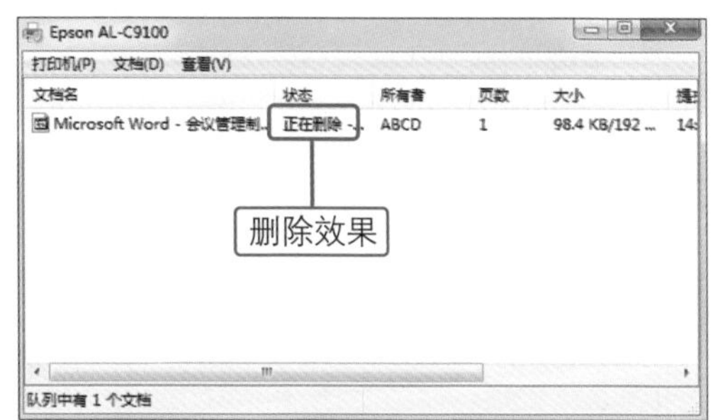

技巧提示 暂停和恢复打印

在打印的过程中，如果只是要暂停打印任务，可在打开打印机对话框后，右击打印任务，在弹出的快捷菜单中单击“暂停”命令即可。要恢复打印，则右击任务后单击“重新启动”命令。

第5章

知识进阶 为奇偶页插入不同的页眉

默认情况下，Word 文档中每页的页眉内容是相同的，如果想要让文档中的页眉内容更加丰富，可以根据实际的工作需要为文档的奇数页和偶数页分别插入不同的页眉内容，这样可以使文档看起来更加规范和专业。

◎ 原始文件：下载资源\实例文件\第5章\原始文件\培训教材.docx
◎ 最终文件：下载资源\实例文件\第5章\最终文件\培训教材.docx

01 双击文档的页眉区域

打开原始文件，双击文档的页眉区域，进入页眉编辑状态，如下图所示。

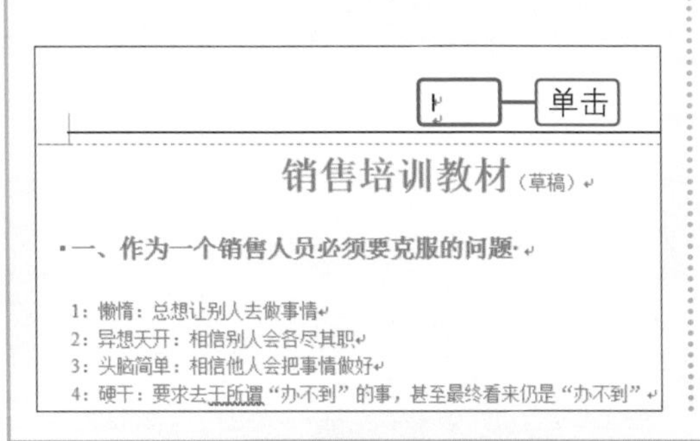

02 勾选“奇偶页不同”复选框

切换到“页眉和页脚工具-设计”选项卡，勾选“选项”组中“奇偶页不同”复选框，如下图所示。

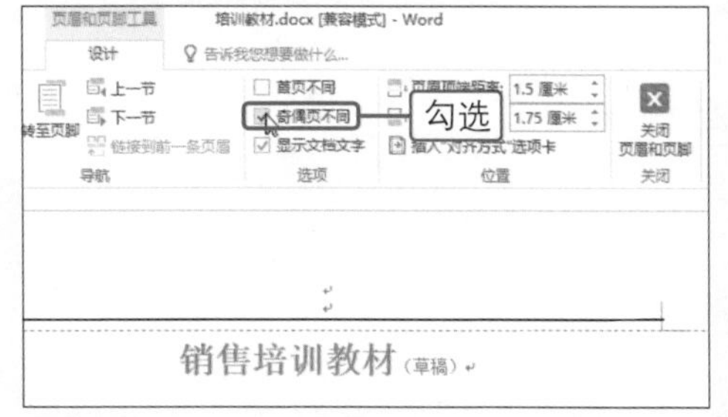

03 单击“网格”选项

❶将光标定位在奇数页的页眉中，单击“页眉和页脚”组中的“页眉”按钮。❷在展开的下拉列表中单击“网格”选项，如下图所示。

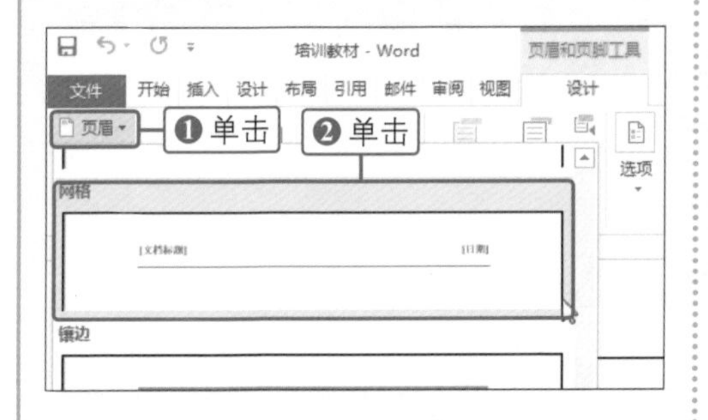

04 单击“镶边”选项

❶将光标定位在偶数页的页眉中，单击“页眉”按钮。❷在展开的下拉列表中单击“镶边”选项，如下图所示。

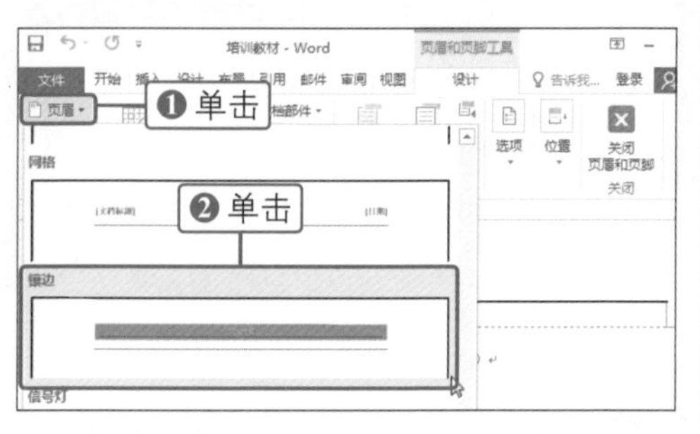

05 设置后的效果

❶为文档添加了相应的页眉内容后，在奇数页的页眉中输入标题内容。❷然后单击“日期”文本框右侧的下三角按钮。❸展开时间列表后，通过列表上方的前进和后退按钮设置好需要的年份与月份，然后在列表下方单击要显示的日期，如右图所示。

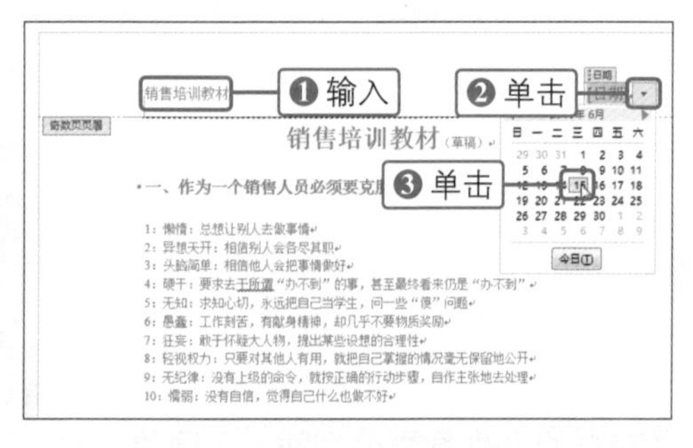

第 6 章

6

Excel 2016基础操作

Excel 2016 是 Office 2016 办公软件的组件之一，可以进行各种数据的处理、统计分析和辅助决策操作，广泛地应用于管理、统计、金融等众多领域。本章将对工作表、工作簿的基础操作以及表格的美化进行介绍。通过本章的学习，读者可以对 Excel 2016 的基础操作有一个全面的认识。

- 工作表的基础操作
- 调整单元格布局
- 为单元格输入数据
- 单元格内数据格式的设置
- 美化表格

6.1 工作表的基础操作

工作表是显示在工作簿窗口中的表格。工作表是Excel存储和处理数据最重要的部分，其中包含排列成行和列的单元格，也称电子表格。本节对工作表的基础操作进行详细介绍，为之后学习Excel操作打下基础。

6.1.1 创建工作表

一个工作簿最多可以包括255个工作表，在默认的情况下，一个工作簿中包含1个工作表，当需要使用更多的工作表时，可以自己动手创建。可以通过多种方法进行创建工作表，下面来介绍两种方法。

方法1：通过按钮创建

01 单击“新工作表”按钮

打开目标工作簿后，单击工作表标签右侧的“新工作表”按钮，如下图所示。

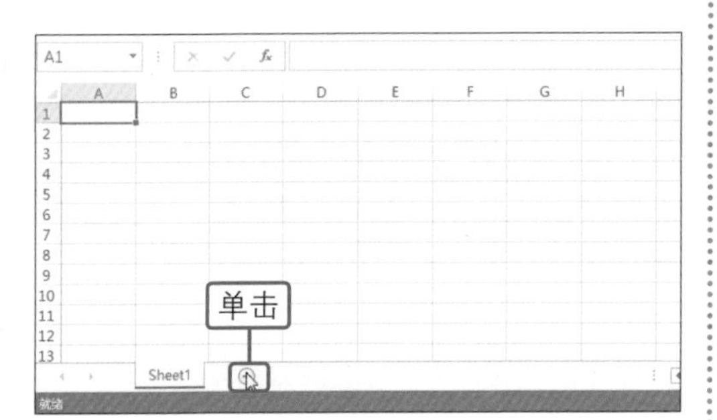

02 显示插入工作表的效果

经过以上操作，即可在已有工作表右面插入一个新的工作表，如下图所示。

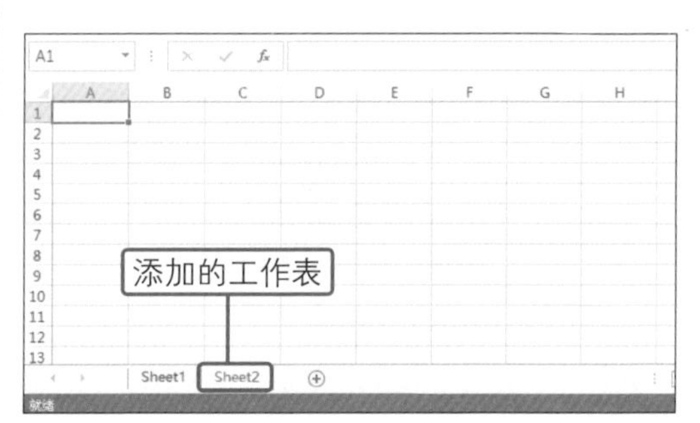

方法2：通过快捷菜单创建

01 执行“插入”命令

❶在打开的工作簿中右击要插入的工作表右边的工作表标签。❷在弹出的快捷菜单中单击“插入”命令，如下图所示。

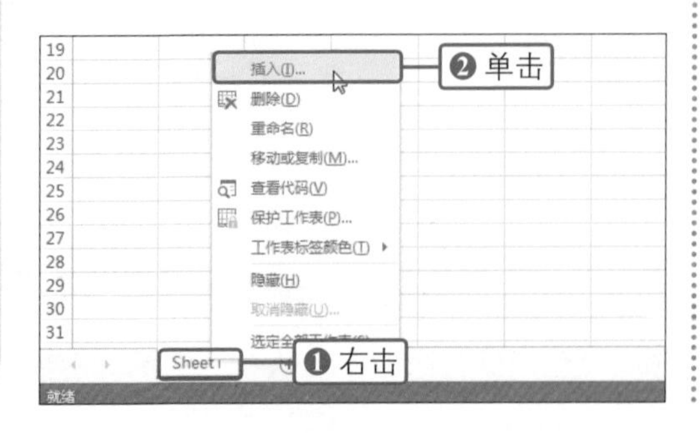

02 选择插入的工作表类型

弹出“插入”对话框，单击“工作表”图标，如下图所示，然后单击“确定”按钮。

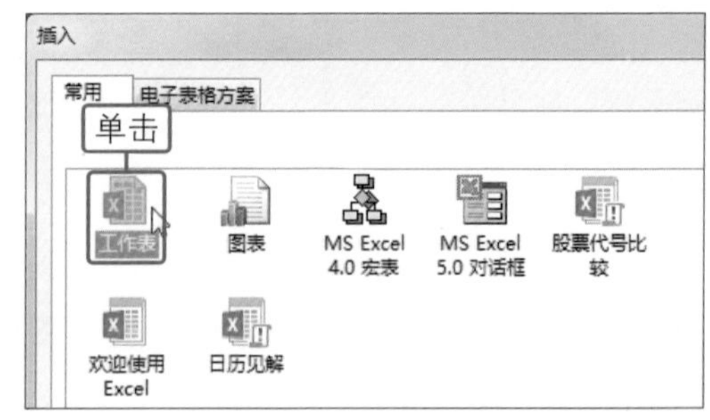

Excel 2016 基础操作

03 显示插入工作表的效果

经过以上操作，返回表格即可看到，在右击的工作表左边插入了一个新的工作表，如右图所示。

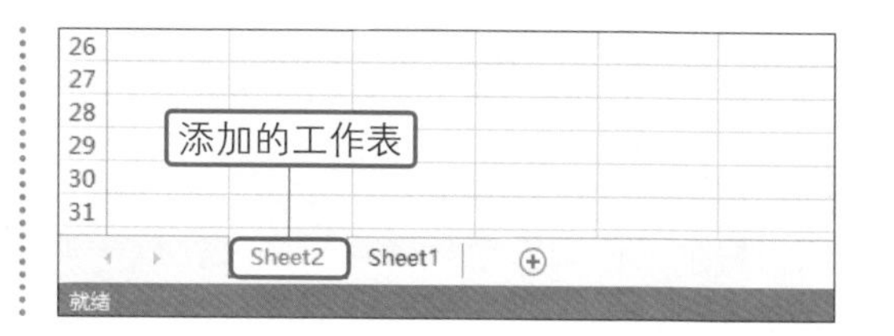

6.1.2 删除工作表

当工作簿中的工作表数量过多时，为了方便管理，可以将一些不需要的工作表删除。删除工作表的方法很多，下面介绍两种常用方法。

方法1：通过快捷菜单删除

01 执行删除命令

❶打开目标工作簿后，右击要删除的工作表标签。❷在弹出的快捷菜单中单击“删除”命令，如下图所示。

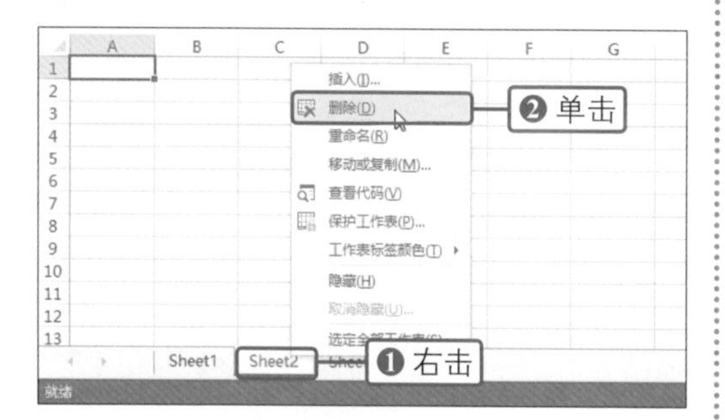

02 显示删除工作表的效果

经过以上操作，就可以将所选择的工作表删除，如下图所示。

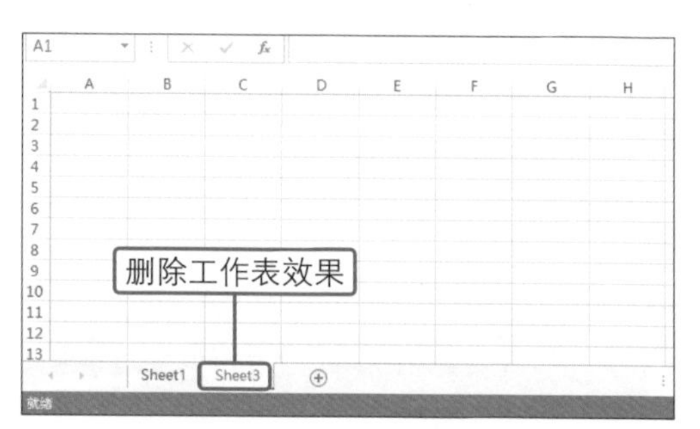

方法2：通过选项卡删除

01 选择要删除的工作表

打开目标工作簿后，单击要删除的工作表标签，如下图所示。

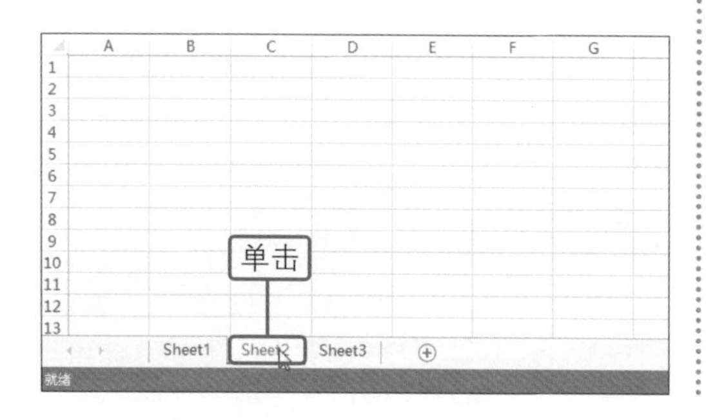

02 执行删除操作

❶在“开始”选项卡下单击“单元格”组中的“删除”按钮。❷在展开的下拉列表中单击“删除工作表”选项，如下图所示，就可以将所选择的工作表删除。

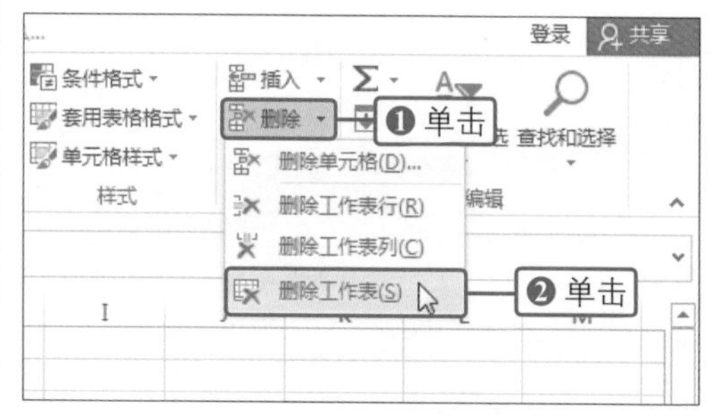

6.1.3 重命名工作表

新建一个工作簿时，每个工作表都是以Sheet进行命名的，为了便于区分与整理，可以为每个工作表重新命名。下面来介绍一种最常用的重命名方法。

01 选中工作表名称

打开目标工作簿，双击要重命名的工作表，使工作表标签处于选中状态，如下图所示。

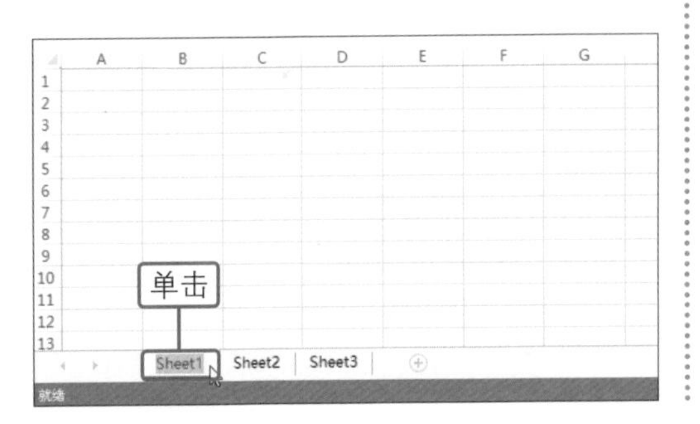

02 输入新的工作表名称

直接输入需要的名称，然后单击工作表中的任意位置，就完成了重命名工作表的操作，如下图所示。

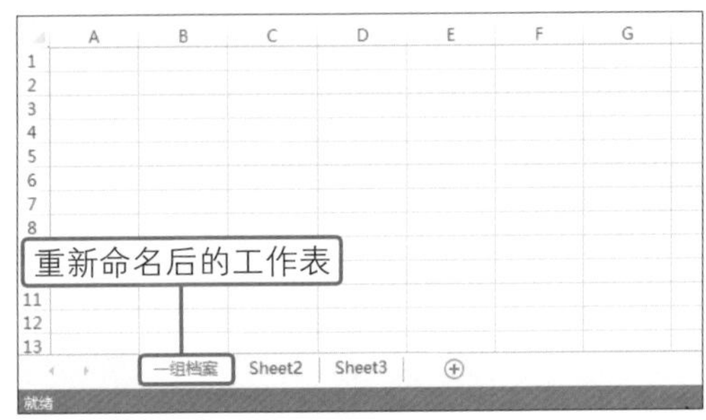

技巧提示　使用快捷菜单重命名工作表

右击目标工作表标签，在弹出的快捷菜单中单击“重命名”命令，然后输入要命名的名称，最后单击工作表任意位置，也可为工作表重新命名。

6.1.4 移动和复制工作表

在编辑工作表的过程中，需要对工作表的位置进行移动或要重复使用工作表时，可进行移动和复制操作，下面以移动工作表为例来进行详细介绍。

01 执行移动或复制命令

❶打开目标工作簿后，右击要移动的工作表标签。❷在弹出的快捷菜单中单击“移动或复制”命令，如下图所示。

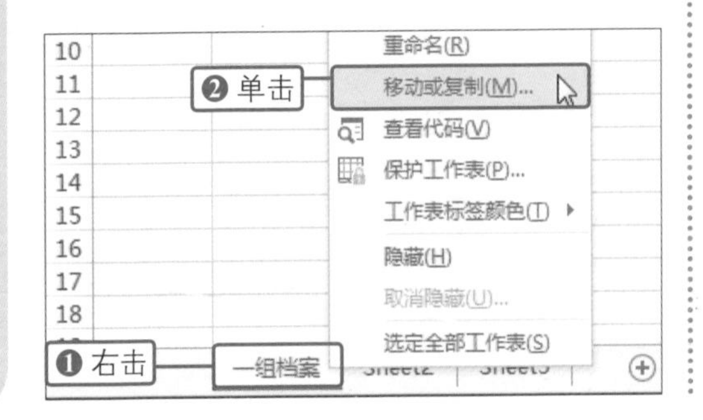

02 选择移动位置

❶弹出“移动或复制工作表”对话框，在“下列选定工作表之前”列表框中选中“移至最后”选项。❷单击“确定”按钮，如下图所示。

03 显示移动工作表的效果

经过以上操作，返回表格中，可以看到所选择的工作表已被移动到了最后，如右图所示。

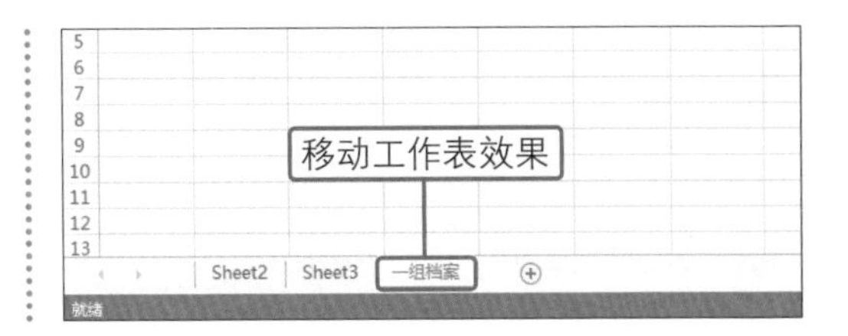

技巧提示 复制工作表

需要复制工作表时，打开“移动或复制工作表”对话框后，勾选对话框下方的“建立副本”复选框，然后单击“确定”按钮即可。

6.1.5 更改工作表标签颜色

在默认的情况下，工作表标签都是白色的，为了便于区分，可以将每个工作表的标签设置为不同的颜色。

◎ 原始文件：下载资源\实例文件\第6章\原始文件\商品销售统计表.xlsx
◎ 最终文件：下载资源\实例文件\第6章\最终文件\商品销售统计表.xlsx

01 设置工作表标签的颜色

❶打开原始文件，右击“月销售统计表”标签。❷在弹出的快捷菜单中执行“工作表标签颜色>黄色”命令，如下图所示。

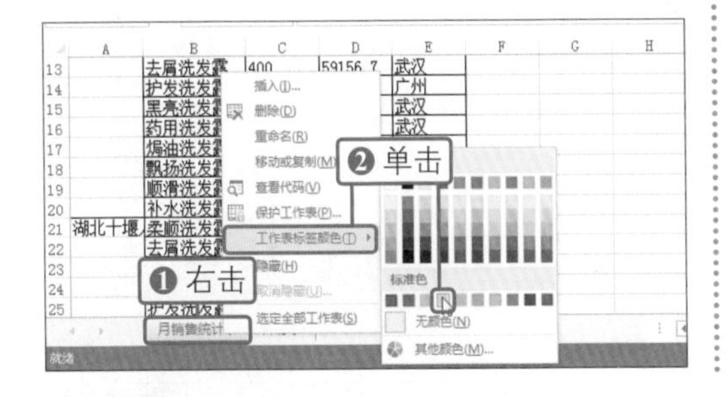

02 显示标签颜色效果

经过以上操作，就完成了将工作表标签颜色设置为黄色的操作，切换到其他工作表下，就可以看到更改后的效果，如下图所示。

技巧提示 取消工作表标签颜色

右击目标工作表标签，在弹出的快捷菜单中执行“工作表标签颜色 > 无颜色”命令，即可取消工作表标签颜色。

6.1.6 隐藏与显示工作表

为了防止其他人随意查看工作表中的内容，可以将工作表隐藏起来，工作簿中就不会显示该工作表。需要查看时，再将工作表显示出来即可。

◎ 原始文件：下载资源\实例文件\第6章\原始文件\商品销售统计表.xlsx
◎ 最终文件：下载资源\实例文件\第6章\最终文件\商品销售统计表2.xlsx

01 单击“隐藏工作表”选项

❶打开原始文件，切换到要隐藏的工作表。❷单击“开始”选项卡下“单元格”组中的“格式”按钮。❸在展开的下拉列表中单击“隐藏和取消隐藏>隐藏工作表”选项，如下图所示。

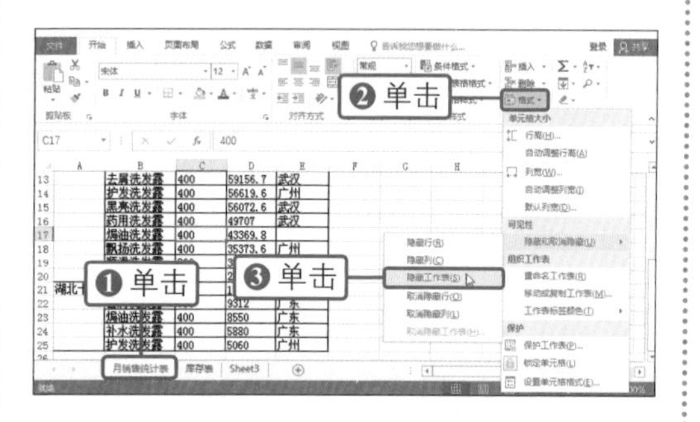

02 显示隐藏工作表的效果

经过以上操作，就可以将当前打开的工作表隐藏，如下图所示。

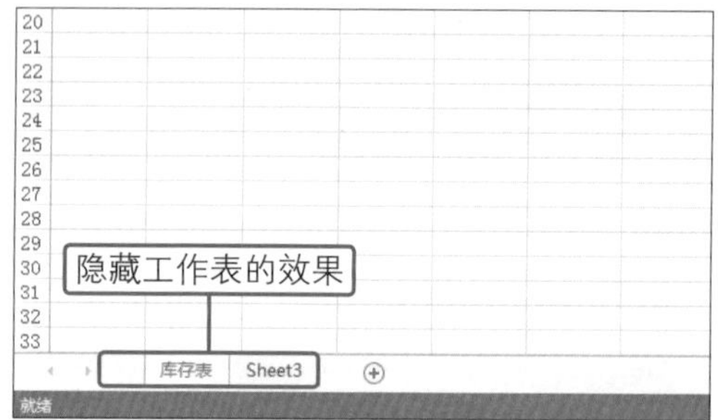

03 单击“取消隐藏”命令

❶需要显示隐藏的工作表时，右击工作簿中任意一个工作表标签。❷在弹出的快捷菜单中单击“取消隐藏”命令，如下图所示。

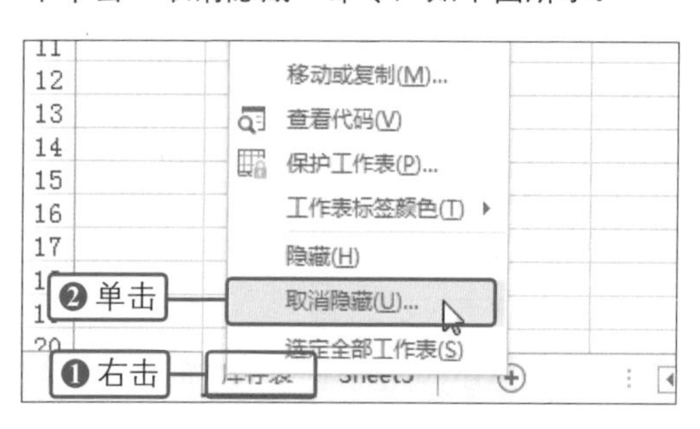

04 选择取消隐藏的工作表

❶弹出“取消隐藏”对话框，在“取消隐藏工作表”列表框中选中要显示的工作表。❷单击“确定”按钮，如下图所示。

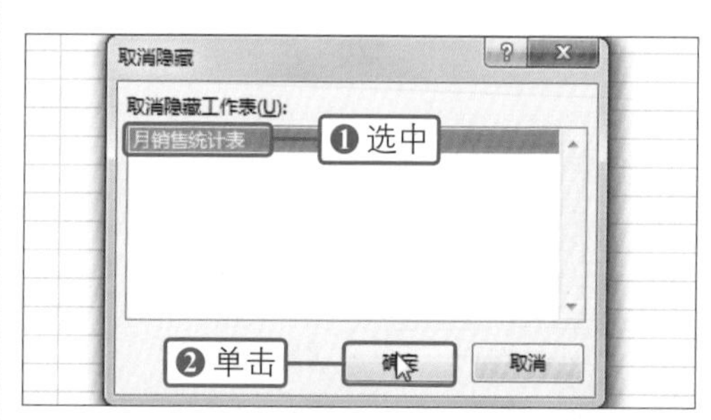

05 显示的工作表效果

经过以上操作，就完成了显示工作表的操作，被隐藏的工作表就会在原位置显示，如右图所示。

你问我答

问： 能否单独隐藏表格中的行或列？

答： 在隐藏工作表的过程中，可以只对工作表中的行或列进行隐藏。选中要隐藏的行或列，单击“单元格”组中的“格式”按钮，在展开的下拉列表中单击“隐藏和取消隐藏”选项，再在展开的子列表中单击“隐藏行”或“隐藏列”选项，即可将选中的行或列隐藏。

6.2 调整单元格布局

单元格布局是指对单元格的全面规划和安排，调整整个工作表时，根据内容的不同对单元格进行合并、更改文字对齐方式、更改文字方向或添加单元格等操作，使单元格的布局发生变化。

6.2.1 合并单元格

合并单元格是指将几个单元格合并为一个单元格，比较常见的操作是将表格的标题行进行合并。在Excel 2016中，合并单元格的选项包括合并后居中、跨越合并、合并单元格三种方式，本小节以合并后居中为例，介绍合并单元格的具体操作。

◎ 原始文件：下载资源\实例文件\第6章\原始文件\商品销售统计表.xlsx
◎ 最终文件：下载资源\实例文件\第6章\最终文件\商品销售统计表3.xlsx

01 单击“合并后居中”选项

❶打开原始文件，选中要合并的单元格区域A1:E1。❷单击“开始”选项卡下“对齐方式”组中的“合并后居中”右侧的下三角按钮。❸在展开的列表中单击“合并后居中”选项，如下图所示。

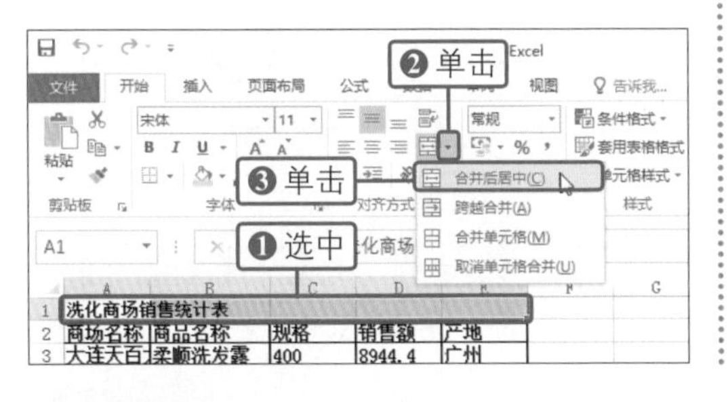

02 显示合并单元格的效果

经过以上操作，就可以将所选择的几个单元格合并为一个单元格，并且设置为居中对齐效果，如下图所示。

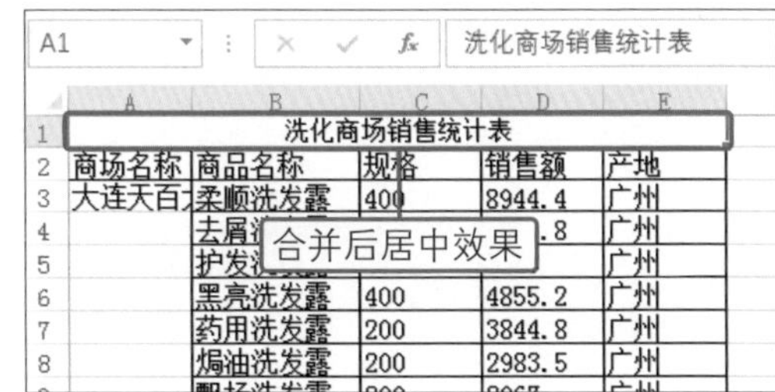

技巧提示　跨越合并与合并单元格

跨越合并是以“行”为参照对象，无论选择了几行，只要每行所选择的单元格大于等于两个，那么合并后行的数量不变，每行中选中的单元格都会自动合并成为一个单元格。合并单元格就是单纯的合并操作，合并后单元格的格式不会发生变化。

6.2.2 设置单元格内容的对齐方式

单元格内容的对齐方式包括水平对齐与垂直对齐两种，这两种方式下又包括若干种对齐选项，设置时可分别对这两种方式进行设置。

◎ 原始文件：下载资源\实例文件\第6章\原始文件\出勤考核表.xlsx

◎ 最终文件：下载资源\实例文件\第6章\最终文件\出勤考核表.xlsx

01 单击“对齐方式”组的对话框启动器

❶打开原始文件，选中要调整对齐方式的单元格区域A2:H2。❷单击“开始”选项卡下“对齐方式”组的对话框启动器，如下图所示。

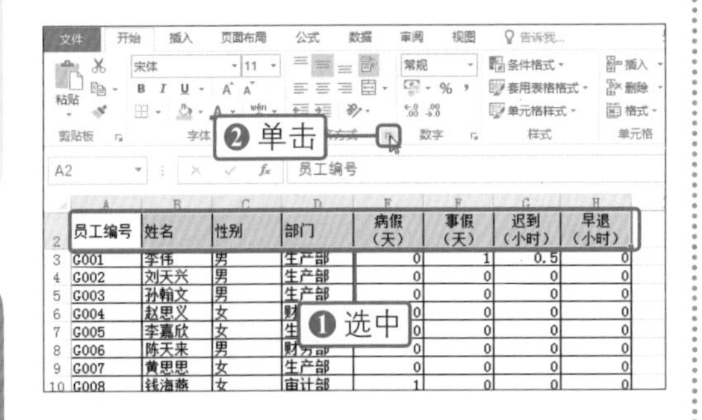

02 设置水平对齐方式

❶弹出“设置单元格格式”对话框，在“对齐”选项卡下单击“水平对齐”右侧的下三角按钮。❷在展开的下拉列表中单击“居中”选项，如下图所示。

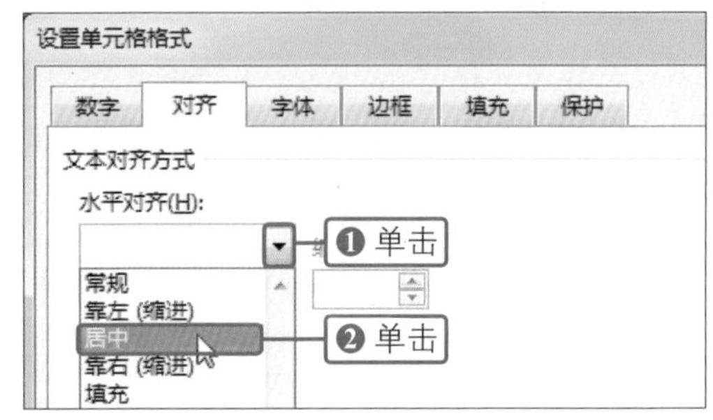

03 设置垂直对齐方式

参照步骤2的操作，将“垂直对齐”方式设置为“分散对齐”，如下图所示。然后单击“确定”按钮。

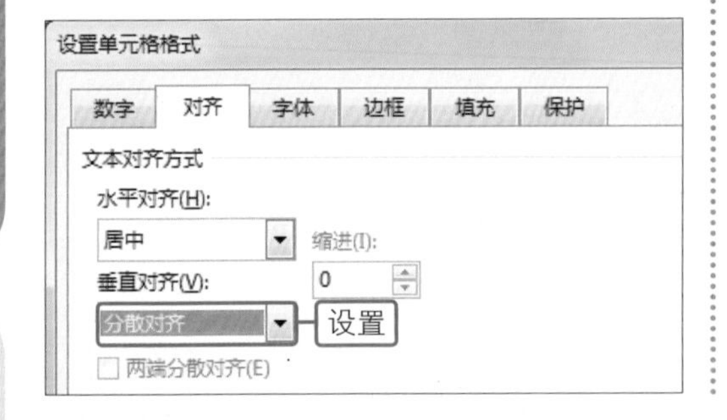

04 显示设置的对齐方式效果

经过以上操作，就完成了设置单元格对齐方式的操作，返回工作表中即可看到设置后的效果，如下图所示。

兴发公司1月出勤考核表

员工编号	姓名	性别	部门	病假（天）	事假（天）	迟到（小时）	早退（小时）
G001	李伟	男	生产部	0	1	0.5	0
G002	刘天兴	男	生产部	0	0	0	0
G003	孙翰文	男	生产部	0	0	0	0
G004	赵思义	[illegible]	[illegible]	[illegible]	0	0	0
G005	李嘉欣	[illegible]	[illegible]	[illegible]	0	0	0
G006	陈天来	[illegible]	[illegible]	[illegible]	0	0	0
G007	黄思思	女	生产部	0	0	0	0
G008	钱海燕	女	审计部	1	0	0	0
G009	孙立	男	生产部	0	3	0.2	0
G010	李广坤	男	生产部	0	0	0	0
G011	刘义玲	女	审计部	0	0	0	0
G012	周海青	男	生产部	0	0	0	0
G013	赵达明	男	策划部	0	0	0	0
G014	孙红雷	男	生产部	0	0	0	0
G015	李力扬	女	生产部	0	0	0	0

设置对齐方式效果

技巧提示　通过选项卡调整单元格内容的对齐方式

“开始”选项卡下的“对齐方式”组中包括顶端对齐、垂直居中、底端对齐、文本左对齐、居中、文本右对齐六个按钮，当只是需要将单元格内容的对齐设置为以上方式时，直接在选项卡中单击相应按钮进行设置即可。

6.2.3 更改文字方向

通常情况下，单元格内的文字方向分为水平和垂直两种方向，但是在Excel 2016中，还可以将单元格内的文字调整为不同的角度，本小节将分别对设置文字的垂直方向以及更改文字角度的操作进行介绍。

◎ 原始文件：下载资源\实例文件\第6章\原始文件\商品销售统计表1.xlsx
◎ 最终文件：下载资源\实例文件\第6章\最终文件\商品销售统计表1.xlsx

01 将文字方向更改为垂直

❶打开原始文件，选中目标单元格。❷单击“开始”选项卡下“对齐方式”组中的“方向”按钮。❸在展开的列表中单击“竖排文字”选项，如下图所示。

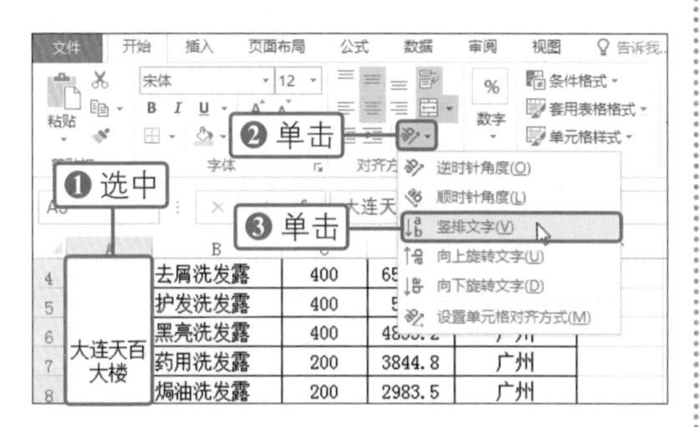

02 单击“对齐方式”组对话框启动器

❶选中单元格区域B2:E2。❷单击“开始”选项卡下“对齐方式”组中的对话框启动器，如下图所示。

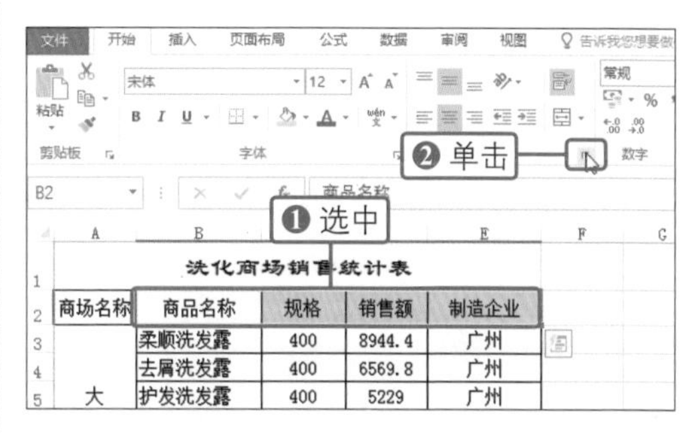

03 设置单元格内文字方向

弹出“设置单元格格式”对话框，在“对齐”选项卡下“方向”组中数值框内输入“45”度，如下图所示，最后单击“确定”按钮。

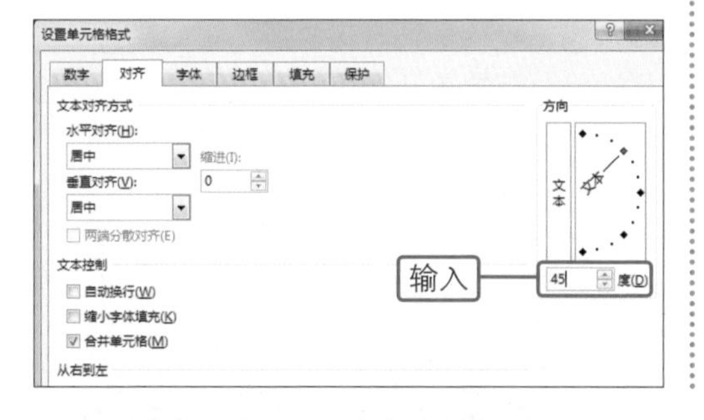

04 显示设置文字方向的效果

此时就完成了设置单元格内文字方向的操作，更改了文字的方向后，单元格的边框线发生相应的倾斜，如下图所示。

6.2.4 插入单元格

需要在已输入了相关内容的表格中再次添加内容时，可先插入单元格，然后在单元格中输入内容。可根据需要选择插入单个单元格、一行单元格或一列单元格。

01 选择目标单元格

继续上例操作，单击与要插入单元格相邻的单元格，如右图所示。

	洗化商场销售统计表				
1					
2	商场名称	商品名称	规格	销售额	制造企业
3	大连天百大	柔顺洗发露	400	8944.4	广州
4		去屑洗发露	400	6569.8	广州
5		护发洗发露	400	5229	广州
6		黑亮洗发露	40	5.2	广州
7		药用洗发露	200	3844.8	广州
8		焗油洗发露	200	2983.5	广州

选中

02 单击“插入单元格”选项

❶单击“开始”选项卡下“格式”组中的“插入”按钮。❷在展开的下拉列表中单击“插入工作表行”选项，如下图所示。

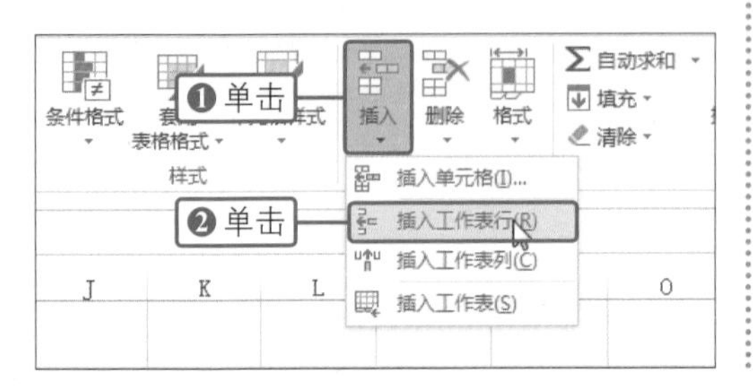

03 显示插入行单元格的效果

经过以上操作，即可看到所选单元格的上方插入了一行单元格，如下图所示。

6.2.5 删除单元格

编辑完毕后，如果发现表格中有多余内容，可以直接将其删除。删除单元格可以通过选项卡中的“删除”按钮完成，也可以通过快捷菜单完成，本小节介绍通过快捷菜单删除单元格的方法。

◎ 原始文件：下载资源\实例文件\第6章\原始文件\出勤考核表.xlsx

◎ 最终文件：下载资源\实例文件\第6章\最终文件\出勤考核表2.xlsx

01 执行删除命令

❶打开原始文件，右击要删除的一行单元格的行标题。❷在弹出的快捷菜单中单击“删除”命令，如下图所示。

02 显示删除单元格的效果

经过以上操作，就可以将所选择的一行单元格删除，下方单元格将自动上移，填补删除单元格后所留下的空缺，如下图所示。

技巧提示 通过快捷键删除单元格

选中单元格后，按快捷键【Ctrl+-】，即可将选中的单元格删除。

6.2.6 调整单元格大小

在Excel工作簿中，每个单元格的默认大小都是一致的，可根据需要对单元格大小进行调整。可通过多种方法完成调整操作，下面介绍几种常用的方法。

方法1：手动调整单元格大小

01 调整表格列宽

继续上例操作，将鼠标指针指向要调整列宽的单元格的列线处，当鼠标指针变成左右十字箭头形状时，向左拖动鼠标，如下图所示。

拖动　宽度: 14.38 (120 像素)

	A	B	C	D	E
1			兴发公司1月出勤考核表		
2	员工编号	姓名	性别	部门	病假（天）
3	G001	李伟	男	生产部	0
4	G002	刘天兴	男	生产部	0
5	G003	孙翰文	男	生产部	0
6	G004	赵思义	女	财务部	0

02 显示调整列宽的效果

将列宽调整到合适大小后，释放鼠标，即可完成调整单元格列宽的操作，可按照类似方法对表格的行高进行调整，如下图所示。

调整列宽效果

	A	B	C	D	E
1		兴发公司1月出勤考核表			
2	员工编号	姓名	性别	部门	病假（天）
3	G001	李伟	男	生产部	0
4	G002	刘天兴	男	生产部	0
5	G003	孙翰文	男	生产部	0
6	G004	赵思义	女	财务部	0
7	G005	李嘉欣	女	生产部	0
8	G006	陈天来	男	财务部	0
9	G007	黄思思	女	生产部	0
10	G009	孙立	男	生产部	0

方法2：单元格自动适应内容

01 执行自动调整列宽操作

继续上例操作，将鼠标指针指向要调整列宽的单元格的列线处，当鼠标指针变成左右十字箭头形状时，双击鼠标，如下图所示。

双击

	A	B	C	D	E
1			兴发公司1月出勤考核表		
2	员工编号	姓名	性别	部门	病假（天）
3	G001	李伟	男	生产部	0
4	G002	刘天兴	男	生产部	0
5	G003	孙翰文	男	生产部	0
6	G004	赵思义	女	财务部	0
7	G005	李嘉欣	女	生产部	0
8	G006	陈天来	男	财务部	0

02 显示调整列宽的效果

经过以上操作，即可将单元格调整为适应单元格内容的大小，可按照类似方法对表格的行高进行调整，如下图所示。

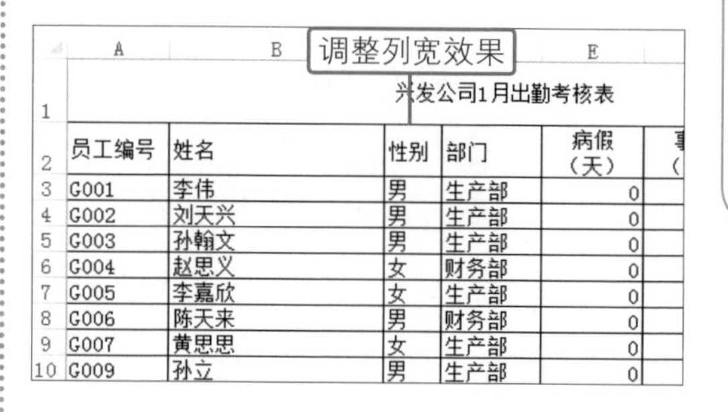

	A	B	C	D	E
1		兴发公司1月出勤考核表			
2	员工编号	姓名	性别	部门	病假（天）
3	G001	李伟	男	生产部	0
4	G002	刘天兴	男	生产部	0
5	G003	孙翰文	男	生产部	0
6	G004	赵思义	女	财务部	0
7	G005	李嘉欣	女	生产部	0
8	G006	陈天来	男	财务部	0
9	G007	黄思思	女	生产部	0
10	G009	孙立	男	生产部	0

方法3：批量调整单元格大小

01 执行自动调整列宽操作

打开目标工作表后，拖动鼠标，选中要调整大小的单元格区域，如下图所示。

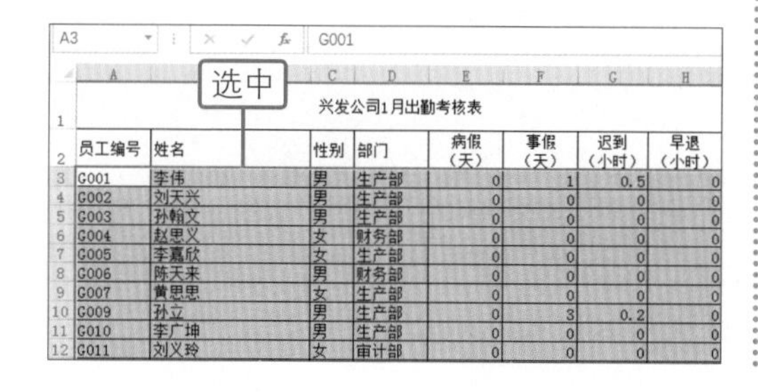

	A	B	C	D	E	F	G	H
1			兴发公司1月出勤考核表					
2	员工编号	姓名	性别	部门	病假（天）	事假（天）	迟到（小时）	早退（小时）
3	G001	李伟	男	生产部	0	1	0.5	0
4	G002	刘天兴	男	生产部	0	0	0	0
5	G003	孙翰文	男	生产部	0	0	0	0
6	G004	赵思义	女	财务部	0	0	0	0
7	G005	李嘉欣	女	生产部	0	0	0	0
8	G006	陈天来	男	财务部	0	0	0	0
9	G007	黄思思	女	生产部	0	0	0	0
10	G009	孙立	男	生产部	0	3	0.2	0
11	G010	李广坤	男	生产部	0	0	0	0
12	G011	刘义玲	女	审计部	0	0	0	0

02 单击“行高”选项

❶单击“开始”选项卡下“单元格”组中的“格式”按钮。❷在展开的下拉列表中单击“行高”选项，如下图所示。

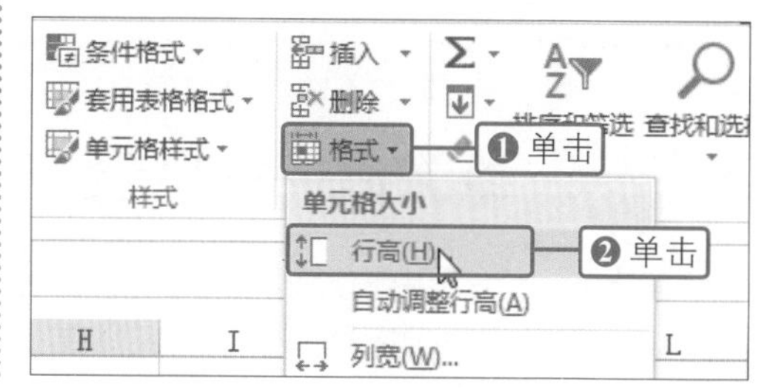

03 调整单元格行高

❶弹出“行高”对话框，在“行高”文本框内输入要调整的高度。❷单击“确定”按钮，如下图所示。

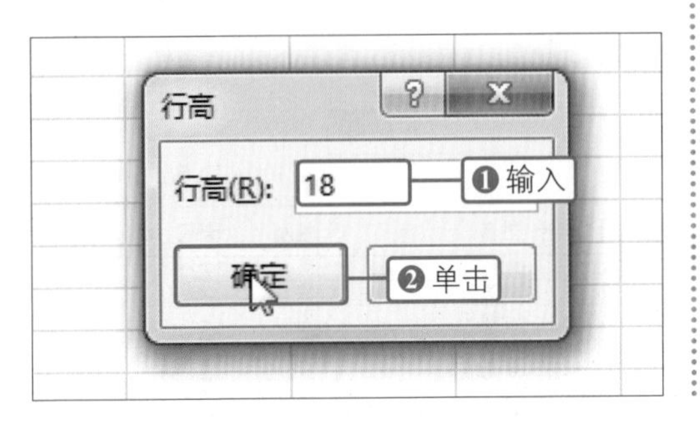

04 显示批量调整单元格大小的效果

经过以上操作，就可以将选中的单元格全部调整到同一大小，如下图所示。

兴发公司1月出勤考核表

员工编号	姓名	性别	部门	病假（天）	事假（天）	迟到（小时）	早退（小时）
G001	李伟	男	生产部	0	1	0.5	0
G002	刘天兴	男	生产部	0	0	0	0
G003	孙翰文	男	生产部	0	0	0	0
G004	赵思义	女	财务部	0	0	0	0
G005	李嘉欣	女	生产部	[illegible]	0	0	0
G006	陈天来	男	财务部	[illegible]	0	0	0
G007	黄思思	女	生产部	0	0	0	0
G009	孙立	男	生产部	0	3	0.2	0
G010	李广坤	男	生产部	0	0	0	0

调整效果

6.3 为单元格输入数据

为了制作一张完整的表格，首先就要解决数据输入的问题。在这个过程中，掌握一些输入数据的技巧可大大提高办公效率。

6.3.1 输入普通文本

为单元格输入文本，是指为单元格输入文字性内容。在Excel 中输入文字时，首先要选中目标单元格，然后才能进行输入。

01 选择目标单元格

新建空白工作簿后，单击选中要输入文本的单元格，如下图所示。

02 输入文本内容

直接输入需要的内容，输入完毕后单击其他单元格即可完成操作，如下图所示。

6.3.2 输入以0开头的数字

在Excel 2016中输入以0开头的数字时，默认情况下，单元格中将会只显示0后面的数字，如果需要显示完整的数字，还需要先对单元格的格式进行设置。

◎ 原始文件：下载资源\实例文件\第6章\原始文件\房产销售表.xlsx
◎ 最终文件：下载资源\实例文件\第6章\最终文件\房产销售表.xlsx

01 选择目标单元格

打开原始文件，单击要输入数字的列号，如下图所示。

02 设置单元格格式

❶单击“开始”选项卡下“数字”组中“数字格式”右侧的下三角按钮。❷在展开的下拉列表中单击“文本”选项，如下图所示。

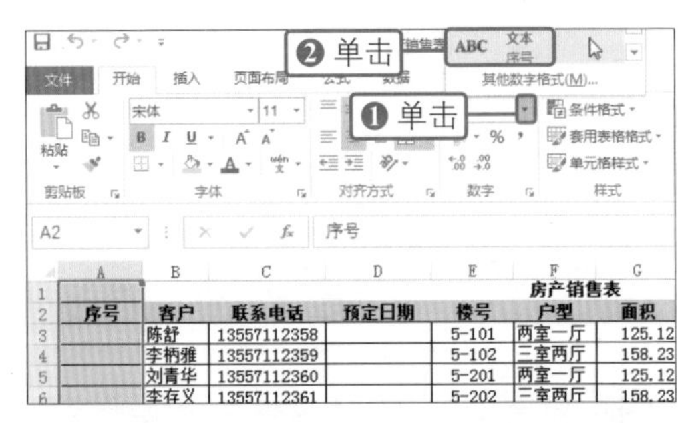

03 输入以0开头的数字

设置了单元格的格式后，返回表格中，在相应单元格内直接输入需要的序号内容，即可完成以0开头的数字的输入，如右图所示。

6.3.3 输入日期

表格的用途不同，表格中日期的表现方式也会有所不同，所以在为单元格输入日期前，需要先对日期的类型进行设置，然后再进行输入。

◎ 原始文件：下载资源\实例文件\第6章\原始文件\房产销售表.xlsx
◎ 最终文件：下载资源\实例文件\第6章\最终文件\房产销售表2.xlsx

01 单击“数字”组的对话框启动器

❶打开原始文件，选中要输入日期的列号。❷单击“开始”选项卡下“数字”组的对话框启动器，如右图所示。

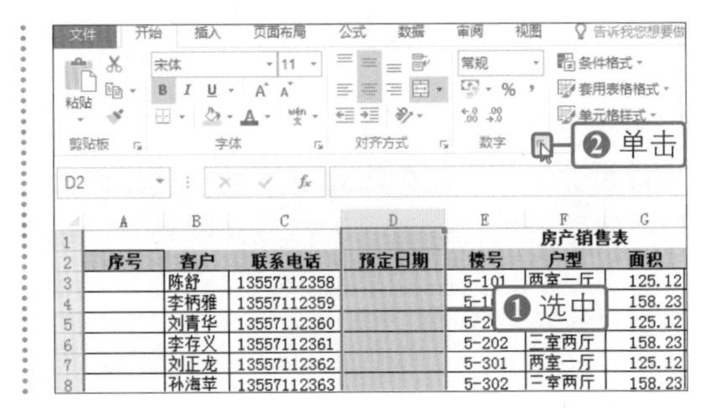

02 设置输入的日期格式

❶弹出“设置单元格格式”对话框，在“数字”选项卡下单击“分类”列表框中的“日期”选项。❷在“类型”列表框中选择要使用的日期类型，如下图所示，最后单击“确定”按钮。

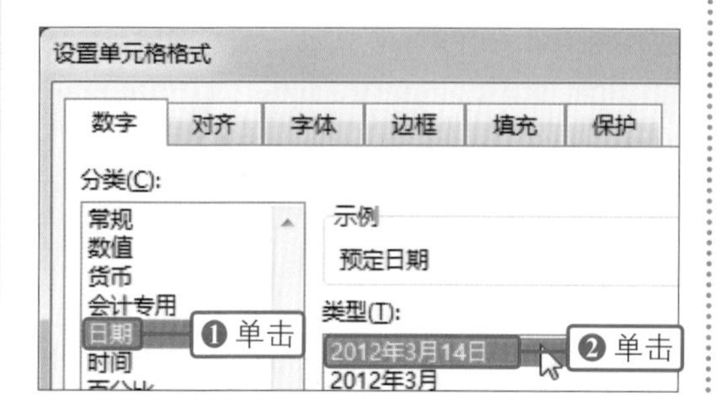

03 输入日期数字

设置了日期的格式后，返回表格中，在相应单元格内直接输入需要的日期内容，其中年、月、日之间以“-”隔开，然后单击其他任意单元格，在输入日期的单元格内就会显示出设置的日期类型，如下图所示。

6.3.4 在多个单元格中输入同一内容

在Excel 2016中，可以通过设置，在不连续的多个单元格中同时输入同一内容。

01 选择目标单元格并输入内容

❶打开空白工作簿后，按住【Ctrl】键不放，依次单击要输入同一内容的单元格。❷直接在其中某一单元格中输入需要的内容，如下图所示。

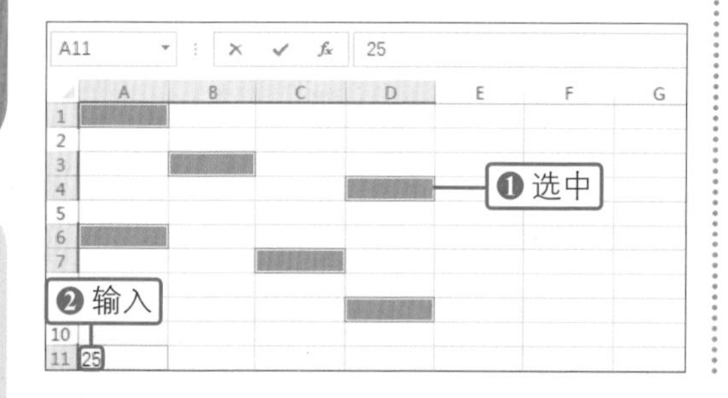

02 为多个单元格同时输入同一内容

按下【Ctrl+Enter】键，即可为所选的单元格同时输入同一内容，如下图所示。

6.3.5 快速输入序号

序号也就是有顺序的号码，通过序号可以清晰地分清同一类事物，通常情况下使用的序号为数字序号。为表格快速输入序号时，可通过填充的方式进行输入，可按照数字的正常顺序进行填充，也可以自定义设置数字递进的单位。

1. 快速填充序号

在表格中填充序号时，如果只是要按照数字顺序对序号进行填充，可直接通过鼠标与按键组来完成输入。

01 填充序号

❶打开空白工作簿后，在序号的起始单元格内输入起始数值，然后选中该单元格。❷按住【Ctrl】键不放，将鼠标指针指向该单元格右下角，当鼠标指针变成✚形状时，向下拖动鼠标，如下图所示。

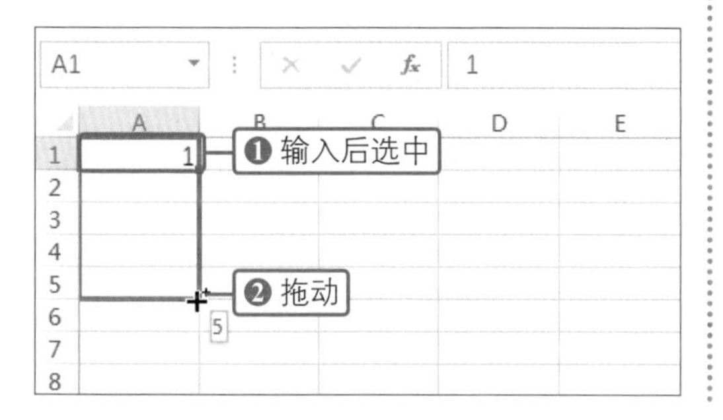

02 显示填充序号的效果

在填充序号的过程中，鼠标指针下方会显示出当前填充到的序号内容，释放鼠标，即可完成快速填充序号的操作，如下图所示。

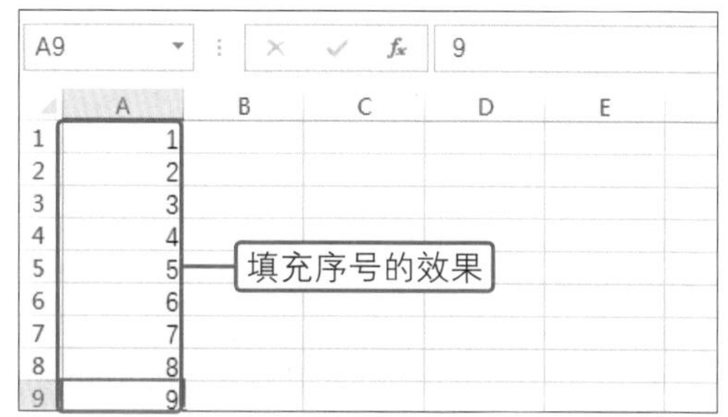

2. 自定义填充序号

也可以自定义在单元格区域输入的序号内容，然后程序将直接为其他单元格区域填充自定义的内容。

01 填充序号

❶继续上例操作，在起始单元格区域内输入填充的内容，然后选中该单元格区域。❷按住【Ctrl】键，将鼠标指针指向单元格区域右下角，当鼠标指针变成✚形状时，向下拖动鼠标，如下图所示。

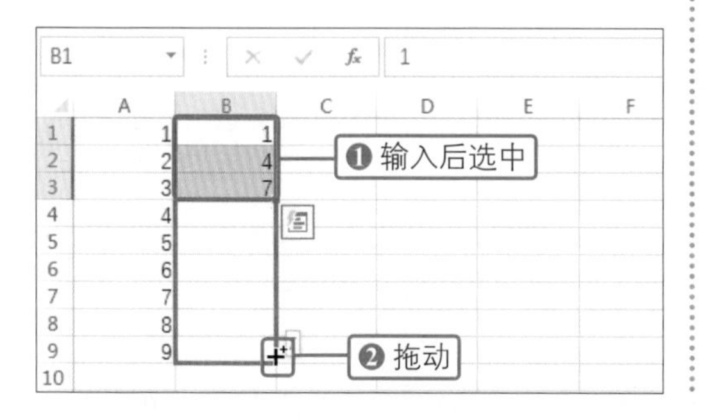

02 显示自定义填充序号的效果

在填充序号的过程中，鼠标指针下方会显示出当前填充到的序号，释放鼠标，就完成了自定义填充序号的操作，如下图所示。

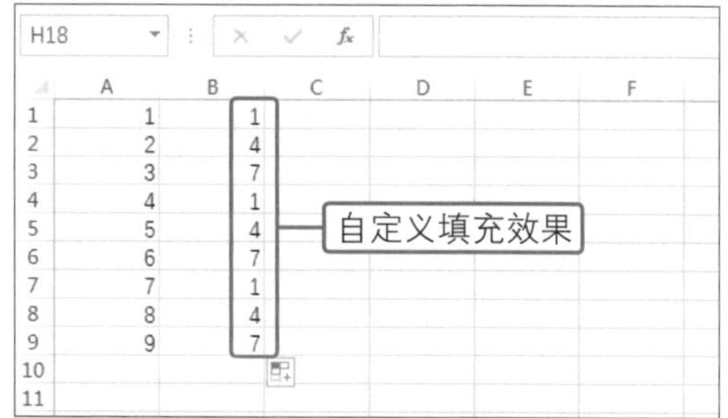

补充知识

填充数据系列时，除了本节中介绍的填充类型，还包括等差填充、等比填充、日期填充、自动填充四种类型。需要填充时，可在工作表的起始单元格内输入起始内容，然后单击“开始”选项卡下“编辑”组中的“填充”按钮，在展开下拉列表中单击“序列”选项，弹出“序列”对话框，在“类型”组中选择要使用的填充系列的类型，在“步长值”与“终止值”文本框中输入相关内容，然后单击“确定”按钮，即可完成序列的填充操作。

6.4 单元格内数据格式的设置

Excel中提供了很多种数字格式选项，例如数值、货币、小数、分数等等，不同的数字类型需要设置为不同的格式。

6.4.1 设置货币格式

货币格式用于显示金额类的数值，在设置货币格式时，可根据需要选择相应的货币类型与数值中小数点的位数。

◎ 原始文件：下载资源\实例文件\第6章\原始文件\出口产品统计表.xlsx

◎ 最终文件：下载资源\实例文件\第6章\最终文件\出口产品统计表.xlsx

01 单击“数字”组的对话框启动器

❶打开原始文件，选中要设置格式的单元格。❷单击“开始”选项卡下“数字”组的对话框启动器，如下图所示。

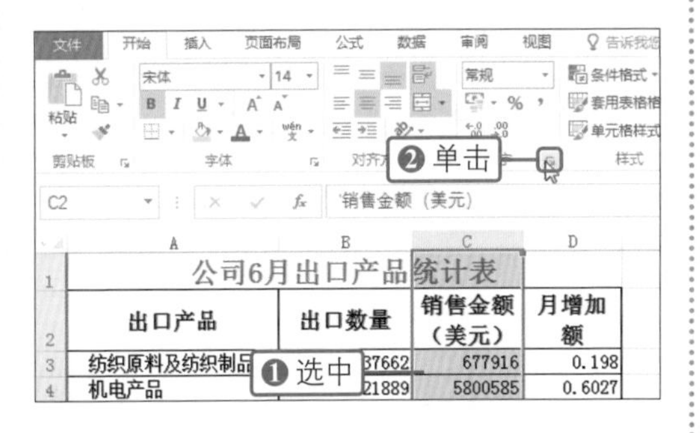

02 选择货币符号类型

❶弹出“设置单元格格式”对话框，在“数字”选项卡下单击“分类”列表框内的“货币”选项。❷设置“货币符号”为“$”，如下图所示。

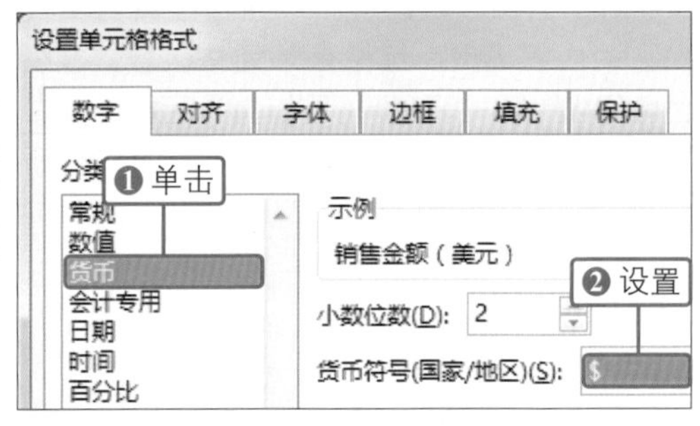

03 设置小数位数

设置“小数位数”为“2”，如下图所示，最后单击“确定”按钮。

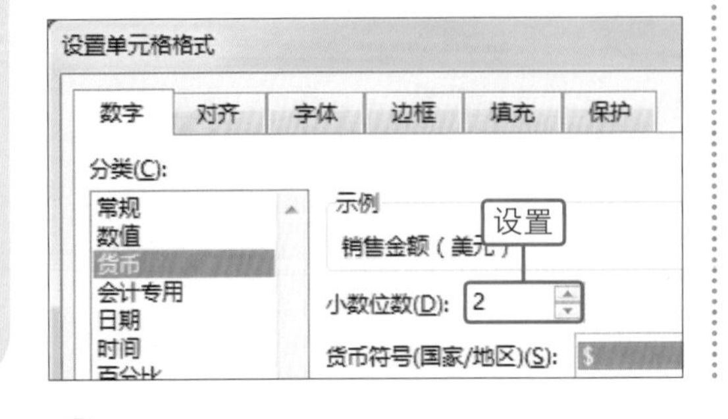

04 显示设置货币格式效果

返回表格中，双击设置了格式的单元格右侧列线，将单元格调整为符合数字内容的大小，就完成了设置数字格式的操作，如下图所示。

	A	B	C	D
1	公司6月出口产品统计表			
2	出口产品	出口数量	销售金额（美元）	月增加额
3	纺织原料及纺织制品	37662	$677,916.00	0.198
4	机电产品	21889	$5,800,585.00	0.6027
5	家具（转椅）等	13130	$2,455,310.00	0.7504
6	化工产品	10665	$511,920.00	0.2221
7	木制品	0451	$898,786.00	0.355
8	贱金属及其制品	6905	$103,575.00	0.6544
9	农副产品	6797	$81,564.00	0.2231
10	皮革制品	3303	$49,545.00	0.3538
11	合计	110802	$10,579,201.00	
12				

设置效果

6.4.2 设置百分比格式

百分比用于表示一个数是另一个数的百分之几。百分数通常用“%”（百分号）来表示，在Excel 中需要使用百分比时，可直接将普通数值设置为百分比格式。

01 单击“数字”组的对话框启动器

❶继续上例操作，选中要设置格式的单元格区域。❷单击“开始”选项卡下“数字”组的对话框启动器，如下图所示。

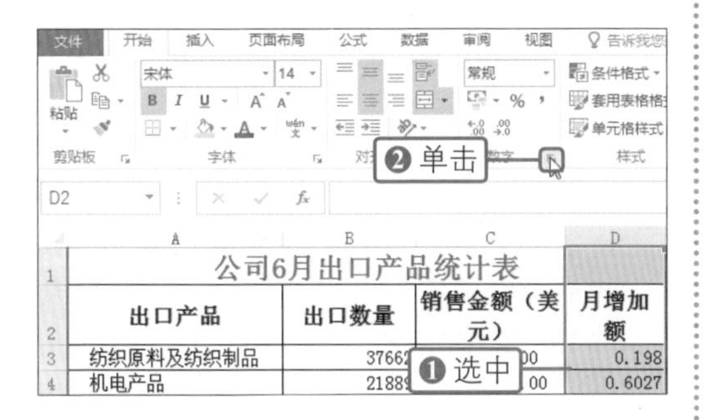

02 设置百分比格式

❶弹出“设置单元格格式”对话框，在“数字”选项卡下单击“分类”列表框内的“百分比”选项。❷将“小数位数”设置为“2”，如下图所示，最后单击“确定”按钮。

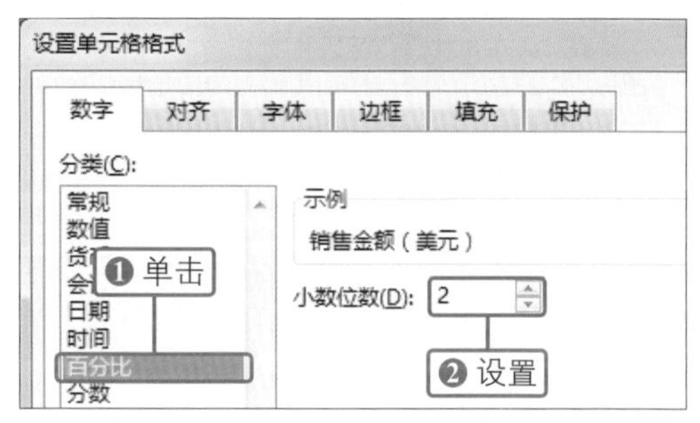

03 显示设置百分比数值的效果

经过以上操作，就完成了将单元格格式设置为百分比数值的操作，返回文档中即可看到设置后的效果，如右图所示。

公司6月出口产品统计表			
出口产品	出口数量	销售金额（美元）	月增加额
纺织原料及纺织制品	37662	$677,916.00	19.80%
机电产品	21889	$5,800,585.00	60.27%
家具（转椅）等	13130	$2,455,310.00	75.04%
化工产品	10[illegible]	[illegible]	22.21%
木制品	10[illegible]	[illegible]	35.50%
贱金属及其制品	6905	$103,575.00	65.44%
农副产品	6797	$81,564.00	22.31%
皮革制品	3303	$49,545.00	35.38%
合计	110802	$10,579,201.00	

设置效果

6.5 美化表格

为了使表格更加美观，可在表格制作完毕后直接套用单元格、表格的样式对表格进行美化，也可对以上内容进行自定义设置。

6.5.1 套用单元格样式

Excel 2016中预设了“好、差和适中”“数据和模型”“标题”“主题单元格样式”四种类型的单元格样式，可直接套用这些样式，快速完成设置。

◎ 原始文件：下载资源\实例文件\第6章\原始文件\出口产品统计表.xlsx
◎ 最终文件：下载资源\实例文件\第6章\最终文件\出口产品统计表2.xlsx

01 单击“单元格格式”按钮

❶打开原始文件，单击要设置样式的单元格。❷单击“开始”选项卡下“样式”组中的“单元格样式”按钮，如下图所示。

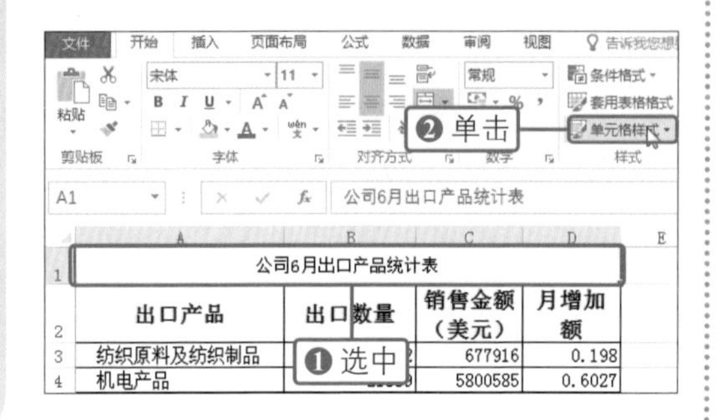

02 选择要套用的单元格样式

展开单元格样式库后，单击“标题”组中的“标题”图标，如下图所示。

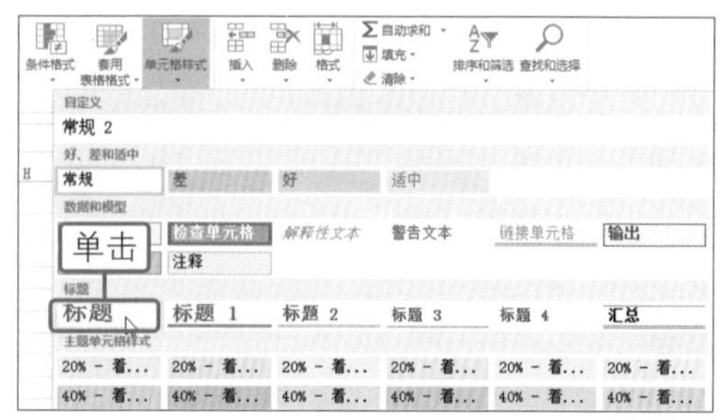

03 显示套用单元格样式的效果

经过以上操作，就完成了套用单元格样式的操作，返回表格中即可看到套用后的效果，如右图所示。

	A	B	C	D
1	公司6月出口产品统计表			
2	出口产品	出口数量	销售金额（美元）	月增加额
3	纺织原料及纺[illegible]	[illegible]	[illegible]916	0.198
4	机电产品	[illegible]	[illegible]585	0.6027
5	家具（转椅）等	13130	2455310	0.7504
6	化工产品	10665	511920	0.2221
7	木制品	10451	898786	0.355
8	贱金属及其制品	6905	103575	0.6544
9	农副产品	6797	81564	0.2231
10	皮革制品	3303	49545	0.3538
11	合计	110802	10579201	

套用单元格样式效果

6.5.2 套用表格样式

Excel 2016中预设了浅色、中等深浅、深色三种类型的表格样式，可以直接套用，快速完成设置。

01 单击“套用表格格式”按钮

❶继续上例的操作，选中要设置样式的单元格区域A2:D11。❷单击“开始”选项卡下“样式”组中的“套用表格格式”按钮，如下图所示。

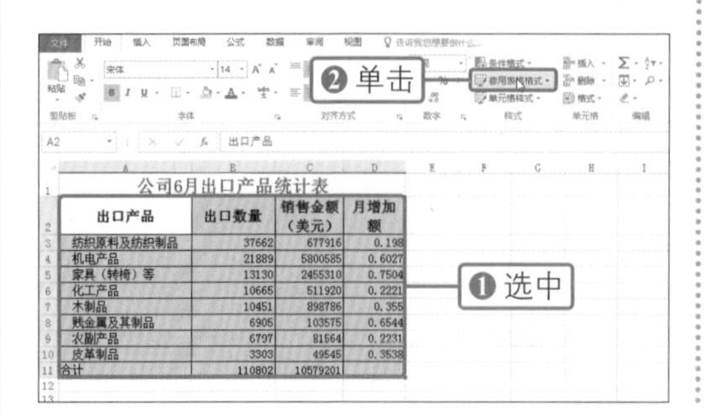

02 选择要套用的表格样式

展开表格样式库后，在“中等深浅”组中选择合适的样式，如下图所示。

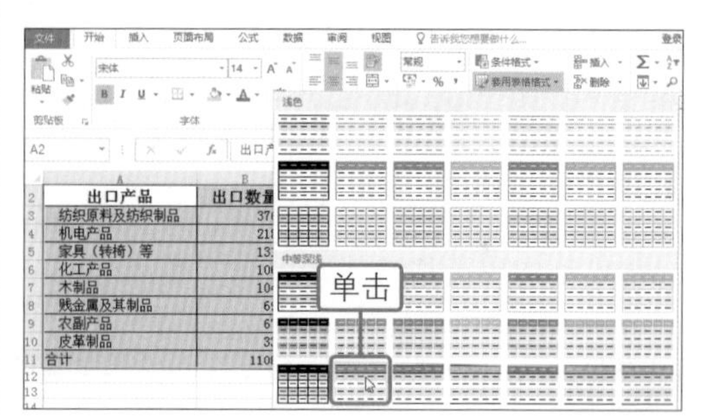

03 确定表数据来源

❶弹出“套用表格式”对话框，在“表数据的来源”文本框中显示出所选择的表格区域，勾选“表包含标题”复选框。❷然后单击“确定”按钮，如下图所示。

04 显示套用表格样式的效果

经过以上操作，就完成了套用表格样式的操作，如下图所示。

公司6月出口产品统计表

出口产品	出口数量	销售金额（美元）	月增加额
纺织原料及纺织制品	37662	677916	0.198
机电产品	21889	5800585	0.6027
家具（转椅）等	13130	2455310	0.7504
化工产品	10665	511920	0.2221
木制品	10451	898786	0.355
贱金属及其制品	6905	103575	0.6544
农副产品	6797	81564	0.2231
皮革制品	3303	49545	0.3538
合计	110802	10579201	

套用表格样式的效果

6.5.3 自定义设置单元格样式

在美化表格时，除了使用程序中预设的样式外，还可以自定义设置表格样式，主要是对表格的边框、底纹以及字体格式进行设置。

◎ 原始文件：下载资源\实例文件\第6章\原始文件\房产销售表.xlsx
◎ 最终文件：下载资源\实例文件\第6章\最终文件\房产销售表3.xlsx

01 单击“字体”组的对话框启动器

❶打开原始文件，单击要设置样式的单元格。❷单击“开始”选项卡下“字体”组中的对话框启动器，如下图所示。

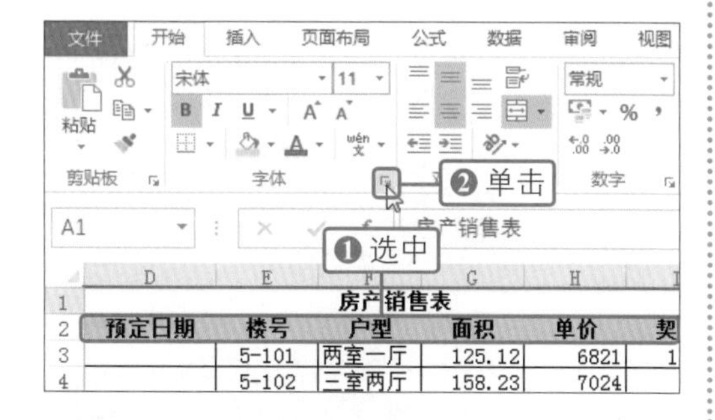

02 设置单元格边框与颜色

❶弹出“设置单元格格式”对话框，切换到“边框”选项卡。❷在“线条”组中选择样式。❸单击“颜色”下拉列表框，在展开的列表中单击“水绿色，个性色5，深色25%”。

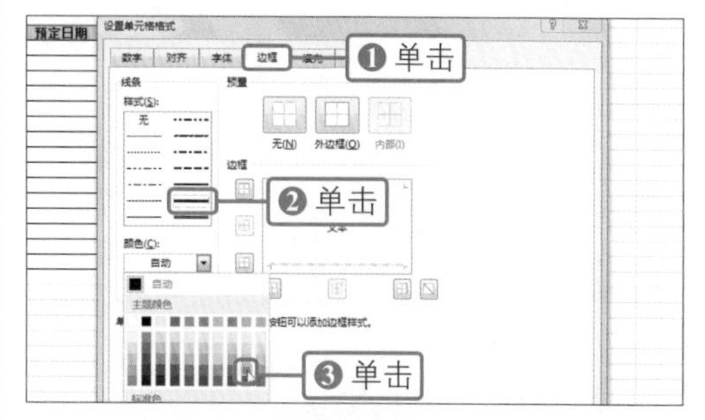

03 设置边框应用范围

❶将边框的颜色与样式设置完毕后，单击“预置”组中的“外边框”图标。❷经过以上操作后，就完成了单元格边框的设置，单击“填充”选项卡，如右图所示。

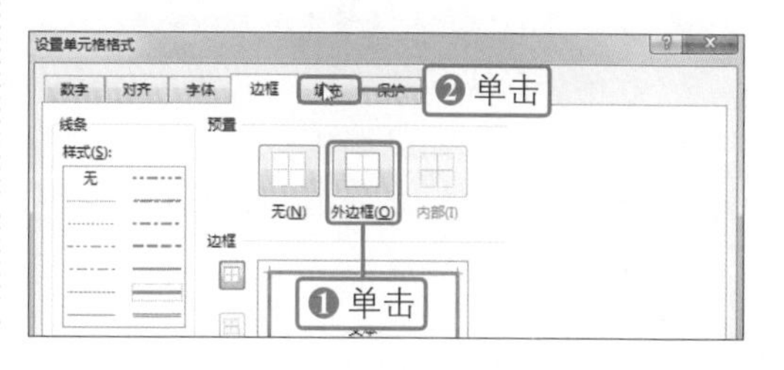

第6章

04 单击“填充效果”按钮

切换到“填充”选项卡后，单击“填充效果”按钮，如下图所示。

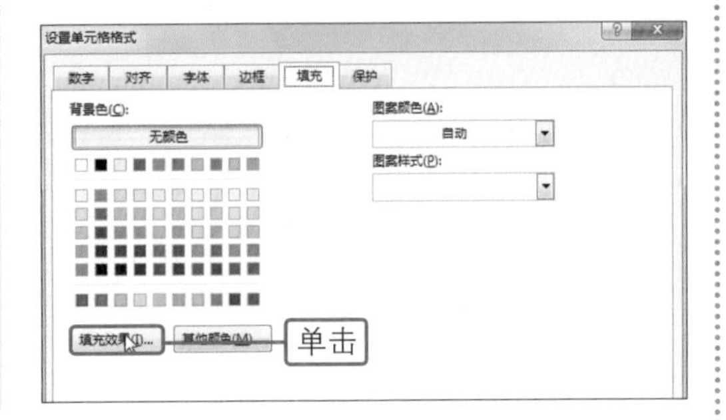

05 设置渐变颜色

❶弹出“填充效果”对话框，将“颜色2”颜色设置为“标准色>黄色”。❷单击“确定”按钮，如下图所示。

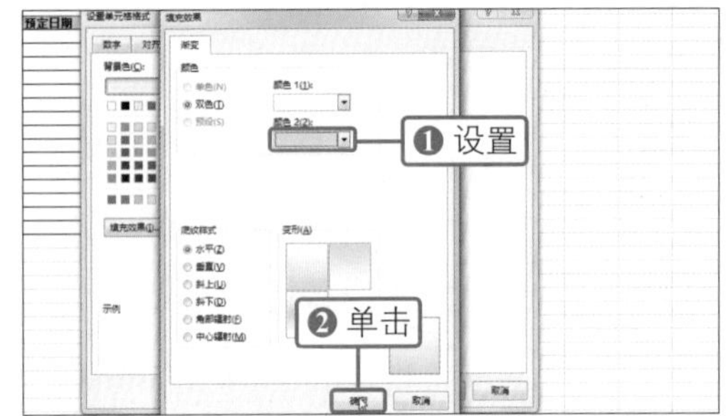

06 设置字体格式

❶返回“设置单元格格式”对话框，切换到“字体”选项卡。❷设置“字体”为“隶书”，“字形”为“加粗”，“字号”为“20”，“颜色“为“蓝色”，如下图所示。

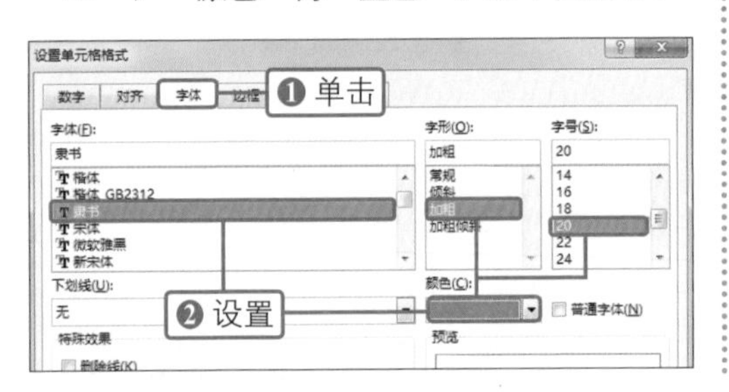

07 显示自定义设置单元格样式的效果

将“字体”格式设置完毕后，单击“确定”按钮，就完成了自定义设置单元格样式的操作，返回表格即可看到设置后的效果，如下图所示。

房产销售表

序号	客户	联系电话	预定日期	楼号	户型	面积	单价
	陈舒	13557112358		5-101	两室一厅	125.12	6821
	李柄雅	13557112359		5-102	三室两厅	158.23	7024
	刘青[illegible]	[illegible]		[illegible]	[illegible]	[illegible]25.12	7125
	李存[illegible]	[illegible]		[illegible]	[illegible]	[illegible]58.23	7257
	刘正龙	[illegible]		[illegible]	[illegible]	[illegible]25.12	7529
	孙海苹	13557112363		5-302	三室两厅	158.23	7622
	王非	13557112364		5-401	两室一厅	125.12	8023
	刘营	13557112365		5-402	三室两厅	158.23	8120
	淘方大	13557112366		5-501	两室一厅	125.12	8621
	柳青	13557112367		5-502	三室两厅	158.23	8710
	孙思岩	13557112368		5-601	两室一厅	125.12	8925
	赵柄坤	13557112369		5-602	三室两厅	158.23	9213
	李存华	13557112370		5-701	两室一厅	125.12	9358

自定义设置单元格样式效果

技巧提示 新建单元格样式

在自定义设置单元格样式时，如果经常用到某种单元格样式，可自己动手新建单元格样式，新建后该样式将直接保存到“单元格样式”库中，以后直接在“单元格样式”库中选用即可。新建时，选择目标单元格，单击“单元格样式”按钮，在展开的下拉列表中单击“新建单元格样式”选项，弹出“样式”对话框后，单击“格式”按钮，弹出“设置单元格格式”对话框，根据需要对单元格样式进行设置，然后依次单击各对话框的“确定”按钮，即可完成操作。

知识进阶 拆分和冻结窗格

在阅读较大的表格时，为了方便对比与查看，可对 Excel 窗格进行拆分或冻结。其中拆分窗口可以在不隐藏行或列的情况下将相隔很远的行或列移动到相近的地方，以便更准确地输入数据；而冻结窗口则可以始终保持某些行 / 列在可视区域。

扫码看视频

◎ 原始文件：下载资源\实例文件\第6章\原始文件\生产报表.xlsx

◎ 最终文件：下载资源\实例文件\第6章\最终文件\生产报表.xlsx

01 单击“拆分”按钮

❶打开原始文件，选中单元格E3。❷切换到“视图”选项卡，单击“窗口”组中的“拆分”按钮，如下图所示。

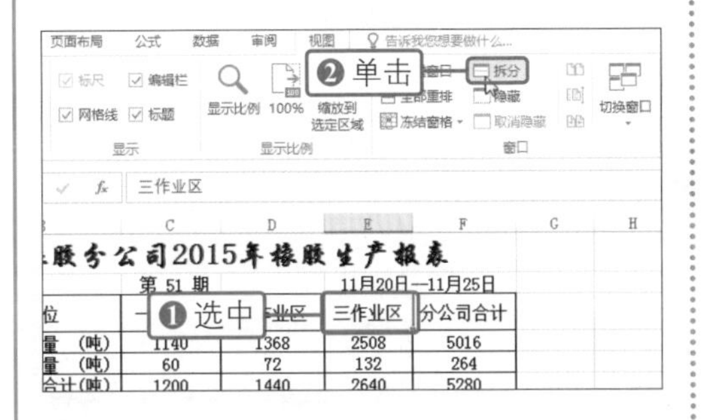

02 完成拆分窗口

经过以上操作，就完成了将窗口横向拆分与纵向拆分的操作，在拆分的四个窗口中，移动任意一个窗口中的内容，其他窗口中的内容都不会改变，如下图所示。

勐醒橡胶分公司2015年橡胶生产报表

第 51 期　11月20日—11月25日

项目	单位	一作业区	二作业区	三作业区	分公司合计
年计划生产量	乳标胶产量（吨）	1140	1368	2508	5016
	杂标胶产量（吨）	60	72	132	264
	干胶产量合计(吨)	1200	1440	2640	5280
本期生产情况	乳标胶产量（吨）	18.93	10.90	55.15	84.984
	杂标胶产量（吨）	3.58	0.85	7.80	12.228
	干胶产量合计(吨)	22.51	11.75	62.95	97.212
	鲜胶乳（吨）	71.94			
	平均干含（%）	26.32			
	割胶刀次（次）	1.18			
	平均割胶天数(天)	5	3	5	4.3
本月生产情况	计划完成干胶产量（吨）	178.44	171.36	352.37	702.17
	实际完成干胶产量（吨）	186.46	228.49	414.23	829.184

拆分窗口效果

03 取消拆分窗口

将窗口拆分后，需要取消时，单击“视图”选项卡下“窗口”组中的“拆分”按钮，如下图所示，即可完成取消拆分的操作。

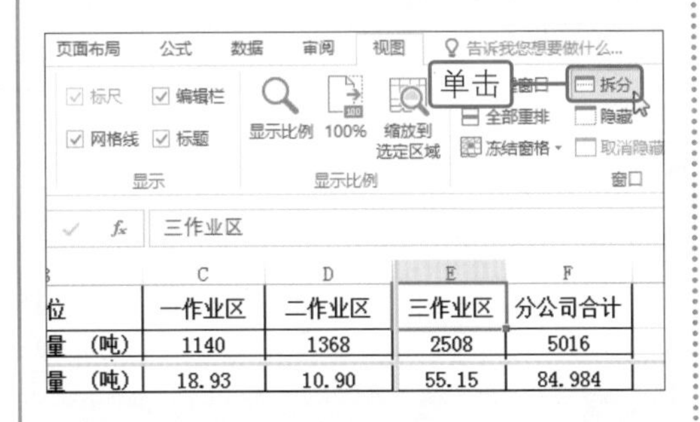

04 单击“冻结拆分窗格”选项

❶在需要根据表格内容冻结窗口时，首先将窗口拆分到需要冻结的位置。❷然后单击“视图”选项卡下“窗口”组中的“冻结窗格”按钮。❸在展开的下拉列表中单击“冻结拆分窗格”选项，如下图所示。

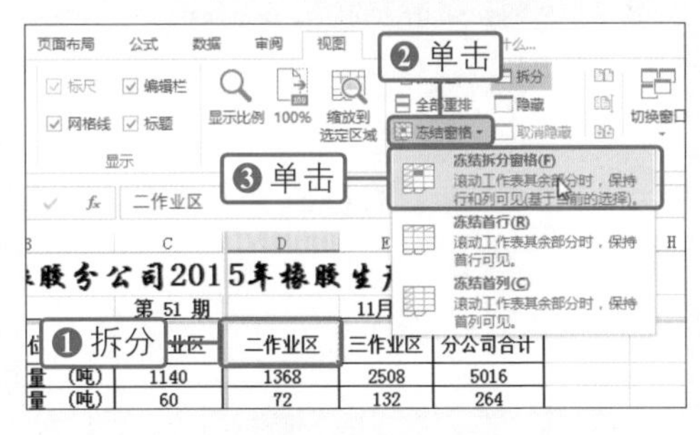

05 显示冻结窗口效果

经过以上操作，就完成了冻结窗口的操作，无论怎样查看表格中的内容，被冻结的窗口都会显示出来，如右图所示。需要取消窗口冻结时，单击“冻结窗格”按钮，展开下拉列表后，单击“取消冻结窗格”选项即可。

勐醒橡胶分公司2015年橡胶生产报表

第 51 期　11月20日—11月25日

项目	单位	C	D	E	F
外购去年情况	乳标胶产量（吨）	607.370	13.150	85.250	705.770
	杂标胶产量（吨）	810.860	1917.160	1035.080	3763.100
	干胶产量合计(吨)	1418.230	1930.310	1120.330	4468.870
外购与去年同期比	乳标胶产量（吨）	282.095	565.561	259.425	1107.081
	杂标胶产量（吨）	449.191	-394.520	-646.918	-592.247
	干胶产量合计(吨)	731.286	171.041	-387.49	514.834
	开割日期	3月11日	3月17日	3月16日	3月11日

冻结窗口效果

第6章

第 7 章

7 公式与函数的使用

在 Excel 2016 中，公式与函数用于对数据进行分析与运算。其中公式用数学符号表示各个量之间的一定关系，而函数是指一些预定义的公式。本章将对公式、单元格引用、函数以及使用函数的知识进行介绍，通过本章的学习，用户就可以使用公式与函数计算一些财务、统计、逻辑、工程等方面的专业数据。

- 公式的基础知识
- 单元格的引用
- 认识和使用单元格名称
- 函数的应用
- 常用函数的使用

7.1 公式的基础知识

在Excel中使用公式时，首先要对公式有所了解，本节将对公式的基础知识进行介绍，内容涉及公式的运算符、输入公式以及复制公式的操作。

7.1.1 公式的运算符

一个完整的公式包括运算符、单元格引用、值或常量、工作表函数四项内容，其中单元格引用是指利用特殊格式对指定单元格中的数据进行引用；值或常量是指直接输入到公式中的值或文本；而工作表函数则是指函数和参数，这些内容将在后面的章节中进行介绍，本小节要重点介绍的内容为公式的运算符。

1. 运算符的类型

运算符用于执行程序代码运算，也具有指定运算类型的作用。通常情况下将运算符号分为四种类型，分别是算术运算符、比较运算符、文本连接运算符和引用运算符。

算术运算符： 用于进行基本的数学运算，包括加号（+）、减号（-）、乘号（*）、除号（/）、负号（—）、百分比（%）六个运算符号。

比较运算符： 多用在条件运算中，通过比较两个数据，再根据结果来判断下一步的计算。比较运算符的结果为逻辑值，即TRUE或FALSE，包括等号（=）、大于号（>）、小于号（<）、大于或等于（>=）、小于或等于（<=）、不等号（<>）六个运算符号。

文本连接运算符： 文本运算符只有一个，就是&，用于将两个或多个文本连接在一起，形成一个文本值。

引用运算符： 可为计算公式指明引用单元格的位置，用于表示单元格在工作表中位置的坐标集，包括：冒号（:），在选择区域时，用于表示包括两个引用单元格之间的所有单元格；逗号（,），用于将多个区域联合为一个引用；空格，用于取两个区域的公共单元格。

2. 运算符的优先级

一个公式中不会只用到一个运算符，使用了多个运算符后，公式就将按照运算符的优先级由高至低地进行运算。如果公式中使用的运算符为同一级别，运算时将按照从左到右的顺序进行运算。运算符的优先级见下表。

运算符	名　称	优先级	作　用
%	百分比	1	将数据计算为百分数
^	幂	2	进行乘幂运算
*	乘	3	进行乘法运算
/	除	3	进行除法运算
+	加	4	进行加法运算

第7章

运算符	名　称	优先级	作　用
-	减	4	进行减法运算
&	连接符	5	连接两个或多个字符串
=	等于	6	进行比较运算
<	小于	6	进行比较运算
>	大于	6	进行比较运算

7.1.2 在Excel中输入公式

在Excel中输入公式时，首先要选中目标单元格，然后进入公式输入状态，最后输入公式。本小节以输入乘法公式为例，来介绍一下具体操作。

◎ 原始文件：下载资源\实例文件\第7章\原始文件\日销售统计表.xlsx
◎ 最终文件：下载资源\实例文件\第7章\最终文件\日销售统计表.xlsx

01 选中单元格并输入等号

打开原始文件，单击要输入公式的单元格，然后输入“=”，进入运算状态，如下图所示。

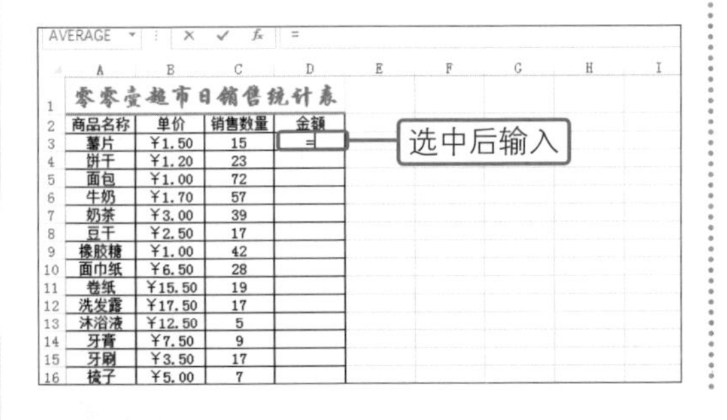

零零壹超市日销售统计表			
商品名称	单价	销售数量	金额
薯片	¥1.50	15	=
饼干	¥1.20	23	
面包	¥1.00	72	
牛奶	¥1.70	57	
奶茶	¥3.00	39	
豆干	¥2.50	17	
橡胶糖	¥1.00	42	
面巾纸	¥6.50	28	
卷纸	¥15.50	19	
洗发露	¥17.50	17	
沐浴液	¥12.50	5	
牙膏	¥7.50	9	
牙刷	¥3.50	17	
梳子	¥5.00	7	

02 选择引用单元格并完成公式计算

单击要引用的单元格B3，然后输入运算符“*”，再单击引用单元格C3，最后按下【Enter】键，即可完成输入公式的操作，如下图所示。

D3　=B3*C3

零零壹超市日销售统计表			
商品名称	单价	销售数量	金额
薯片	¥1.50	15	¥22.50
饼干	¥1.20	23	
面包	¥1.00	72	
牛奶	¥1.70	57	
奶茶	¥3.00	39	

输入公式效果

7.1.3 复制公式

需要为多个单元格应用同一种公式时，可在一个单元格中输入公式，然后将该公式复制到其他单元格中，复制公式的操作如下。

01 复制公式

继续上例操作，选中已输入公式的单元格，将鼠标指针指向该单元格右下角，当鼠标指针变成黑色十字形状时，向下拖动鼠标，如右图所示。

零零壹超市日销售统计表			
商品名称	单价	销售数量	金额
薯片	¥1.50	15	¥22.50
饼干	¥1.20	23	
面包	¥1.00	72	
牛奶	¥1.70	57	
奶茶	¥3.00	39	
豆干	¥2.50	17	
橡胶糖	¥1.00	42	

拖动

02 显示复制公式的效果

拖至最后一个要复制公式的单元格后，释放鼠标，就完成了公式的复制操作，复制了公式的单元格中将直接显示公式计算后的结果。选中任意一个复制了公式的单元格，在编辑栏中就会显示出复制的公式内容，如右图所示。

零零壹超市日销售统计表

商品名称	单价	销售数量	金额
薯片	￥1.50	15	￥22.50
饼干	￥1.20	23	￥27.60
面包	￥1.00	72	￥72.00
牛奶	￥1.70	57	￥96.90
奶茶	￥3.00	39	￥117.00
豆干	￥2.50	17	￥42.50
橡胶糖	￥1.00	42	￥42.00
面巾纸	￥6.50	28	￥182.00
卷纸	￥15.50	19	￥294.50

复制公式效果

补充知识

如果不在连续的单元格中复制公式，可使用【Ctrl+C】与【Ctrl+V】组合键，对公式进行复制与粘贴的操作。

7.2 单元格的引用

单元格引用就是在输入公式时引用单元格中数据的操作，引用单元格包括相对引用、绝对引用以及混合引用三种，在不同的情况下要使用不同的引用方式，本节就来对这三种引用方式进行介绍。

7.2.1 相对单元格引用

相对引用是基于包含公式和引用的单元格的相对位置，使用相对引用时，若公式所在单元格的位置改变，公式中引用的单元格也会改变。相对引用是使用最多的引用方式。

◎ 原始文件：下载资源\实例文件\第7章\原始文件\啤酒销售统计表.xlsx
◎ 最终文件：下载资源\实例文件\第7章\最终文件\啤酒销售统计表.xlsx

01 引用单元格

打开原始文件，选中要输入公式的单元格，输入“=”后，单击要引用的单元格，并使用运算符连接，最后按下【Enter】键，如下图所示。

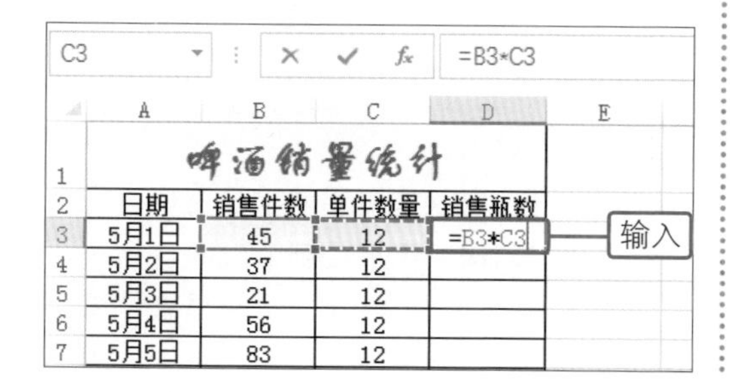

02 显示相对引用的效果

在公式中引用了单元格后，将公式复制到其他单元格中，选中任意一个单元格，在编辑栏中可以看到公式所在单元格的更改，公式内引用的单元格也随之变化，如下图所示。

D7 =B7*C7

啤酒销量统计

日期	销售件数	单件数量	销售瓶数
5月1日	45	12	540
5月2日	37	12	444
5月3日	21	12	252
5月4日	56	12	672
5月5日	83	12	996
5月6日	92	12	1104

相对引用单元格效果

选中

第7章

7.2.2 绝对单元格引用

绝对引用是指在公式中引用固定位置的单元格，即不管将该公式粘贴到什么位置，公式中所引用的还是同一单元格中的数据。要达到这一目的，可以通过“冻结”单元格地址来实现，具体操作如下。

◎ 原始文件：下载资源\实例文件\第7章\原始文件\折扣定价表.xlsx

◎ 最终文件：下载资源\实例文件\第7章\最终文件\折扣定价表.xlsx

01 单击“排序”按钮

打开原始文件，在目标单元格中输入要使用的公式，然后将光标定位在要绝对引用的单元格内，如下图所示。

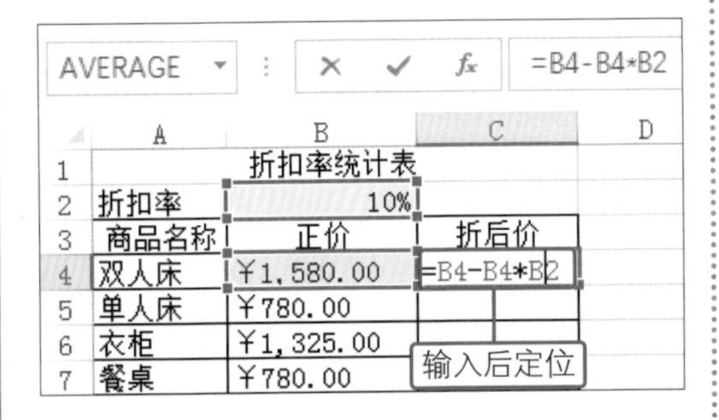

03 显示绝对引用的效果

在公式中设置了单元格的绝对引用后，将公式复制到其他单元格中，选中任意一个单元格，在编辑栏中可以看到随着公式所在单元格的更改，绝对引用的单元格并没有改变，如右图所示。

02 设置单元格的绝对引用

按下【F4】键，在该单元格的行标题与列标题前就会显示出一个$符号，表示该单元格处于绝对引用状态，如下图所示。

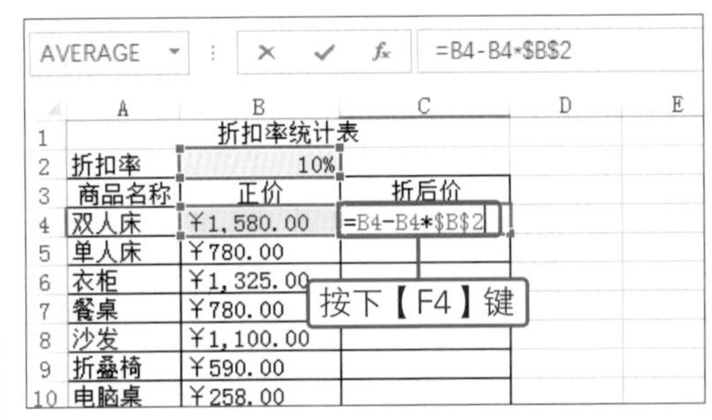

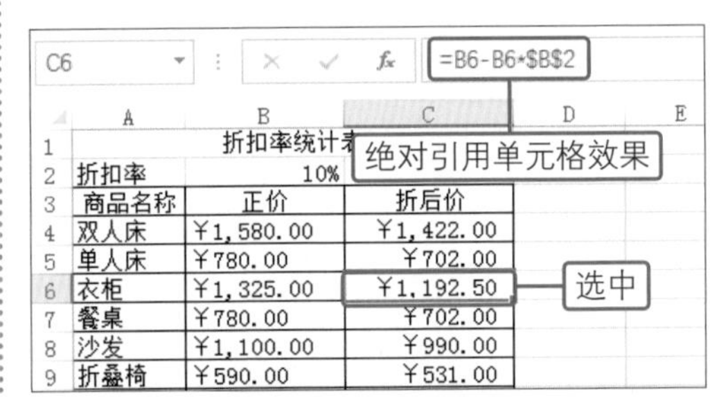

你问我答

问：如何取消单元格的绝对引用？

答：定位好所引用单元格的位置后，连续按三次【F4】键就可以将单元格的绝对引用状态恢复为相对引用。

7.2.3 混合单元格引用

混合引用是一种介于相对引用与绝对引用之间的引用，也就是引用的单元格中，行与列一个处于绝对引用状态、一个处于相对引用状态，如“B$2”表示复制公式时，行不改变，列随公式位置不同而改变；而“$B3”表示复制公式时，列不改变，行随公式位置不同而改变。

◎ 原始文件：下载资源\实例文件\第7章\原始文件\积分返利表.xlsx
◎ 最终文件：下载资源\实例文件\第7章\最终文件\积分返利表.xlsx

01 单击“排序”按钮

打开原始文件，在目标单元格中输入要使用的公式，然后将光标定位在要混合引用的单元格A3中“A”的前方，如下图所示。

	A	B	C	D	E
1	会员积分返利表				
2	返现 积分	1%	3%	7%	15%
3	500	=A3*B2			
4	1000				
5	1500				
6	2000				
	备注：积分满500分者，返现金为积分的1% 。				

输入后定位

02 设置公式绝对引用列相对引用行

通过键盘输入一个“$”符号，然后将光标定位在公式内单元格B2中“2”的前方，如下图所示。

	A	B	C	D	E
1	会员积分返利表				
2	返现 积分	1%	3%	7%	15%
3	500	=$A3*B2			
4	1000				
5	1500				
6	2000				
	备注：积分满500分者，返现金为积分的1% 。				

输入后定位

03 设置公式绝对引用行相对引用列

通过键盘输入一个“$”符号，如下图所示，然后按下【Enter】键，完成单元格的混合引用。

04 显示混合引用的效果

在公式中设置了单元格的混合引用后，将公式复制到其他单元格中，选中任意一个单元格，在编辑栏中可以看到随着公式所在单元格的更改，公式中一直引用A列与2行单元格，而其他单元格则发生了相应的变化，如下图所示。

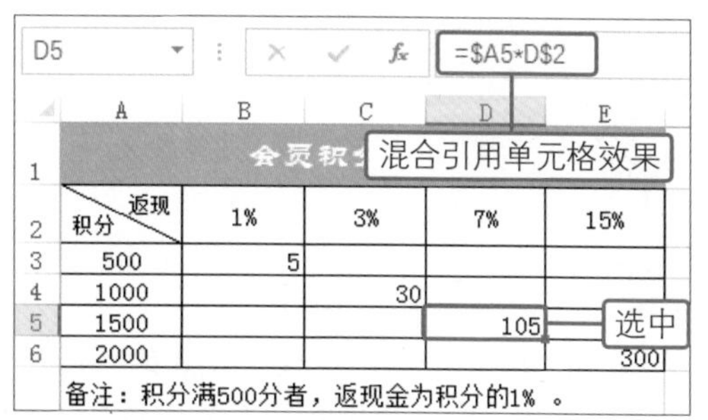

第7章

7.3 认识和使用单元格名称

在Excel 中，每个单元格都根据行标题与列标题对应了相应的名称，在公式中使用绝对引用单元格时，如果这个单元格被指定了特定的名称，那么就无须“冻结”单元格了，本节就来介绍一下定义与使用名称的操作。

7.3.1 定义名称

单元格定义名称时，最快捷的方法是在编辑栏左侧的名称框中完成命名，具体操作如下。

◎ 原始文件：下载资源\实例文件\第7章\原始文件\折扣定价表.xlsx
◎ 最终文件：下载资源\实例文件\第7章\最终文件\折扣定价表2.xlsx

01 选中要定义名称的单元格

❶打开原始文件，选中要定义名称的单元格。❷然后单击名称框，选中当前单元格的名称，如下图所示。

名称框：B2　❷选中　编辑栏：10%

	A	B	C	D	E
1		折扣率统计表			
2	折扣率	10% ❶单击			
3	商品名称	正价	折后价		
4	双人床	￥1,580.00			
5	单人床	￥780.00			
6	衣柜	￥1,325.00			
7	餐桌	￥780.00			
8	沙发	￥1,100.00			
9	折叠椅	￥590.00			
10	电脑桌	￥258.00			

02 显示定义单元格名称的效果

直接输入需要定义的名称，然后按下【Enter】键，就完成了为单元格定义名称的操作，如下图所示。

名称框：折扣　输入后按下【Enter】键

	A	B	C	D	E
1		折扣率统计表			
2	折扣率	10%			
3	商品名称	正价	折后价		
4	双人床	￥1,580.00			
5	单人床	￥780.00			
6	衣柜	￥1,325.00			
7	餐桌	￥780.00			
8	沙发	￥1,100.00			
9	折叠椅	￥590.00			
10	电脑桌	￥258.00			

技巧提示　通过选项卡定义名称

还可以通过选项卡为单元格定义名称，选中目标单元格，切换到“公式”选项卡，在“定义的名称”组中单击“定义名称”按钮，弹出“新建名称”对话框后，输入单元格名称，然后单击“确定”按钮即可。

7.3.2 在公式中使用名称计算

为单元格定义了名称后，在绝对引用单元格时，就可以使用名称来代替绝对引用的单元格。

01 输入公式

继续上例操作，选中要输入公式的单元格后，输入公式时，直接输入定义的单元格名称，然后按下【Enter】键，如下图所示。

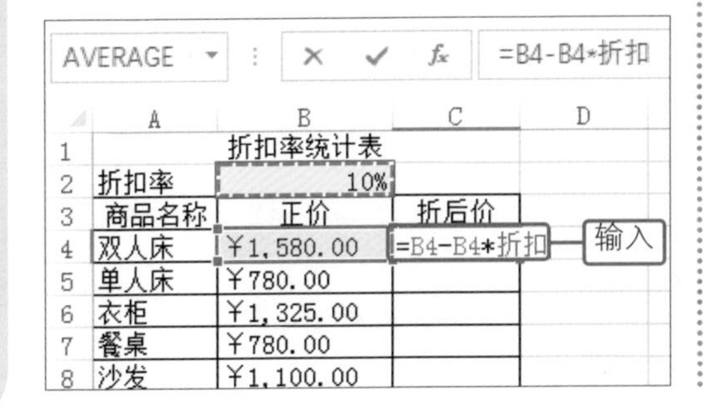

名称框：AVERAGE　编辑栏：=B4-B4*折扣

	A	B	C	D
1		折扣率统计表		
2	折扣率	10%		
3	商品名称	正价	折后价	
4	双人床	￥1,580.00	=B4-B4*折扣	
5	单人床	￥780.00		
6	衣柜	￥1,325.00		
7	餐桌	￥780.00		
8	沙发	￥1,100.00		

02 显示使用名称计算的效果

为单元格输入公式后，将公式复制到其他需要计算的单元格中，选中任意一个应用了公式的单元格，在编辑栏中即可看到，随着公式所在单元格的变化，输入名称的单元格一直没有更改，如下图所示。

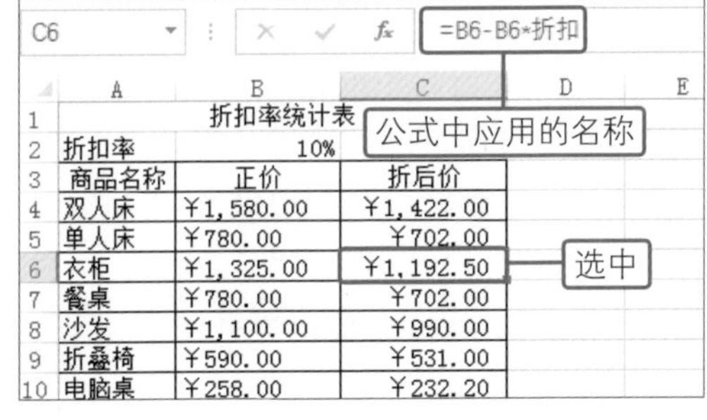

名称框：C6　编辑栏：=B6-B6*折扣

	A	B	C	D	E
1		折扣率统计表			
2	折扣率	10%			
3	商品名称	正价	折后价		
4	双人床	￥1,580.00	￥1,422.00		
5	单人床	￥780.00	￥702.00		
6	衣柜	￥1,325.00	￥1,192.50		
7	餐桌	￥780.00	￥702.00		
8	沙发	￥1,100.00	￥990.00		
9	折叠椅	￥590.00	￥531.00		
10	电脑桌	￥258.00	￥232.20		

技巧提示　删除单元格名称

删除单元格名称时，选中定义名称的单元格，在“公式”选项卡下单击“定义的名称”组中的“名称管理器”按钮，弹出“名称管理器”对话框，单击“删除”按钮，再单击“确定”按钮即可。

7.4 函数的应用

Excel中所谓的函数其实是一些预定义的公式，函数使用一些参数的特定数值按特定的顺序或结构进行计算。本节介绍函数的结构、参数及函数的插入。

7.4.1 认识函数的结构与参数

Excel 2016中包括求和、财务、逻辑、文本、日期和时间、查找和引用、数学和三角函数等多种类型的函数，虽然每种函数的计算公式不同，但是它们的结构以及参数都有共同的特点。

1. 函数的结构

一个完整的函数中包括“=”、函数名以及参数三种内容，具体分布以及各内容的作用如下图所示。

=AVERAGE(A2:E10)

等号：在函数开头加等号，否则输入的公式会被看成单独的文本内容

函数名：用于确定所使用的函数类型

参数：公式中引用的单元格区域、常量以及逻辑值等内容，必须使用括号括起

2. 函数的参数分析

函数的参数是指公式中的计算数据，其中包括很多种不同类型的内容，具体内容见下表。

参数类型	包括内容
单元格引用	引用的单元格数据，包括单个单元格、单元格区域或是已命名的单元格
常量	包括文本、数值、数组常量等内容
函数	嵌套其他函数
逻辑值	使用比较运算符组合单元格引用或常数公式
公式	使用运算符或文本运算符连接的数据

7.4.2 插入函数

使用函数进行运算时，要将函数插入到单元格中。插入公式时，可根据自身情况使用不同的方法完成操作，本节介绍两种比较常用的插入方法。

1. 使用选项卡插入

在Excel 2016的“公式”选项卡内显示出了Excel 中预设的函数内容，为表格插入公式时，可直接通过选项卡完成操作。

◎ 原始文件：下载资源\实例文件\第7章\原始文件\彩票销售统计表.xlsx

◎ 最终文件：下载资源\实例文件\第7章\最终文件\彩票销售统计表.xlsx

01 选中要插入函数的单元格

❶打开原始文件，选中要插入函数的单元格。❷单击“公式”选项卡下“函数库”组中的“自动求和”按钮。❸在展开的下拉列表中单击“平均值”选项，如下图所示。

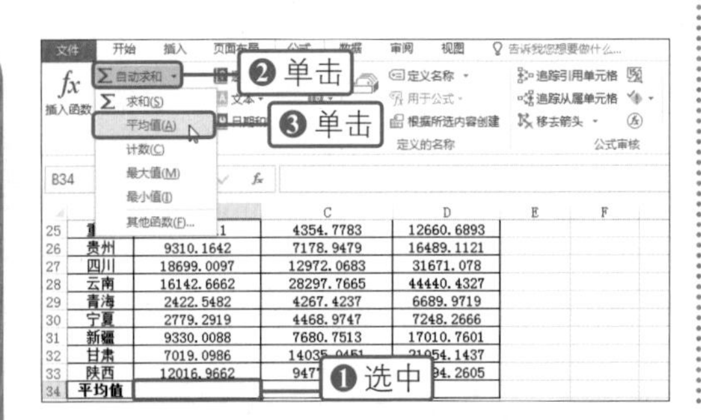

02 显示插入函数的效果

选择了要使用的函数后，在选中的单元格中会显示出求平均值的公式，程序自动选中公式上方的单元格区域，将光标定位在公式末尾，然后按下【Enter】键，即可完成函数的运算，如下图所示。

2. 直接输入函数

如果非常熟悉所使用的函数，可直接在单元格中输入要使用的函数公式，快速完成函数的插入。

◎ 原始文件：下载资源\实例文件\第7章\原始文件\彩票销售统计表.xlsx

◎ 最终文件：下载资源\实例文件\第7章\最终文件\彩票销售统计表.xlsx

01 输入函数

继续上例操作，在目标单元格中输入“=”后，直接输入要使用的公式以及所引用的单元格区域，如下图所示。

AVERAGE　=SUM(D3:D33)

	A	B	C	D
19	湖北	22759.8284	13497.0115	36256.8399
20	河南	13905.1899	34714.086	48619.2759
21	海南	5153.7016	724.6661	5878.3677
22	广西	10747.7064	2335.5608	13083.2672
23	广东	49711.3488	27494.6341	77205.9829
24	西藏	1662.5156	354.525	2017.0406
25	重庆	8305.911	4354.7783	12660.6893
26	贵州	9310.1642	7178.9479	16489.1121
27	四川	18699.0097	12972.0683	31671.078
28	云南	16142.6662	28297.7665	44440.4327
29	青海	2422.5482	4267.4237	6689.9719
30	宁夏	2779.2919	4468.9747	7248.2666
31	新疆	9330.0088	7680.7513	17010.7601
32	甘肃	7019.0986	14035.0451	21054.1437
33	陕西	12016.9662	9477.2943	21494.2605
34	平均值	¥15,122.05		=SUM(D3:D33)

输入

02 显示使用函数的效果

输入公式后按下【Enter】键，就完成了直接输入函数完成计算的操作，如下图所示。

D34　=SUM(D3:D33)

	A	B	C	D
19	湖北	22759.8284	13497.0115	36256.8399
20	河南	13905.1899	34714.086	48619.2759
21	海南	5153.7016	724.6661	5878.3677
22	广西	10747.7064	2335.5608	13083.2672
23	广东	49711.3488	27494.6341	77205.9829
24	西藏	1662.5156	354.525	2017.0406
25	重庆	8305.911	4354.7783	12660.6893
26	贵州	9310.1642	7178.9479	16489.1121
27	四川	18699.0097	12972.0683	31671.078
28	云南	16142.6662	28297.7665	44440.4327
29	青海	2422.5482	4267.4237	6689.9719
30	宁夏	2779.2919	4468.9747	[illegible]
31	新疆	9330.0088	7680.7513	[illegible]
32	甘肃	7019.0986	14035.0451	21054.1437
33	陕西	12016.9662	9477.2943	21494.2605
34	平均值	¥15,122.05		¥914,213.57

计算结果

7.5 常用函数的使用

Excel 2016中包括多种函数，每种函数的作用及使用方法都不同，本节中以计数、条件、查找、贷款计算四种函数为例，来介绍一下常用函数的使用。

7.5.1 使用计数函数

计数函数包括COUNT、COUNTA、COUNTIF等，其中COUNT函数用于计算包含数字的单元格及参数列表中数字的个数。COUNTA用于计算逻辑值、文本值或错误值的个数。COUNTIF用于计算区域内符合给定条件的单元格的数量。本小节以COUNTIF函数为例介绍计数函数的使用。

◎ 原始文件：下载资源\实例文件\第7章\原始文件\出勤考核表.xlsx

◎ 最终文件：下载资源\实例文件\第7章\最终文件\出勤考核表.xlsx

01 选择要使用的函数类型

❶打开原始文件，选中放置计算结果的单元格。❷单击“公式”选项卡下“函数库”组中的“其他函数”按钮。❸在展开的列表中单击“统计>COUNTIF”选项，如下图所示。

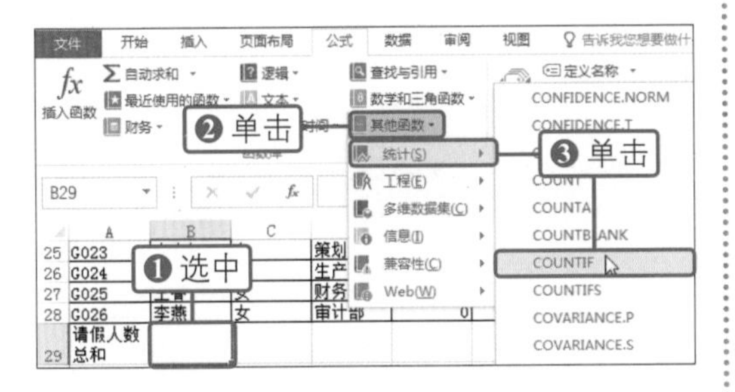

02 选择执行计算的单元格区域

弹出“函数参数”对话框，将光标定位在“Range”数值框内，然后在表格中输入要计算其中非空单元格数目的单元格区域“A2:H28”，如下图所示。

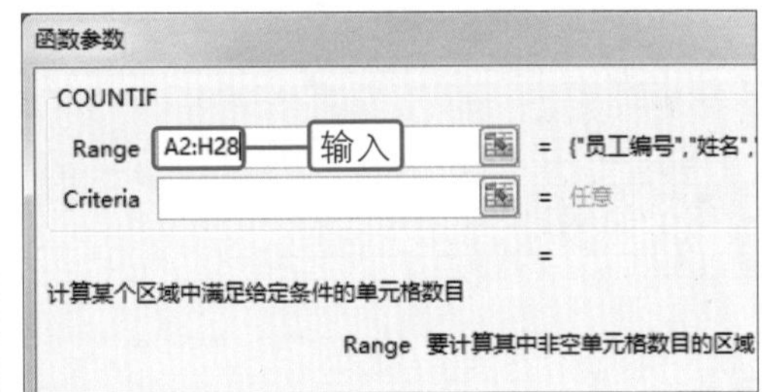

03 设置Criteria条件

将光标定位在“Criteria”数值框内，然后输入以数字、表达式或文字形式定义的条件“>0”，如下图所示，单击“确定”按钮。

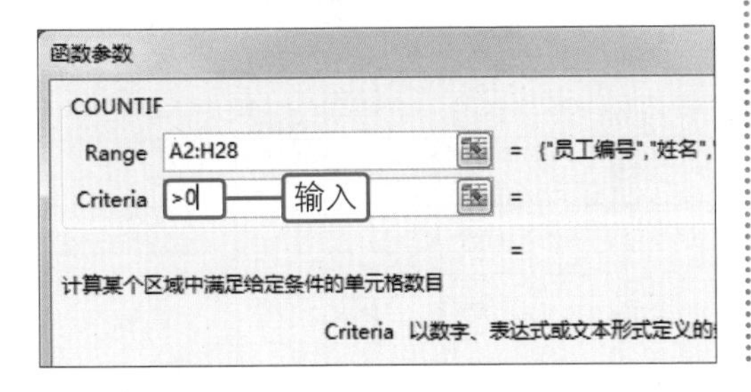

04 显示计数函数的结果

返回工作表中，在选中的单元格内即可看到在单元格区域A2:H28内数值大于0的单元格数量的计算结果，如下图所示。

	A	B	C	D	E	F	G	H
14	G012	周海青	男	生产部	0	0	0	0
15	G013	赵达明	男	策划部	0	0	0	0
16	G014	孙红雷	男	生产部	0	0	0	0
17	G015	李力扬	女	生产部	0	0	0	0
18	G016	吴欣梅	女	财务部	0	0	0	0
19	G017	李江兴	男	生产部	0	0	0	0
20	G018	郑洪	男	策划部	0	0	0	0
21	G019	王文龙	男	生产部	2	0	0	0
22	G020	李才徇	男	审计部	0	0	0.3	0
23	G021	宋思燕	女	生产部	0	0	0	0
24	G022	赵大力	男	生产部	0	7	0	0
25	G023	李小红	女	策划部	0	0	0	0
26	G024	刘洪兴	男	生产部	0	0	0	0
27	G025	王春	女	财务部	0	0	0	0
28	G026	李燕	女	审计部	0	0	0	0
29	请假人数总和	8						

计算结果

7.5.2 使用条件函数

条件函数指IF函数，用于指定要执行的逻辑检测。根据逻辑式判断指定条件，如果条件成立，返回真条件下的指定内容；如果条件式不成立，则返回假条件下的指定内容。

IF函数中包括logical_test、value_if_true、value_if_false三个参数，其中：

logical_test用带有比较运算符的逻辑值指定条件判定公式。

value_if_true用于指定逻辑式成立时返回的值。除公式或函数外，也可指定需要显示的数值或文本。被显示的文本需要加引号。

value_if_false用于指定逻辑式不成立时返回的值。除公式或函数外，也可指定需要显示的数值或文本。被显示的文本需要加引号。

◎ 原始文件：下载资源\实例文件\第7章\原始文件\考试成绩统计.xlsx

◎ 最终文件：下载资源\实例文件\第7章\最终文件\考试成绩统计.xlsx

01 选择要使用的函数类型

❶打开原始文件，选中放置计算结果的单元格。❷单击“公式”选项卡下“函数库”组中的“逻辑函数”按钮。❸在展开的列表中单击“IF”选项，如下图所示。

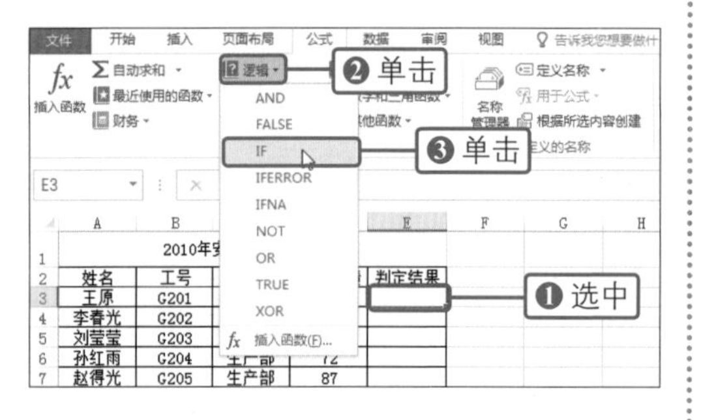

02 设置Logical_test值

弹出“函数参数”对话框，将光标定位在“Logical_test”数值框内，在表格中单击指定条件的单元格D3，然后输入“>=80”，如下图所示。

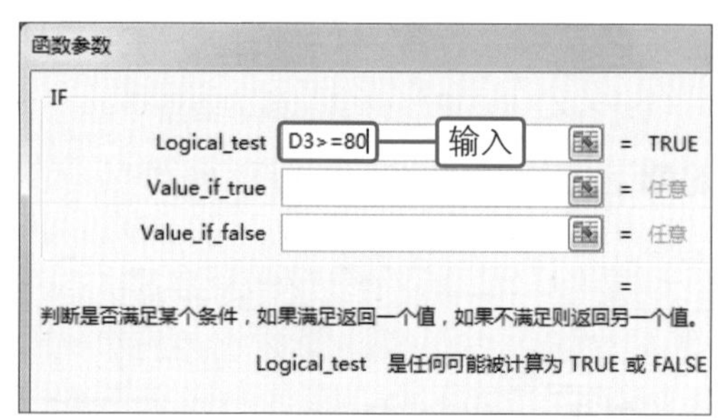

03 继续设置函数参数

在“Value_if_true”数值框内输入“‘优秀’”，然后在“Value_if_false”数值框内输入“合格”，如下图所示，最后单击“确定”按钮。

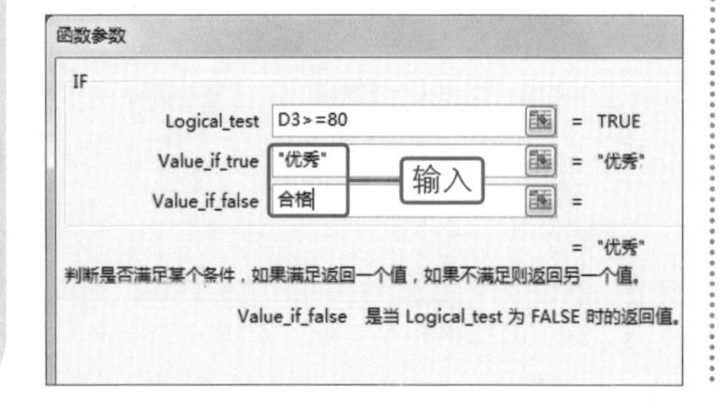

04 显示条件函数的计算结果

返回工作表中，在选中的单元格内即可看到判定的结果，将该公式复制到其他单元格中，就完成了使用条件函数判定考试结果的操作，如下图所示。

E3 =IF(D3>=80,"优秀","合格")

	A	B	C	D	E
1	2010年安全考试成绩统计				
2	姓名	工号	部门	考试成绩	判定结果
3	王原	G201	生产部	84	“优秀”
4	李春光	G202	审计部	73	“合格”
5	刘莹莹	G203	财务部	98	“优秀”
6	孙红雨	G204	生产部	72	“合格”
7	赵得光	G205	生产部	87	“优秀”
8	刘思雨	G206	生产部	92	“优秀”
9	李琳	G207	生产部	88	“优秀”
10	严宽	G208	审计部	90	“优秀”
11	王书雷	G209	财务部	86	“优秀”
12	刘云	G210	财务部	79	“合格”
13	赵红林	G211	财务部	80	“优秀”

计算结果

7.5.3 使用查找函数

查找函数包括VLOOKUP、LOOKUP、HLOOKUP、INDEX等函数，其中VLOOKUP的作用是查找指定的数值，并返回当前行中指定列处的数值；LOOKUP是从向量中查找一个值；HLOOKUP是在首行查找指定的数值，并返回当前列中指定行处的数值；INDEX是返回指定行列交叉处引用的单元格。本小节以VLOOKUP函数为例，来介绍一下查找函数的使用。

VLOOKUP中包括Lookup_value、Table_array、Col_index_num、Range_lookup四个参数，其中：

Lookup_value用于设置需要查找的值所在的单元格。

Table_array用于指定查找范围。

Col_index_num是Table_array中待返回的匹配值的列符号。

Range_lookup用TRUE和FALSE或1和0来指定查找方法，其中TRUE与1为近似匹配值，FALSE与0为精确匹配值。

◎ 原始文件：下载资源\实例文件\第7章\原始文件\工作产值计算表.xlsx

◎ 最终文件：下载资源\实例文件\第7章\最终文件\工作产值计算表.xlsx

01 选择要使用的函数类型

❶打开原始文件，选中放置计算结果的单元格。❷单击“公式”选项卡下“函数库”组中的“查找和引用”按钮。❸在展开的列表中单击“VLOOKUP”选项，如下图所示。

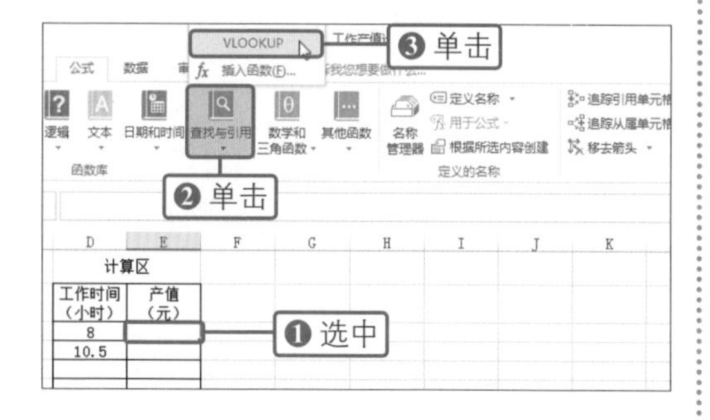

02 设置函数参数

弹出“函数参数”对话框，设置“Lookup_value”为“D3”，设置“Table_array”为“A2:B12”，如下图所示。

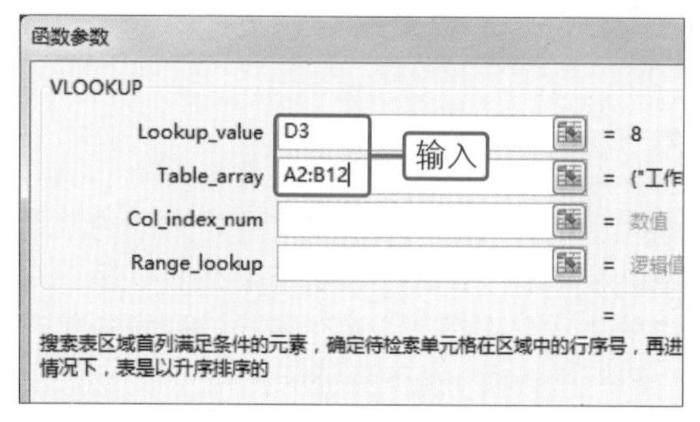

03 继续设置函数参数

在“Col_index_num”框中输入引用单元格的列数“2”，在“Range_lookup”框中输入“1”，如右图所示，最后单击“确定”按钮。

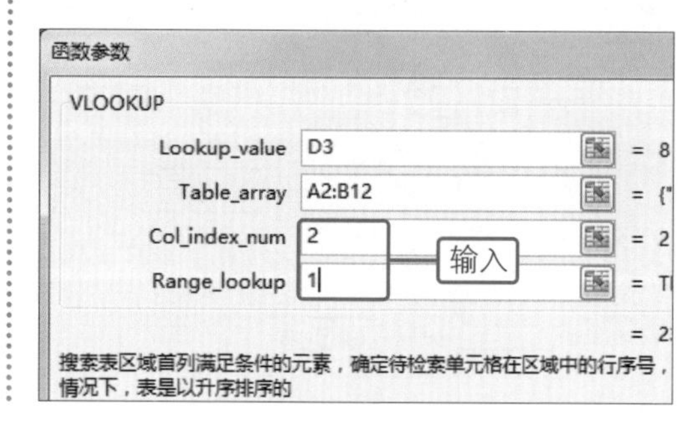

第7章

04 显示查找函数的计算结果

返回工作表中，就完成了查找函数的使用，在选中的单元格中，可以看到工作“8”小时后的产值近似值结果，如右图所示。

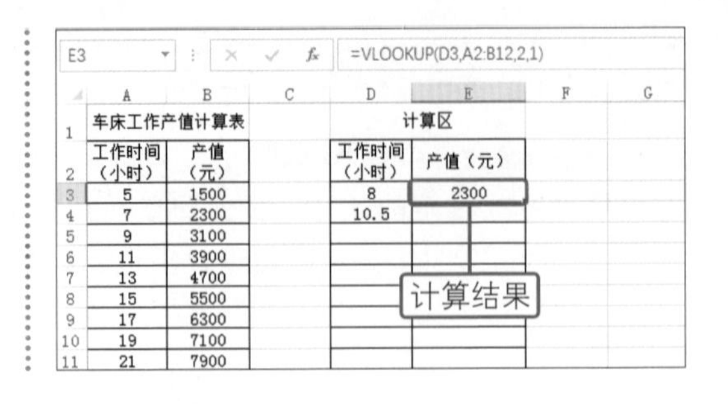

7.5.4 使用贷款计算函数

计算与贷款有关的数据时，可以使用PMT、PPMT、IPMT或ISPMT四种函数，其中PMT函数用于在已知固定利率的情况下，计算返回贷款的每期等额付款额。PPMT用于求偿还额的本金部分。IPMT用于计算返回给定期数内对外投资的利息偿还额。ISPMT用于计算特定投资期内要支付的利息。本小节以PMT函数为例，来介绍贷款函数的使用。

PMT函数中包括Rate、Neper、Pv、Fv、Type五种参数，其中：

Rate用于指定期间内的利率。

Neper用于指定付款期总数。如果按月支付，期限为10年，则付款期总数为10*12。需要注意的是Rate与Neper的单位必须一致。

Pv为各期所应支付的金额。

Fv用于指定贷款的付款总数结束后的金额。如果省略此参数，则假设值为0。

Type用于指定各期的付款时间是在期初还是在期末，期初指定为1，期末指定为0。如果省略此参数，则假设为0。

◎ 原始文件：下载资源\实例文件\第7章\原始文件\贷款计算表.xlsx

◎ 最终文件：下载资源\实例文件\第7章\最终文件\贷款计算表.xlsx

01 选择要使用的函数类型

❶打开原始文件，选中放置计算结果的单元格。❷单击“公式”选项卡下“函数库”组中的“财务”按钮。❸在展开的列表中单击“PMT”选项，如下图所示。

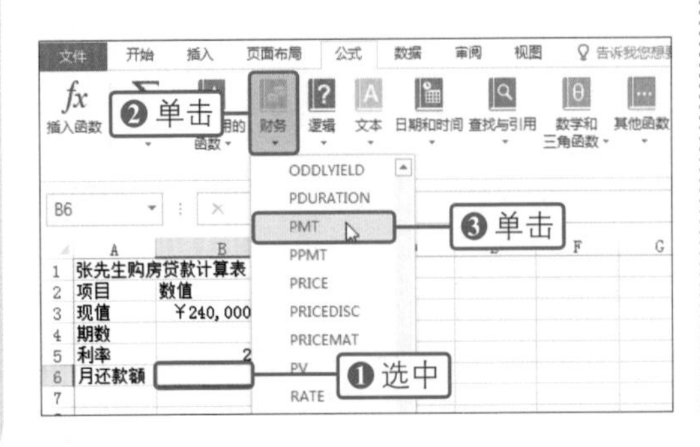

02 设置Rate与Nper值

弹出“函数参数”对话框，设置“Rate”为“B5/12”，设置“Nper”值为“B4*12”，如下图所示。

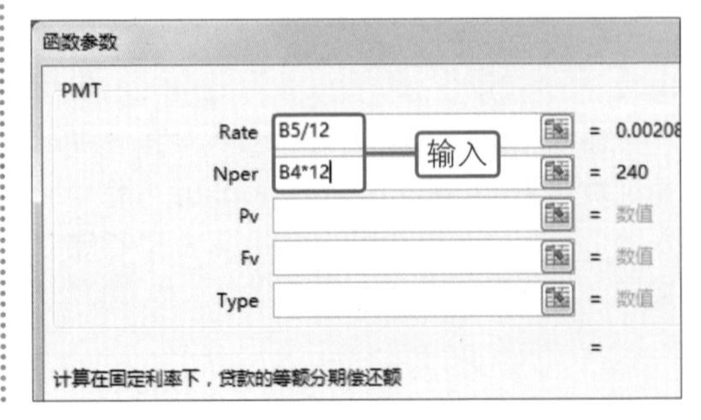

03 设置Pv、Fv以及Type的值

设置“Pv”为“B3”，在“Fv”与“Type”文本框中分别输入“0”，如下图所示，最后单击“确定”按钮。

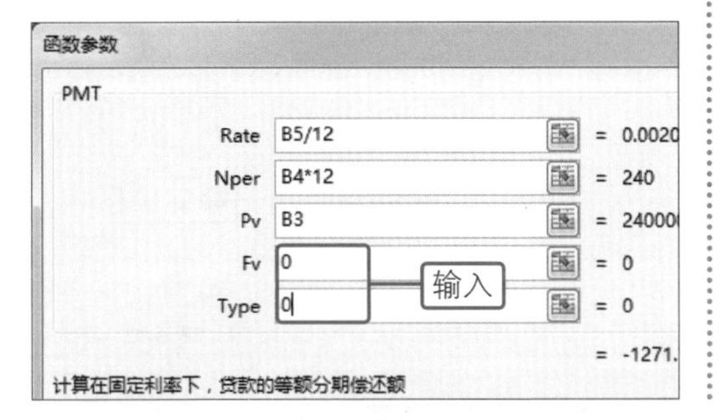

04 显示月还款额的计算结果

经过以上操作，就完成了计算月还款额的操作，返回工作表，即可在选中的单元格中看到计算的还款金额，如下图所示。

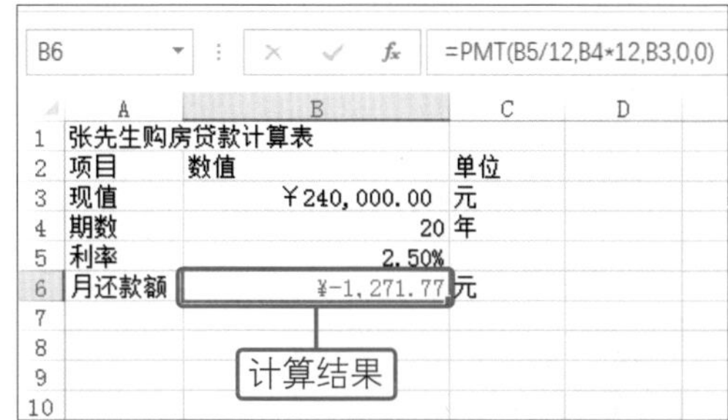

补充知识

使用函数时，如果参数引用错误，就会使结果也发生错误。不同错误，Excel 的提示信息也会不同，了解了错误原因后，就可以对症下药，解决函数中出现的错误。下面将常见的错误种类整理为表格供用户学习。

错误值	错误原因
#DIV/0!	除以0所得的值。除法公式中分母指定为空白单元格
#NAME?	利用了不能定义的名称。名称输入错误或文本没有加双引号
#VALUE!	参数数据格式错误。函数中使用的变量或参数类型错误
#PEF!	公式中引用了一个无效单元格
#N/A	参数中没有输入必需的数值。查找与引用函数中没有匹配检索值的数据，或统计函数中不能得到正确的结果
#NUM!	参数中指定数值过大或过小，函数不能计算出正确答案
#NULL!	根据引用运算符指定的共有区域不存在

第7章

知识进阶 嵌套函数

在某些情况下，用户可能需要将一个函数作为另外一个函数的参数使用，这种函数被称为嵌套函数。嵌套函数拥有广泛的用途，这里以条件函数 IF 和求和函数 SUM 为例，大概介绍一下嵌套函数的使用方法。

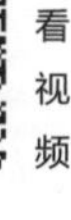

◎ 原始文件：下载资源\实例文件\第7章\原始文件\购物费用统计.xlsx

◎ 最终文件：下载资源\实例文件\第7章\最终文件\购物费用统计.xlsx

01 单击“IF”选项

❶打开原始文件，选中单元格B8。❷单击“公式”选项卡“函数库”组中的“逻辑”按钮。❸在展开的下拉列表中单击“IF”选项，如下图所示。

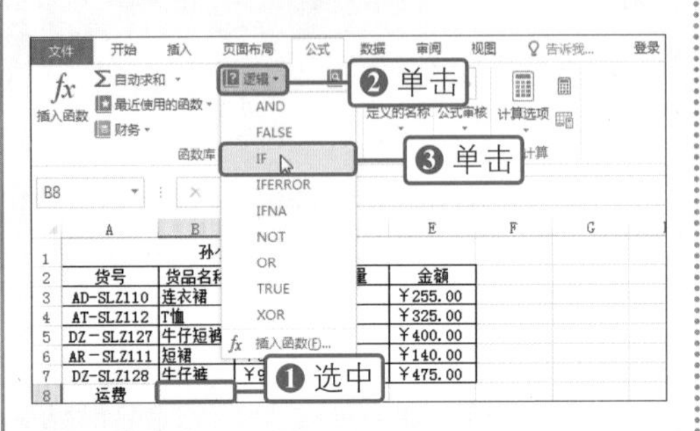

02 设置函数参数

❶弹出“函数参数”对话框，将光标定位在“Logical_test”框内。❷单击工作表中名称框右侧的下三角按钮。❸在展开的下拉列表中单击“其他函数”选项，如下图所示。

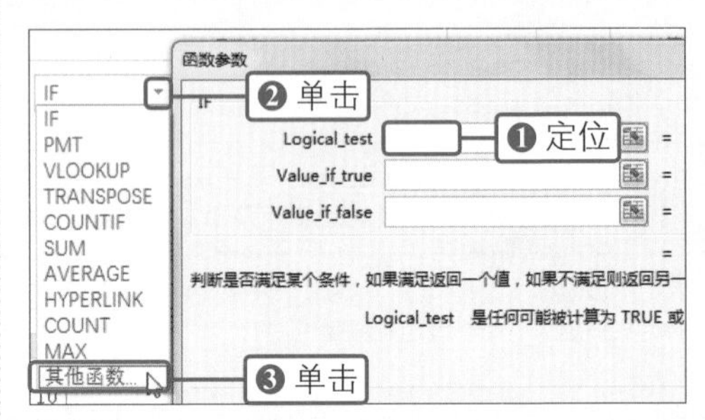

03 设置“插入函数”对话框

❶弹出“插入函数”对话框，设置“或选择类别”为“数学与三角函数”。❷然后在“选择函数”列表框中选择“SUM”选项，如下图所示，最后单击“确定”按钮。

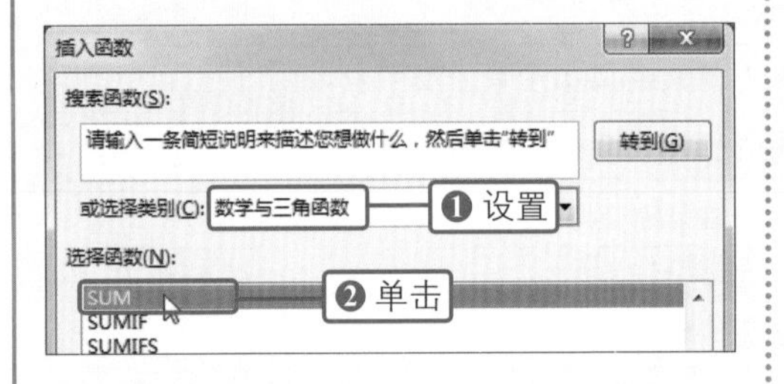

04 设置“函数参数”对话框

❶弹出“函数参数”对话框，在“Number1”框中输入要进行求和运算的单元格区域“E3:E7”，❷最后单击“编辑栏”中的IF函数名称，如下图所示。

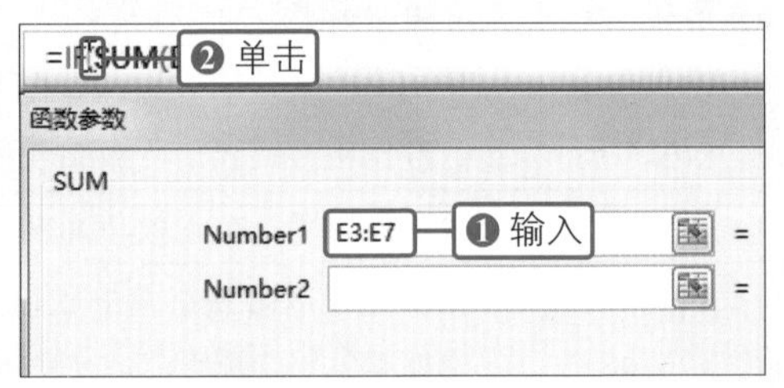

05 继续设置“函数参数”对话框

❶“函数参数”对话框中显示出IF函数相关选项，在“Logical_test”框中输入“>=1000”，在“Value_if_true”框中输入“免费”，在“Value_if_falsa”框中输入“58”。❷单击“确定”按钮，如下图所示。

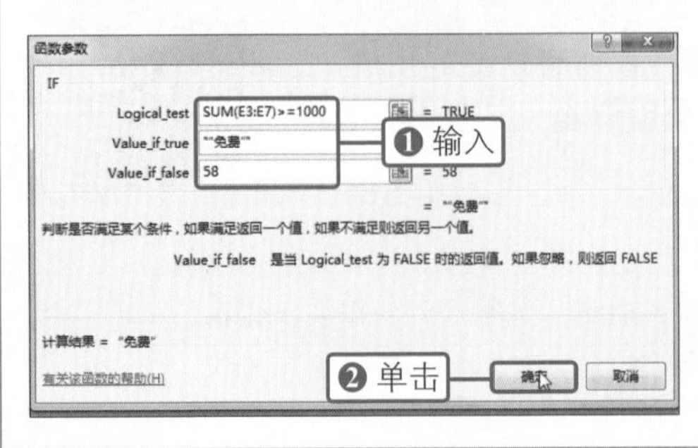

06 完成嵌套函数的操作

经过以上操作，就完成了在条件函数中嵌套求和函数的操作，返回工作表，即可在所选单元格内看到嵌套函数的计算结果，如下图所示。

B8 =IF(SUM(E3:E7)>=1000,"免费",58)

	A	B	C	D	E
1	孙小姐淘宝购物统计				
2	货号	货品名称	单价	数量	金额
3	AD-SLZ110	连衣裙	￥85.00	3	￥255.00
4	AT-SLZ112	T恤	￥65.00	5	￥325.00
5	DZ-SLZ127	牛仔短裤	￥80.00	5	￥400.00
6	AR-SLZ111	短裙	￥35.00	4	￥140.00
7	DZ-SLZ128	牛仔裤	￥95.00	5	￥475.00
8	运费	“免费”			

嵌套函数计算结果

第8章

8 分析与管理数据

分析与管理数据的目的是为了让数据更加有条理，让表格中的数据一目了然。在分析与管理数据时，要根据不同的目的使用不同的方法。本章将对条件格式的应用、排序、筛选以及分类汇总的应用进行介绍。通过本章的学习，读者可以对表格中的数据进行适当的整理与排列。

- 使用条件格式分析数据
- 对数据进行排序
- 筛选数据
- 分类汇总的使用

8.1 使用条件格式分析数据

通过条件格式的设置，只需快速浏览表格，即可马上识别出一系列数值中存在的差异。条件格式包括突出显示单元格规则、项目选取规则、数据条、色阶、图标集五种类型的格式，本节中将对部分条件格式的应用进行介绍。

8.1.1 使用数据条分析数据

数据条是条件格式中的一种，通过为单元格填充颜色条，以颜色条的长短来表示数据的大小。Excel 2016中包括实心填充和渐变填充两种方式，下面以实心填充为例，来介绍一下数据条的使用方法。

◎ 原始文件：下载资源\实例文件\第8章\原始文件\库存表.xlsx
◎ 最终文件：下载资源\实例文件\第8章\最终文件\库存表.xlsx

01 选择目标单元格

打开原始文件，在表格中拖动鼠标，选中要应用数据条的单元格区域C3:C18，如下图所示。

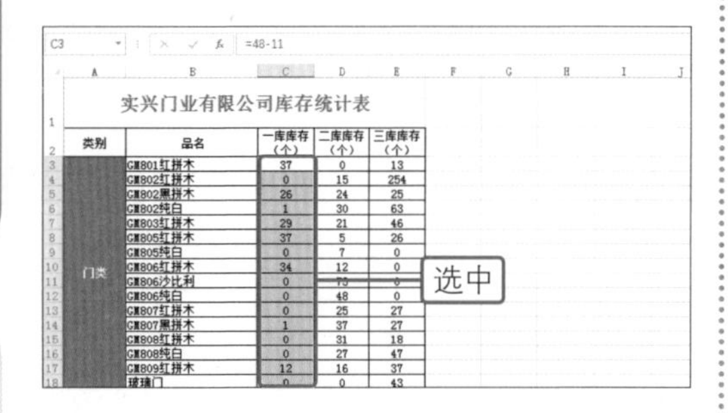

02 选择要使用的数据条样式

❶单击“开始”选项卡下“样式”组中的“条件格式”按钮。❷在展开的下拉列表中执行“数据条>实心填充>红色数据条”命令，如下图所示。

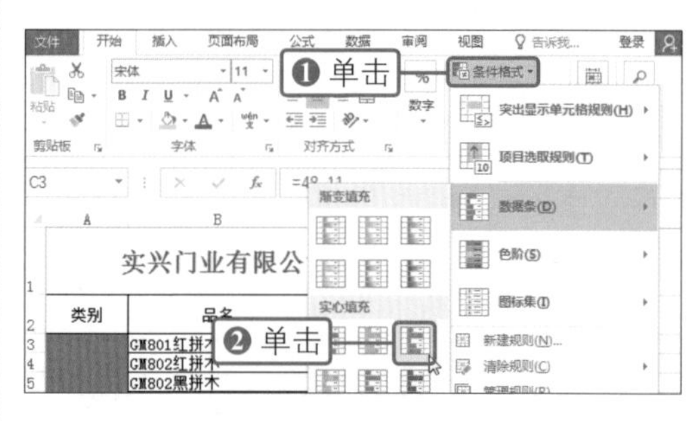

03 显示应用数据条的效果

经过以上操作，就完成了为单元格区域应用实心的数据条格式的操作，返回表格中即可看到数值越大的单元格，数据条的长度就越长，而数值为“0”的单元格中则没有显示出数据条，如右图所示。

类别	品名	一库库存（个）	二库库存（个）	三库库存（个）
门类	GM801红拼木	37	0	13
	GM802红拼木	0	15	254
	GM802黑拼木	26	24	25
	GM802纯白	1	30	63
	GM803红拼木	29	21	46
	GM805红拼木	37	5	26
	GM805纯白	0	7	0
	GM806红拼木	34	12	0
	GM806沙比利	0	73	0
	GM806纯白	0	48	0
	GM807红拼木	0	25	27
	GM807黑拼木	1	37	27
	GM808红拼木	0	31	18
	GM808纯白	0	27	47
	GM809红拼木	12	16	37

应用数据条效果

补充知识

需要删除为单元格添加的条件格式时，可在选中目标单元格区域后，单击“开始”选项卡下“样式”组中的“条件格式”按钮，在展开的下拉列表中单击“清除规则”即可。

8.1.2 使用色阶分析数据

色阶条件格式可以在一个单元格区域中显示双色渐变或三色渐变，以颜色的底纹表示单元格中的值，通常情况下，数值越大，单元格颜色就越深。在Excel中应用条件格式时，除了使用预设的条件规则外，还可以重新创建，本小节就来介绍新建条件规则的操作。

01 选择目标单元格

继续上例操作，在表格中拖动鼠标，选中要应用色阶条件格式的单元格区域D3:D18，如下图所示。

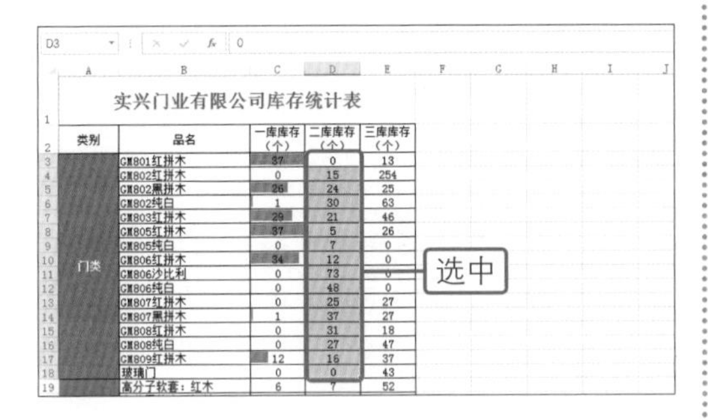

实兴门业有限公司库存统计表

类别	品名	一库库存（个）	二库库存（个）	三库库存（个）
门类	GM801红拼木	37	0	13
	GM802红拼木	0	15	254
	GM802黑拼木	26	24	25
	GM802纯白	1	30	63
	GM803红拼木	29	21	46
	GM805红拼木	37	5	26
	GM805纯白	0	7	0
	GM806红拼木	34	12	0
	GM806沙比利	0	73	0
	GM806纯白	0	48	0
	GM807红拼木	0	25	27
	GM807黑拼木	1	37	27
	GM808红拼木	0	31	18
	GM808纯白	0	27	47
	GM809红拼木	12	16	37
	玻璃门	0	0	43
	高分子软套：红木	6	7	52

02 单击“其他规则”选项

❶单击“开始”选项卡下“样式”组中的“条件格式”按钮。❷在展开的下拉列表中执行“色阶>其他规则”命令，如下图所示。

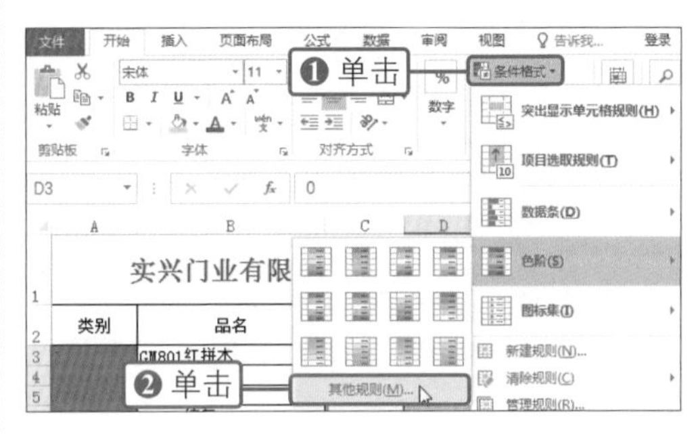

03 选择格式样式

❶弹出“新建格式规则”对话框，单击“格式样式”右侧的下三角按钮。❷在展开的下拉列表中单击“三色刻度”选项，如下图所示。

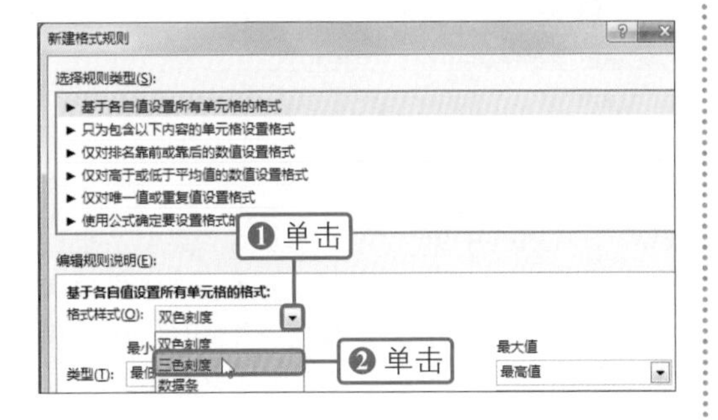

04 设置最小值的颜色

❶选择了格式样式后，单击“最小值”所应用的“颜色”框右侧的下三角按钮。❷在展开的颜色列表中单击“标准色”组中的“浅蓝”选项，如下图所示。

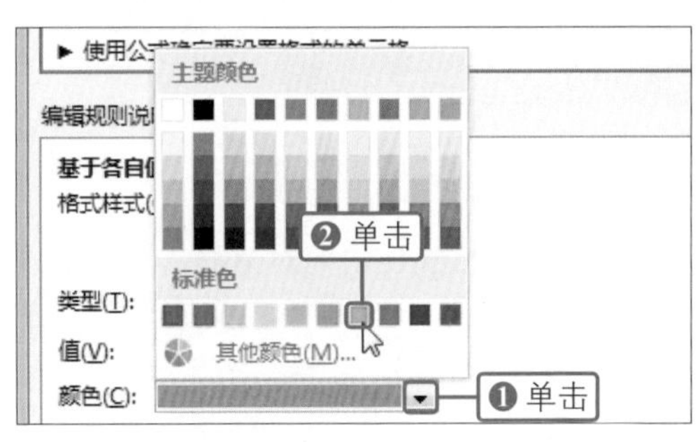

05 设置其他刻度的颜色

❶参照步骤4的操作，设置“中间值”颜色为“标准色>橙色”、“最大值”颜色为“标准色>红色”。❷单击“确定”按钮，如右图所示。

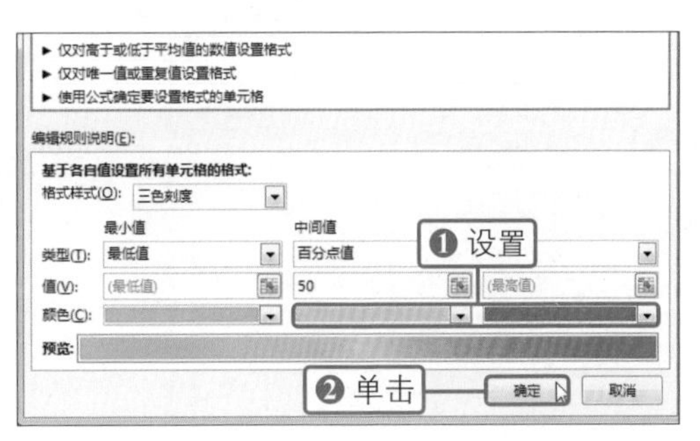

第8章

06 显示新建色阶条件格式的效果

返回表格中即可看到数值最大的单元格使用红色表示，数值最小的单元格以浅蓝色显示，其余数值的单元格采用浅蓝色到橙色以及红色到橙色的渐变颜色进行显示，如右图所示。

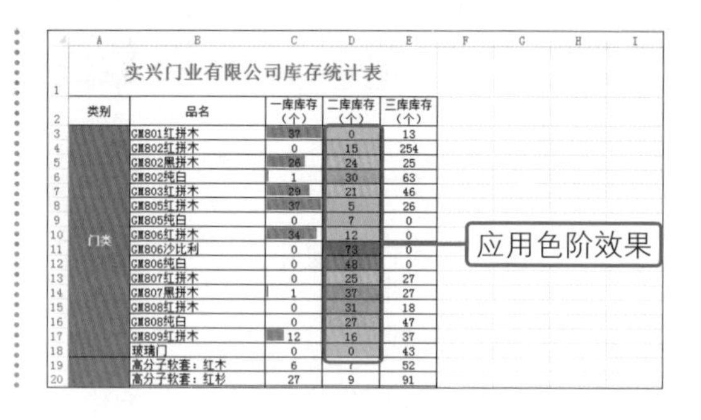

8.1.3 使用图标集分析数据

图标集是采用图标的方式对数据进行显示。Excel 2016中预设了方向、形状、标记、等级四个类别的图标集，使用图标集时，除了使用预设的图标集外，还可以对各个数值范围中所使用图标集样式进行自定义设置，具体操作如下。

01 选择目标单元格

继续上例操作，在表格中拖动鼠标，选中要应用图标集条件格式的单元格区域E3:E18，如下图所示。

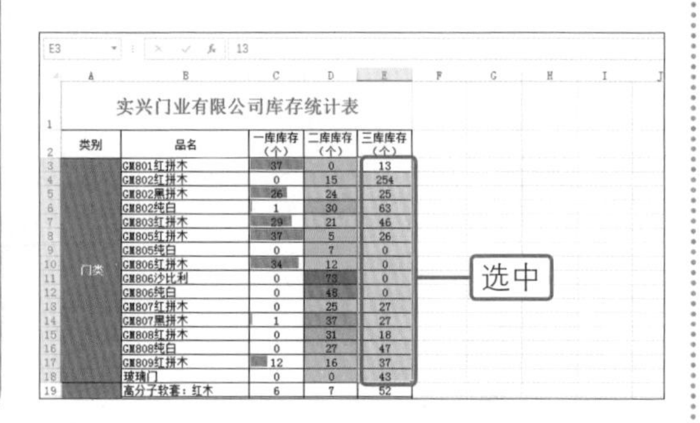

02 单击“其他规则”选项

❶单击“开始”选项卡下“样式”组中的“条件格式”按钮。❷在展开的下拉列表中执行“图标集>其他规则”命令，如下图所示。

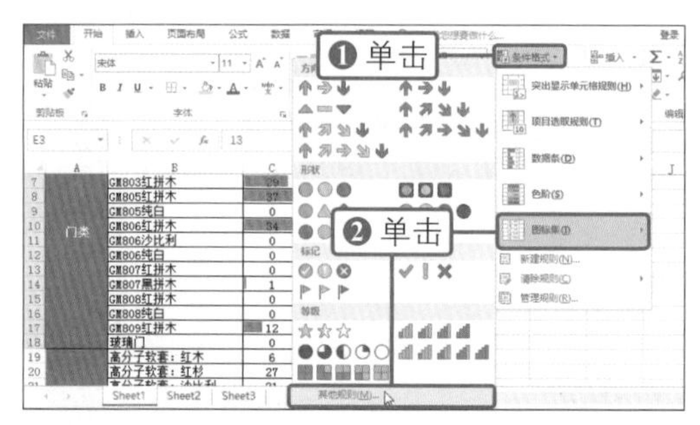

03 设置单元格最大值的图标

❶弹出“新建格式规则”对话框，单击下方“图标”组中第一个图标右侧的下三角按钮。❷在展开的图标库中单击“红色十字”图标，如下图所示。

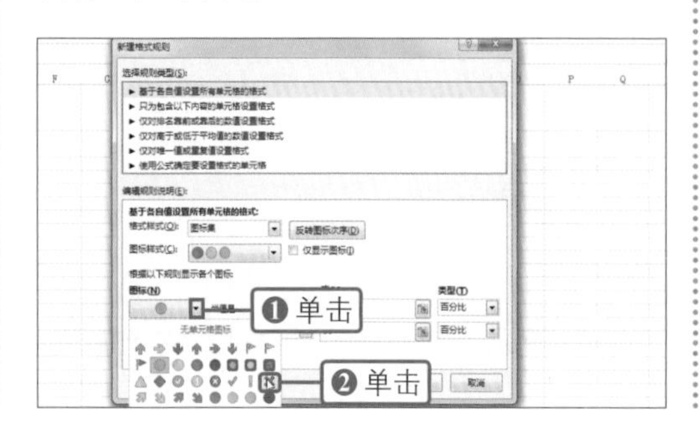

04 选择显示的数字类型

❶单击对话框中第一个图标右侧“类型”框的下三角按钮。❷在展开的下拉列表中单击“数字”选项。按照类似方法，将另一个“类型”框也设置为“数字”，如下图所示。

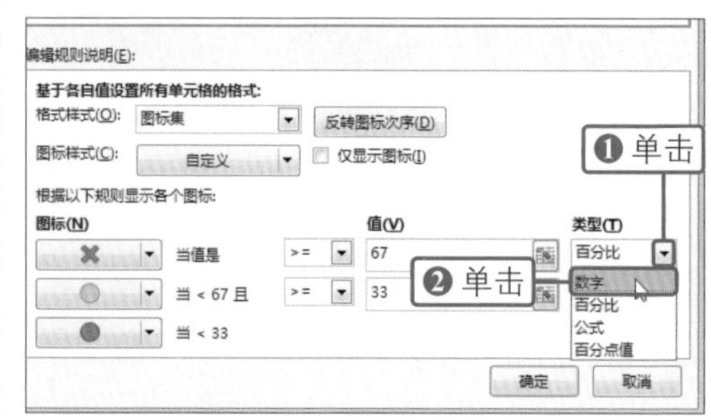

05 设置其他数值的图标与类型

❶在“值”文本框中从上到下依次输入“63”“26”。❷将第三个图标设置为“绿色交通灯”。❸最后单击“确定”按钮，如下图所示。

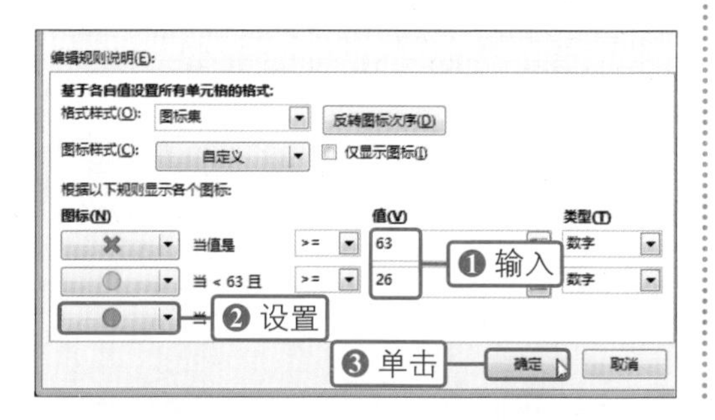

06 显示应用交通灯格式的效果

经过以上操作，就完成了为单元格区域应用交通灯条件格式的操作，返回表格中即可看到设置后的效果，如下图所示。

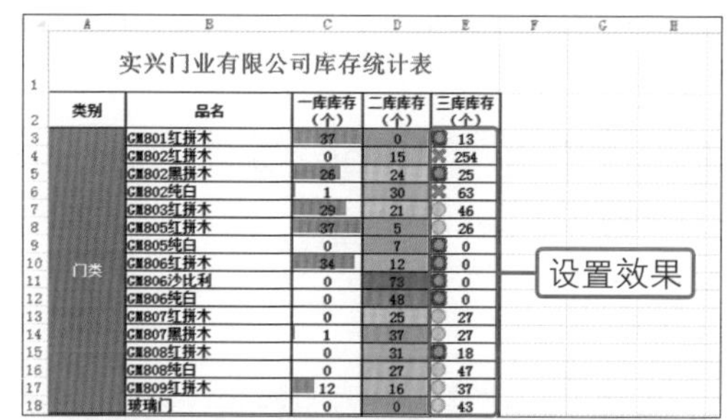

实兴门业有限公司库存统计表

类别	品名	一库库存（个）	二库库存（个）	三库库存（个）
门类	CM801红拼木	37	0	13
	CM802红拼木	0	15	254
	CM802黑拼木	26	24	25
	CM802纯白	1	30	63
	CM803红拼木	29	21	46
	CM805红拼木	37	5	26
	CM805纯白	0	7	0
	CM806红拼木	34	12	0
	CM806沙比利	0	73	0
	CM806纯白	0	48	0
	CM807红拼木	0	25	27
	CM807黑拼木	1	37	27
	CM808红拼木	0	31	18
	CM808纯白	0	27	47
	CM809红拼木	12	16	37
	玻璃门	0	0	43

> **补充知识**
>
> 条件格式中还包括“突出显示项目规则”和“项目选取规则”两个选项，可参照本节的操作方法使用这两个条件格式规则。

8.2 对数据进行排序

排序就是将数值按照一定的条件进行排列。在Excel中需要对数据进行排序时，可根据表格的内容选择使用简单排序、根据条件排序或是自定义排序。

8.2.1 简单排序

简单排序就是按照升序或降序两种条件进行排序，在Excel的窗口中添加了这两个排序的选项，只要单击相应的按钮即可完成排序操作。

◎ 原始文件：下载资源\实例文件\第8章\原始文件\超市销售统计表.xlsx

◎ 最终文件：下载资源\实例文件\第8章\最终文件\超市销售统计表.xlsx

01 单击“降序”按钮

❶打开原始文件，将光标定位在做为排列依据的“销售额”列内。❷切换到“数据”选项卡。❸单击“排序和筛选”组中的“降序”按钮，如右图所示。

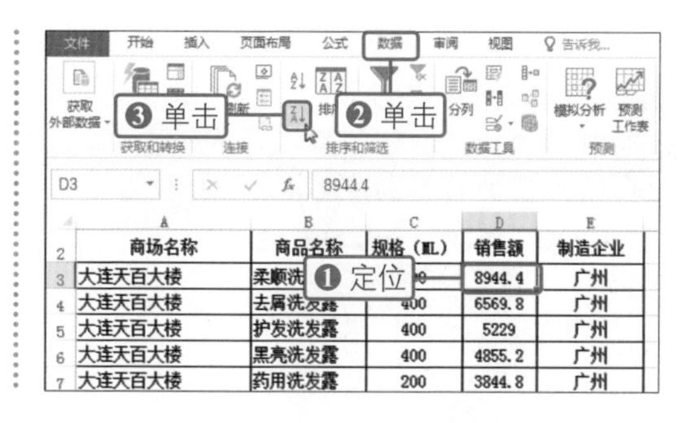

02 显示排序效果

经过以上操作，整个表格的数据就会以“销售额”为依据进行降序排列，在表格中即可看到数据是按照从大到小的顺序进行排列的，如右图所示。

洗化商场销售统计表

商场名称	商品名称	规格（ML）	销售额	制造企业
哈尔滨大庆百货大楼	柔顺洗发露	800	93574.2	武汉
哈尔滨大庆百货大楼	去屑洗发露	400	59156.7	武汉
哈尔滨大庆百货大楼	护发洗发露	400	56619.6	广州
哈尔滨大庆百货大楼	黑亮洗发露	400	56072.6	武汉
哈尔滨大庆百货大楼	药用洗发露	400	49707	武汉
哈尔滨大庆百货大楼	焗油洗发露	400	43369.8	
哈尔滨大庆百货大楼	飘扬洗发露	400	35373.6	广州
哈尔滨大庆百货大楼	顺滑洗发露	200	31032	广州
哈尔滨大庆百货大楼	补水洗发露	200	22276.8	广州
哈尔滨大庆百货大楼	柔顺洗发露	200	19609.8	广州
湖北十堰人民商场	去屑洗发露	400	12600	广东

排序效果

补充知识

需要对表格中的数值进行升序排列时，选中做为排列条件的任意一个单元格后，单击“数据”选项卡下“排序”组中的“升序”按钮，即可完成操作。

8.2.2 根据条件进行排序

根据条件进行排序是指为表格设置两个或两个以上的排序条件，在排序的过程中，如果在第一个排序条件中遇到重复的数据，表格会自动以第二个条件为准，继续进行排序。

◎ 原始文件：下载资源\实例文件\第8章\原始文件\超市销售统计表.xlsx

◎ 最终文件：下载资源\实例文件\第8章\最终文件\超市销售统计表2.xlsx

01 单击“排序”按钮

❶打开原始文件，切换到“数据”选项卡。❷单击“排序和筛选”组中的“排序”按钮，如下图所示。

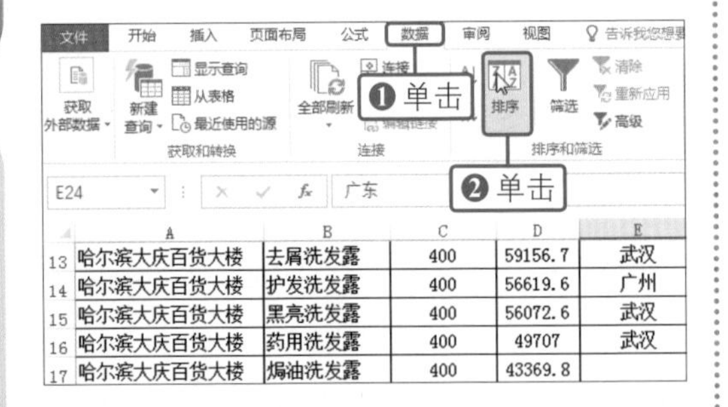

02 选择主要关键字

❶弹出“排序”对话框，单击“主要关键字”右侧的下三角按钮。❷在展开的下拉列表中单击要作为排序条件的“规格（ML）”选项，如下图所示。

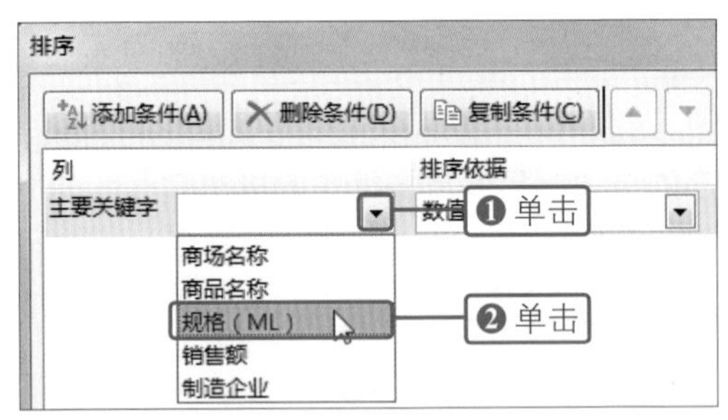

03 设置排序次序

❶设置了排序关键字后，单击“次序”框右侧的下三角按钮。❷在展开的下拉列表中单击“降序”选项，如右图所示。

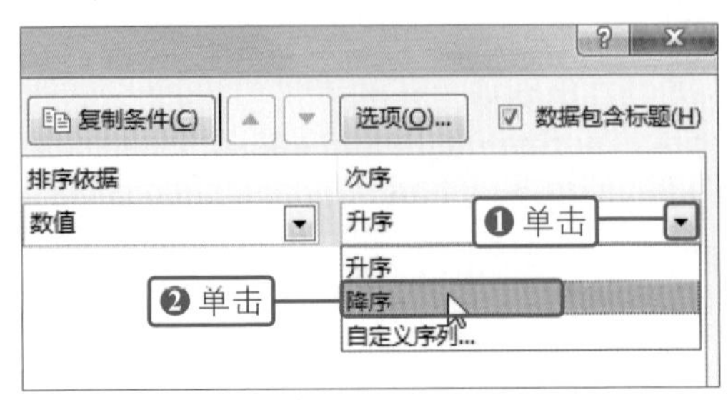

04 单击"添加条件"按钮

将"主要关键字"选项设置完毕后，单击"添加条件"按钮，如下图所示。

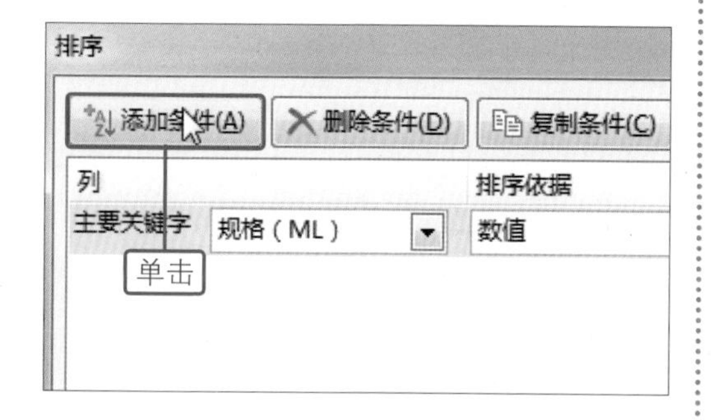

05 设置次要关键字

❶添加了次要关键字后，将关键字设置为"销售额"，其他选项不做更改。❷单击"确定"按钮，如下图所示。

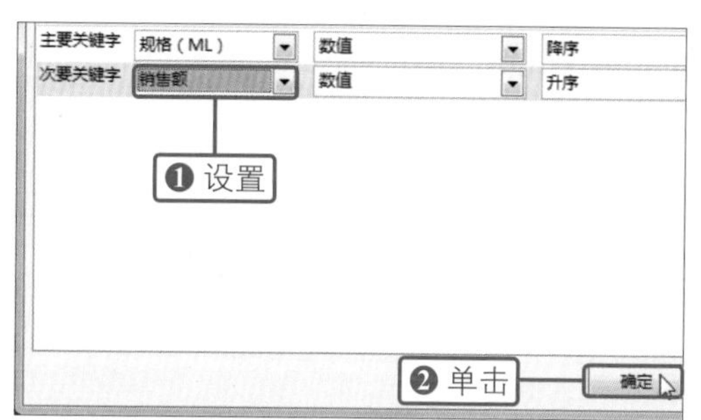

06 显示排序效果

经过以上操作，就完成了通过设置排序条件对表格进行排序的操作，如右图所示。

	洗化商场销售统计表				
2	商场名称	商品名称	规格（ML）	销售额	制造企业
3	大连天百大楼	补水洗发露	800	2325	广州
4	大连天百大楼	飘扬洗发露	800	2967	广州
5	哈尔滨大庆百货大楼	柔顺洗发露	800	93574.2	武汉
6	湖北十堰人民商场	焗油洗发露	750	9312	广东
7	大连天百大楼	黑亮洗发露	400	4855.2	广州
8	湖北十堰人民商场	黑亮洗发露	400	5060	
9	大连天百大楼	护发洗发露	400	5229	[illegible]
10	湖北十堰人民商场	护发洗发露	400	5880	广州
11	大连天百大楼	去屑洗发露	400	6569.8	广州
12	湖北十堰人民商场	补水洗发露	400	8550	广东

排序效果

> **你问我答**
>
> **问：**在设置排序条件时，添加了多余的条件怎么办？
>
> **答：**在设置排序条件时，如果添加了多余的条件，可直接将该条件删除，在"排序"对话框中单击要删除的条件后，单击"删除条件"按钮即可。

8.2.3 自定义排序

自定义排序是指自己定义数据排列的顺序，定义的序列将保存在Excel表格的"自定义序列"对话框中，需要再次使用时直接在对话框中选择即可。

◎ **原始文件：**下载资源\实例文件\第8章\原始文件\生产日统计表.xlsx

◎ **最终文件：**下载资源\实例文件\第8章\最终文件\生产日统计表.xlsx

01 单击"排序"按钮

❶打开原始文件，切换到"数据"选项卡。❷单击"排序和筛选"组中的"排序"按钮，如右图所示。

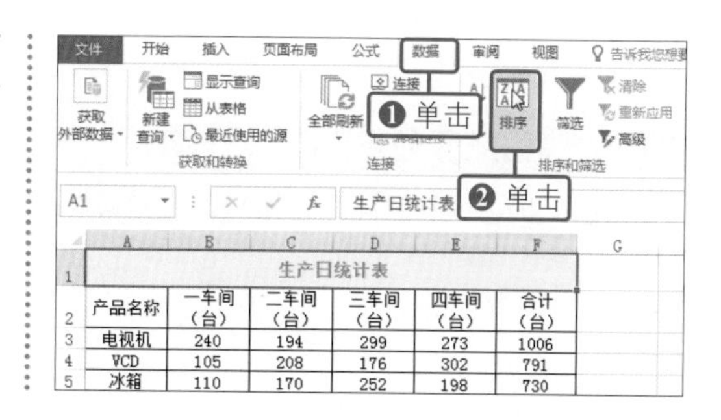

02 选择“自定义序列”选项

❶弹出“排序”对话框，单击“次序”框右侧下三角按钮。❷在展开的下拉列表中单击“自定义序列”选项，如下图所示。

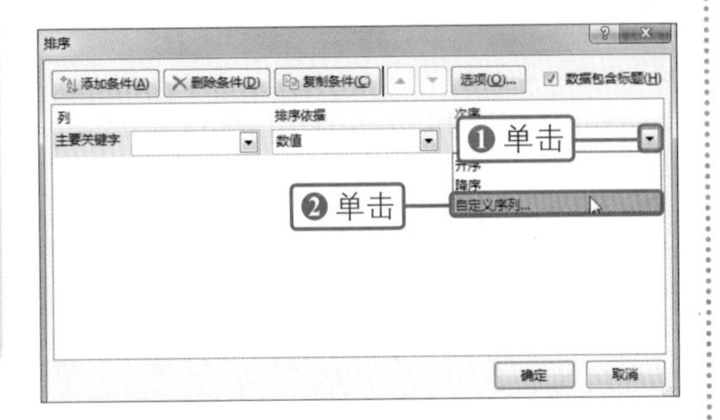

03 添加序列

❶弹出“自定义序列”对话框，在“输入序列”列表框中输入要设置的序列顺序，各序列间使用【Enter】键进行分隔。❷输入完毕后，单击“添加”按钮，如下图所示。

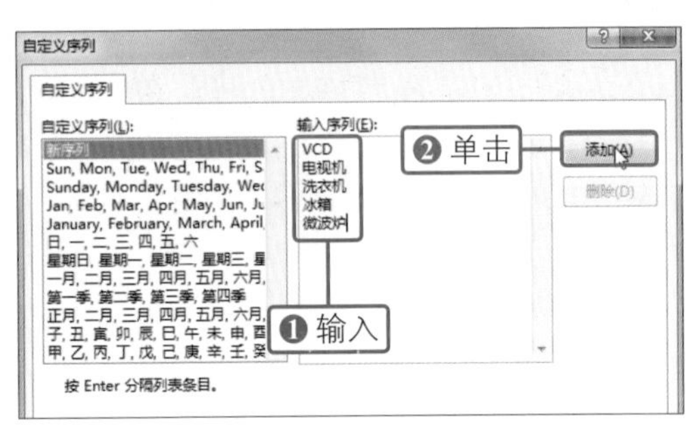

04 确定定义的序列

将新序列添加到“自定义序列”列表框后，单击“确定”按钮，如下图所示。

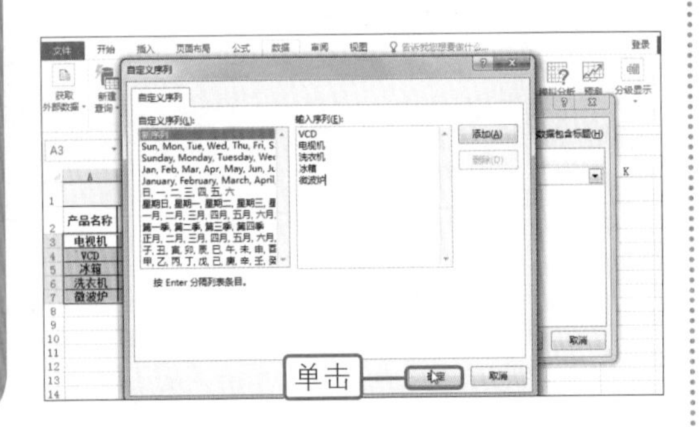

05 设置排序关键字

❶返回“排序”对话框，将“主要关键字”设置为“产品名称”。❷单击“确定”按钮，如下图所示。

06 显示自定义排序的效果

经过以上操作，就完成了对表格进行自定义排序的操作，返回工作表可以看到表格已按照定义的序列进行了排序，如右图所示。

生产日统计表					
产品名称	一车间（台）	二车间（台）	三车间（台）	四车间（台）	合计（台）
VCD	105	208	176	302	791
电视机	240	194	299	273	1006
洗衣机	204	256	202	276	938
冰箱	110	170	252	198	730
微波炉	359	325	258	429	1371

排序效果

补充知识

在对表格进行排序时，可根据需要对排序选项进行设置。打开“排序”对话框，单击“选项”按钮，弹出“排序选项”对话框，在其中可对排序方向和排序方法进行设置，设置完毕后单击“确定”按钮，即可完成操作。

8.3 筛选数据

筛选数据通俗地讲就是将满足一定条件的数据提取出来，而不满足条件的数据会暂时隐藏。在Excel 2016中常用的筛选方法有手动筛选、通过搜索查找筛选、根据特定条件筛选及高级筛选四种。

8.3.1 手动筛选数据

手动筛选数据是指为表格应用了筛选功能后，手动对要提取的数据进行选择，将其筛选出来。

◎ 原始文件：下载资源\实例文件\第8章\原始文件\库存表.xlsx
◎ 最终文件：下载资源\实例文件\第8章\最终文件\库存表2.xlsx

01 单击“筛选”按钮

❶打开原始文件，切换到“数据”选项卡。❷单击“排序和筛选”组中的“筛选”按钮，如下图所示。

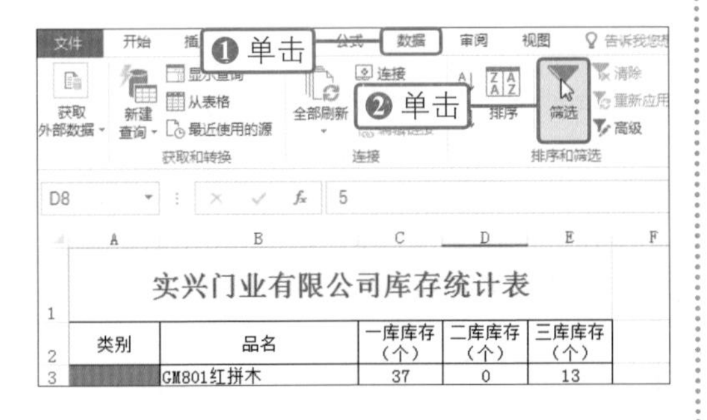

02 手动设置筛选内容

❶单击“一库库存”单元格右侧的筛选按钮。❷在展开的筛选列表中取消所有数字前的勾选，然后勾选“0”复选框，如下图所示。

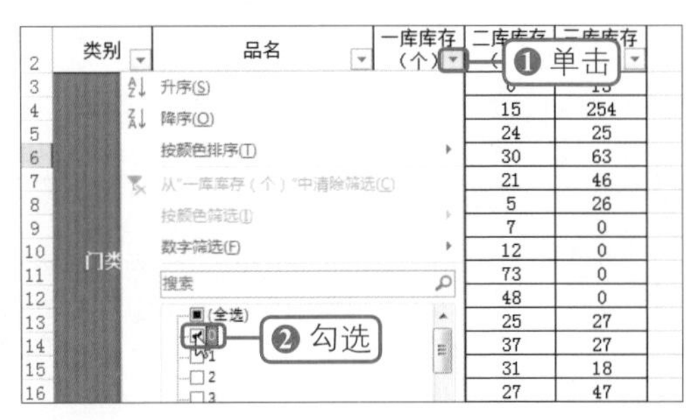

03 显示筛选效果

设置好要筛选出的数值选项后，单击“确定”按钮，就完成了手动筛选数据的操作，返回工作表中可以看到表格中所显示出的数据全部是“一库库存”单元格中为“0”的内容，如右图所示。

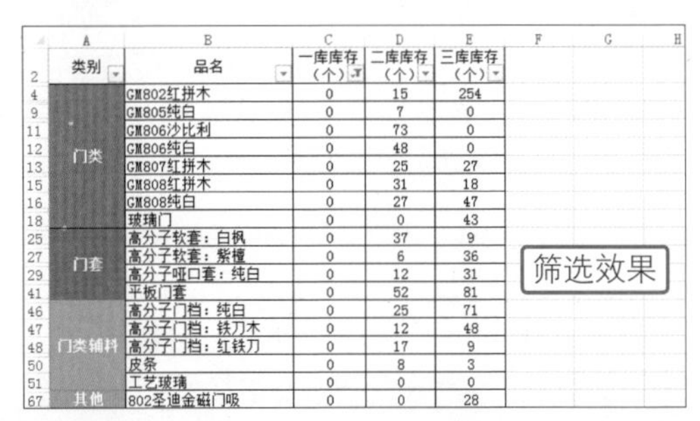

8.3.2 通过搜索查找筛选选项

使用Excel 2016筛选列表框中的搜索选项对表格进行筛选时，可直接在其中输入关键字，程序将自动执行筛选操作。

◎ 原始文件：下载资源\实例文件\第8章\原始文件\库存表.xlsx

◎ 最终文件：下载资源\实例文件\第8章\最终文件\库存表3.xlsx

01 输入搜索内容

❶打开原始文件，为表格应用了筛选功能后，单击“品名”单元格右侧的筛选按钮。❷在展开的筛选列表中的“搜索”文本框中输入要搜索的内容“红木”，如下图所示。

类别 品名 一库库存 二库库存（个）

升序(S)
降序(O)
按颜色排序(T)
从“品名”中清除筛选(C)
按颜色筛选(I)
文本筛选(F)
红木

❶ 单击
❷ 输入

02 显示筛选效果

设置好要筛选内容后，单击“确定”按钮，完成通过搜索查找筛选数据的操作。返回工作表中可看到，表格中所有带有“红木”文本的单元格都被筛选出来了，如下图所示。

实兴门业有限公司库存统计表

	类别	品名	一库库存（个）	二库库存（个）	三库库存（个）
19	门套	高分子软套：红木	6	7	52
43	门类辅料	高分子门档：红木	7	16	42

筛选效果

技巧提示 取消筛选

需要取消为表格应用的筛选时，单击“数据”选项卡下“排序和筛选”组中的“筛选”按钮即可。

8.3.3 根据特定条件筛选数据

还可以根据特定的条件设置对数据进行筛选。这种方法一般应用于筛选数值内容的操作中。使用该方法时，可以通过设置将特定的数字或某一范围内的数据筛选出来。

◎ 原始文件：下载资源\实例文件\第8章\原始文件\库存表.xlsx

◎ 最终文件：下载资源\实例文件\第8章\最终文件\库存表4.xlsx

01 选择数字筛选条件

❶打开原始文件，为表格应用了筛选功能后，单击“三库库存”单元格右侧的筛选按钮。❷在展开的筛选列表中执行“数字筛选>大于”命令，如下图所示。

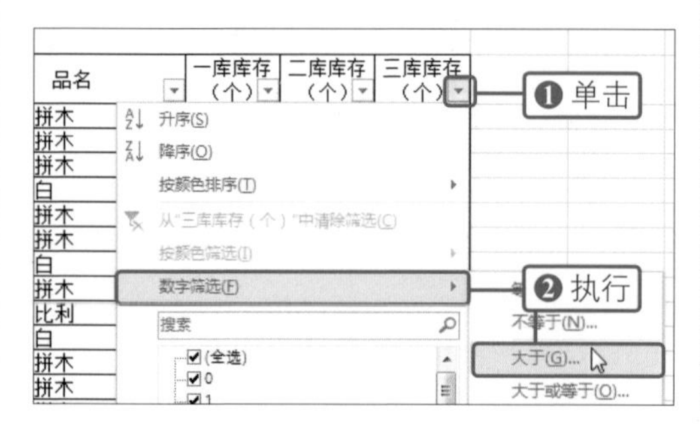

02 设置筛选范围

❶弹出“自定义自动筛选方式”对话框，在“三库库存”右侧的数值框内输入“50”。❷单击“确定”按钮，如下图所示。

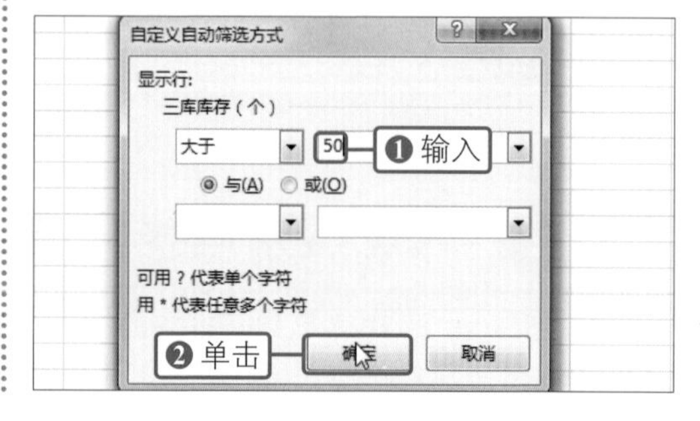

03 显示筛选效果

经过以上操作，就完成了根据特定条件筛选数据的操作。返回工作表，即可看到筛选列中所有大于50的单元格都被筛选了出来，如右图所示。

实兴门业有限公司库存统计表

类别	品名	一库库存（个）	二库库存（个）	三库库存（个）
门类	GM802红拼木	0	15	254
	GM802纯白	1	30	63
门套	高分子软套：红木	6	7	52
	高分子软套：红杉	27	9	91
	高分子软套：纯白	13	35	71
	单面哑口套	1	15	62
	钢木门套：PVC纯白	34	0	81
	烤漆门套：红拼	11	0	56
	平板门套	0	52	81
门类辅料	高分子门档：黑胡桃	3	5	61
	高分子门档：纯白	0	25	71
	钢木平边线条：黑拼	57	13	58
	钢木平边线条：泰柚	20	4	91

筛选效果

技巧提示 清除筛选结果

需要将筛选后的表格恢复为筛选前的效果时，单击“数据”选项卡下“排序和筛选”组中“清除”按钮即可。

8.3.4 高级筛选

如果前面三个小节介绍的筛选方法并不能满足需要，则可通过高级筛选功能来自定义筛选的条件，然后执行筛选操作，具体操作方法如下。

◎ 原始文件：下载资源\实例文件\第8章\原始文件\库存表.xlsx
◎ 最终文件：下载资源\实例文件\第8章\最终文件\库存表5.xlsx

01 输入筛选条件

打开原始文件，在单元格区域A88:E91内输入满足一库库存大于“70”或二库库存大于“90”或三库库存大于“80”的条件，如下图所示。

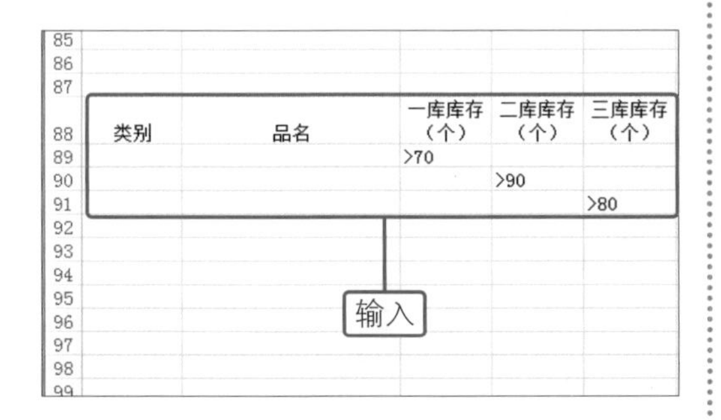

02 单击“高级”按钮

❶切换到“数据”选项卡。❷单击“排序和筛选”组中的“高级”按钮，如下图所示。

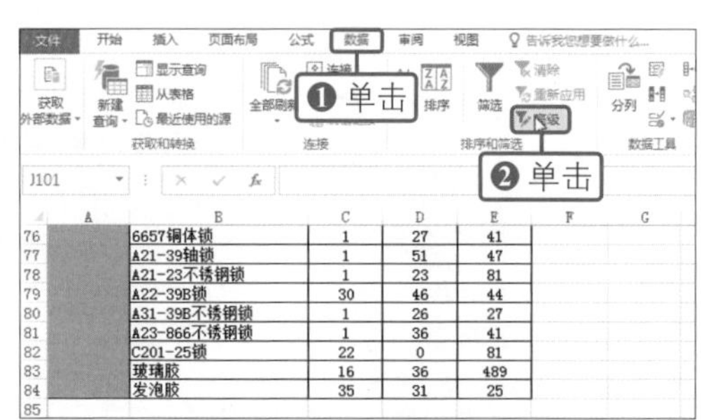

03 选择列表区域

在弹出的“高级筛选”对话框中设置“列表区域”为“A2:E84”，如右图所示。

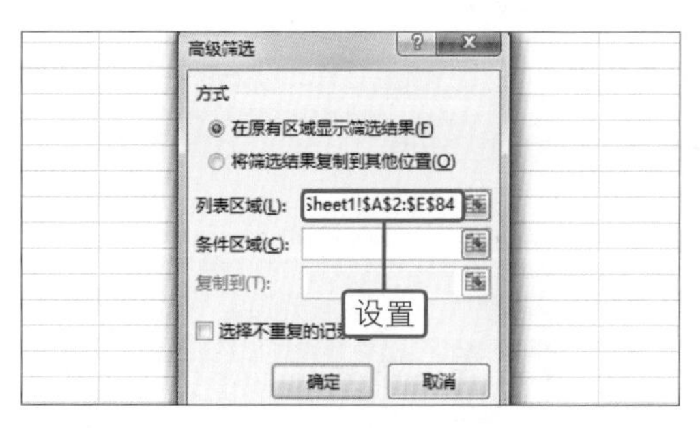

第8章

04 设置条件区域

❶设置了筛选的列表区域后，再设置“条件区域”为“A88:E91”。❷单击“确定”按钮，如下图所示。

05 显示筛选效果

经过以上操作，就完成了高级筛选的操作，返回工作表中即可看到所有符合筛选条件的单元格都被筛选了出来，如下图所示。

实兴门业有限公司库存统计表

	类别	品名	一库库存（个）	二库库存（个）	三库库存（个）
4	门类	GM802红拼木	0	15	254
20	门套	高分子软套：红杉	27	9	91
28		高分子硬套：红拼木	90	9	38
33		钢木门套：PVC红拼	144	16	32
34		钢木门套：PVC黑拼	117	22	47
36		钢木门套：PVC纯白	34	0	81
41		平板门套	0	52	81
49	门类辅料	高分子门档：红豆杉	100	5	6
56		钢木平边线条：泰柚	20	4	91
64	其他	138不锈钢门吸	3	91	82
72		16-307锁	1	42	92
78		A21-23不锈钢锁	1	23	81
82		C201-25锁	22	0	81
83		玻璃胶	16	36	489

筛选效果

8.4 分类汇总的使用

分类汇总用于对同一类型的数据进行汇总计算，在进行分类汇总时通常包括两部分操作，首先对表格进行排序，然后再进行汇总计算。汇总时，可根据需要为表格添加一种或多种汇总方式。

8.4.1 对数据进行分类汇总

对数据进行分类汇总的方式包括求和、计数、平均值、最大值、最小值、乘积六种类型，可根据需要选择分类字段、汇总方式以及汇总项。

◎ 原始文件：下载资源\实例文件\第8章\原始文件\工资表.xlsx
◎ 最终文件：下载资源\实例文件\第8章\最终文件\工资表.xlsx

01 单击“排序”按钮

❶打开原始文件，切换到“数据”选项卡。❷单击“排序和筛选”组中的“排序”按钮，如下图所示。

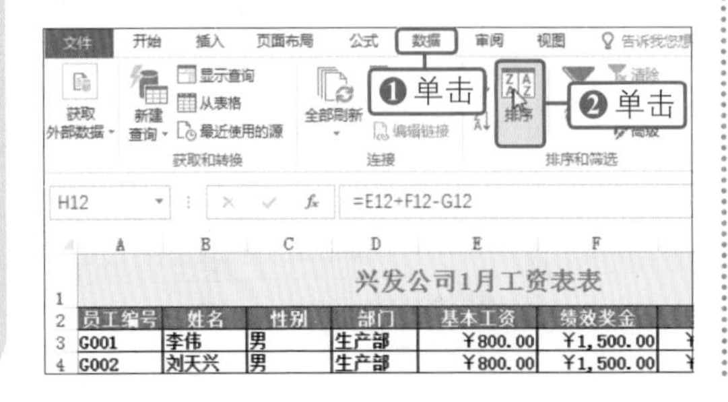

02 设置排序关键字

弹出“排序”对话框，将“主要关键字”设置为“部门”，如下图所示，最后单击“确定”按钮。

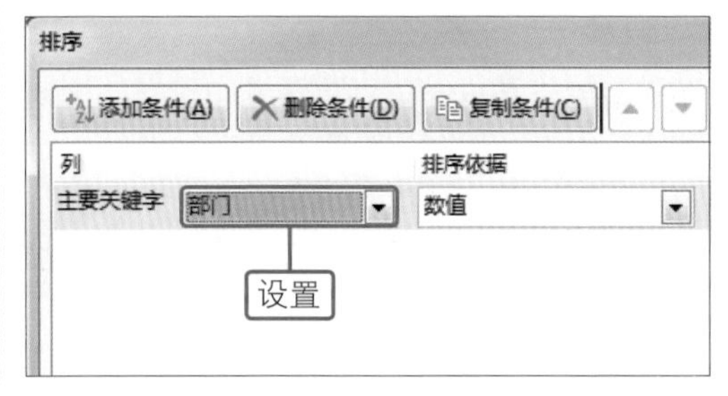

03 单击“分类汇总”按钮

将表格按照部门进行排序后，单击“分级显示”组中的“分类汇总”按钮，如下图所示。

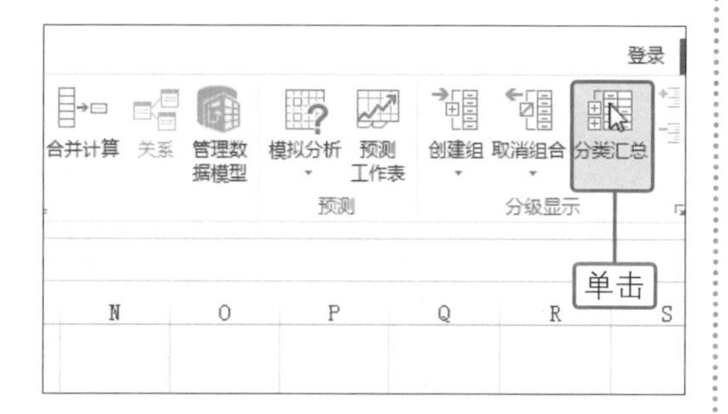

04 选择分类字段

❶弹出“分类汇总”对话框，单击“分类字段”框右侧的下三角按钮。❷在展开的下拉列表中单击“部门”选项，如下图所示。

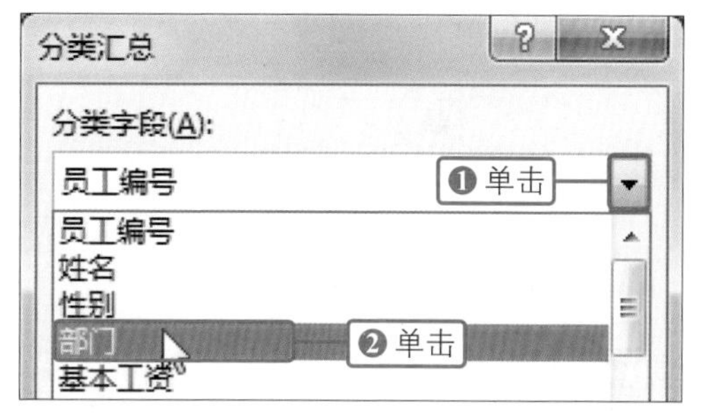

05 选定汇总项

❶选择了分类字段后，将“汇总方式”选择为“求和”。❷在“选定汇总项”中勾选“实发工资”。❸然后单击“确定”按钮，如下图所示。

06 显示分类汇总的效果

经过以上操作，就完成了对表格进行分类汇总的操作，返回工作表即可看到表格中已按部门进行求和汇总，如下图所示。

兴发公司1月工资表表

员工编号	姓名	性别	部门	基本工资	绩效奖金	扣款	实发工资
G004	赵思义	女	财务部	¥1,000.00	¥1,700.00	¥172.30	¥2,527.70
G006	陈天来	男	财务部	¥1,000.00	¥1,700.00	¥172.30	¥2,527.70
G016	吴欣梅	女	财务部	¥1,000.00	¥1,700.00	¥172.30	¥2,527.70
G025	王春	女	财务部	¥1,000.00	¥1,700.00	¥172.30	¥2,527.70
			财务部 汇总				¥10,110.80
G013	赵达明	男	策划部	¥1,500.00	¥2,500.00	¥287.60	¥3,712.40
G018	郑洪	男	策划部	¥1,500.00	¥2,500.00	¥287.60	¥3,712.40
G023	李小红	女	策划部	¥1,500.00	¥2,500.00	¥287.60	¥3,712.40
			策划部 汇总				[illegible]
G008	钱海燕	女	审计部	¥1,200.00	[illegible]	[illegible]	[illegible]
G011	刘义玲	女	审计部	¥1,200.00	[illegible]	[illegible]	[illegible]
G020	李才御	男	审计部	¥1,200.00	¥2,000.00	¥245.90	¥2,954.10
G026	李燕	女	审计部	¥1,200.00	¥2,000.00	¥245.90	¥2,954.10
			审计部 汇总				¥11,816.40
G001	李伟	男	生产部	¥800.00	¥1,500.00	¥156.70	¥2,143.30

分类汇总效果

8.4.2 添加多个分类汇总

默认的情况下只能为表格添加一种汇总方式，但是如果需要在一个工作表中进行多种方式的汇总时，可以通过设置完成操作。

01 单击“分类汇总”按钮

继续上例操作，为表格添加了分类汇总后，单击“数据”选项卡下“分级显示”组中的“分类汇总”按钮，如右图所示。

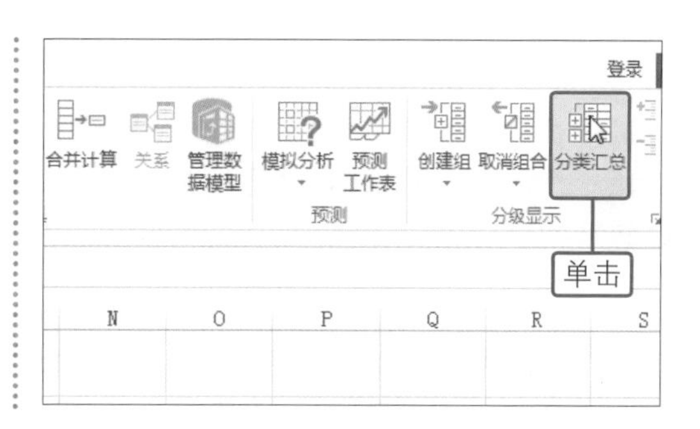

第8章

02 设置汇总方式

❶弹出“分类汇总”对话框，设置“汇总方式”为“平均值”。❷取消勾选“替换当前分类汇总”复选框。❸单击“确定”按钮，如下图所示。

03 显示嵌套分类汇总效果

经过以上操作，就完成了为表格添加多种汇总的操作，返回工作表即可看到表格中除了求和汇总外，又添加了平均值汇总，如下图所示。

兴发公司1月工资表表

员工编号	姓名	性别	部门	基本工资	绩效奖金	扣款	实发工资
G004	赵思义	女	财务部	¥1,000.00	¥1,700.00	¥172.30	¥2,527.70
G006	陈天来	男	财务部	¥1,000.00	¥1,700.00	¥172.30	¥2,527.70
G016	吴欣梅	女	财务部	¥1,000.00	¥1,700.00	¥172.30	¥2,527.70
G025	王春	女	财务部	¥1,000.00	¥1,700.00	¥172.30	¥2,527.70
			财务部 平均值				¥2,527.70
			财务部 汇总				¥10,110.80
G013	赵达明	男	策划部	¥1,500.00	¥2,[illegible]00.00	¥287.60	¥3,712.40
G018	郑洪	男	策划部	¥1,500.00	¥2,[illegible]00.00	¥287.60	¥3,712.40
G023	李小红	女	策划部	¥1,500.00	¥2,[illegible]00.00	¥287.60	¥3,712.40
			策划部 平均值				¥3,712.40
			策划部 汇总				¥11,137.20
G008	钱海燕	女	审计部	¥1,200.00	¥2,000.00	¥245.90	¥2,954.10
G011	刘义玲	女	审计部	¥1,200.00	¥2,000.00	¥245.90	¥2,954.10
G020	李才徇	男	审计部	¥1,200.00	¥2,000.00	¥245.90	¥2,954.10

多个汇总效果

8.4.3 删除分类汇总

对表格进行分类汇总后，不需要显示汇总内容时，可直接将分类汇总删除，执行删除操作时，无论表格中添加了几个汇总项，都将一并删除。

01 单击“分类汇总”按钮

单击“数据”选项卡下“分级显示”组中的“分类汇总”按钮，如下图所示。

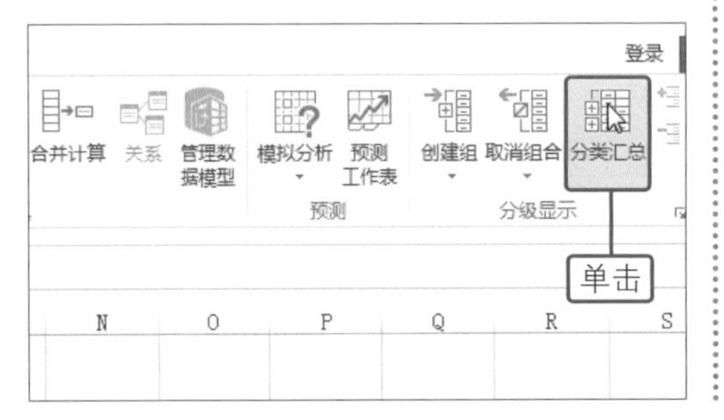

02 删除分类汇总

弹出“分类汇总”对话框，单击“全部删除”按钮，即可将表格中所添加的分类汇总全部删除，如下图所示。

知识进阶 以单元格颜色为依据对数据进行排序

对数据进行排序时，通常情况下排序的依据为数值，除了数值外，在 Excel 2016 中还可以通过单元格颜色、字体颜色、单元格图标为依据进行排序，这里就来介绍一下以单元格颜色为依据进行排序的操作。

扫码看视频

◎ **原始文件：**下载资源\实例文件\第8章\原始文件\彩票销售统计表.xlsx

◎ **最终文件：**下载资源\实例文件\第8章\最终文件\彩票销售统计表.xlsx

01 单击“排序”按钮

打开原始文件，❶选中要进行排序的单元格区域A2:D33，❷切换到“数据”选项卡。单击“排序和筛选”组中的“排序”按钮，如下图所示。

02 单击“单元格颜色”选项

❶弹出“排序”对话框，单击“排序依据”框右侧的下三角按钮。❷在展开的下拉列表中单击“单元格颜色”选项，如下图所示。

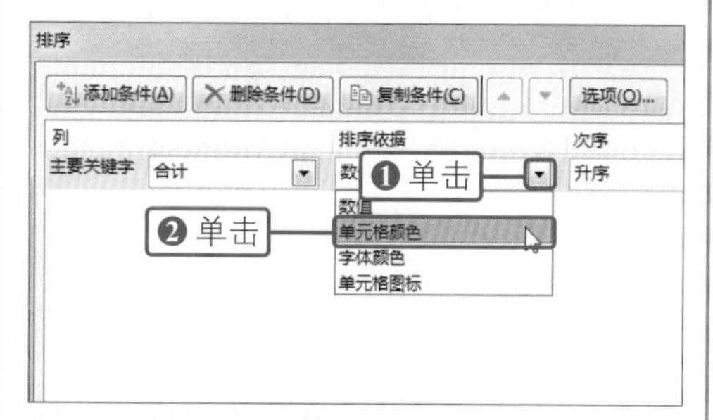

03 设置单元格颜色

❶单击“次序”框右侧的下三角按钮。❷在展开的颜色列表中单击“红色”图标，如下图所示。

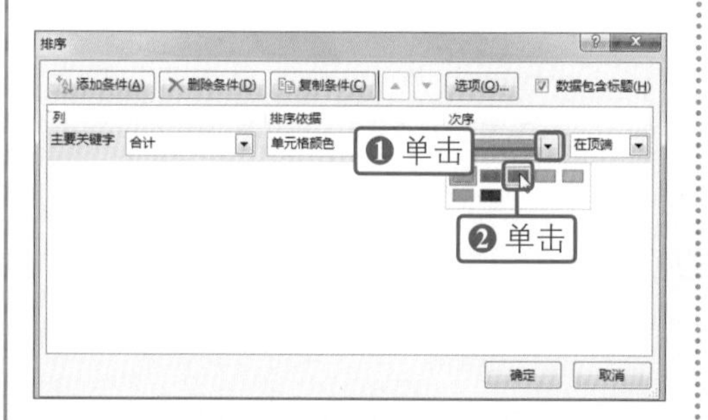

04 单击“复制条件”按钮

设置主要关键字的颜色后，单击“复制条件”按钮，如下图所示，由于本例中有7种颜色，需要单击7次“复制条件”按钮。

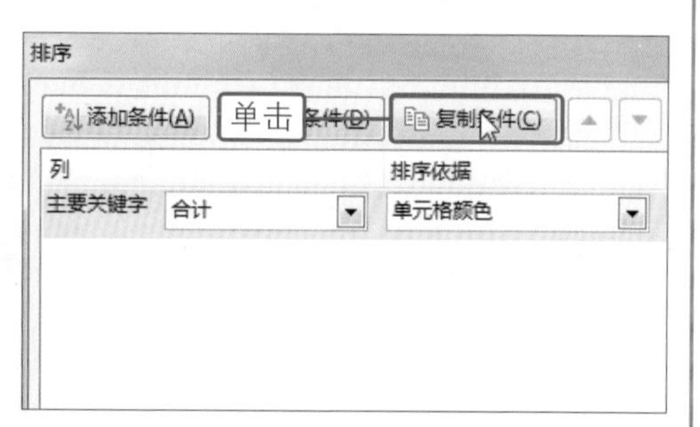

05 单击“确定”按钮

❶将条件复制完毕后，依次将颜色设置为橄榄色、紫色、水绿色、橙色、绿色、深蓝。❷单击“确定”按钮，如下图所示。

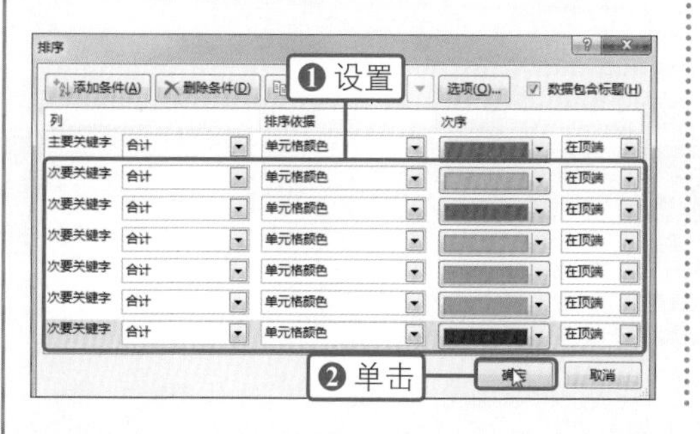

06 完成按颜色排序的操作

经过以上操作，就完成了以单元格颜色为依据对表格进行排序的操作。返回工作表中，即可看到表格中的数据已按照设置的颜色依次进行了排列，如下图所示。

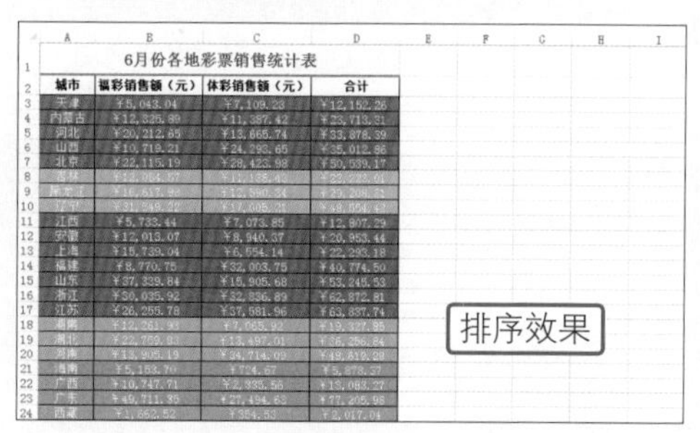

第8章

第 9 章

9 图表的应用

图表就是以图的形式来表现表格中的数据内容，一个完整的图表包括标题、数据系列、数据标签、背景等内容，通过图表系列间的对比，可以使数据间的变化具有可视化效果。本章将对图表的创建、更改、美化、设置等操作以及迷你图的使用进行介绍。通过本章的学习，读者可以使 Excel 工作表中数据的表现更加直观、形象。

- 认识与创建图表
- 更改图表内容
- 美化图表
- 保存与移动图表
- 使用迷你图分析数据

9.1 认识与创建图表

在Excel工作表中，图表是数据的一种可视表示形式。由于图表使用的范围不同，所以被分为很多种类型，本节就来对图表的构成以及类型进行剖析。

9.1.1 认识图表

1. 图表的组成

图表包括图表区、绘图区、标题、系列、图例、类别轴等内容，每项内容都有各自的特点。下面以柱形图为例介绍图表的组成，如下图所示。图表各部分的具体作用见下表。

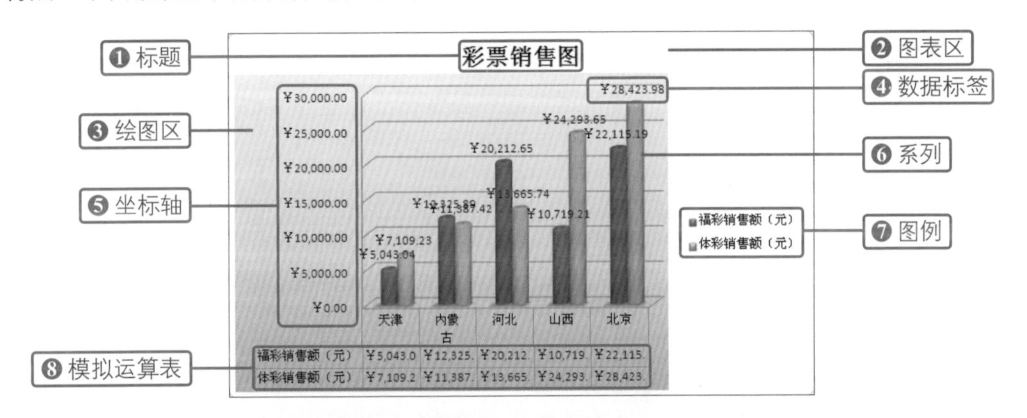

编　号	名　称	作　用
❶	标题	用于对整个图表的主题进行说明
❷	图表区	用于显示图表中所包含的元素
❸	绘图区	图表中间显示有数据系列的区域为绘图区，通过系列，可显示表格中各类数据的对比情况
❹	数据标签	用于对系列所显示的数据进行显示
❺	坐标轴	坐标轴用来定义坐标系中直线的点，通过坐标轴可以对系列中所表示的数据范围进行限制，另外界定图表绘图区的线条
❻	系列	在图表中绘制的相关数据点，这些数据源自数据表的行或列，用于表示表格的数据信息
❼	图例	用于表示图表中各个系列所代表的内容。图例格式与系列格式一致
❽	模拟运算表	模拟运算表用于显示图表中某些数值的变化情况

2. 不同类型图表的应用范围

Excel 2016中提供了柱形图、折线图、饼图、条形图、面积图、XY散点图等十四种图表类型，不同类型的图表所应用的范围也不同，下面对这些图表的应用情况进行介绍。

柱形图：柱形图中横轴表示分类，纵轴表示数值。柱形图用于显示一段时期内数据随时间的变化而变化的情况，或者对各数据项之间进行比较。

折线图：折线图将同一系列中数据变化的点用直线连接起来，以等间隔显示数据的变化和变化趋势，需要对数据的发展趋势进行分析时可使用折线图。

饼图：饼图显示一个数据系列中各项的大小与各项总和呈现的比例。饼图中的数据点显示为整个饼图的百分比。使用饼图时要符合以下条件：仅有一个要绘制的数据系列、要绘制的数值没有负值、要绘制的数值没有零值、不超过七个类别、各类别分别代表整个饼图的一部分。

条形图：与柱形图类似，条形图也是显示各项之间的比较情况，但是条形图中的系列是以水平方向对数据进行表现的。

面积图：面积图用于强调数量随时间而变化的程度，通过面积图可以引起观者对总值趋势的注意。

XY散点图：XY散点图用于显示若干数据系列中各数值之间的关系，或者将两组数据绘制为xy坐标的一个系列。

股价图：股价图通常用来显示股价的波动。虽然在日常工作中也可以使用，但是需要注意的是必须按正确的顺序来组织数据才能创建。

曲面图：曲面图用于显示两组数据之间的最佳组合。

圆环图：圆环图类似于饼图，用于显示各个部分与整体之间的关系，但是它可以包含多个数据系列。

气泡图：气泡图也可以用来表示数据间的比较关系。

雷达图：雷达图用于比较几个数据系列的聚合值。

树状图：树状图是数据树的图形表示形式，以父子层次结构来组织对象。是枚举法的一种表达方式。

旭日图：旭日图，也称为太阳图，是一种圆环镶接图，每一个圆环代表同一级别的比例数据，离原点越近的圆环级别越高，最内层的圆表示层次结构的顶级。除了圆环外，旭日图还有若干从原点放射出去的“射线”，这些“射线”展示出了不同级别数据间的脉络关系。

直方图：直方图又称质量分布图，是一种统计报告图，由一系列高度不等的纵向条纹或线段表示数据分布的情况。一般用横轴表示数据类型，纵轴表示分布情况。直方图有两种类型，分别是“直方图”和“排列图”。

箱形图：箱形图又称为盒须图、盒式图或箱线图，是一种用于显示一组数据分散情况资料的统计图，因形状如箱子而得名。在各种领域也比较常用，常见于品质管理。

瀑布图：瀑布图是由麦肯锡顾问公司所独创的图表类型，因为形似瀑布流水而称之为瀑布图。此种图表采用绝对值与相对值结合的方式，适用于表达数个特定数值之间的数量变化关系。

组合图：组合图由多种不同的图表类型组合而成。组合图有4个子类型，包括“簇状柱形图-折线图”“簇状柱形图-次坐标轴上的折线图”“堆积面积图-簇状柱形图”和“自定义组合”。

9.1.2 创建图表

需要使用图表来对表格中的数据进行显示时，可先选定创建图表的数据区域，然后根据需要，选择适当类型的图表插入到表格中。

◎ 原始文件：下载资源\实例文件\第9章\原始文件\库存表.xlsx
◎ 最终文件：下载资源\实例文件\第9章\最终文件\库存表.xlsx

01 选择目标单元格区域

打开原始文件，选中单元格区域A2:E18，如下图所示。

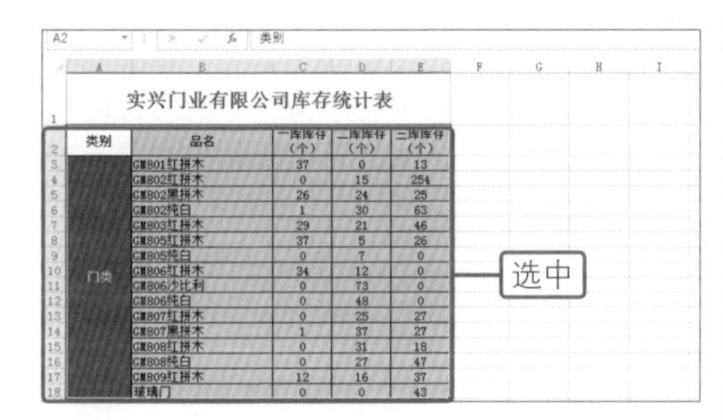

实兴门业有限公司库存统计表

类别	品名	一库库存（个）	二库库存（个）	三库库存（个）
门类	GM801红拼木	37	0	13
	GM802红拼木	0	15	254
	GM802黑拼木	26	24	25
	GM802纯白	1	30	63
	GM803红拼木	29	21	46
	GM805红拼木	37	5	26
	GM805纯白	0	7	0
	GM806红拼木	34	12	0
	GM806沙比利	0	73	0
	GM806纯白	0	48	0
	GM807红拼木	0	25	27
	GM807黑拼木	1	37	27
	GM808红拼木	0	31	18
	GM808纯白	0	27	47
	GM809红拼木	12	16	37
	玻璃门	0	0	43

02 选择插入的图表类型

❶在“插入”选项卡下单击“图表”组中的“插入折线图或面积图”按钮。❷在展开的列表中单击“堆积折线图”选项，如下图所示。

03 显示创建图表后的效果

经过以上操作，就完成了创建图表的操作，返回工作表，即可看到创建的图表，如右图所示。

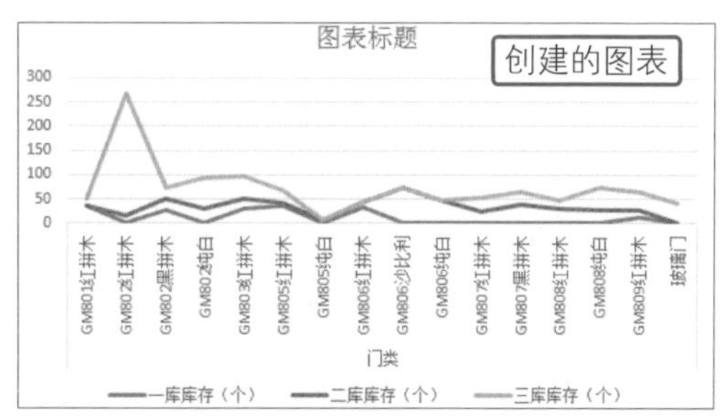

9.2 更改图表内容

将图表创建完毕后，如果需要更改图表的类型、引用的数据等内容时，可在图表中直接进行更改。本节将对更改图表内容的操作进行详细介绍。

9.2.1 更改图表类型

在Excel 2016中将图表创建完毕后，需要更改图表类型时，可按以下步骤完成操作。

◎ 原始文件：下载资源\实例文件\第9章\最终文件\库存表.xlsx
◎ 最终文件：下载资源\实例文件\第9章\最终文件\库存表1.xlsx

01 选中目标图表

继续上例操作，单击要更改类型的图表，如下图所示。

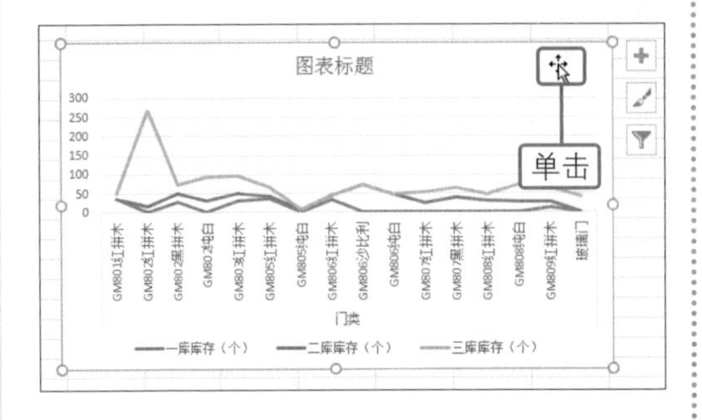

02 单击“更改图表类型”按钮

单击“图表工具-设计”选项卡下“类型”组中的“更改图表类型”按钮，如下图所示。

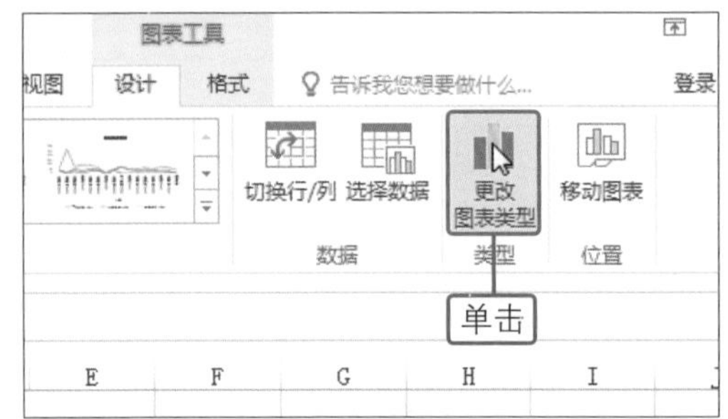

03 选择要更改的图表类型

❶弹出“更改图表类型”对话框，切换到“柱形图”，单击图表列表框中的“簇状柱形图”图标。❷单击“确定”按钮，如下图所示。

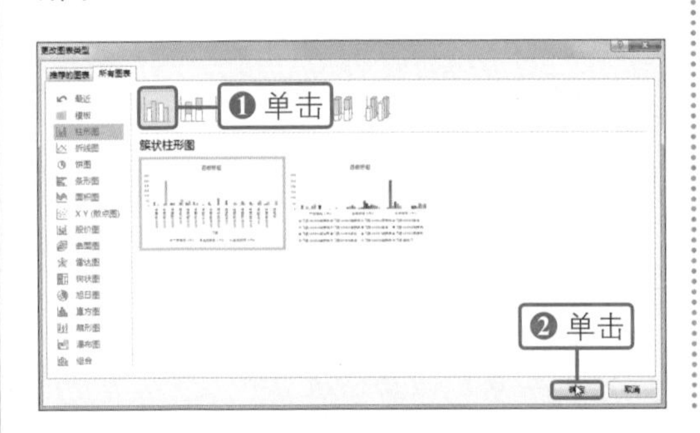

04 显示更改图表类型后的效果

经过以上操作，就完成了更改图表类型的操作，返回工作表，即可看到图表已由原来的折线图更改为柱形图，如下图所示。

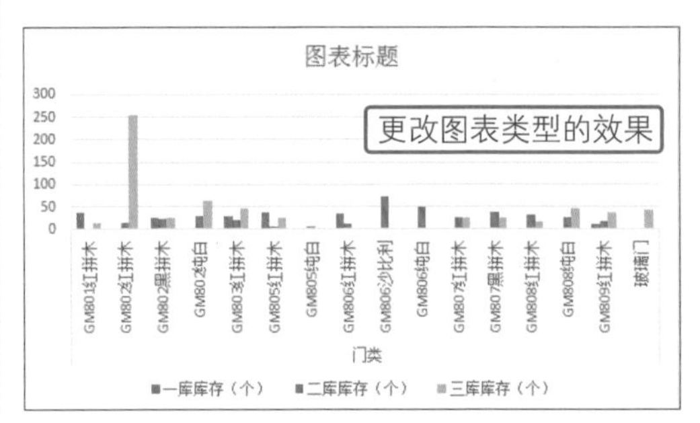

9.2.2 更改图表的引用数据

引用数据是指在创建图表时所选择的单元格区域。在编辑图表的过程中，如果发现图表引用的数据有错，可通过Excel中提供的功能直接对所引用的数据进行更改。

◎ 原始文件：下载资源\实例文件\第9章\最终文件\库存表.xlsx

◎ 最终文件：下载资源\实例文件\第9章\最终文件\库存表2.xlsx

01 选中目标图表

打开原始文件，单击要更改类型的图表，如右图所示。

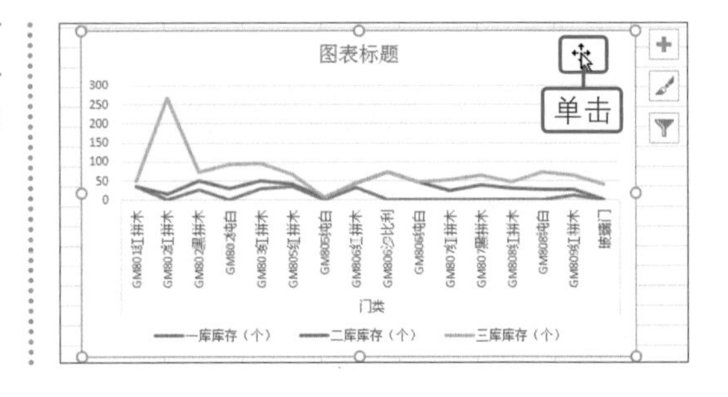

02 单击“更改数据”按钮

单击“图表工具-设计”选项卡下“数据”组中的“选择数据”按钮，如右图所示。

03 更改图表所引用的数据

弹出“选择数据源”对话框，设置“图表数据区域”为单元格区域A43:E58，如下图所示，最后单击“确定”按钮。

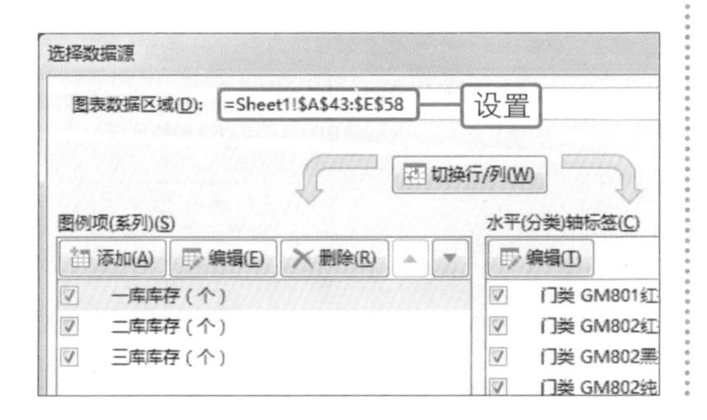

04 显示更改数据源的效果

经过以上操作，就完成了为图表更改数据源的操作，返回工作表即可看到图表中的系列已随着数据源的更改而进行了相应的改变，如下图所示。

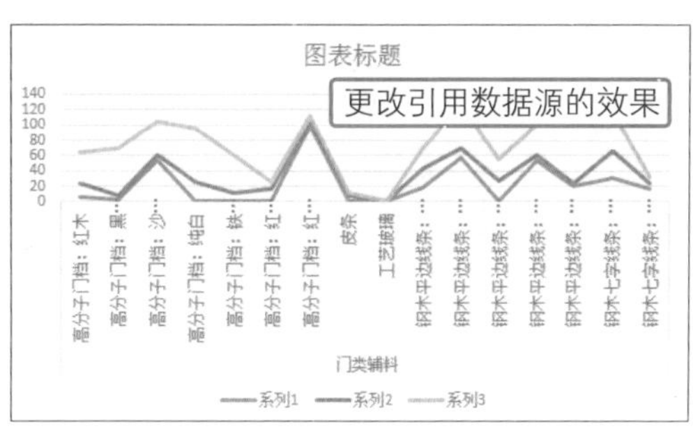

9.2.3 更改图表布局

布局是指整个图表的全面规划和安排。创建图表时，Excel会对图表中图例、系列、标题等内容的显示进行默认设置，在后期编辑图表的过程中，可根据需要更改图表的布局。

◎ 原始文件：下载资源\实例文件\第9章\原始文件\月销售统计表.xlsx

◎ 最终文件：下载资源\实例文件\第9章\最终文件\月销售统计表.xlsx

01 单击“图表标题”按钮

❶打开原始文件，选中目标图表。❷切换到“图表工具-设计”选项卡。❸单击“图表布局”组中的“添加图表元素”按钮，如下图所示。

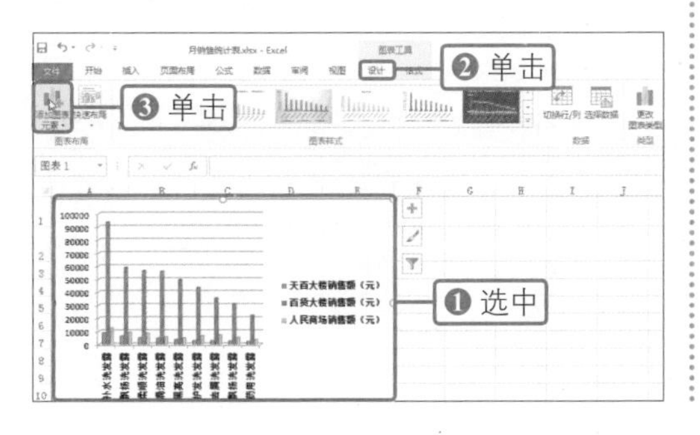

02 选择标题显示的位置

在展开的“添加图表元素”下拉列表中单击“图表标题>图表上方”选项，如下图所示。

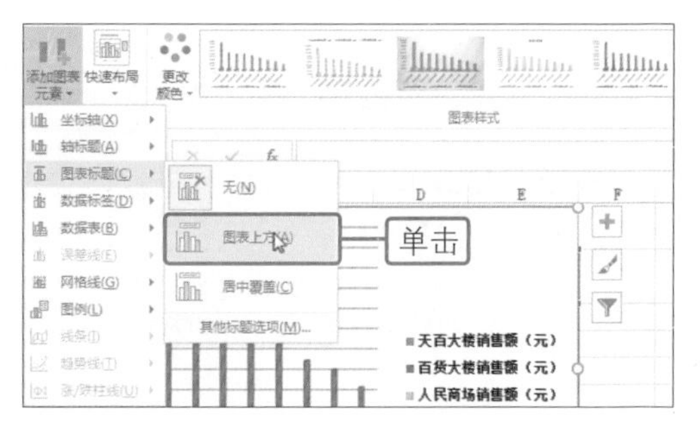

03 输入标题文本

为图表添加了标题后，删除标题框中原有文本，直接输入需要的标题内容，然后单击图表任意位置，完成标题的添加，如下图所示。

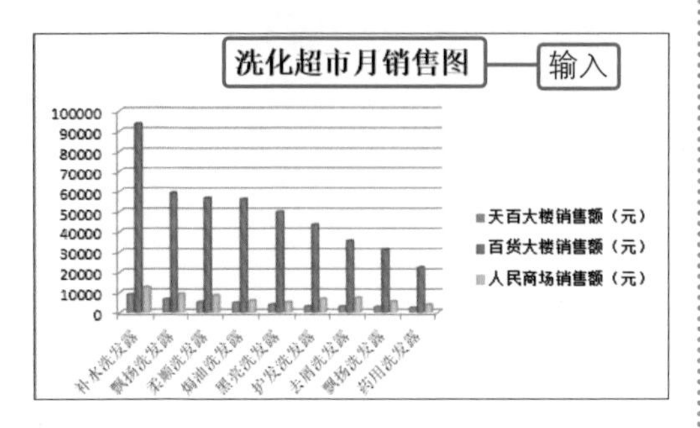

04 更改图例位置

❶单击“添加图表元素”按钮。❷在展开的下拉列表中单击“图例>顶部”选项，如下图所示。

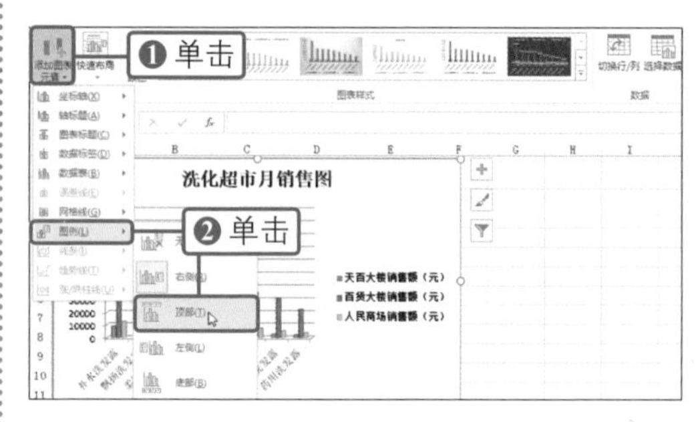

05 显示更改图表布局效果

经过以上操作，就完成了更改图表布局的操作，可按照类似的操作，对其他标签进行设置，如右图所示。

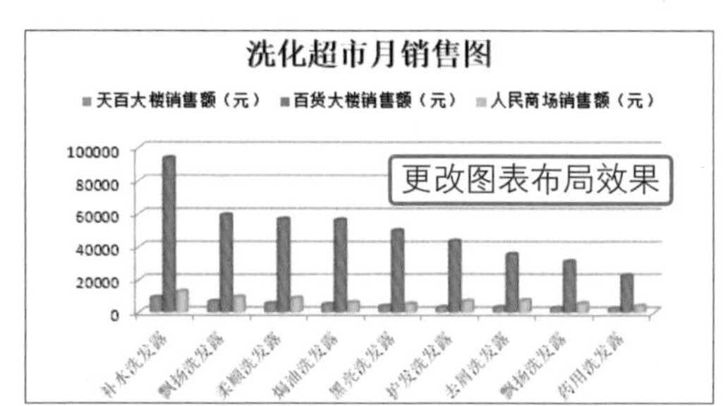

你问我答

问：想删除图表的标题应该怎么操作？

答：需要删除图表中显示的标题时，可单击“图表工具-设计”选项卡下“图表布局”组中的“添加图表元素”按钮，在展开的下拉列表中单击“图表标题 > 无”选项，即可将图表中的标题删除。也可选中标题后右击鼠标，在弹出的快捷菜单中单击“删除”命令完成操作。

9.3 美化图表

为了让图表更加美观，可通过不同的方法对图表及图表中所包含内容的格式进行设置。下面介绍套用图表样式以及手动设置图表中内容格式的具体操作。

9.3.1 套用图表样式

在Excel 2016中预设了11种专业、美观的图表样式，可直接套用适当的样式，快速完成图表的美化操作。

◎ **原始文件：**下载资源\实例文件\第9章\原始文件\月销售统计表.xlsx

◎ **最终文件：**下载资源\实例文件\第9章\最终文件\月销售统计表2.xlsx

01 单击“图表样式”组的快翻按钮

❶打开原始文件，选中目标图表。❷切换到“图表工具-设计”选项卡。❸单击“图表样式”组的快翻按钮，如下图所示。

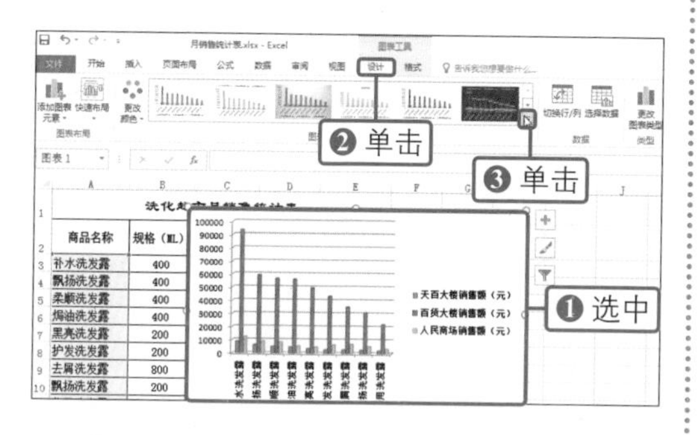

02 选择要使用的图表样式

在展开的图表样式库中单击“样式9”选项，如下图所示。

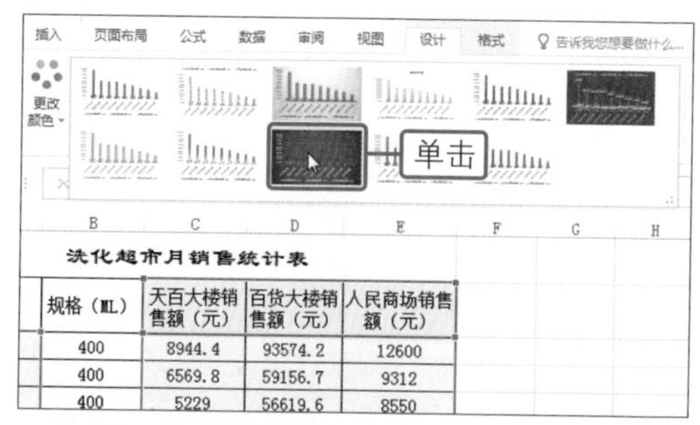

03 显示套用图表样式的效果

经过以上操作，就完成了套用图表样式的操作，返回工作表，即可看到图表已应用了新的样式，如右图所示。

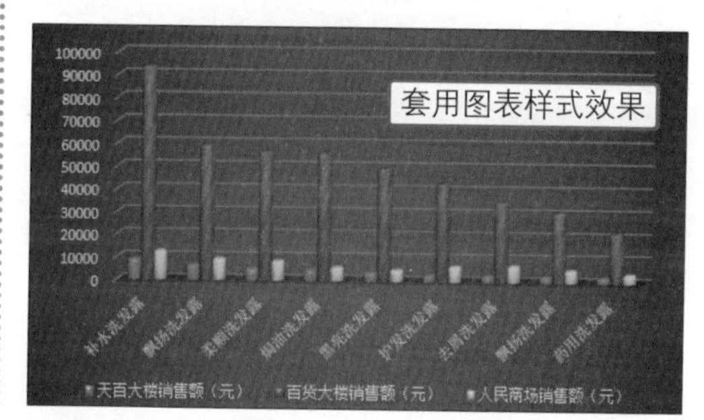

9.3.2 设置图表中的系列样式

在美化图表时，可以根据自己的审美观，分别对图表中的各个对象进行自定义设置。本小节以数据系列的设置为例，介绍使用不同方法设置图表中系列的具体操作方法。

1. 套用形状格式

在Excel 2016中预设了一些形状格式，设置时可直接为各系列套用预设的形状格式，快速完成设置。

◎ 原始文件：下载资源\实例文件\第9章\原始文件\彩票销售统计表.xlsx

◎ 最终文件：下载资源\实例文件\第9章\最终文件\彩票销售统计表.xlsx

01 单击要设置的系列

打开原始文件，单击图表中要设置格式的系列，如右图所示。

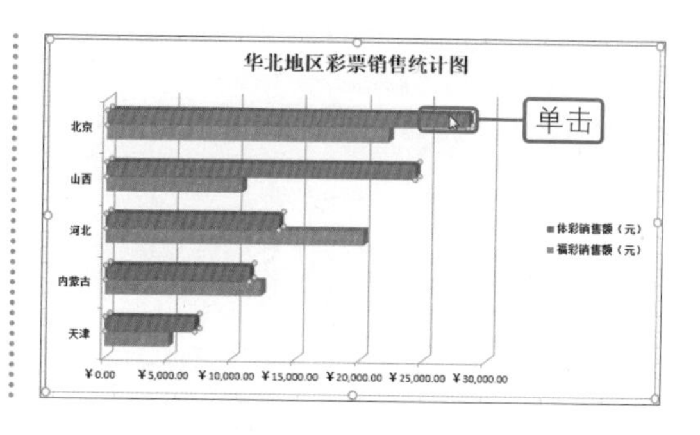

02 单击“形状样式”组的快翻按钮

❶切换到“图表工具-格式”选项卡。❷单击“形状样式”组中的快翻按钮，如右图所示。

03 选择要使用的形状样式

在展开的形状样式库中单击“强烈效果-紫色，强调颜色4”选项，如下图所示。

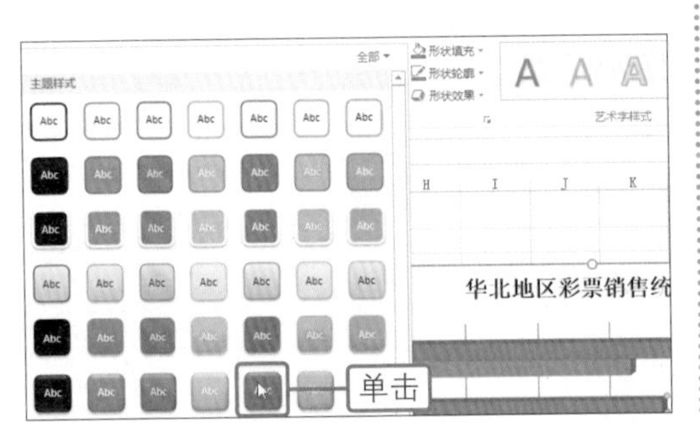

04 显示套用形状样式的效果

经过以上操作，就完成了为图表中的系列套用形状样式的操作，如下图所示。

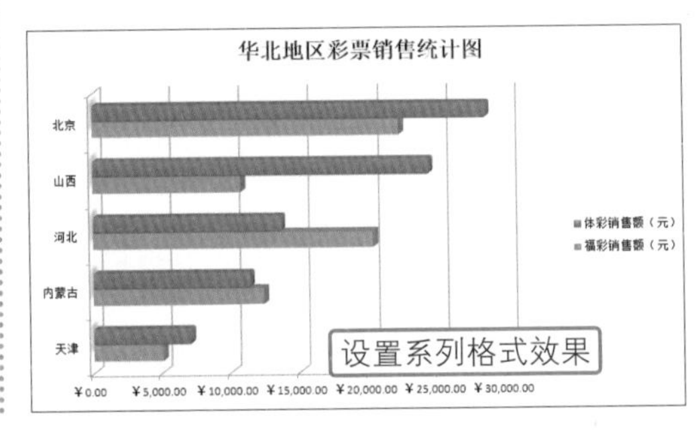

2. 自定义设置形状格式

设置图表系列的格式时，可根据需要分别对系列的填充、轮廓、效果等内容进行自定义设置，具体操作如下。

01 单击要设置的系列

继续上例操作，单击图表中要设置格式的系列，如下图所示。

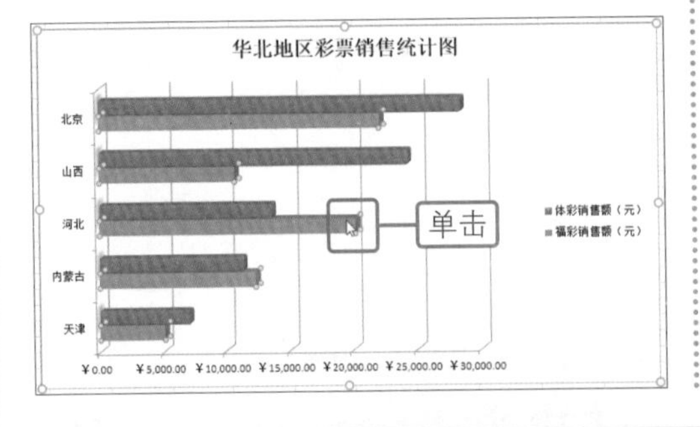

02 单击“形状样式”组的快翻按钮

❶切换到“图表工具-格式”选项卡。❷单击“形状样式”组的“形状填充”按钮。❸在展开的颜色列表中单击“标准色>橙色”选项，如下图所示。

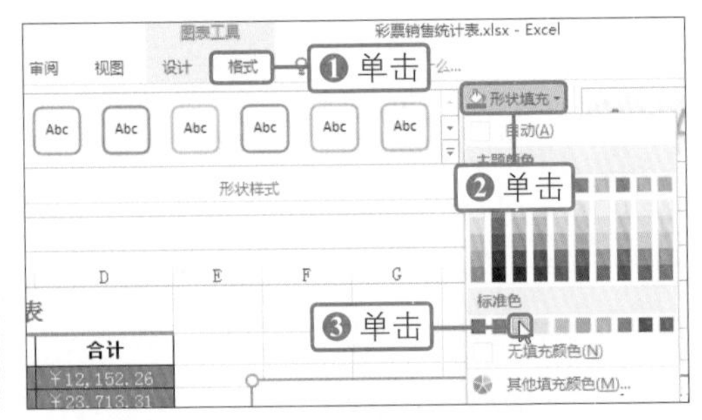

补充知识

美化图表时，也可以通过本节中所介绍的知识，对图表绘图区、图表区等内容进行设置，设置前只要选中目标区域，再根据需要进行设置即可。

03 设置形状

❶设置了形状填充效果后，单击“形状样式”组中的“形状效果”按钮。❷在展开的下拉列表中单击“棱台>冷色斜面”选项，如下图所示。

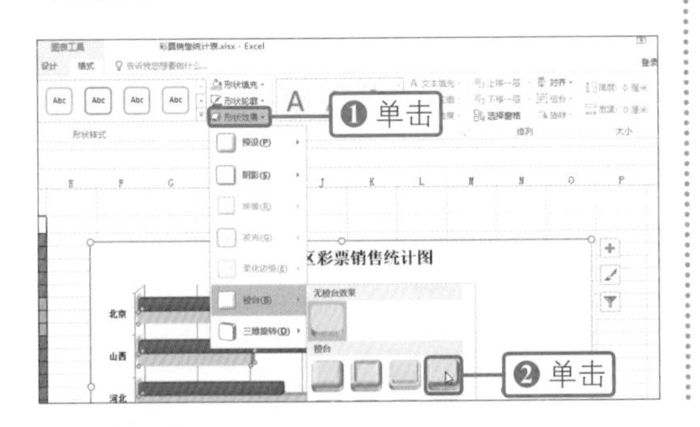

04 显示自定义设置形状样式的效果

经过以上操作，就完成了自定义设置图表中系列格式的操作，返回工作表即可看到设置后的效果，如下图所示。

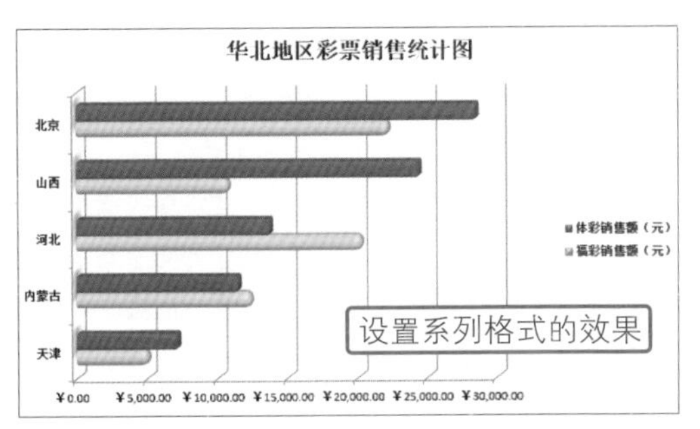

技巧提示　其他方式设置数据系列格式

在对图表的系列进行自定义设置时，也可通过“设置数据系列格式”窗格完成设置。右击目标系列，在弹出的快捷菜单中单击“设置数据系列格式”命令，弹出“设置数据系列格式”窗格后，可通过“填充与线条”“效果”“系列选项”等选项卡对系列格式进行设置。

第9章

9.3.3 设置图表中的文字效果

图表包括标题、图例标题、坐标轴标题等文字内容，在默认的情况下这些元素都是无底纹、无边框的效果。美化图表时，可以对图表中的文字内容进行设置，本小节以标题的设置为例，介绍设置图表中文字效果的具体操作。

◎ 原始文件：下载资源\实例文件\第9章\原始文件\彩票销售统计表.xlsx

◎ 最终文件：下载资源\实例文件\第9章\最终文件\彩票销售统计表2.xlsx

01 单击标题框

打开原始文件，单击选中要设置格式的图表标题，如下图所示。

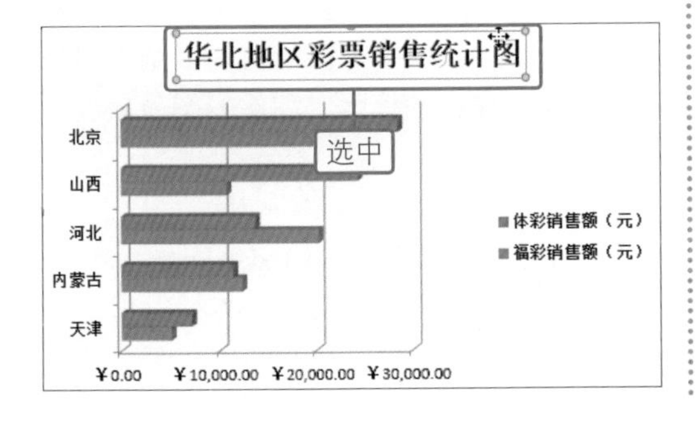

02 单击“艺术字样式”组的快翻按钮

❶切换到“图表工具-格式”选项卡。❷单击“艺术字样式”组中的快翻按钮，如下图所示。

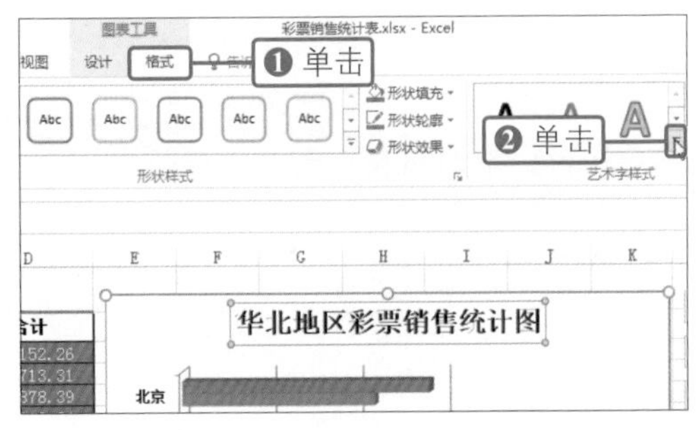

补充知识

也可以通过“图表工具-格式”选项卡下“艺术字样式”组中的“文本填充”“文本轮廓”以及“文本效果”按钮对图表标题进行自定义设置，还可以切换到“开始”选项卡下，对标题的字体、字型以及大小进行设置。

03 选择要套用的艺术字样式

在展开的艺术字样式库中单击合适的样式，如下图所示。

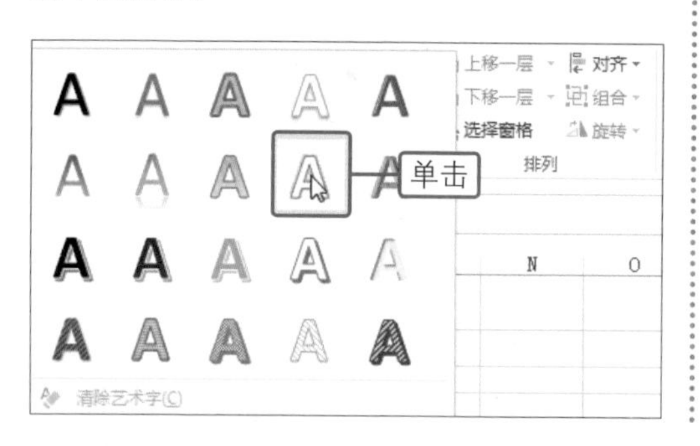

04 显示设置标题的效果

经过以上操作，就完成了对图表中的标题样式进行设置的操作，如下图所示。

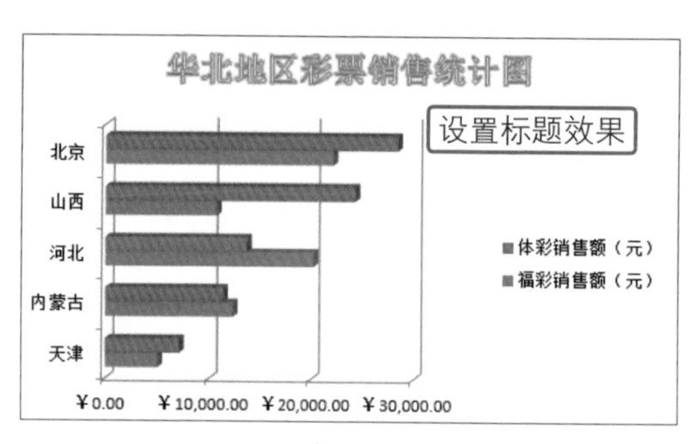

你问我答

问：无法选中图表中需要设置的区域怎么办？

答：如果在编辑图表时，无法准确地选择要设置的区域，可先选中整个图表，然后切换到“图表工具-格式”选项卡下，在“当前所选内容”组中单击“图表元素”下拉列表框右侧的下三角按钮，在展开的下拉列表中单击要设置的图表区域，即可选中该区域。

9.4 保存与移动图表

图表制作完毕后，为了便于引用与查看，可对图表进行保存与移动，本节就来介绍将图表保存为模板以及将图表移动到新的工作表中的具体操作。

9.4.1 将制作好的图表保存为模板

在制作图表的过程中，如果需要频繁使用当前所设置的图表样式，就可将当前图表保存为模板，这样在创建图表时，选择创建的图表对象是已保存的模板，创建的图表就会自动应用模板中的图表样式。

◎ **原始文件：**下载资源\实例文件\第9章\原始文件\彩票销售统计表1.xlsx

◎ **最终文件：**下载资源\实例文件\第9章\最终文件\彩票销售统计表1.xlsx

01 单击“另存为模板”按钮

❶打开原始文件，右击目标图表。❷在弹出的快捷菜单中单击“另存为模板”命令，如下图所示。

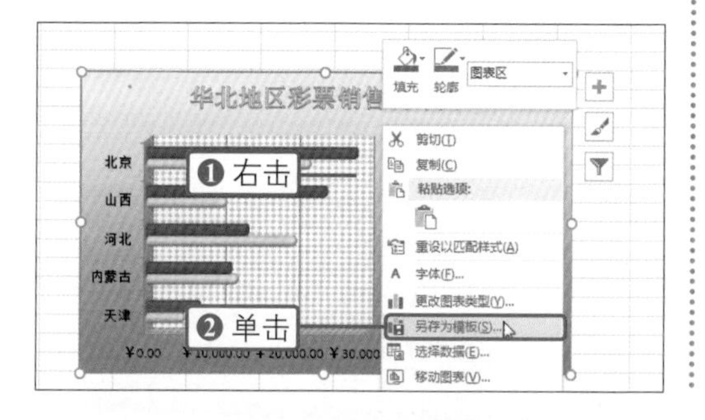

02 将图表保存为模板

弹出“保存图表模板”对话框，在“文件名”文本框中输入名称，如下图所示。最后单击“保存”按钮，完成保存为模板的操作。

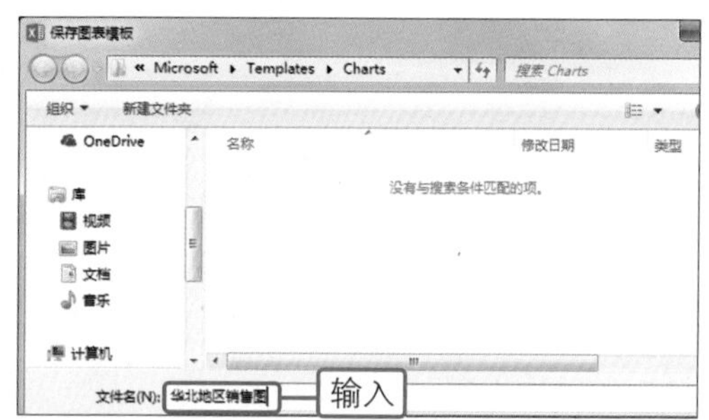

补充知识

需要使用已保存的模板创建图表时，可在选中引用的数据源后，单击“插入”选项卡下“图表”组的对话框启动器，在弹出的“插入图表”对话框中单击“模板”标签，对话框右侧会显示出计算机中保存的模板图表，单击要创建为图表的模板，然后单击“确定”按钮，即可完成操作。

9.4.2 移动图表

在移动图表时，可将图表移动到其他工作表中，也可以移动到专门放置图表的Chart工作表中，选择移动到Chart工作表后，可直接更改该工作表的名称，本小节就以此为例来介绍移动图表的具体操作。

01 单击“移动图表”按钮

❶继续上例操作，选中目标图表后，切换到“图表工具-设计”选项卡。❷单击“位置”组中的“移动图表”按钮，如下图所示。

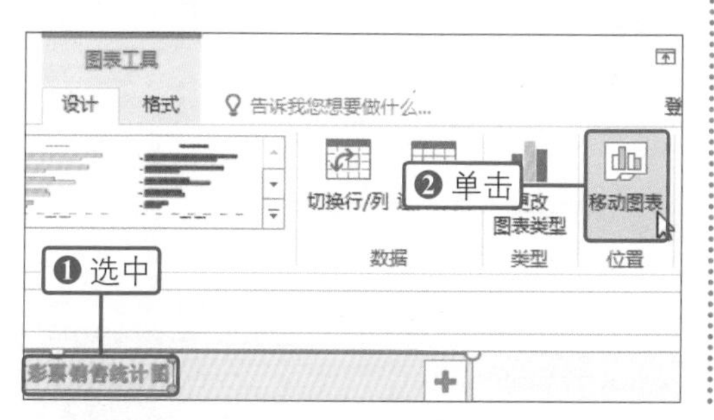

02 设置放置图表的位置

❶弹出“移动图表”对话框，单击“新工作表”单选按钮。❷在该单选按钮所对应的文本框中输入工作表名称。❸单击“确定”按钮。

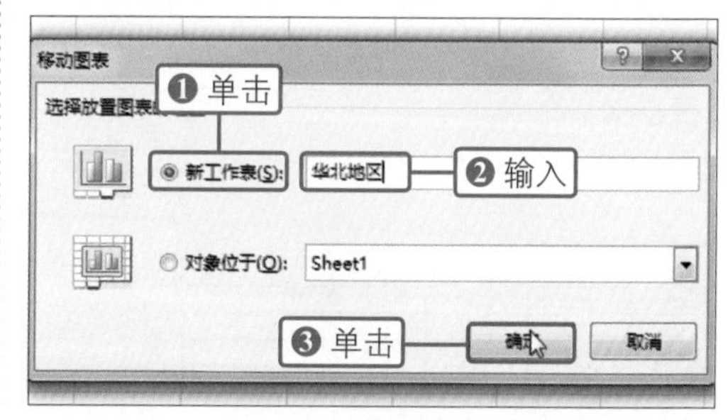

技巧提示 将图表移动到Sheet工作表中

需要将图表移动到 Sheet 工作表中时，打开“移动图表”对话框后，单击选中“对象位于”单选按钮，然后单击该选项右侧框的下三角按钮，在展开的下拉列表中选择要移动到的工作表，最后单击“确定”按钮即可。

第9章

03 显示移动图表的效果

经过以上操作，就完成了将图表移动到专门放置图表的工作表下的操作，并且对工作表的名称进行了重新命名，如右图所示。

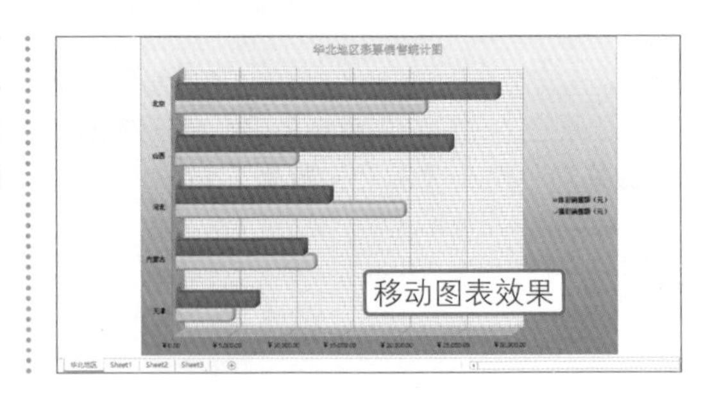

9.5 使用迷你图分析数据

迷你图是Excel 2016中的图表工具，以单元格中的数据为引用源，在单元格中制作出简明的数据小图表，将数据以小图的形式显示出来。

9.5.1 创建迷你图

在Excel 2016中包括折线图、柱形图、盈亏图三种类型的迷你图，本小节以折线图为例，介绍创建迷你图的具体操作。

◎ 原始文件：下载资源\实例文件\第9章\原始文件\生产日统计表.xlsx

◎ 最终文件：下载资源\实例文件\第9章\最终文件\生产日统计表.xlsx

01 选择要使用的迷你图类型

❶打开原始文件，选中要放置迷你图的单元格。❷切换到“插入”选项卡。❸单击“迷你图”组中的“折线图”按钮，如下图所示。

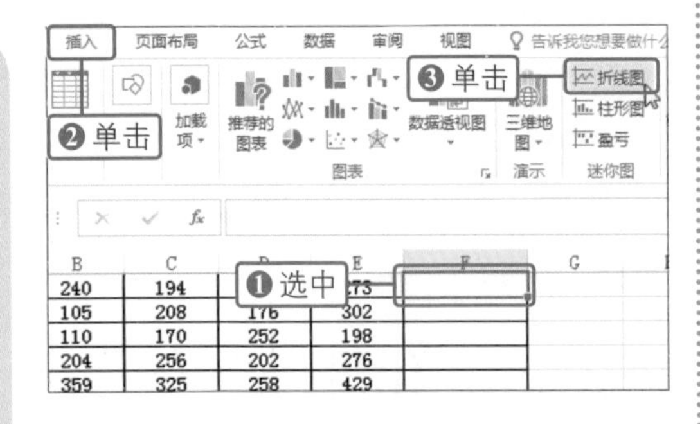

02 设置单元格区域

❶弹出“创建迷你图”对话框，设置“数据范围”为“B3:E3”区域。❷单击“确定”按钮，如下图所示。

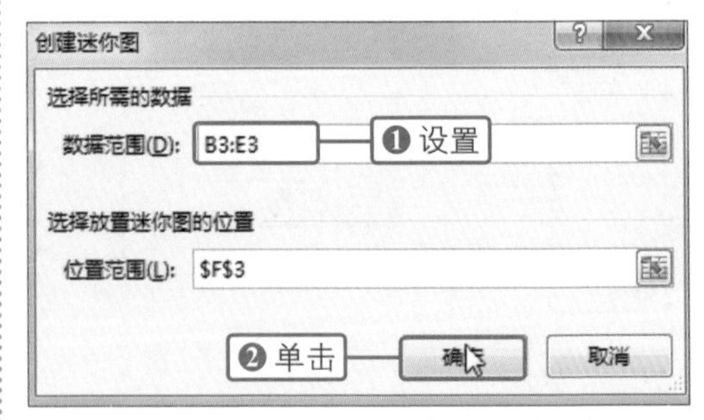

03 显示创建迷你图的效果

经过以上操作，就完成了为表格创建折线迷你图的操作，返回工作表中即可看到创建后的效果，如右图所示。

	A	B	C	D	E	F
1	生产日统计表					
2	产品名称	一车间（台）	二车间（台）	三车间（台）	四车间（台）	图表分析区
3	电视机	240	194	299	273	
4	VCD	105	208	176	302	
5	冰箱	110	170	252	198	
6	洗衣机	204	256	202	276	
7	微波炉	359	325	258	429	

创建效果

9.5.2 更改迷你图类型

需要在已创建了迷你图的单元格中使用另外一种迷你图对数据进行表现时，可以直接进行更改，具体操作如下。

01 单击要更改的迷你图类型

❶继续上例操作，选中要更改的迷你图。❷在“图表工具-设计”选项卡下单击“类型”组中的“柱形图”按钮，如下图所示。

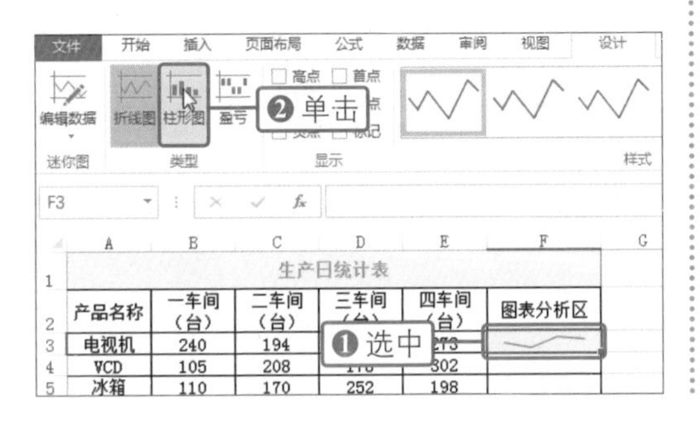

02 显示更改迷你图的效果

经过以上操作，就可以将折线迷你图更改为柱型迷你图，如下图所示。

生产日统计表					
产品名称	一车间（台）	二车间（台）	三车间（台）	四车间（台）	图表分析区
电视机	240	194	更改效果	273	
VCD	105	208	176	302	
冰箱	110	170	252	198	
洗衣机	204	256	202	276	
微波炉	359	325	258	429	

9.5.3 显示迷你图的点

迷你图中包括高点、低点、首点、尾点、负点、标记六种点，在默认的情况下，这些点是不会被标记出来的，为了突出显示数据的差异，可以为迷你图显示相应的点，并可根据需要为不同的点设置不同的颜色。

◎ 原始文件：下载资源\实例文件\第9章\原始文件\生产日统计表1.xlsx
◎ 最终文件：下载资源\实例文件\第9章\最终文件\生产日统计表1.xlsx

01 选择要显示的点

打开原始文件，选中要显示点的迷你图。

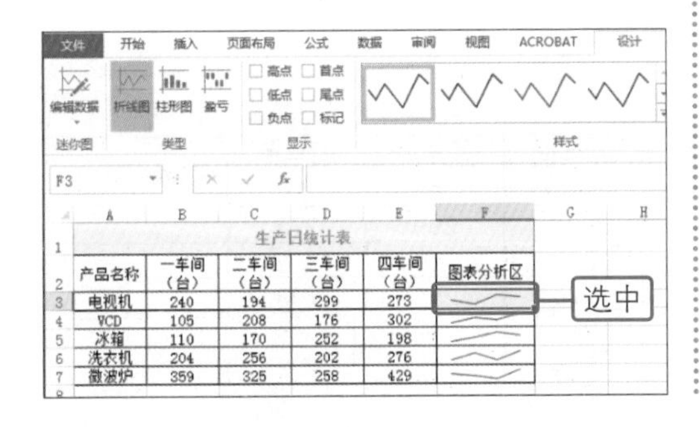

02 设置高点颜色

❶单击“样式”组中“标记颜色”按钮。❷在展开的下拉列表中单击“高点”选项。❸在弹出的颜色列表中单击“标准色>红色”选项，如下图所示。

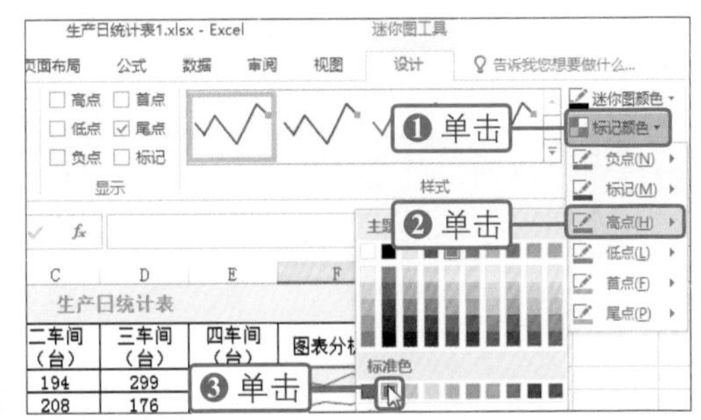

第9章

03 设置低点颜色

❶设置了“高点”颜色后，再次单击“样式”组中的“标记颜色”按钮。❷在展开的下拉列表中单击“低点”选项。❸在弹出的颜色列表中单击“标准色>浅蓝”选项。

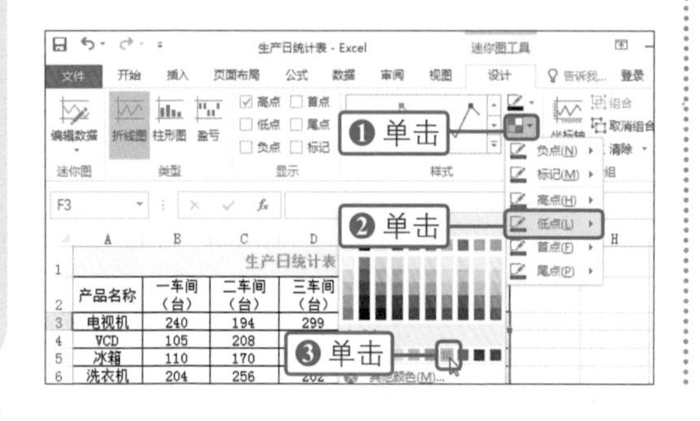

04 显示迷你图的点效果

参照步骤3的操作，将“首点”设置为“标准>深蓝色”，将“尾点”设置为“标准色>深红色”，这样就完成了为迷你图显示点的设置操作。

C	D	E	F
生产日统计表			
二车间（台）	三车间（台）	四车间（台）	图表分析区
194	299	273	
208	176	302	
170	252	198	
256	202	276	
325	258	429	

显示迷你图的点

9.5.4 套用迷你图样式

Excel 2016中预设了36种迷你图样式，可直接套用预设的样式，使迷你图更加专业、美观。

01 单击“样式”组的快翻按钮

❶继续上例操作，选中目标迷你图。❷在“迷你图工具-设计”选项卡下单击“样式”组中的快翻按钮，如下图所示。

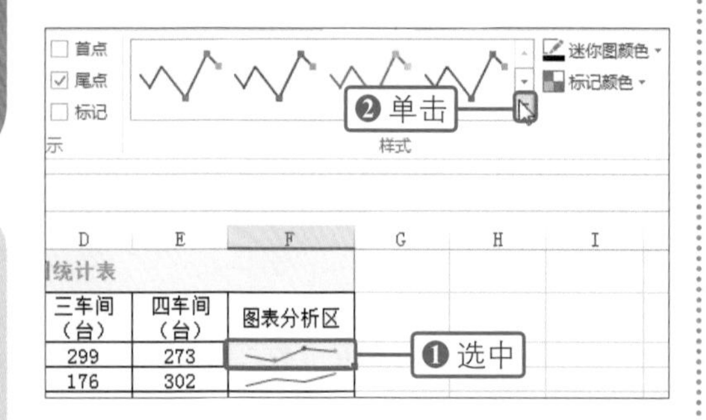

02 选择要套用的迷你图样式

在展开的样式库中单击合适的样式，如下图所示。

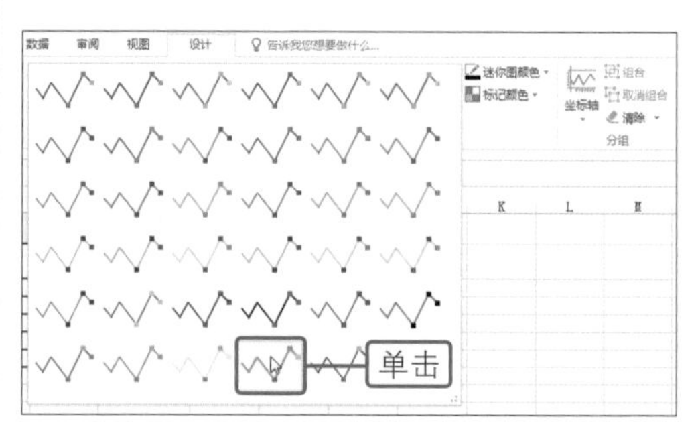

03 显示套用迷你图样式的效果

经过以上操作，就完成了为迷你图套用样式的操作，返回工作表，即可看到套用后效果，如右图所示。

C	D	E	F
生产日统计表			
二车间（台）	三车间（台）	四车间（台）	图表分析区
194	299	273	
208	176	302	
170	252	198	
256	202		
325	258	429	

套用迷你图样式效果

知识进阶 在一个图表中显示两种类型的图表

在一个图表中显示两种类型的图表，既利于数据的对比，又能体现图表的专业性。需注意的是，制作该类图表的两个图表必须为二维图表，如折线图和柱形图。在完成了组合图表的制作后，为了使图表中显示的数据更准确，还可对坐标轴格式进行设置。

◎ 原始文件：下载资源\实例文件\第9章\原始文件\计划与实际销售统计表.xlsx

◎ 最终文件：下载资源\实例文件\第9章\最终文件\计划与实际销售统计表.xlsx

01 选中要创建图表的单元格区域

打开原始文件，选中要创建图表的单元格区域A2:C10，如下图所示。

	A	B	C
1	鑫宇电子商城12月销售情况统计表		
2	产品名称	计划销售（部）	实际销售（部）
3	电脑（整机）	357	579
4	笔记本	892	632
5	手机	1793	2938
6	MP3	591	291
7	MP4	830	1837
8	数码相机	925	3847
9	DV	200	154
10	摄影机	325	205

选中

02 单击“簇状柱形图”选项

❶切换到“插入”选项卡。❷单击“图表”组中的“插入柱形图或条形图”按钮，❸在展开的下拉列表中单击“簇状柱形图”选项，如下图所示。

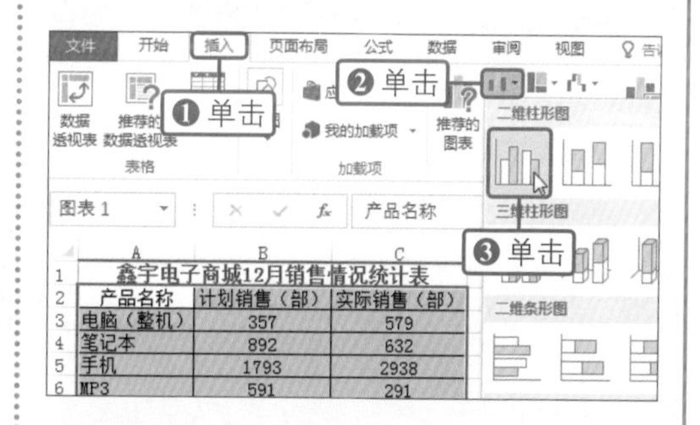

03 单击“设置数据系列格式”命令

❶插入图表后，右击“实际销售”系列，❷在弹出的快捷菜单中单击“设置数据系列格式”命令，如下图所示。

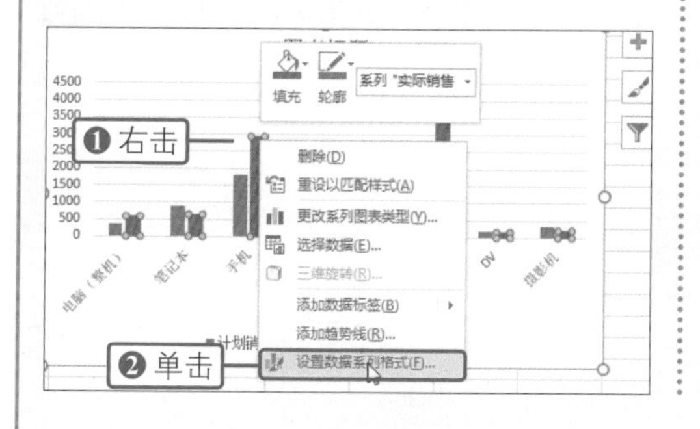

04 单击“次坐标轴”单选按钮

弹出“设置数据系列格式”窗格，在“系列选项”下方单击“系列绘制在”区域内的“次坐标轴”单选按钮，如下图所示，最后单击“关闭”按钮。

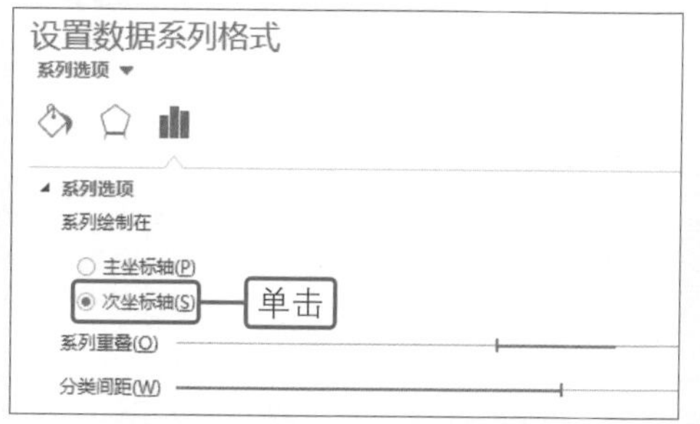

05 单击“更改系列图表类型”命令

❶返回工作表，右击“实际销售”系列，❷在弹出的快捷菜单中单击“更改系列图表类型”命令，如下图所示。

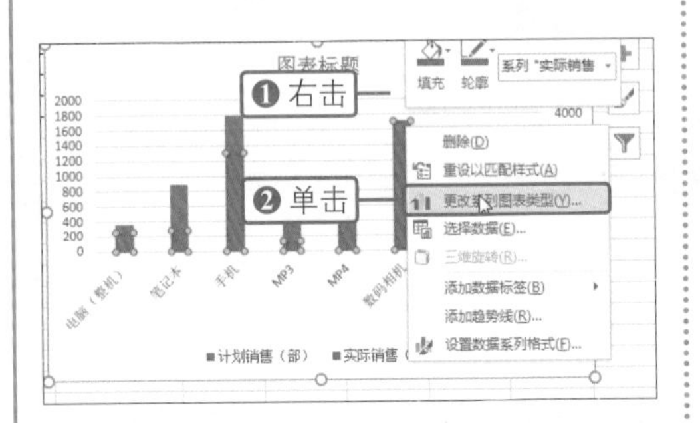

06 设置“更改图表类型”对话框

❶弹出“更改图表类型”对话框，设置“系列名称”为“实际销售（部）”的“图表类型”为“带数据标记的折线图”。❷然后单击“确定”按钮，如下图所示。

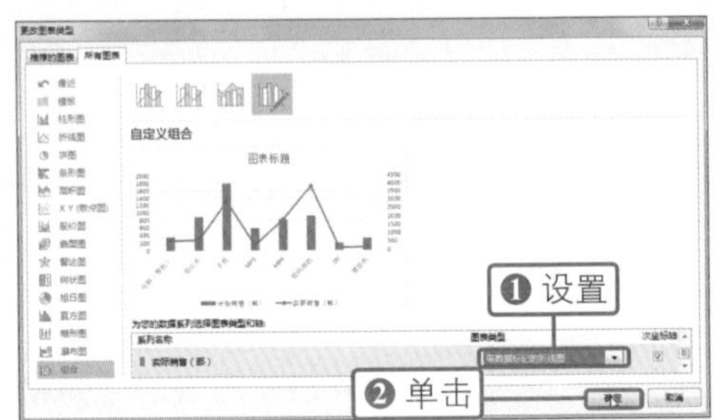

07 单击“设置坐标轴格式”命令

❶返回工作表，右击“垂直（值）轴”，❷在弹出的快捷菜单中单击“设置坐标轴格式”命令，如下图所示。

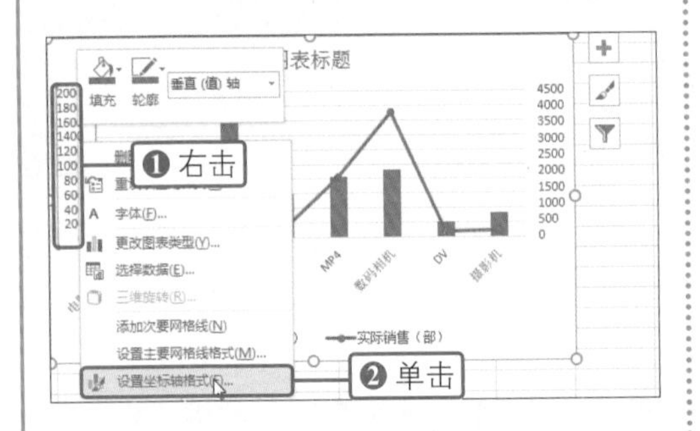

08 弹出“设置坐标轴格式”窗格

❶弹出“设置坐标轴格式”窗格，在“最大值”后的文本框中输入“4500”，❷最后单击“关闭”按钮，如下图所示。

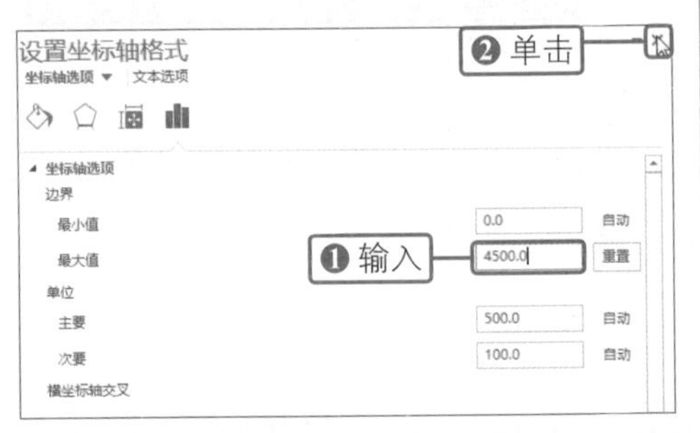

09 完成图表的操作

此时就完成了一个图表中显示两种类型图表的操作，返回工作表即可看到设置后的效果，如右图所示。

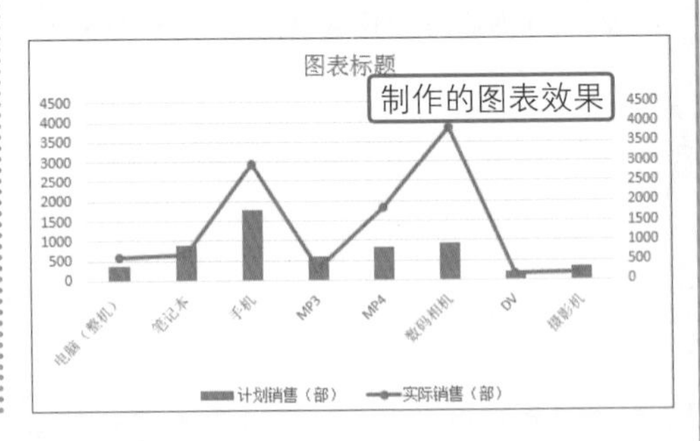

图表的应用

第10章

10

PowerPoint 2016新印象

PowerPoint 2016 也是 Office 2016 办公程序的一个办公组件，主要用于创建演示文稿。可有效帮助用户进行演讲、教学、产品演示等工作。用户通过 PowerPoint 可以及时与观众进行交流，有效沟通。

- 新建幻灯片
- 复制与删除幻灯片
- 对幻灯片进行分节处理
- 为幻灯片插入对象
- 设置幻灯片主题效果

10.1 新建幻灯片

新建PowerPoint演示文稿后，演示文稿中只有一张幻灯片，此时可根据需要在演示文稿中新建多张幻灯片，本节介绍两种常用的新建幻灯片的方法。

10.1.1 随机新建幻灯片

若对幻灯片的版式没有特定要求，可通过快捷键随机新建幻灯片，既简单又快捷。

01 选择要创建的幻灯片版式

打开空白演示文稿后，单击“开始”选项卡下“幻灯片”组中的“新建幻灯片”按钮，如下图所示。

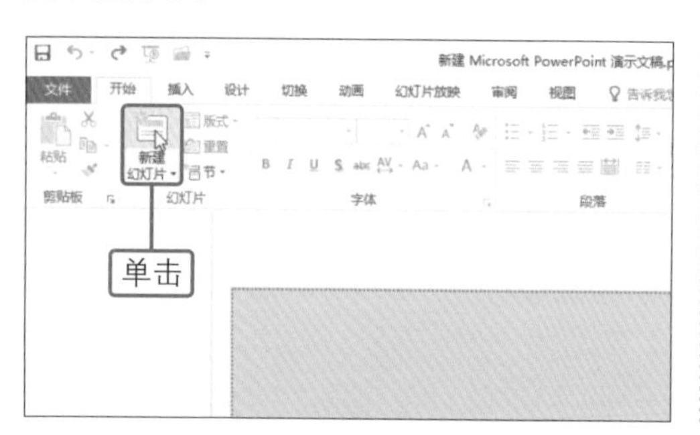

02 显示新建幻灯片的效果

经过以上操作，就可以在文稿中新建一张幻灯片，如下图所示。

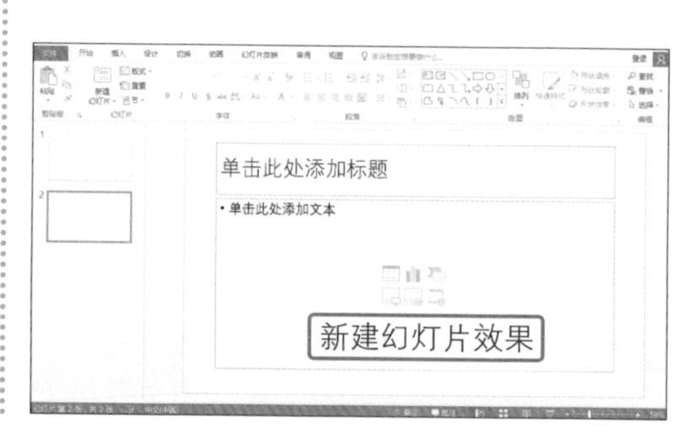

10.1.2 新建相应版式的幻灯片

在新建幻灯片时，如果对新建的幻灯片版式有特定的要求，可在创建幻灯片之前先选择要使用的幻灯片版式，具体操作步骤如下。

01 选择要创建的幻灯片版式

❶打开演示文稿，单击“开始”选项卡下“幻灯片”组中的“新建幻灯片”下三角按钮。❷在展开的幻灯片版式库中单击要创建的幻灯片版式“两栏内容”选项，如下图所示。

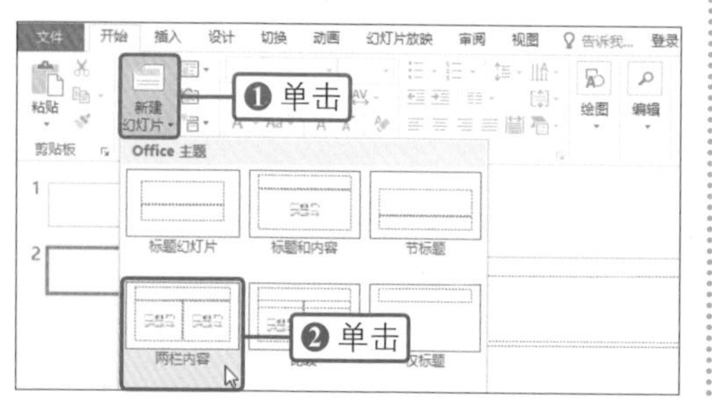

02 显示新建幻灯片的效果

经过以上操作，就可以在文稿中新建一张两栏版式的幻灯片，如下图所示。

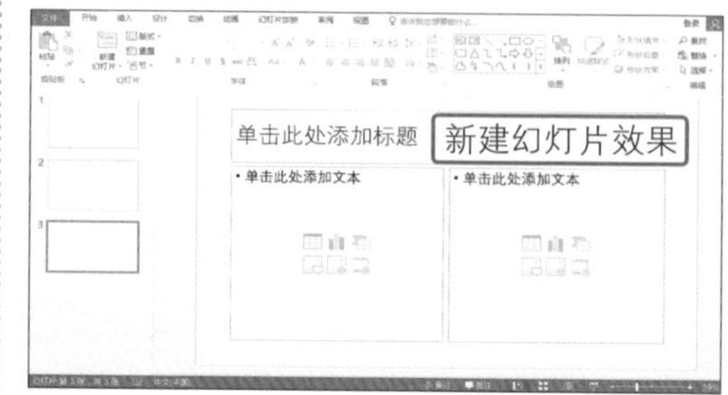

你问我答

问：随机新建了幻灯片后，却发现需要设置幻灯片版式怎么办？

答：已创建了幻灯片后，却发现需要对幻灯片的版式进行设置时，可通过更改幻灯片版式来完成。选中要更改版式的幻灯片，单击“开始”选项卡下“幻灯片”组中的“幻灯片版式”按钮，在展开的版式库中单击要使用的版式图标即可。

10.2 复制与删除幻灯片

制作演示文稿时，会对一些幻灯片进行重复使用，也可能会制作出一些不需要的幻灯片，遇到这些问题时，就需要使用复制与删除幻灯片命令来完成操作。

10.2.1 复制幻灯片

复制幻灯片是重新创建一张和目标幻灯片一模一样的幻灯片。在演示文稿中遇到需要重复使用的幻灯片，就可以使用该功能。

◎ 原始文件：下载资源\实例文件\第10章\原始文件\摄影展.pptx
◎ 最终文件：下载资源\实例文件\第10章\最终文件\摄影展.pptx

01 执行“复制幻灯片”命令

❶打开原始文件，在“幻灯片”窗格中右击要复制的幻灯片。❷在弹出的快捷菜单中单击“复制幻灯片”命令，如下图所示。

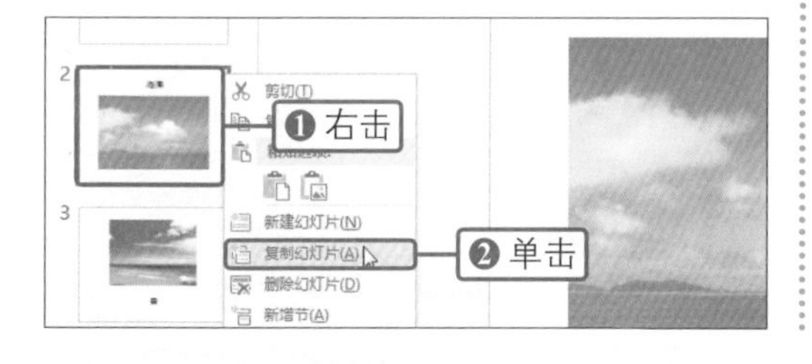

02 显示复制幻灯片的效果

经过以上操作，就完成了复制幻灯片的操作，在所选幻灯片下方即可看到复制的幻灯片，如下图所示。

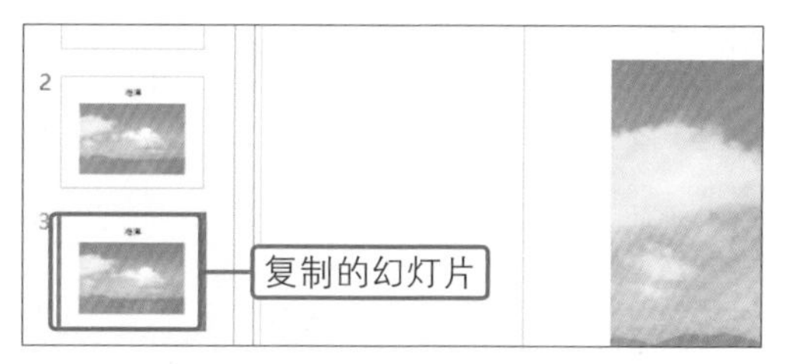

10.2.2 删除幻灯片

在编辑幻灯片的过程中，遇到不需要的幻灯片时，可直接将其删除，具体操作步骤如下。

技巧提示 如何选中多张幻灯片

在“幻灯片”窗格中，单击第一张幻灯片后按住【Shift】键不放，然后单击要选中的最后一张幻灯片，即可选中多张连续的幻灯片；若按住【Ctrl】键不放，然后依次单击要选中的每张幻灯片，则可选中多张非连续的幻灯片。

01 执行“删除幻灯片”命令

❶继续上例操作，在“幻灯片”窗格中右击要删除的幻灯片。❷在弹出的快捷菜单中单击“删除幻灯片”命令，如下图所示。

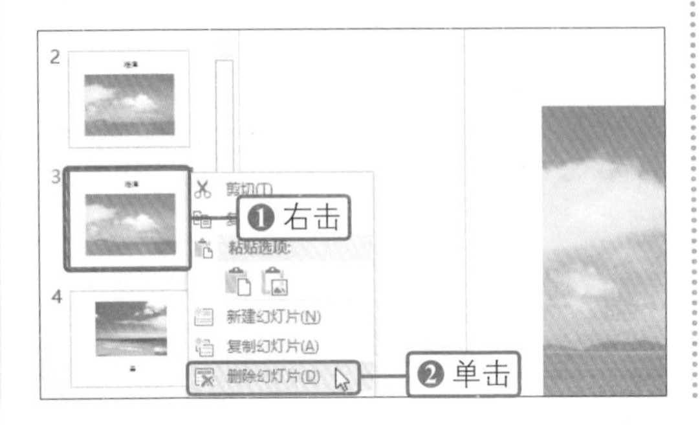

02 显示删除幻灯片的效果

经过以上操作，就完成了删除幻灯片的操作，返回演示文稿即可看到执行命令的幻灯片已经不存在了，如下图所示。

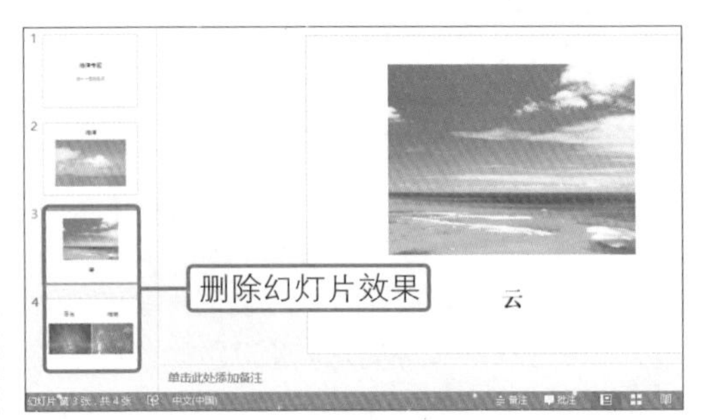

10.3 对幻灯片进行分节处理

在PowerPoint 2016中，“节”功能可以将一整篇演示文稿分为若干个小节，通过节的划分能使演示文稿的层次更加分明。

10.3.1 新增节

在默认的情况下，演示文稿中并没有进行节的划分，当演示文稿的内容较多，并且分为若干个部分时，可以手动对幻灯片添加节。

◎ 原始文件：下载资源\实例文件\第10章\原始文件\野生动物.pptx
◎ 最终文件：下载资源\实例文件\第10章\最终文件\野生动物.pptx

01 执行“新增节”命令

❶打开原始文件，右击“幻灯片”窗格中开始添加为节的第一张幻灯片。❷在弹出的快捷菜单中单击“新增节”命令，如下图所示。

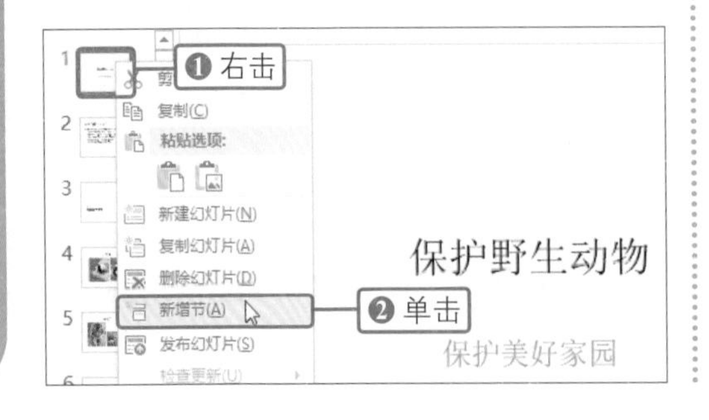

02 显示新增节效果

经过以上操作，就已为执行命令的幻灯片以及该幻灯片以下的所有幻灯片设置了一个节。需要新增下一个节时，再次执行步骤1的操作即可，如下图所示。

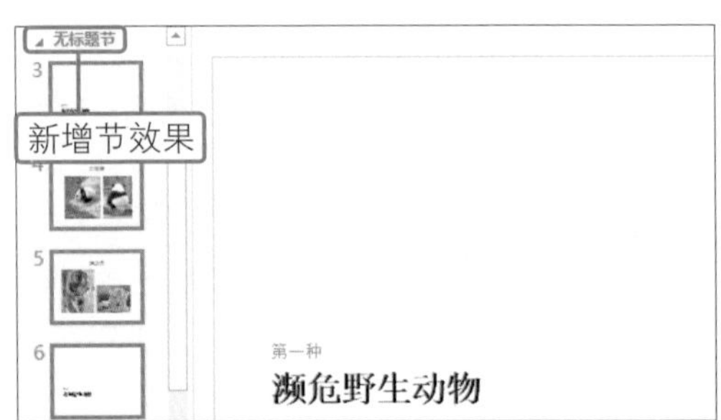

PowerPoint 2016 新印象

10.3.2 重命名节

创建节后，节的名称默认为“无标题节”，为了便于划分与管理，可对新增加的节进行重命名处理。

01 执行重命名命令

❶继续上例操作，右击“幻灯片”窗格中要重命名的节标题。❷在弹出的快捷菜单中单击“重命名节”命令，如下图所示。

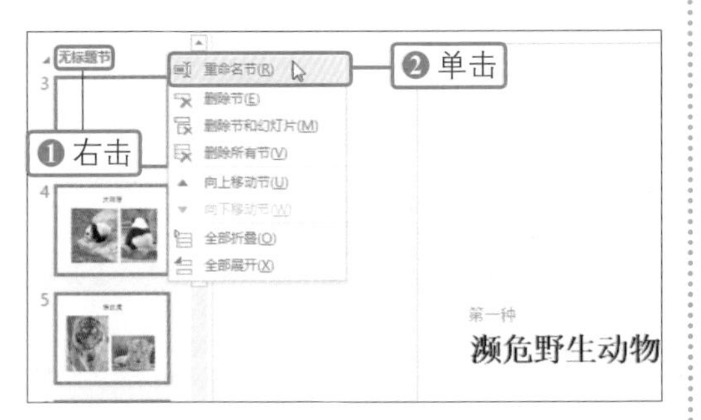

02 输入节的名称

❶弹出“重命名节”对话框，在“节名称”文本框中输入节的新名称。❷然后单击“重命名”按钮，如下图所示。

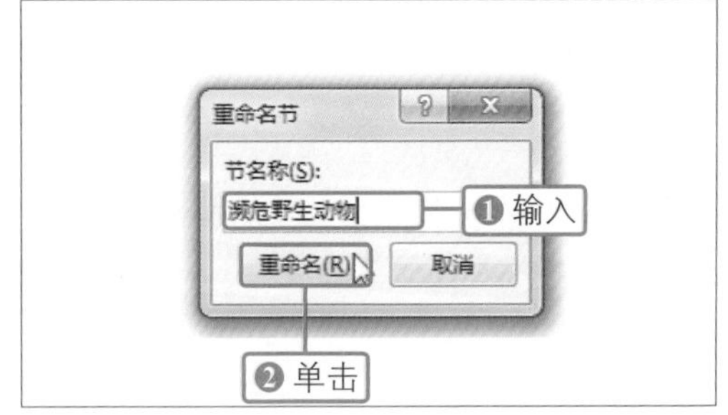

03 显示重命名节的效果

返回演示文稿，即可看到重命名后的效果，如右图所示。

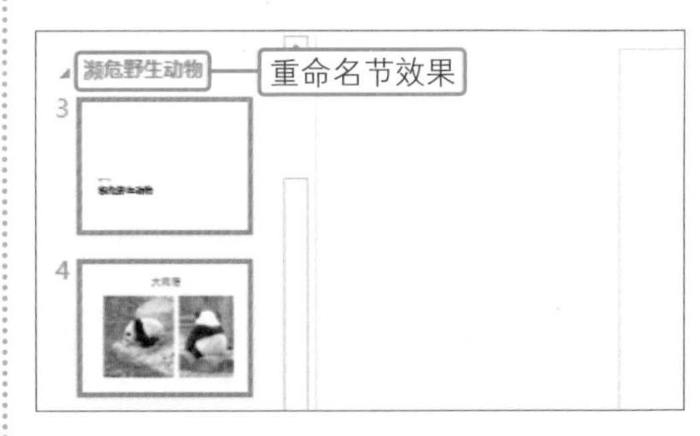

技巧提示　在选项卡下编辑节

本节中介绍的是使用快捷菜单完成节的编辑，也可以通过“开始”选项卡下“幻灯片”组中的“节”按钮来完成了新增节、重命名以及折叠节、删除节的操作。

10.3.3 折叠节

将幻灯片进行节的划分后，为了方便幻灯片的查看，可以将暂时不需要显示的小节折叠起来，需要查看时再将该小节展开。

01 折叠节

继续上例操作，需要折叠节时，单击“折叠节”按钮，如右图所示。

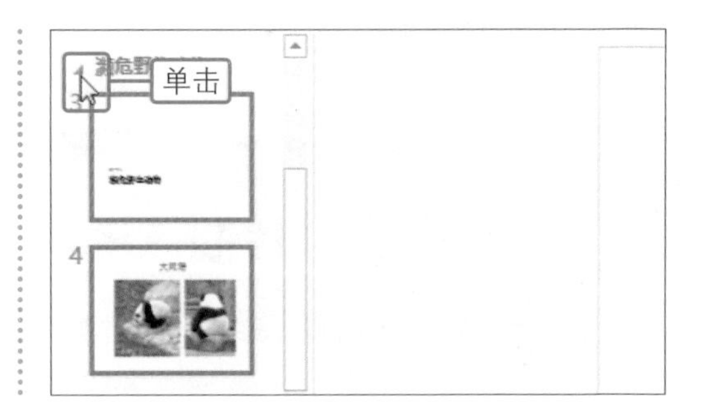

02 显示折叠效果

经过以上操作，就可以将该小节折叠起来，如右图所示。需要展开节时，单击“展开节”按钮即可。

10.3.4 删除节

对幻灯片进行分节后，却发现不需要对幻灯片进行分节处理时，可直接将所分的节删除，具体操作步骤如下。

01 执行“删除节”命令

❶继续上例操作，右击要删除的节标题。❷在弹出的快捷菜单中单击“删除节”命令，如下图所示。

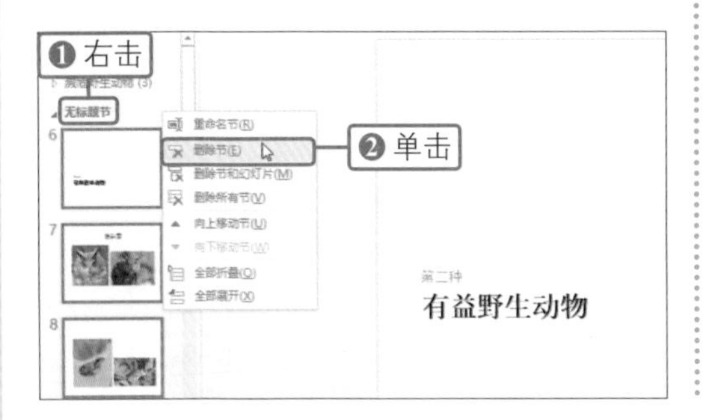

02 显示删除节效果

经过以上操作，就可以将所选择的节删除，所删除节中的内容将自动归到相邻的小节中，如下图所示。

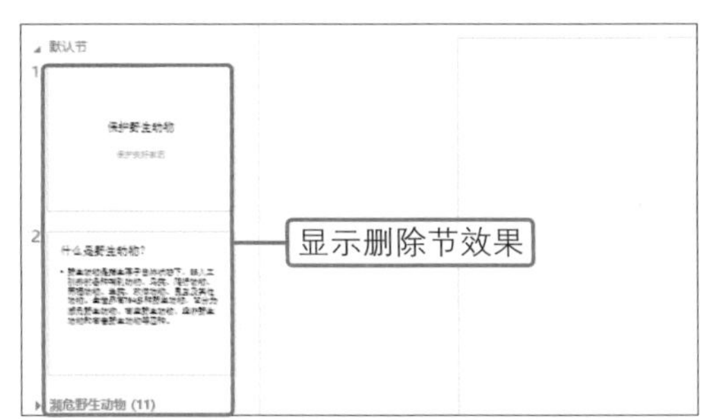

技巧提示　删除所有节

在执行删除节的操作时，如果需要将为幻灯片添加的所有节全部删除，可右击任意一个节标题，在弹出的快捷菜单中单击“删除所有节”命令，即可完成操作。

10.4 为幻灯片插入对象

为了增加演示文稿的丰富性与美观性，可为幻灯片添加不同的对象内容，本节就来介绍图片、视频文件以及音频文件三种对象的插入与设置方法。

10.4.1 为幻灯片插入图片

图片是描绘事物形态、特征的一种表现形式，为幻灯片插入图片可以起到图文并茂的作用，使演示文稿更加生动、活泼。

1. 使用功能按钮插入

需要为幻灯片添加图片对象时，如果幻灯片是空白的，没有任何占位符，可直接通过选项卡下的功能按钮来完成操作。

◎ 原始文件：下载资源\实例文件\第10章\原始文件\摄影展1.pptx、地球.bmp、海洋.bmp、海洋深处.mpg

◎ 最终文件：下载资源\实例文件\第10章\最终文件\摄影展1.pptx

01 选择目标幻灯片

打开原始文件，在“幻灯片”窗格中单击目标幻灯片，如下图所示。

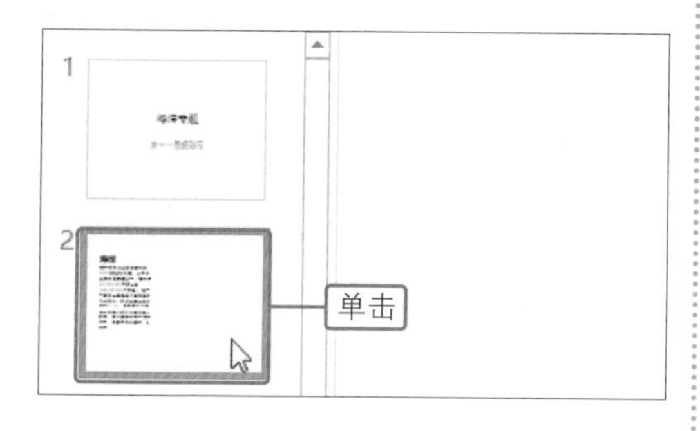

02 单击“插入”按钮

❶切换到“插入”选项卡。❷单击“图像”组中的“图片”按钮，如下图所示。

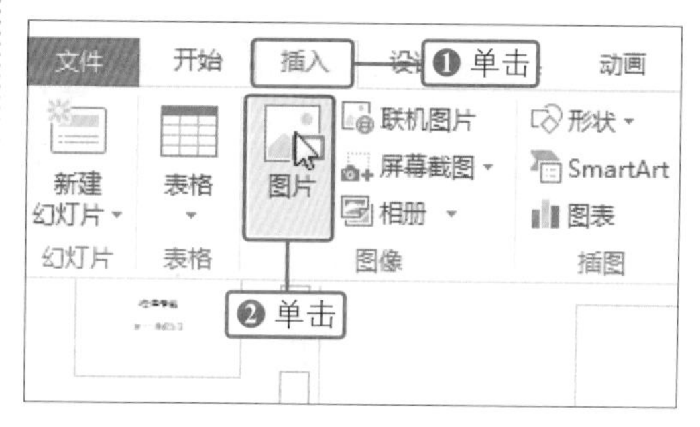

03 选择目标图片

弹出“插入图片”对话框，选中目标图片，如下图所示，然后单击“插入”按钮。

04 显示插入图片的效果

经过以上操作，就完成了为幻灯片插入图片的操作，返回演示文稿即可看到插入后的效果，如下图所示。

2. 通过占位符插入

在创建幻灯片时，如果幻灯片中有插入图片的占位符，可通过占位符来插入图片，这种方法的特点是快捷、高效。

补充知识

将图片插入到幻灯片后，可参照本书中第 3 章 3.1 节中的操作，对图片大小、艺术效果、样式等内容进行设置。

01 单击“插入图片”占位符

继续上例操作，选中要插入图片的幻灯片后，单击幻灯片中“插入图片”的占位符，如下图所示。

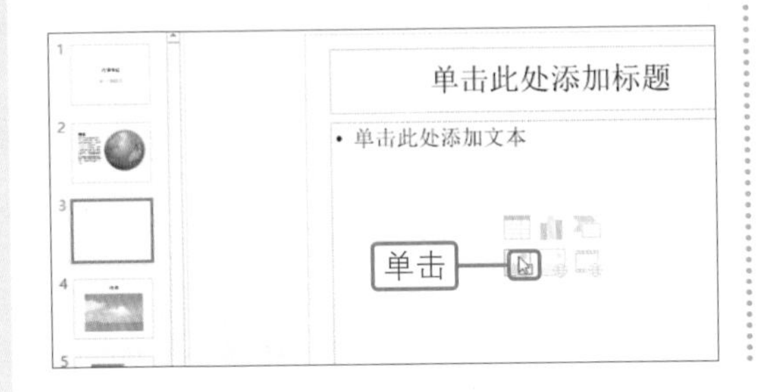

02 选择目标图片

弹出“插入图片”对话框，选中目标图片，如下图所示，然后单击“插入”按钮，就完成了插入图片的操作。

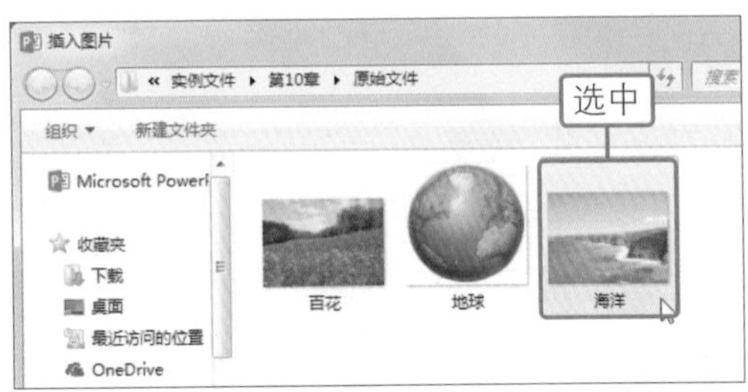

10.4.2 为幻灯片插入与设置视频文件

视频是指连续的图像变化超过每秒24帧画面以上时，看上去是平滑连续的视觉效果。在PowerPoint 2016中，将视频文件插入到幻灯片中后，还可对视频文件的外观效果、淡化效果进行设置，本小节将进行详细介绍。

1. 插入计算机中的视频文件

在PowerPoint 2016中插入视频文件时，可插入计算机、剪贴画中的视频，还可以插入网站中的视频，本例讲解插入计算机中的视频文件的具体操作步骤。

01 选择目标幻灯片

继续上例操作，在“幻灯片”窗格中单击目标幻灯片，如下图所示。

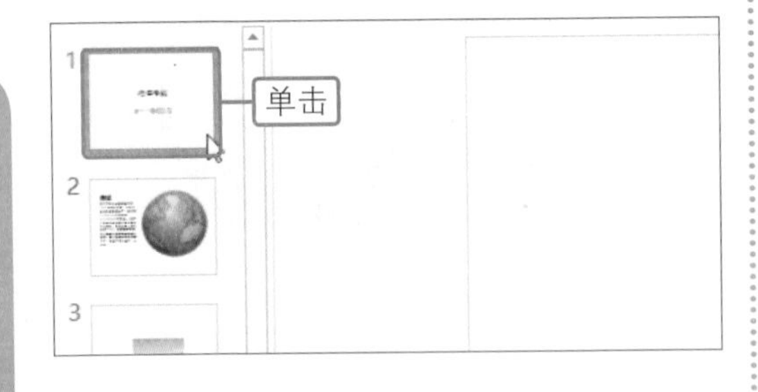

02 单击“文件中的视频”选项

❶单击“插入”选项卡下“媒体”组中的“视频”按钮。❷在展开的下拉列表中单击“PC上的视频”选项，如下图所示。

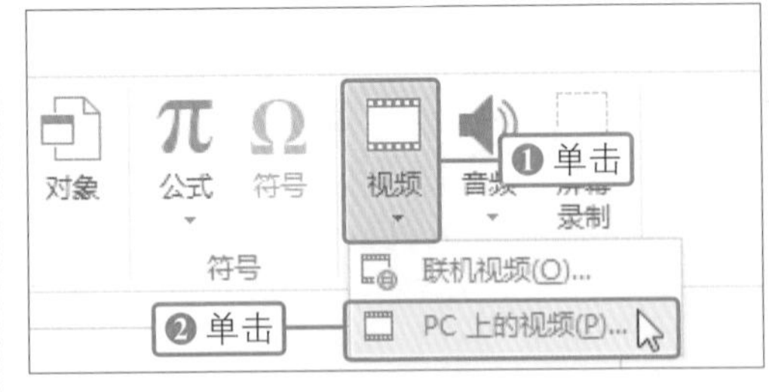

03 选择要插入的视频文件

弹出“插入视频文件”对话框，单击要插入的视频文件图标，如右图所示，然后单击“插入”按钮。

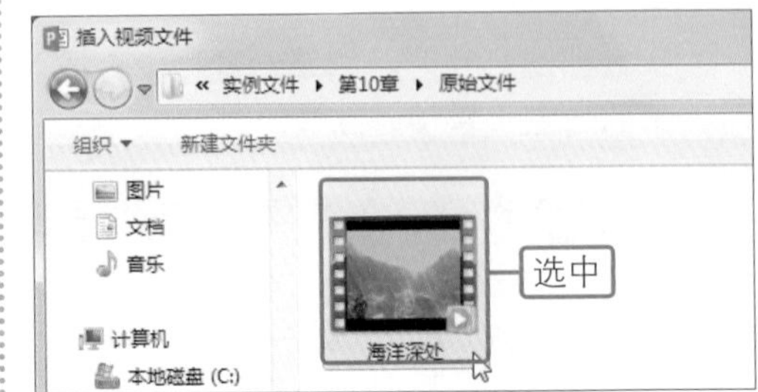

04 移动视频文件的位置

返回文稿中，即可看到插入的视频文件，将鼠标指针指向该文件，当鼠标指针变成十字双箭头形状时，拖动鼠标，将其移动到适当位置，如下图所示。

05 显示插入视频文件的效果

对照步骤4的操作，将视频文件与幻灯片中的标题框移动到合适位置后，就完成了插入视频文件的操作，如下图所示。

2. 设置视频文件外观效果

在PowerPoint 2016中，将视频文件插入到演示文稿后，为了演示文稿的美观，可对视频文件的形状、边框、效果等内容进行适当的设置。

01 设置视频文件形状

❶继续上例操作，选中目标视频文件后，切换到“视频工具-格式”选项卡。❷单击“视频样式”组中的“视频形状”按钮。❸在展开的形状库中单击“基本形状”组中“泪滴形”选项，如下图所示。

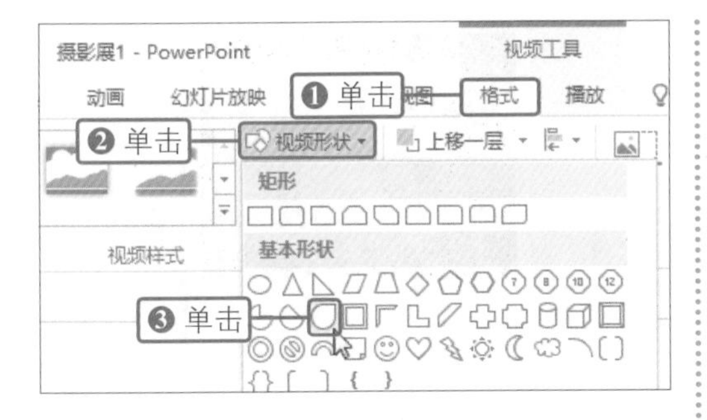

02 设置视频边框颜色

❶单击“视频样式”组中的“视频边框”按钮。❷在展开的颜色列表中单击“标准色>浅蓝”选项，如下图所示。

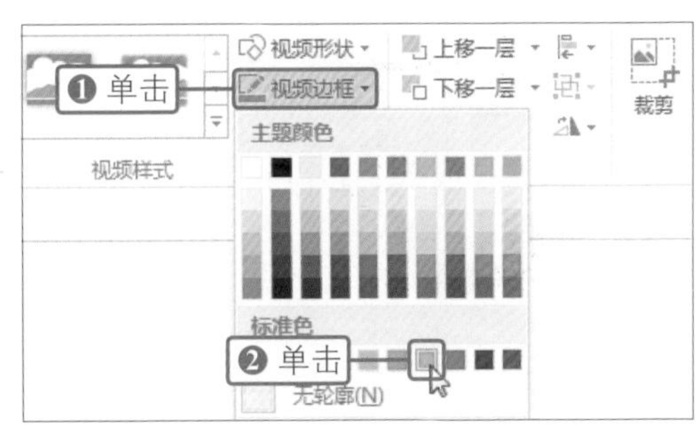

03 设置视频边框粗细

❶单击“视频样式”组中的“视频边框”按钮。❷在展开的列表中单击“粗细>6磅”选项，如右图所示。

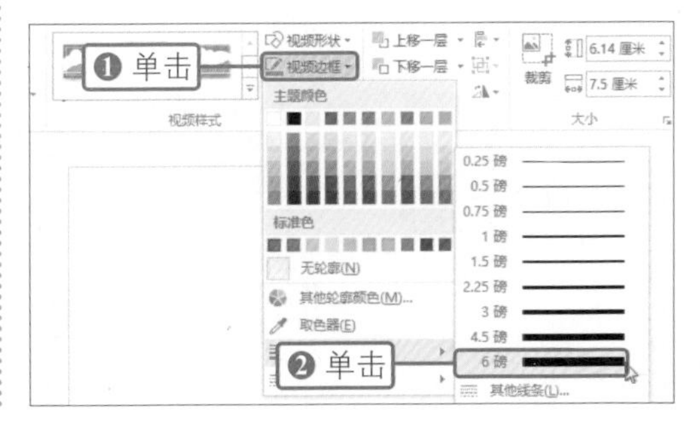

04 设置视频发光效果

❶单击“视频样式”组中的“视频效果”按钮。❷展开下拉列表后，单击“发光”选项，在展开的库中单击“水绿色，18pt发光，个性色5”选项，如下图所示。

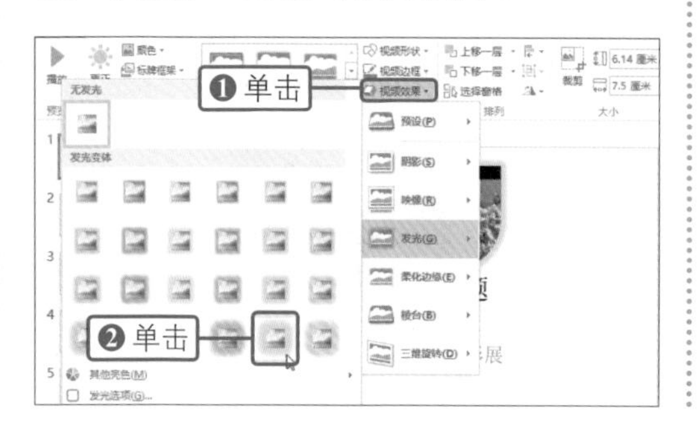

05 显示设置的视频外观效果

经过以上操作，就完成了对视频文件外观效果的设置操作，返回文稿中即可看到设置后的效果，如下图所示。

3. 剪辑视频文件

将视频文件插入到演示文稿中后，如果并不需要使用整个视频文件，而是只需要其中的一部分，可在PowerPoint 2016中对视频文件进行剪辑。

01 执行“修剪”命令

❶继续上例操作，右击要剪辑的视频文件图标。❷在弹出的快捷菜单中单击“修剪”命令，如下图所示。

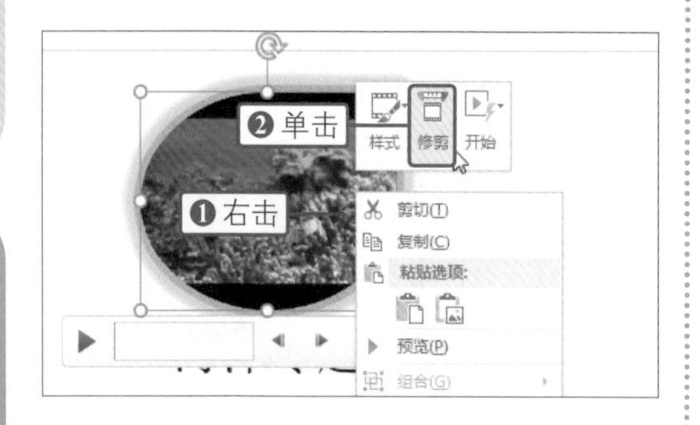

02 设置文件剪辑的大概位置

弹出“剪辑视频”对话框，将鼠标指针指向预览窗口下方时间标心中的修整拖柄，当指针变成⟛形状时，拖动鼠标，将修整拖柄调整到剪辑的大概位置，如下图所示。

03 设置文件剪辑的精确位置

设置好文件剪辑的大概位置后，单击“上一帧”按钮，将时间定位在4.414秒的位置处，如右图所示。

PowerPoint 2016 新印象

04 设置视频文件结束的位置

❶参照步骤2与步骤3的操作，将视频文件的结束位置拖动到11.367秒的位置。❷设置完毕后单击“确定”按钮，如下图所示。

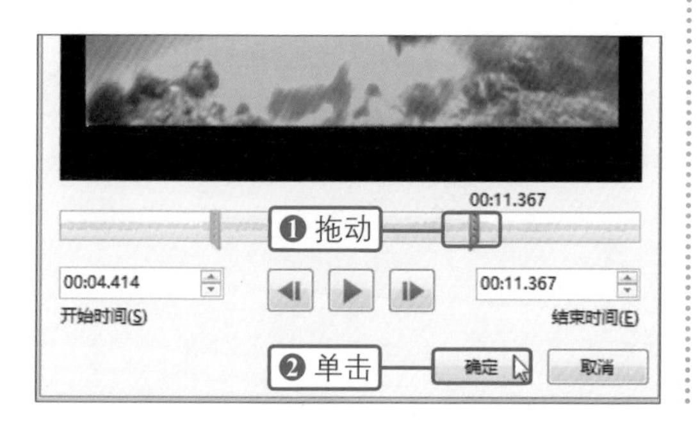

05 显示剪辑视频文件的效果

经过以上操作，就完成了视频文件的剪辑，返回文稿中可以看到视频文件的图标也随着文件的剪辑而发生了变化，效果如下图所示。

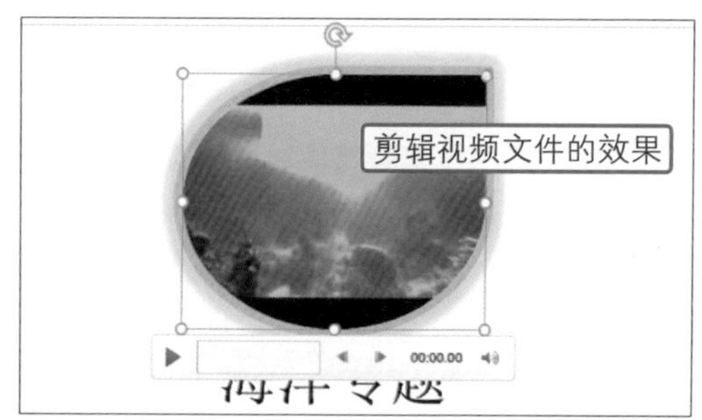

你问我答

问： 怎样观看视频文件？

答： 将视频文件插入到幻灯片中后，选中视频文件，在其下方可以看到一个工具栏，单击工具栏中第一个按钮，即“播放”按钮，即可对视频文件进行播放。或在选中视频文件后，切换到“音频工具-播放”选项卡下，单击“预览”组中的“播放”按钮，同样可以对视频文件进行播放。

第10章

4. 设置视频文件的淡化效果

淡化效果是对视频文件播放的一种过渡，在播放视频文件时，为了让观者在观看时有一个适应过程，会在视频的前几秒或后几秒有一个淡入或淡出的过程。在PowerPoint 2016中也提供了视频文件的淡化功能，只要对淡化的时间进行设置即可。

01 切换到“视频工具 - 播放”选项卡

❶继续上例操作，选中目标视频文件。❷切换到“视频工具-播放”选项卡，如下图所示。

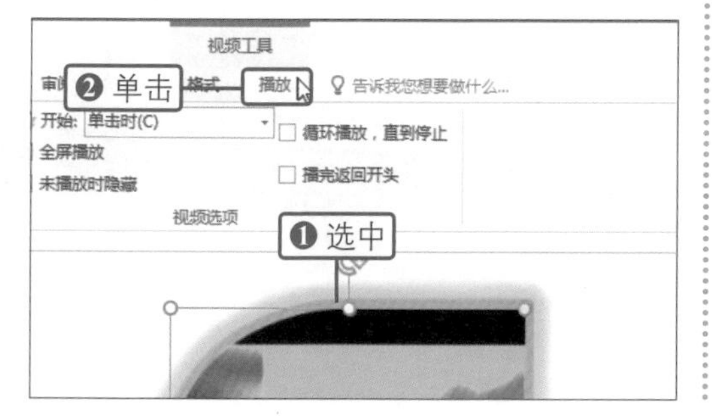

02 设置淡化时间

单击“编辑”组中“淡入”数值框右侧的上调按钮，将数值设置为“02:00”，即可完成淡入效果的设置，如下图所示。也可按照类似方法对淡出效果进行设置。

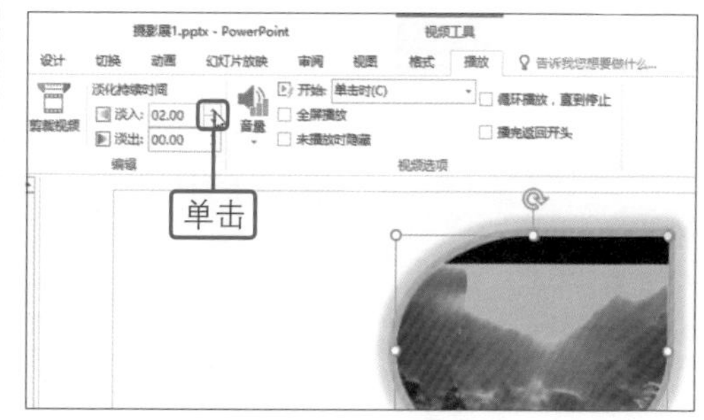

10.5 设置幻灯片主题效果

主题是作品内容的主体和核心，是作品主观性与客观性的体现，在PowerPoint 2016中，幻灯片的主题包括配色方案、字体以及效果三个方面。为了突出幻灯片的立意，也为了统一幻灯片风格，制作幻灯片时，可以为其应用适当的主题，并可以对套用的主题进行适当的更改。

10.5.1 套用程序预设主题样式

PowerPoint 2016在老版本的PowerPoint基础上新增了一些主题样式，使主题库的内容更加丰富，可以使用这些主题样式制作出更加精彩的幻灯片。

◎ 原始文件：下载资源\实例文件\第10章\原始文件\野生动物.pptx
◎ 最终文件：下载资源\实例文件\第10章\最终文件\野生动物2.pptx

01 单击“主题”框的快翻按钮

❶打开原始文件，切换到“设计”选项卡。❷单击“主题”组中的快翻按钮，如下图所示。

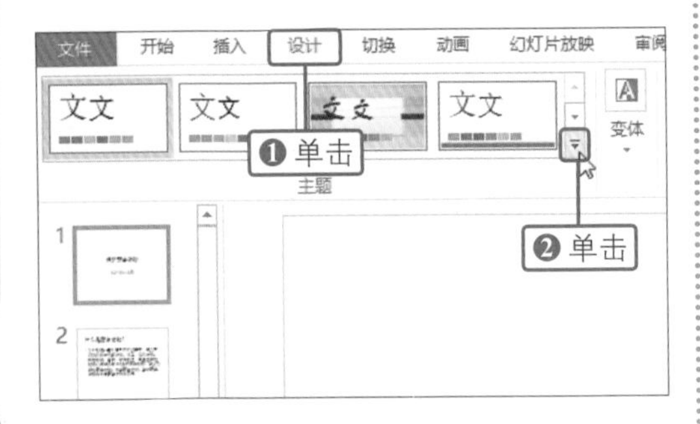

02 选择要套用的主题样式

在展开的主题样式库中单击要使用的主题“环保”，如下图所示。

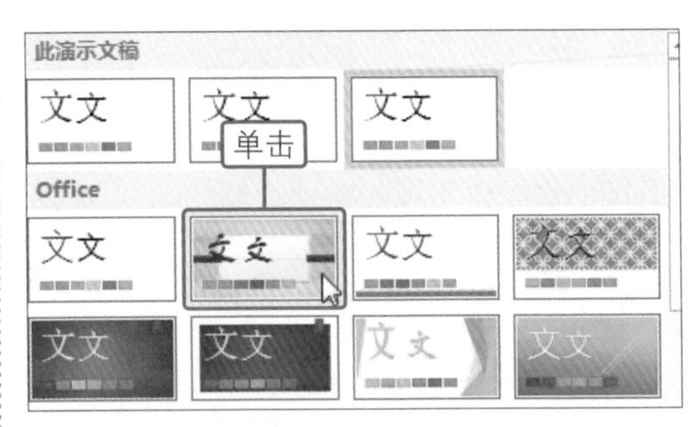

03 显示套用主题样式的效果

经过以上操作，就完成了为幻灯片套用主题样式的操作，返回文稿中即可看到套用后的效果，如右图所示。

10.5.2 更改主题颜色、字体与效果

为演示文稿应用了主题样式后，可以根据需要，对幻灯片主题的颜色、字体及效果进行修改，制作出更加精致、美观的幻灯片。

01 单击“变体”框的快翻按钮

继续上例操作，单击“设计”选项卡下“变体”组中的快翻按钮。

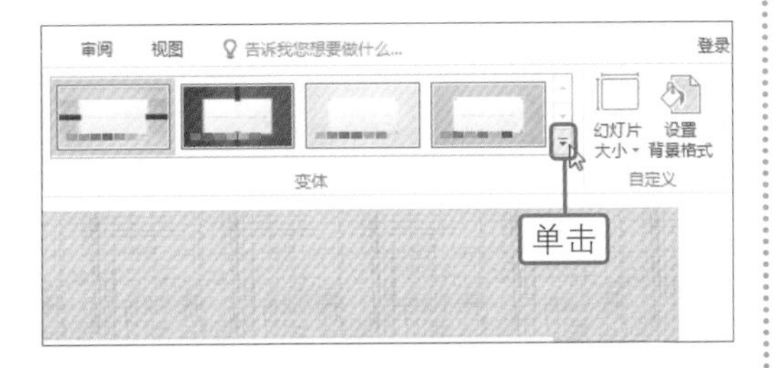

02 设置主题颜色

❶在展开的列表中单击“颜色”选项。❷展开下拉列表后，单击“黄绿色”选项，如下图所示。

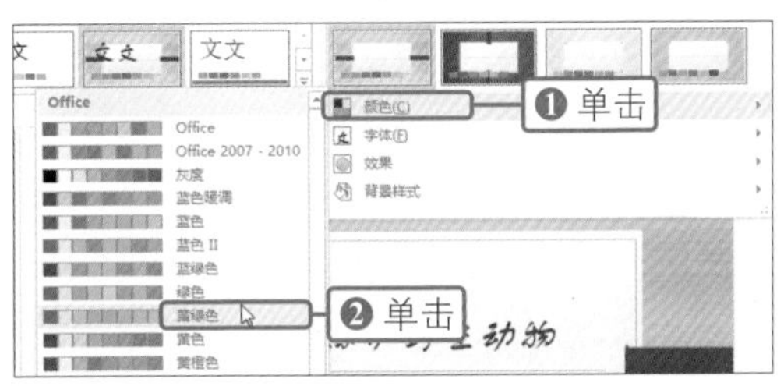

03 单击“变体”框的快翻按钮

设置了主题的颜色后，继续单击“变体”组中的快翻按钮。

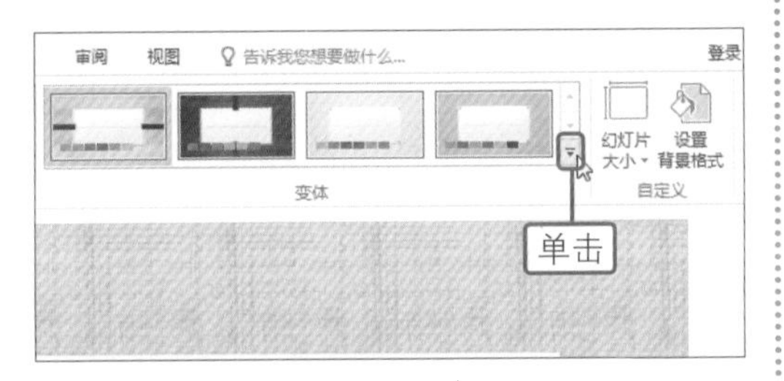

04 设置主题字体

❶在展开的列表中单击“字体”选项。❷展开下拉列表后单击“幼圆-宋体”选项，如下图所示。

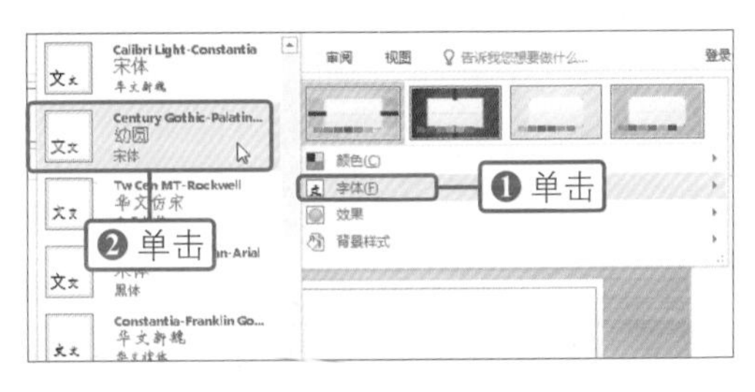

05 设置主题效果

❶同“步骤1”和“步骤3“的操作，在展开列表中单击“效果”按钮。❷展开下拉列表后，单击“光面”图标，如下图所示。

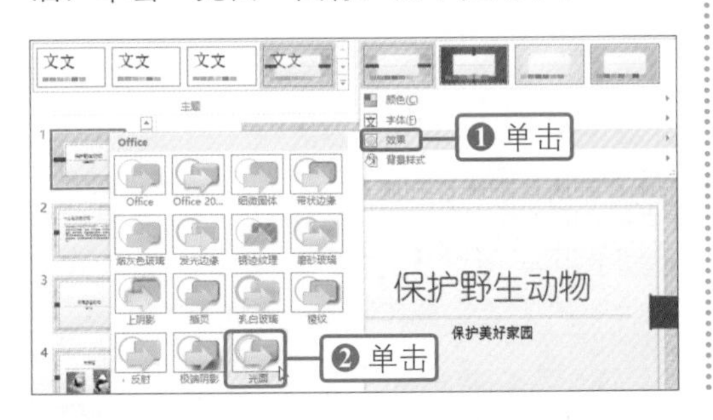

06 显示修改主题后的效果

经过以上操作，就完成了更改主题颜色、字体以及效果的操作，返回文稿即可看到设置后的效果，如下图所示。

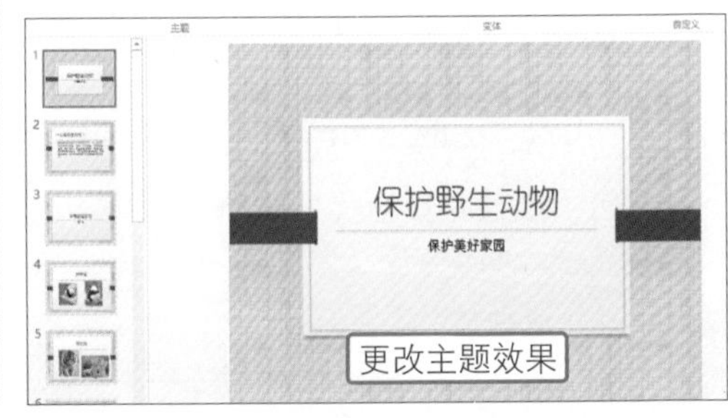

知识进阶 更改幻灯片背景效果

为演示文稿应用了主题后，所有幻灯片都会根据主题应用相应的设置，如果需要为每张幻灯片都应用不同的背景，可单独对幻灯片的背景进行设置。设置时，可根据需要设置渐变填充、纹理填充或是图案填充。

扫码看视频

第10章

◎ 原始文件：下载资源\实例文件\第10章\原始文件\花卉推广.pptx、百花.bmp
◎ 最终文件：下载资源\实例文件\第10章\最终文件\花卉推广.pptx

01 选中幻灯片背景

打开原始文件，在“幻灯片”窗格中单击要设置背景的幻灯片，如下图所示。

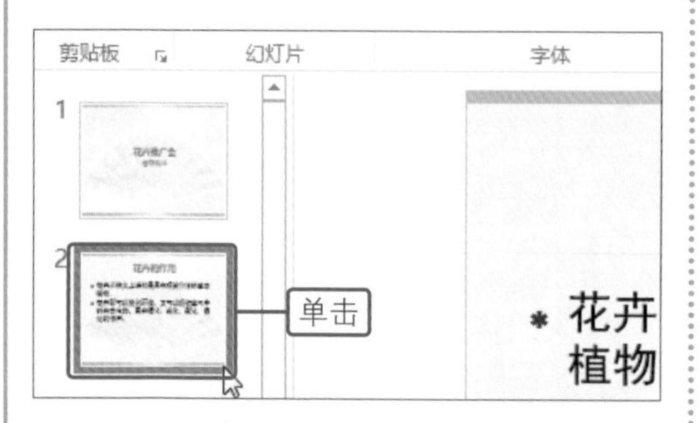

02 单击“设置背景格式”命令

❶右击幻灯片背景区域，❷弹出的快捷菜单中单击“设置背景格式”命令，如下图所示。

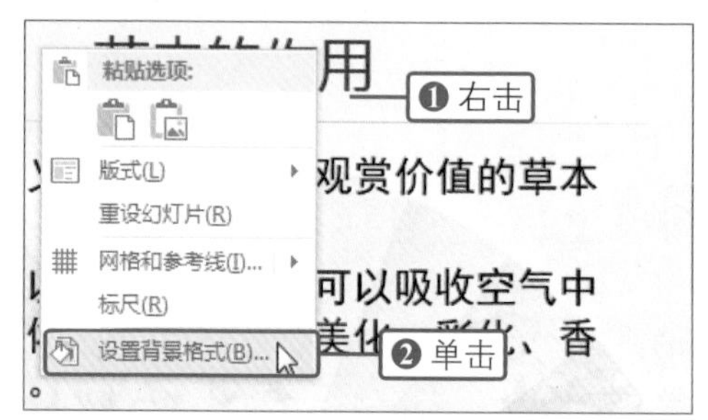

03 设置“设置背景格式”窗格

弹出“设置背景格式”窗格，单击“填充”下方的“文件”按钮，如下图所示。

04 单击“插入”按钮

弹出“插入图片”对话框，选中设为背景的图片，如下图所示，单击“插入”按钮。

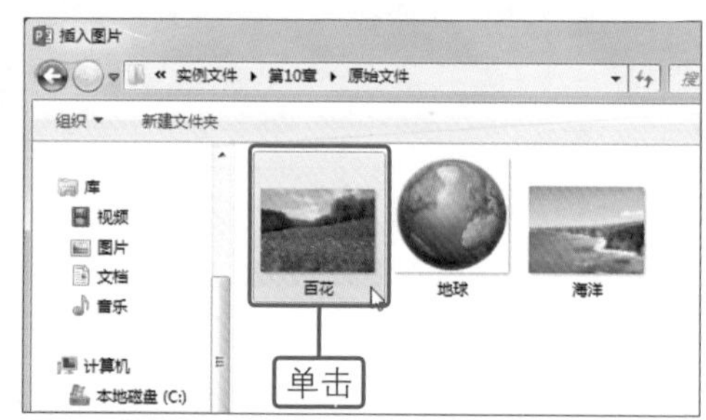

05 设置“透明度”选项

❶返回“设置背景格式”窗格，设置“透明度”为“54%”。❷单击“关闭”按钮，如下图所示。

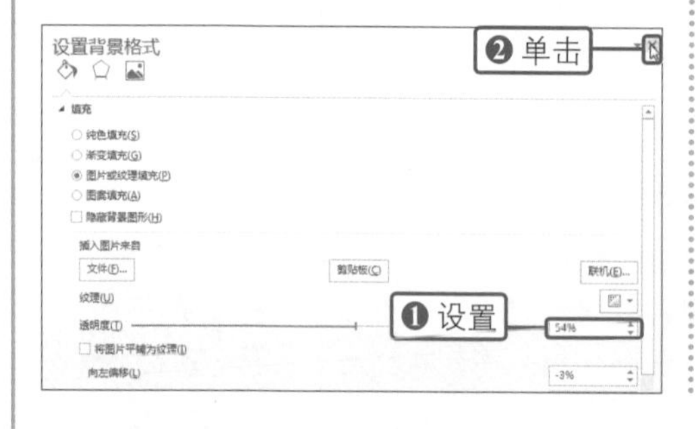

06 完成幻灯片背景的设置

自定义设置幻灯片背景的效果如下图所示。按照类似的操作，可为幻灯片设置纹理、图案、渐变等其他填充方式。

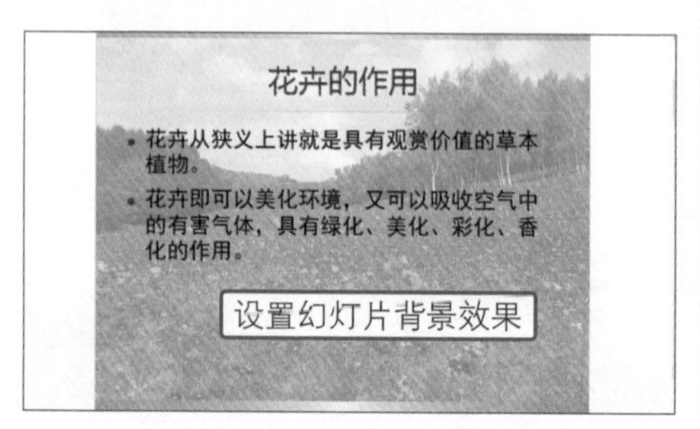

第11章

11

演示文稿的动态效果

演示文稿的主要特点中包括动画的多样性和强大的多媒体展示功能，通过动态效果可以体现出幻灯片良好的交互功能和演示效果。为演示文稿设置了动态效果后，只要执行播放操作，程序将会自动对文稿进行从头到尾的播放。本章将对幻灯片切换效果、幻灯片中各对象的动画效果、触发器以及动画刷等内容的设置与使用进行介绍。通过本章的学习，读者可以为PowerPoint演示文稿赋予动态、生动的效果。

- 设置幻灯片之间的切换效果
- 为幻灯片内的对象添加动画效果
- 高级动画的使用
- 设置动画效果

11.1 设置幻灯片之间的切换效果

幻灯片之间的切换效果通俗地说就是一张幻灯片过渡到另一张幻灯片的动画效果。为了使幻灯片的切换效果更加丰富多彩，PowerPoint 2016中提供了切换声音。本节就来介绍为幻灯片设置切换效果与切换声音的操作。

11.1.1 设置“切换到此幻灯片”的动画

PowerPoint 2016提供了细微型、华丽型、动态内容三个类型的切换动画，可根据需要，为每张幻灯片应用不同的切换效果。

◎ 原始文件：下载资源\实例文件\第11章\原始文件\花卉推广.pptx
◎ 最终文件：下载资源\实例文件\第11章\最终文件\花卉推广.pptx

01 单击快翻按钮

❶打开原始文件，单击要设置切换效果的幻灯片。❷切换到“切换”选项卡。❸单击“切换到此幻灯片”组中的快翻按钮，如下图所示。

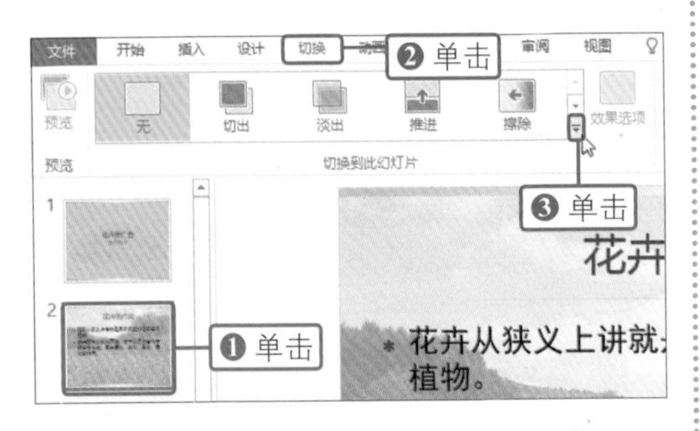

02 选择要使用的切换效果

展开“切换到此幻灯片”样式库后，单击“华丽型”组中的“涟漪”图标，如下图所示。

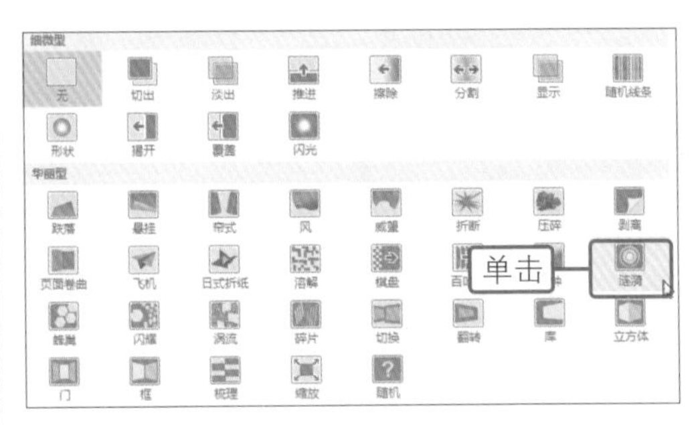

03 显示应用幻灯片切换的效果

经过以上操作，就完成了为幻灯片设置切换效果的操作。应用后，幻灯片会自动按切换效果进行播放，如右图所示。

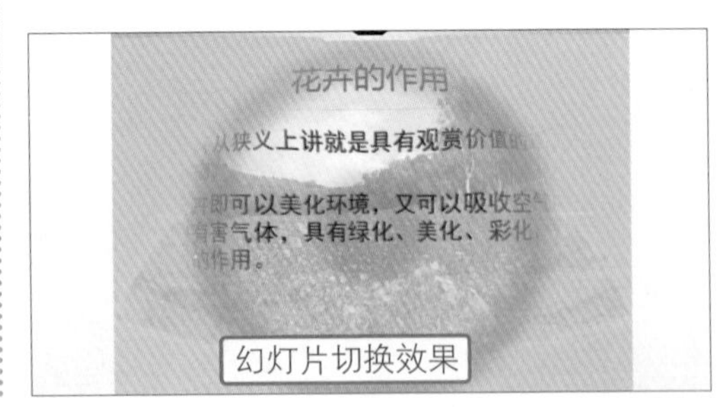

11.1.2 更改动画的效果选项

为幻灯片添加了切换效果后，为了确保切换的效果，可对切换效果的方向、位置等内容进行设置，对动画效果进行更改。

01 设置动画效果的方向

❶继续上例操作，为幻灯片选择了切换效果后，单击“切换到此幻灯片”组中的“效果选项”按钮。❷在展开的下拉列表中单击“从左上部”选项，如下图所示。

02 显示更改动画效果选项的效果

经过以上操作，就完成了更改幻灯片动画效果的操作。更改后，幻灯片会自动对切换效果进行播放，如下图所示。

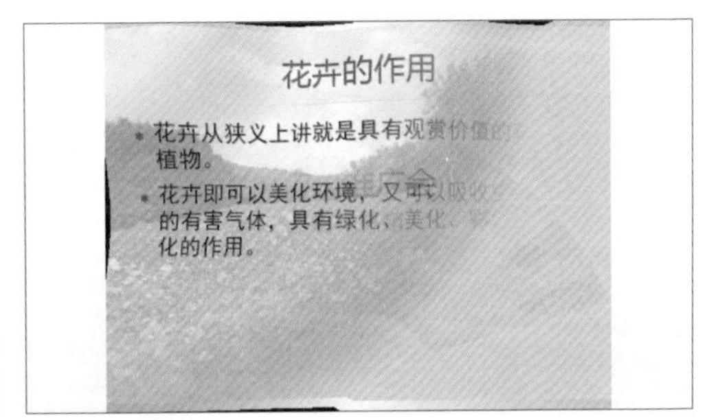

11.1.3 设置幻灯片切换的声音效果

PowerPoint提供了19种声音效果。为了增加演示文稿的多样性，可以在为幻灯片设置了切换的动画效果后，再为其设置切换的声音效果，并对声音效果持续的时间进行设置。

01 设置动画声音

❶继续上例操作，添加了切换效果后，单击“计时”组中“声音”框右侧的下三角按钮。❷在展开的下拉列表中单击“风铃”选项，完成动画声音的设置，如下图所示。

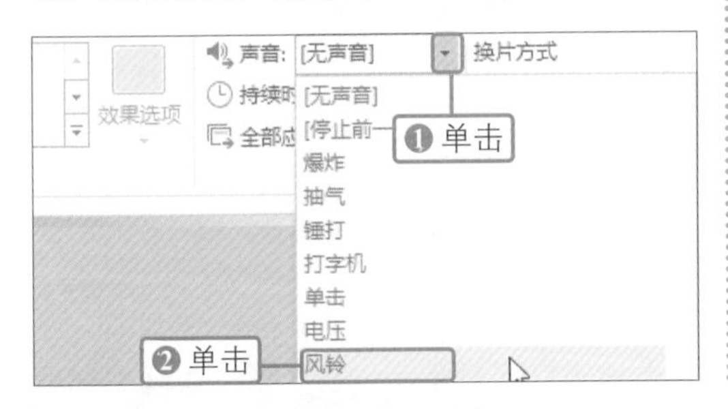

02 设置声音的持续时间

单击“计时”组中“持续时间”数值框右侧的上调按钮，将数值设置为“02.00”，就完成了设置声音持续时间的操作，如下图所示。

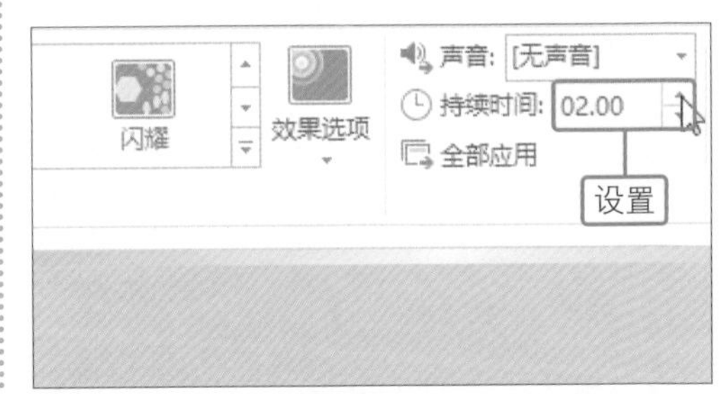

第11章

你问我答

问：需要为演示文稿中所有幻灯片应用一种切换效果时，如何快速完成？

答：在其中一张幻灯片中设置好切换效果后，单击“计时”组中的“全部应用”按钮，即可为所有幻灯片应用该设置效果。

11.1.4 更改幻灯片的切换方式

幻灯片的切换方式有两种，分别是手动和自动，在默认的情况下，幻灯片的切换方式为手动，可根据需要对切换的方式以及切换的时间间隔进行设置。

01 选择换片方式

❶继续上例操作，取消勾选“计时”组中的“单击鼠标时”复选框。❷勾选该组的“设置自动换片时间”复选框，如下图所示。

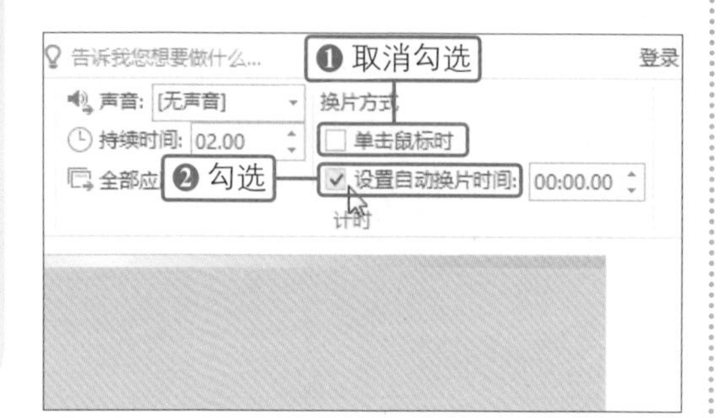

02 设置换片时间

选择了换片方式后，单击“设置自动换片时间”数值框右侧的上调按钮，将数值设置为“00:20.00”，就完成了将幻灯片的切换方式更改为自动换片的操作，如下图所示。

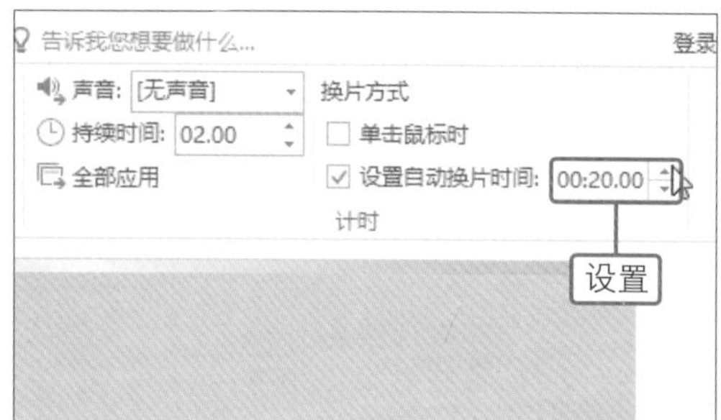

11.2 为幻灯片内的对象添加动画效果

每张幻灯片中会包括文字、图片等多种不同的对象，为演示文稿设置动态效果时，可分别为这些对象应用进入、强调、退出以及路径四种类型的动画效果。

11.2.1 为对象应用列表内的动画效果

PowerPoint 2016中有很多种动画效果，并将一些常用的动画效果添加到了“动画”列表内，可直接应用。

◎ 原始文件：下载资源\实例文件\第11章\原始文件\摄影展.pptx

◎ 最终文件：下载资源\实例文件\第11章\最终文件\摄影展.pptx

01 选中目标对象

打开原始文件，单击目标幻灯片中要设置动画效果的对象，如下图所示。

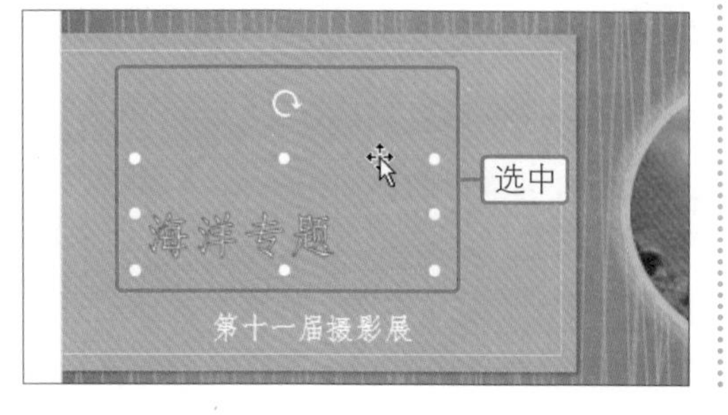

02 单击“动画”框的快翻按钮

❶选择了目标对象后，切换到“动画”选项卡。❷单击“动画”组中的快翻按钮，如下图所示。

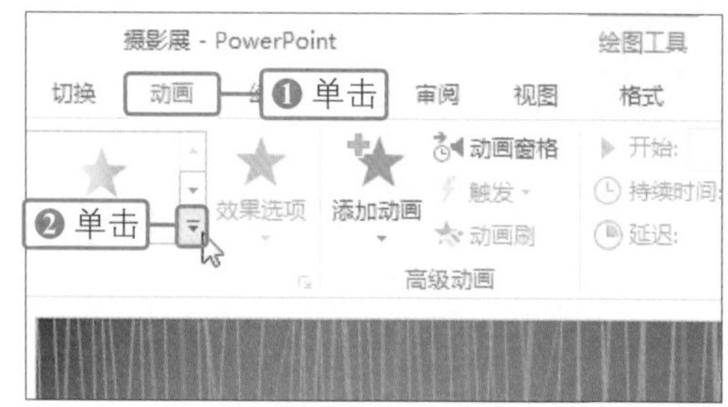

03 选择要使用的动画效果

展开动画库后，单击“进入”组中的“缩放”选项，如下图所示。

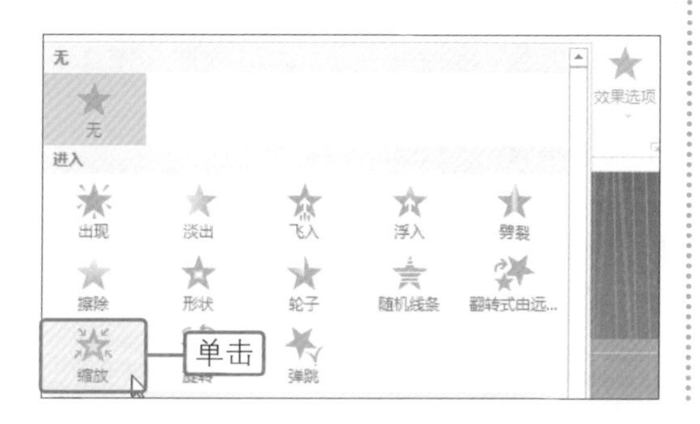

04 显示应用的动画效果

经过以上操作，就完成了为幻灯片中的对象应用动画列表框内动画效果的操作，应用动画效果后，程序会显示动画编号，并自动对应用后的效果进行播放，如下图所示。

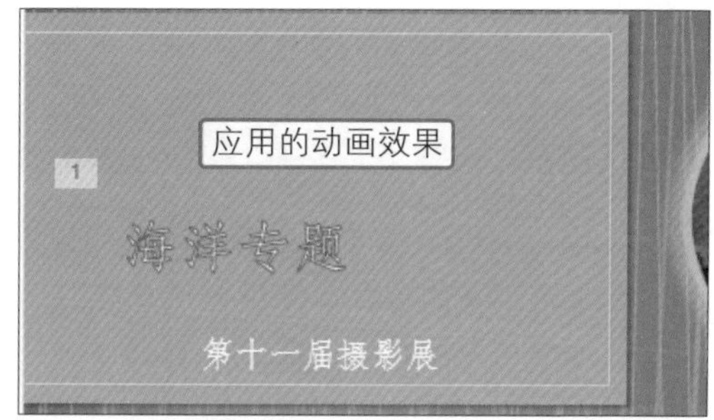

11.2.2 通过对话框为对象添加动画效果

需要为对象添加多种效果时，可通过“添加动画”功能来完成操作。除了“动画”列表框内的动画外，PowerPoint 2016中还有很多种动画效果，要为对象应用更多动画效果时，可通过对话框来完成设置。

01 单击“添加动画”按钮

❶继续上例操作，单击目标幻灯片中要设置动画效果的对象。❷切换到“动画”选项卡。❸单击“添加动画”按钮，如下图所示。

02 单击“更多强调效果”选项

在展开的“添加动画”列表框中单击“更多强调动画”选项，如下图所示。

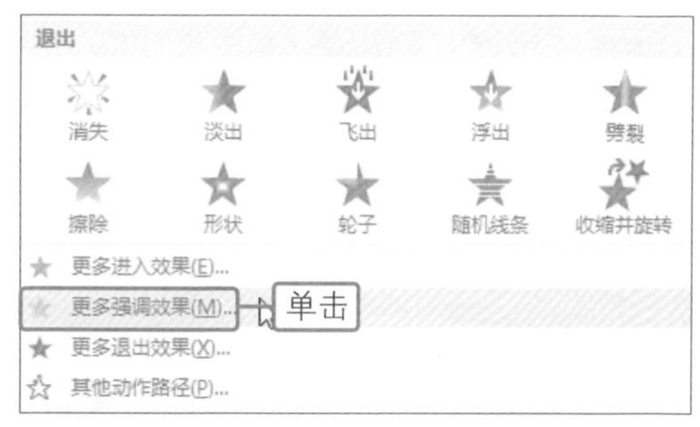

03 选择要使用的动画

❶弹出“添加强调效果”对话框，单击“温和型”组中的“彩色脉冲”选项。❷然后单击“确定”按钮，如右图所示。

04 显示添加的动画效果

经过以上操作，就完成了通过对话框为幻灯片中的对象应用动画效果的操作，如右图所示。

11.2.3 为多个对象同时添加同一种动画

在设置幻灯片中各对象的动画效果时，需要为多个对象应用同一种动画时，可先同时选中要设置动画的对象，然后再选择要应用的动画效果。

01 选中目标对象

继续上例操作，按住【Ctrl】键不放，依次单击要设置同一动画效果的对象，如下图所示。

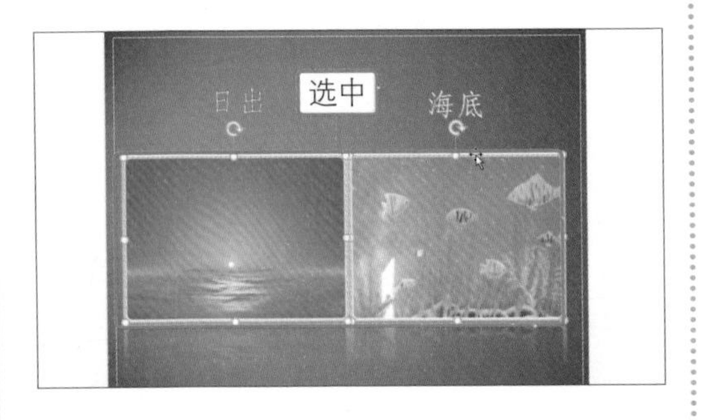

02 单击“动画”组的快翻按钮

❶选择了目标对象后，切换到“动画”选项卡。❷单击“动画”组中的快翻按钮，如下图所示。

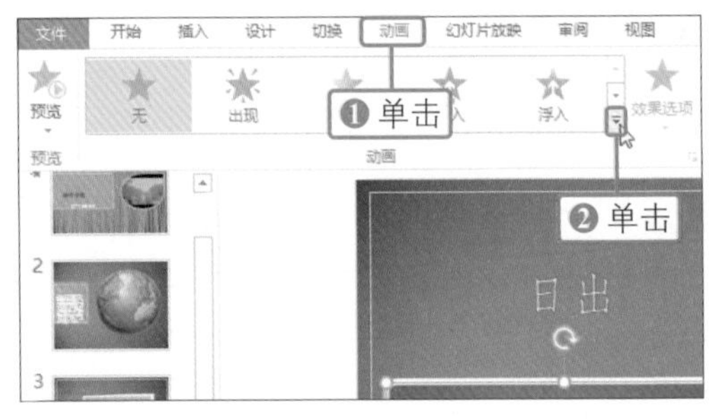

03 选择要使用的动画效果

在展开的动画库中单击“进入”组中的“轮子”选项，如下图所示。

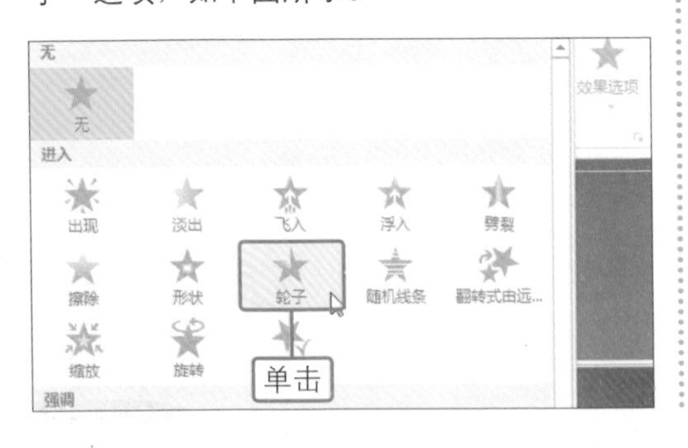

04 显示添加的动画效果

经过以上操作，完成了为幻灯片中多个对象同时应用同一种动画效果的操作，如下图所示。

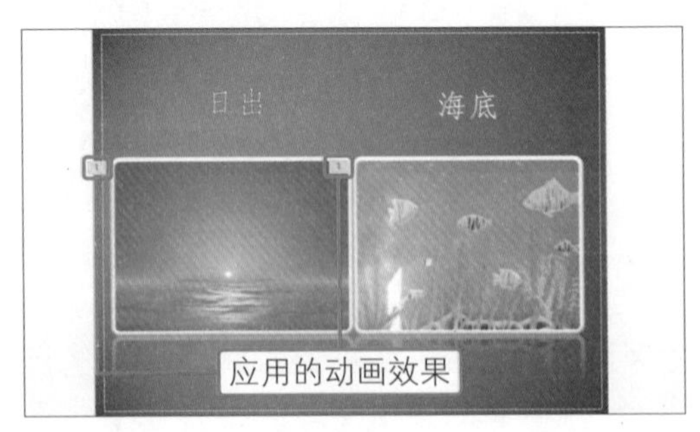

技巧提示　为对象的动画效果设置开始方式与持续时间

需要为对象所应用的动画效果设置开始方式与持续时间时，可在“动画”选项卡下“计时”组中完成设置，设置方法可参照 11.1.4 节中的操作。

11.2.4 为对象添加路径效果

动作路径功能允许为某个对象指定一条移动路线，在指定移动路径时，可以直接选择PPT中预设的路径，也可以自己动手绘制出需要的路径。

1. 使用程序预设路径

PowerPoint 2016提供了基本、直线和曲线、特殊三种类型的路径样式，可以直接使用这些预设路径。

01 单击“动画”组的快翻按钮

❶继续上例操作，单击目标幻灯片中要设置动画效果的对象。❷单击“动画”选项卡下“动画”组中的快翻按钮，如下图所示。

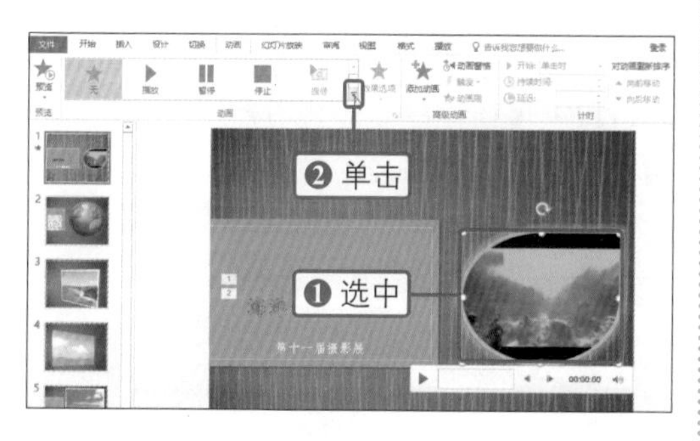

02 单击“其他动作路径”选项

在展开的“动画”列表框中单击“其他动作路径”选项，如下图所示。

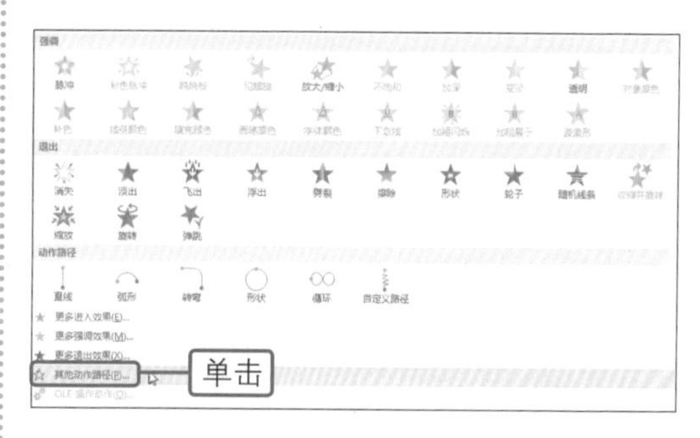

03 选择要使用的路径

❶弹出“更改动作路径”对话框，单击“直线和曲线”组中的“向左弯曲”选项。❷然后单击“确定”按钮，如下图所示。

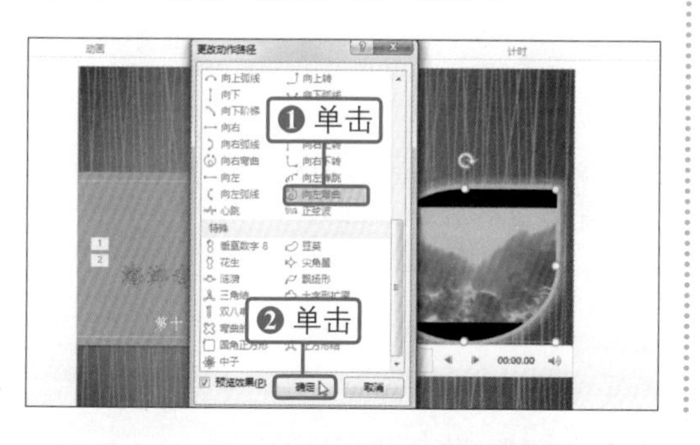

04 显示添加的动作路径效果

至此，已完成了为幻灯片中的对象应用动作路径的操作。返回演示文稿，即可看到该对象中添加的路径图标，如下图所示。

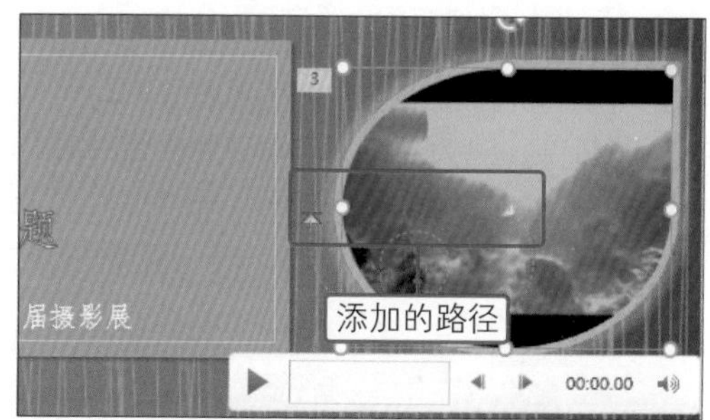

补充知识

为对象添加了动画效果后，需要手动对应用的动画效果进行预览时，单击“动画”选项卡下“预览”组中的“播放”按钮即可。

2. 自定义设置运动路径

要设置PowerPoint 2016中没有提供的路径时，可直接对动作路径进行自定义设置。

01 单击“动画”组的快翻按钮

❶继续上例操作，单击目标对象。❷单击“动画”选项卡下“动画”组中的快翻按钮，如下图所示。

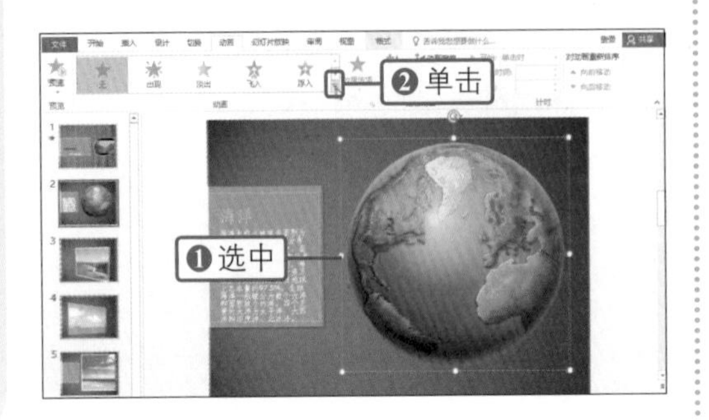

02 单击“自定义路径”选项

在展开的“动画”列表框中，单击“动作路径”组中的“自定义路径”选项，如下图所示。

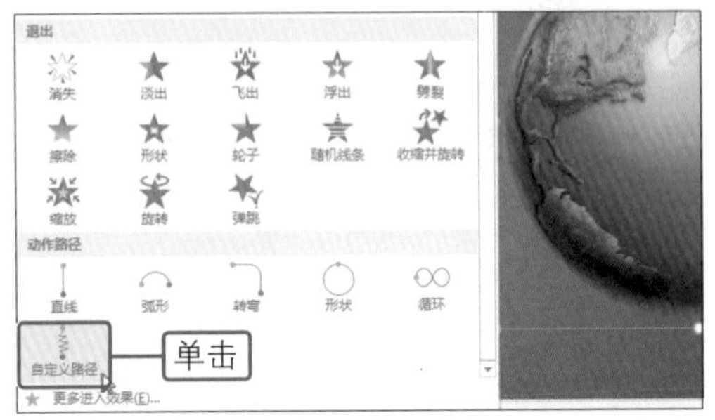

03 绘制动作路径

将鼠标指针指向幻灯片中要设置动作路径的对象，拖动鼠标，绘制出动作的路径，最后要将路径的开头与结尾闭合，如下图所示。

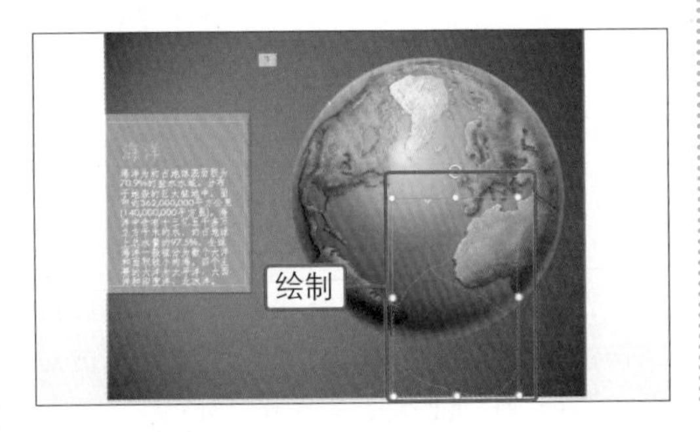

04 显示自定义动作路径的效果

经过以上操作，就完成了为幻灯片中的对象自定义制作动作路径的操作，在幻灯片中对象的下方看到所绘制的路径，如下图所示。

你问我答

问：如何删除已经应用的动画效果？

答：通过“动画窗格”可以删除为对象应用的动画效果。在“动画”选项卡下单击“高级设置”组中的“动画窗格”按钮，在弹出的“动画窗格”中即可看到当前幻灯片中所应用的动画效果，选中要删除的动画选项，并单击右侧的下三角按钮，在弹出的列表中单击“删除”选项即可。

11.3 高级动画的使用

高级动画是指动画效果更高一级的设置。本节将对触发器及动画刷的使用进行介绍，通过这些内容的设置，可以使演示文稿的功能更丰富，同时也使演示文稿的制作更加方便。

11.3.1 使用触发器控制动画效果的播放

触发器是指通过触动而引发其他对象的运动。在PowerPoint 2016中可将“形状”库中的动作按钮设置为触发器，控制幻灯片内各对象所应用动画效果的播放。为了让读者能够全面认识触发器，本小节将对插入动作按钮设置对象触发效果进行全面介绍。

◎ 原始文件：下载资源\实例文件\第11章\最终文件\摄影展1.pptx
◎ 最终文件：下载资源\实例文件\第11章\最终文件\摄影展1.pptx

01 选择要插入的动作按钮

❶打开原始文件，切换到“插入”选项卡。❷单击“插图”组中的“形状”按钮。❸展开形状库后，单击“动作按钮”组中的“动作按钮：开始”，如下图所示。

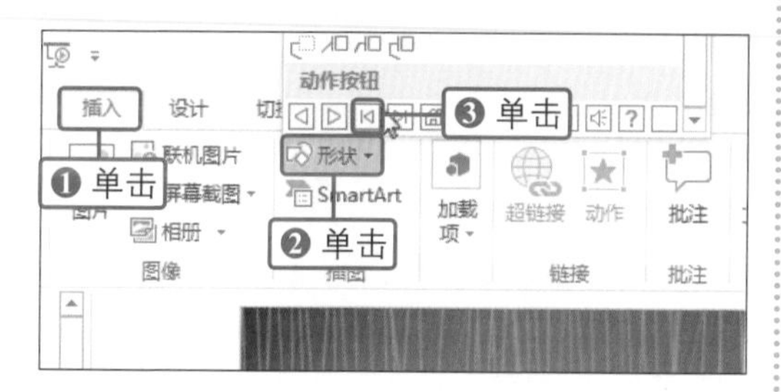

02 设置动作按钮的动作

❶在幻灯片中适当位置处拖动鼠标，绘制动作按钮。❷弹出“操作设置”对话框，在“单击鼠标时的动作”下方单击“无动作”单选按钮，如下图所示。

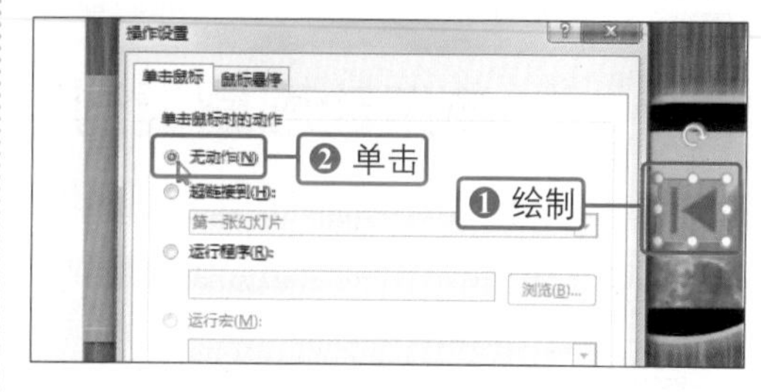

03 单击“形状样式”组的快翻按钮

单击“确定”按钮，❶返回演示文稿，切换到“绘图工具-格式”选项卡。❷单击“形状样式”组中的快翻按钮，如下图所示。

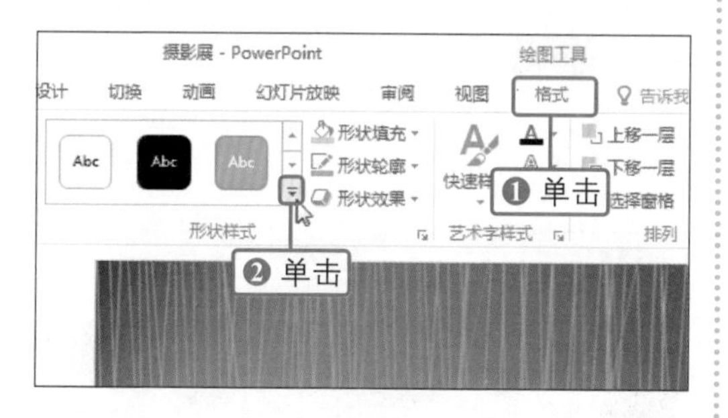

04 选择要使用的形状样式

在展开的形状样式库中单击要使用的形状样式“强烈效果-金属，强调颜色5”，如下图所示。

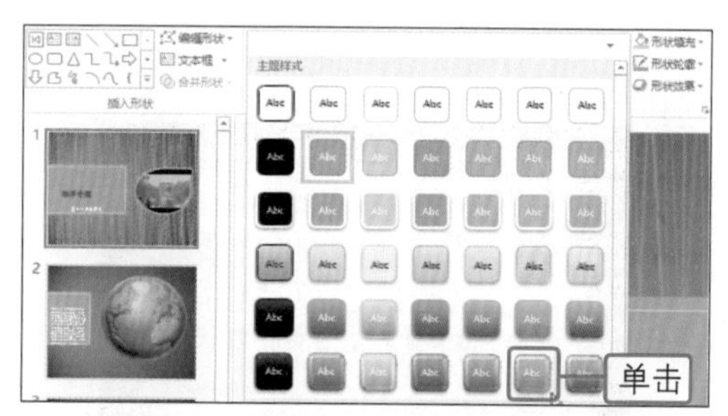

05 选择要应用触发的对象

返回幻灯片中，即可看到“开始”动作按钮应用样式后的效果，单击幻灯片中要应用触发效果的对象，如右图所示。

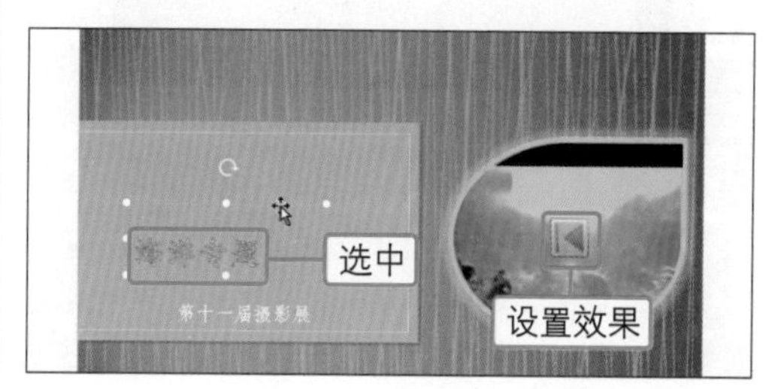

06 设置触发对象

❶选择了目标对象后，单击“动画”选项卡下“高级动画”组中的“触发”按钮。❷在展开的下拉列表中单击“单击>动作按钮：开始4”选项，如下图所示。

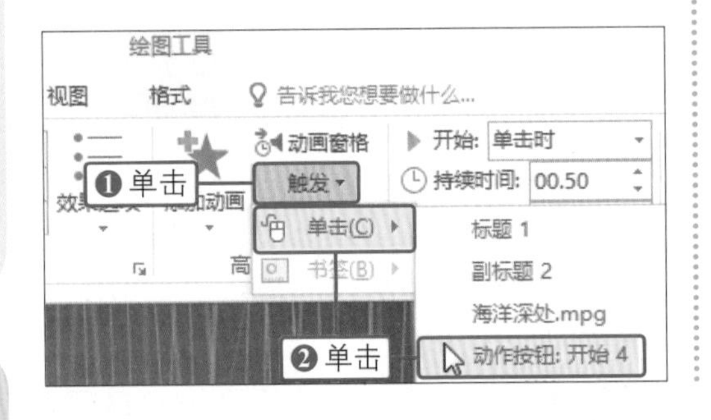

07 显示设置的触发器效果

按照同样的方法，将幻灯片中视频文件的触发对象也设置为动作按钮，至此完成了对触发器的设置操作。在设置了触发效果的对象左上角可以看到一个闪电形状，这样在播放幻灯片时，只有单击“开始”按钮，程序才会对各对象的动画效果进行播放，如下图所示。

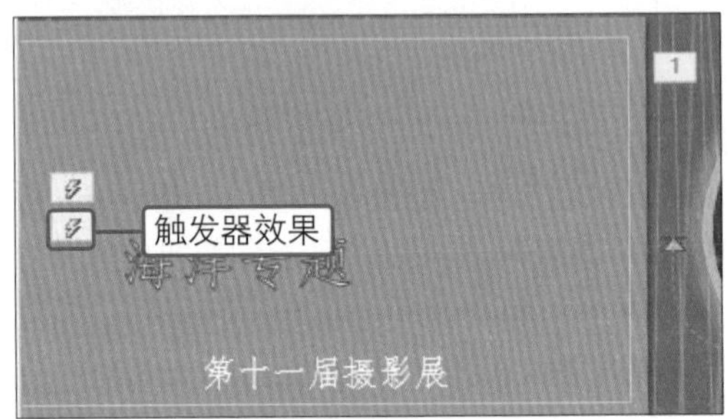

11.3.2 使用动画刷复制动画

在为多个对象应用同一种动画效果时，若分别对各对象进行设置，是很浪费时间的，此时可以使用动画刷，将要应用的动画效果分别复制到各对象中，即可快速完成设置。

◎ 原始文件：下载资源\实例文件\第11章\原始文件\野生动物.pptx

◎ 最终文件：下载资源\实例文件\第11章\最终文件\野生动物.pptx

01 单击要设置的系列

打开原始文件，单击第3张幻灯片中要复制动画的对象的标题框，如下图所示。

02 单击“动画刷”按钮

❶选择目标对象后，切换到“动画”选项卡。❷单击“高级动画”组中的“动画刷”按钮，如下图所示。

技巧提示 一次为多个对象复制动画效果

使用动画刷复制动画效果时，单击一次“动画刷”按钮，执行一次复制操作后，动画刷就会自动消失。如果需要一次性为多个对象复制同一动画效果，可双击“动画刷”按钮，依次为各对象复制动画效果，停止复制时，再次单击“格式刷”按钮即可。

03 使用动画刷

将动画效果复制下来后，单击第6张幻灯片，然后将鼠标指向要应用该动画的对象。当鼠标指针后面出现一个刷子形状时，单击鼠标，如下图所示。

04 显示使用格式刷复制动画的效果

经过以上操作，就可以为第6张幻灯片中单击的对象复制第3张幻灯片中标题的动画效果，对该对象进行播放，即可看到应用后的效果，如下图所示。

11.4 设置动画效果

为幻灯片中的对象应用的动画效果是PowerPoint 2016默认的动画效果。如果对已应用的动画效果不满意，可根据需要对动画效果进行排序、设置等操作。

11.4.1 对动画效果进行排序

为对象设置动画效果时，程序会根据设置的顺序对动画进行播放，如果需要对动画的播放顺序进行重新排列，可以通过设置进行更改。

◎ 原始文件：下载资源\实例文件\第11章\原始文件\花卉推广1.pptx

◎ 最终文件：下载资源\实例文件\第11章\最终文件\花卉推广1.pptx

01 单击“向前移动”按钮

❶打开原始文件，切换到“动画”选项卡。❷单击第5张幻灯片中要移动顺序的第4个动画图标。❸连续两次单击“计时”组中的“向前移动”按钮，如右图所示。

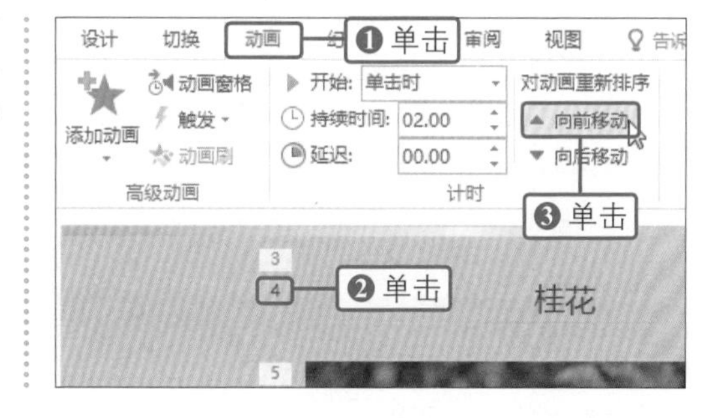

技巧提示 向后移动动画顺序

需要向后移动动画顺序时，选中目标动画，单击“动画”选项卡下“计时”组中的“向后移动”按钮即可。

02 显示移动动画顺序的效果

参照步骤1的操作，将该幻灯片中第4个动画向前移动至第2位，完成更改动画顺序的操作，可按照同样的方法对其他幻灯片中的动画顺序进行移动，如右图所示。

11.4.2 设置动画的音乐效果

为了增加演示文稿的丰富性，可为动画效果配以不同的音乐效果，并可根据需要对音乐的音量进行调整。

01 单击“动画窗格”按钮

❶继续上例操作，在“幻灯片”窗格中单击第3张幻灯片。❷切换到“动画”选项卡。❸单击“高级动画”组中的“动画窗格”按钮，如下图所示。

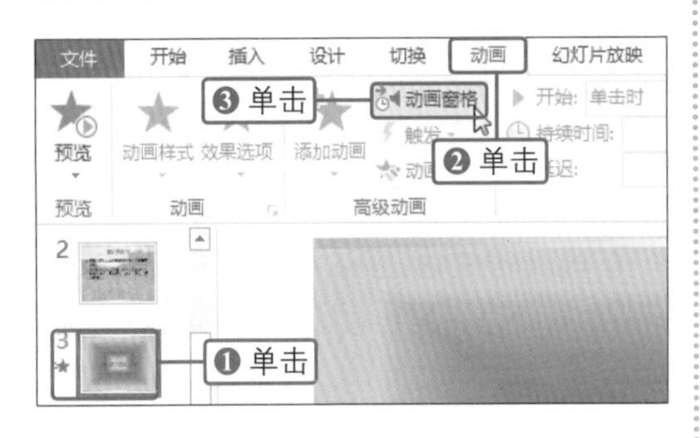

02 单击“效果选项”按钮

❶弹出“动画窗格”后，单击要设置声音效果的动画选项右侧的下三角按钮。❷在展开的下拉列表中单击“效果选项”，如下图所示。

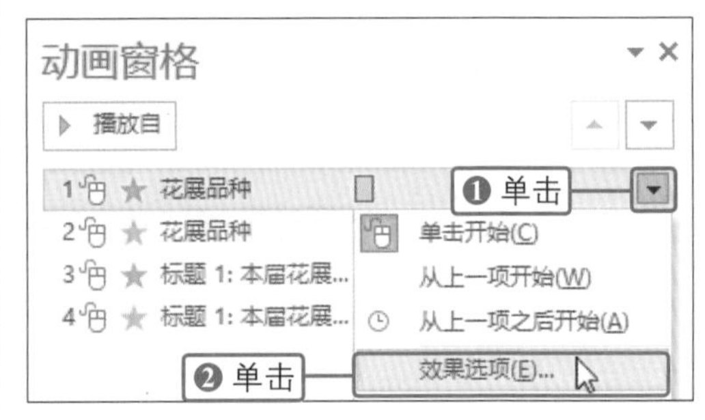

03 选择要添加的声音

❶弹出“淡出”对话框，在“效果”选项卡下单击“声音”下拉列表框右侧的下三角按钮。❷在展开的下拉列表中单击“微风”选项，如下图所示。

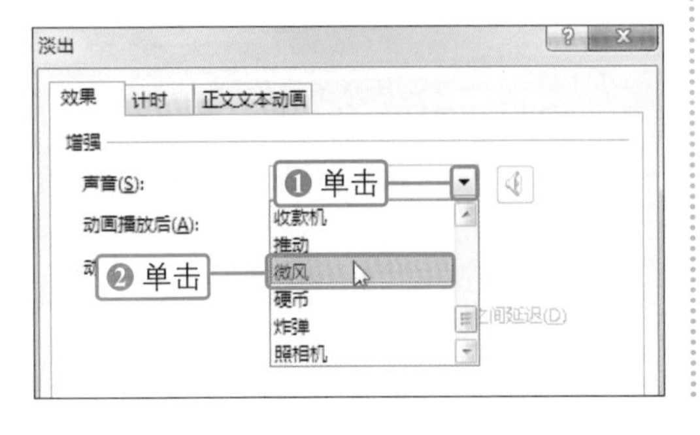

04 设置声音音量

❶选择了要使用的声音后，单击“音量”按钮。❷展开音量列表后，拖动标尺中的滑块，将音量调整到合适大小，如下图所示，最后单击“确定”按钮，就完成了设置动画效果声音的操作。

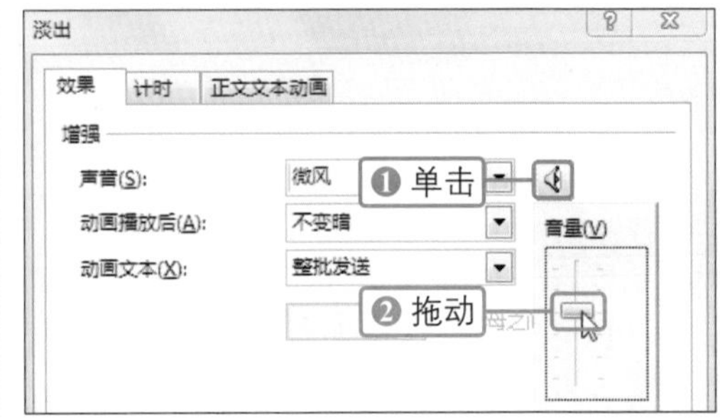

技巧提示　更改动画效果的计时选项

通过“效果选项”命令打开动画的对话框后，还可以对动画的“计时”方式进行设置：打开动画的对话框，切换到“计时”选项卡，在其中可以看到“开始”“延迟”“期间”“重复”等内容，根据需要进行设置即可。

知识进阶　重新编辑路径

在为幻灯片中的对象设置动作路径时，除了可以自定义对象的动作路径外，还可在应用了 PowerPoint 2016 中预设的路径基础上，对路径进行重新编辑。重新编辑的方式除了可以编辑路径的顶点，还可以执行反转路径方向的操作。

扫码看视频

◎ 原始文件：下载资源\实例文件\11章\原始文件\花卉推广1.pptx
◎ 最终文件：下载资源\实例文件\11章\最终文件\花卉推广2.pptx

01 选中添加的图片

打开原始文件，单击第6张幻灯片中要添加路径的图片对象，如下图所示。

02 单击“动画”组中的快翻按钮

❶切换到“动画”选项卡。❷单击“动画”组中的快翻按钮。

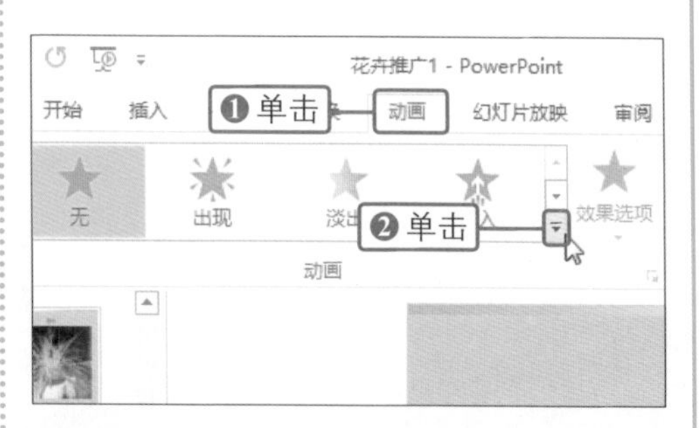

03 单击“转弯”选项

在展开的“动画”列表框中单击“动作路径”组中的“转弯”选项，如下图所示。

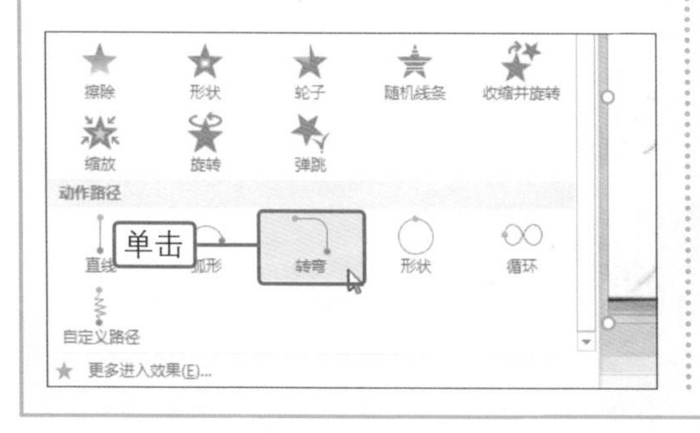

04 单击“编辑顶点”命令

❶为图片对象添加了动作路径后，右击幻灯片中的路径。❷在弹出的快捷菜单中单击“编辑顶点”命令，如下图所示。

第11章

05 拖动鼠标到适当位置

执行了编辑顶点命令后，路径中的折点处会显示一些黑色的控点，将鼠标指针指向这些控点，鼠标指针会变成黑色的箭头形状，拖动鼠标，移动控点，至适当位置后释放鼠标，如下图所示。

06 单击“抻直弓形”命令

❶参照步骤4的操作，将路径中其余控点移动到合适位置，然后右击要抻直的路径线。❷在弹出的快捷菜单中单击“抻直弓形”命令，如下图所示。

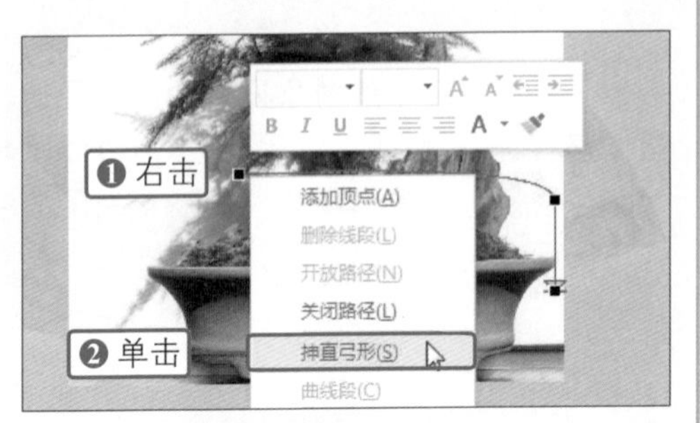

07 完成路径曲线编辑的操作

经过以上操作，就完成了对应用的路径曲线进行重新编辑的操作，如右图所示。

学习笔记

演示文稿的动态效果

第12章

12

放映与共享演示文稿

制作演示文稿是为了在公共场合进行播放，以达到与更多人分享的目的。在放映演示文稿时，可对演示文稿中不需要放映的幻灯片进行隐藏、对幻灯片的放映进行录制等操作。本章将对幻灯片放映设置、放映、发送及创建为视频文件等操作进行介绍。通过本章的学习，读者可以对演示文稿进行放映以及共享，与更多的人一起欣赏自己制作的演示文稿。

- 幻灯片的放映设置
- 放映幻灯片
- 共享幻灯片

12.1 幻灯片的放映设置

放映幻灯片时，为了保证幻灯片放映内容及放映效果的准确无误，需要对幻灯片的放映进行设置，本节将对隐藏幻灯片、录制幻灯片以及幻灯片的放映选项的设置进行介绍。

12.1.1 隐藏幻灯片

在演示文稿中，若存在需要在演示文稿中显示，但放映时不需要显示的幻灯片时，可将该幻灯片隐藏。隐藏幻灯片有很多种方法，本小节来介绍一种隐藏幻灯片的快捷操作。

◎ 原始文件：下载资源\实例文件\第12章\原始文件\摄影展.pptx
◎ 最终文件：下载资源\实例文件\第12章\最终文件\摄影展.pptx

01 执行“隐藏幻灯片”命令

❶打开原始文件，在“幻灯片”窗格中右击要隐藏的幻灯片。❷弹出快捷菜单后，单击“隐藏幻灯片”命令，如下图所示。

❷单击
❶右击

02 显示隐藏幻灯片的效果

经过以上操作，就完成了隐藏幻灯片的操作，在隐藏的幻灯片左上角的编号上可以看到隐藏后的效果。在放映幻灯片时，PPT会自动跳过该幻灯片，继续播放其他幻灯片，如下图所示。

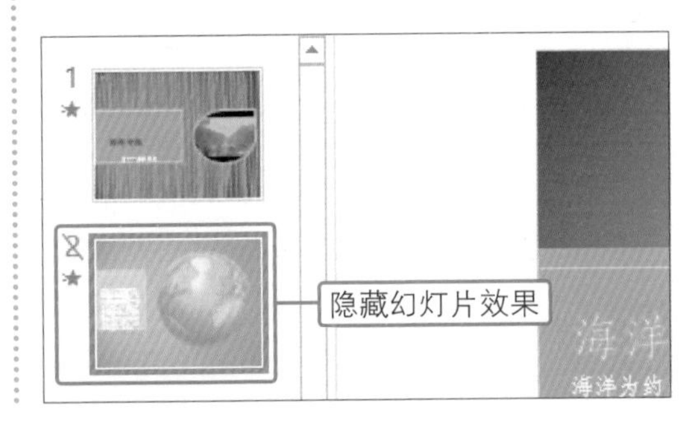

技巧提示　隐藏幻灯片的其他方法以及取消幻灯片的隐藏

隐藏幻灯片时，除了本例中介绍的通过快捷菜单隐藏的方法外，选中要隐藏的幻灯片，切换到“幻灯片放映”选项卡下，单击“设置”组中“隐藏幻灯片”按钮，也可以完成幻灯片的隐藏操作。需要取消幻灯片的隐藏时，再次单击“设置”组中的“隐藏幻灯片”按钮，或右击“幻灯片”窗格中的目标幻灯片，在弹出的快捷菜单中单击“隐藏幻灯片”命令，都可以取消幻灯片的隐藏。

12.1.2 录制幻灯片演示

为了准确掌握幻灯片的放映时间以及放映质量，可提前将幻灯片的演示录制下来。录制出合适的放映效果后，放映幻灯片时直接使用即可。

◎ 原始文件：下载资源\实例文件\第12章\原始文件\摄影展.pptx
◎ 最终文件：下载资源\实例文件\第12章\最终文件\摄影展2.pptx

01 单击“从头开始录制”选项

❶打开原始文件，切换到“幻灯片放映”选项卡。❷单击“设置”组中的“录制幻灯片演示”按钮。❸在展开的列表中单击“从头开始录制”按钮，如下图所示。

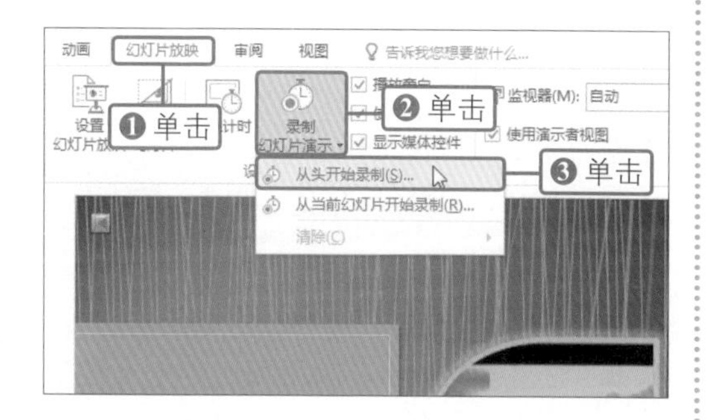

02 开始录制幻灯片演示

❶弹出“录制幻灯片演示”对话框，勾选所有复选框。❷单击“开始录制”按钮，如下图所示。

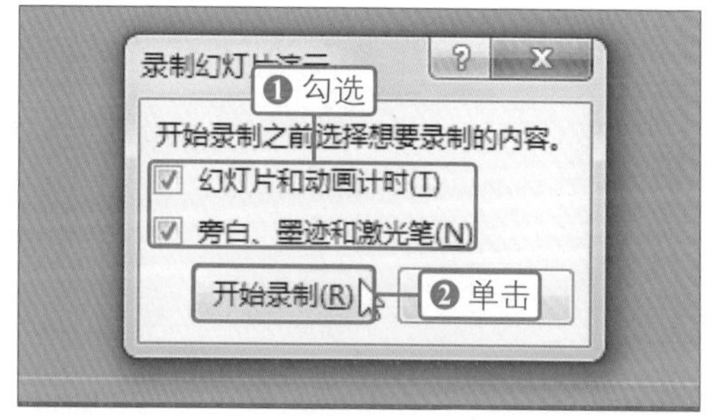

03 录制幻灯片的放映过程

进入录制状态后，幻灯片进入全屏放映状态，在窗口左上角显示一个“录制”工具栏，需要录制下一项内容时，则单击“下一项”按钮，如下图所示，直到演示文稿放映结束。

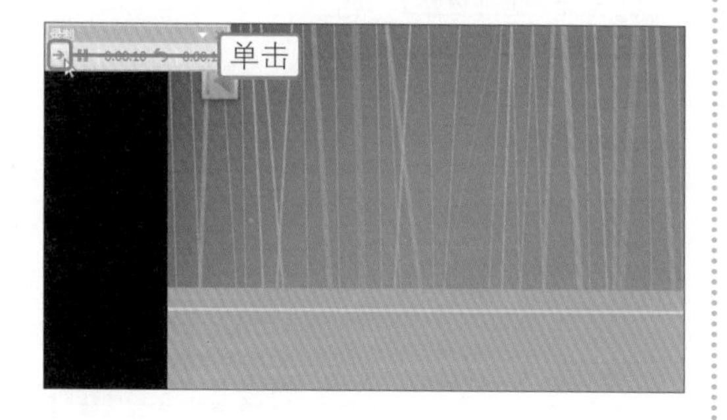

04 切换视图效果

❶演示文稿放映结束后，单击“视图”选项卡。❷单击“演示文稿视图”组中的“幻灯片浏览”按钮，如下图所示。

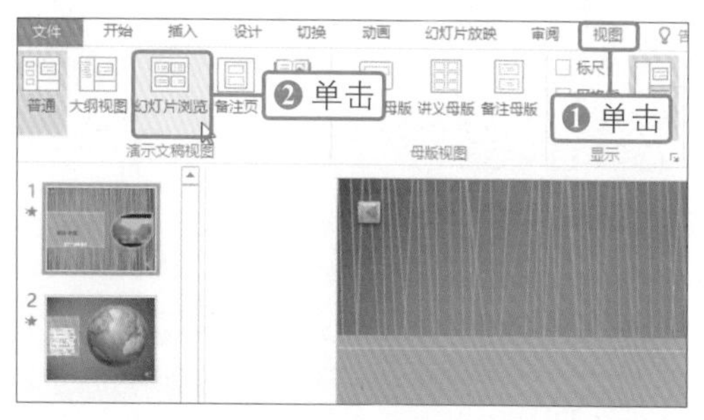

05 显示录制效果

演示文稿将进入“幻灯片浏览”视图下，并且在每张幻灯片下方显示出播放该张幻灯片所用的时间，在放映幻灯片时，程序将自动使用此次录制的放映内容，如右图所示。

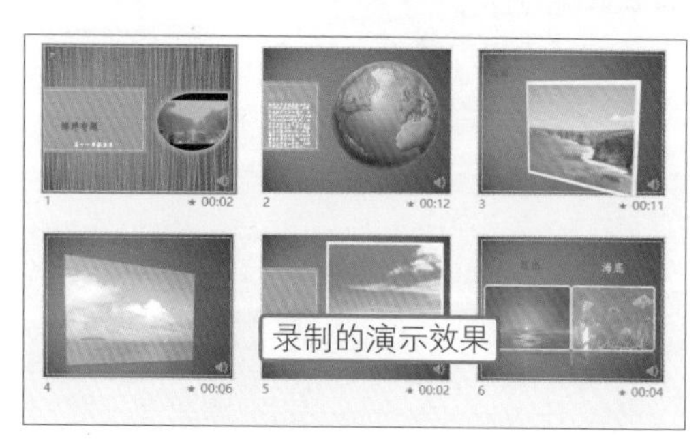

第12章

你问我答

问： 录制幻灯片放映演示时，需要中途停止或重新开始录制怎么办？

答： 在录制幻灯片放映演示的过程中，可通过“录制”工具栏中的按钮，对录制操作的停止或重新开始操作进行控制，其中⏸为暂停按钮，具有暂时停止录制放映的作用，需要彻底停止录制时，则按下【Esc】键。↶为重复按钮，具有放弃当前录制的内容、重新开始录制的作用。

12.1.3 幻灯片放映选项的设置

幻灯片的放映选项包括放映的类型、内容以及循环操作、切片方式等，通过幻灯片放映选项的设置，可以使幻灯片的放映更加得心应手，具体的设置方法如下。

◎ 原始文件：下载资源\实例文件\第12章\原始文件\摄影展.pptx

◎ 最终文件：下载资源\实例文件\第12章\最终文件\摄影展3.pptx

01 单击“设置幻灯片放映”按钮

❶打开原始文件，切换到“幻灯片放映”选项卡。❷单击“设置”组中的“设置幻灯片放映”按钮，如下图所示。

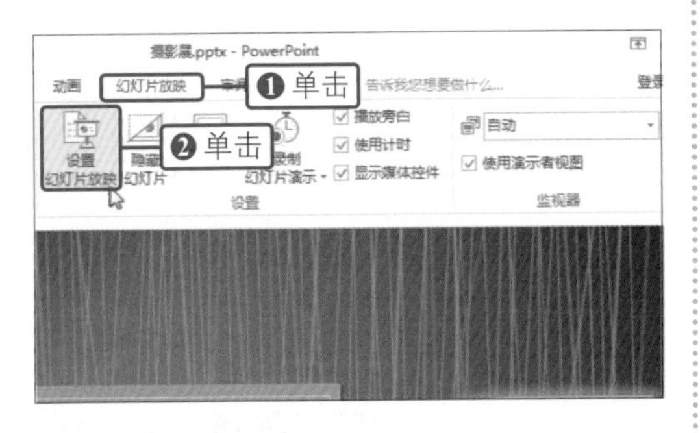

02 设置放映类型

弹出“设置放映方式”对话框，单击“放映类型”组中的“在展台浏览”单选按钮，如下图所示。

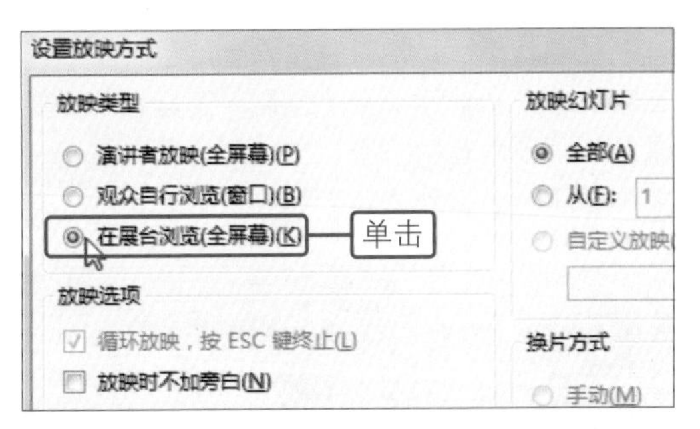

03 设置幻灯片放映的内容

❶单击“放映幻灯片”组中的“从……到……”单选按钮。❷然后在该选项所对应的数值框内依次输入“3”“6”，如右图所示。最后单击“确定”按钮，就完成了幻灯片放映选项的设置。

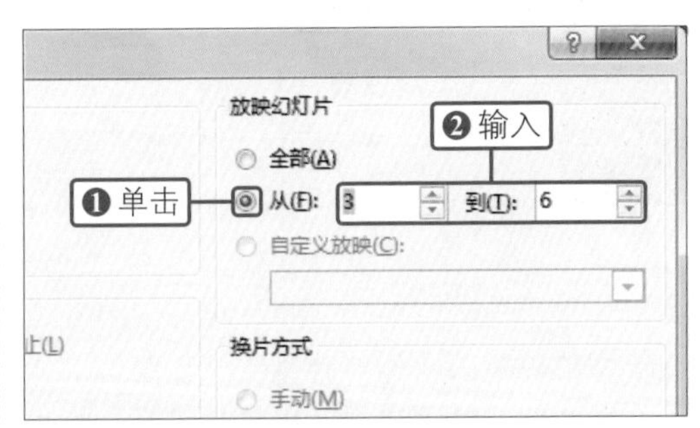

补充知识

在放映幻灯片时，如果需要使用激光笔，则按下【Ctrl】键，鼠标指针就会转换为激光笔，激光笔的颜色可在“设置放映方式”对话框中进行设置。

12.2 放映幻灯片

放映幻灯片时，可根据需要选择适当的放映方法，幻灯片的放映方法包括从头开始放映、从当前幻灯片开始放映以及自定义放映三种，本节将分别对这三种放映方法进行介绍。

12.2.1 从头开始放映

从头开始放映幻灯片，是指无论当前正在放映哪张幻灯片，执行了该操作后，都将从第一张幻灯片开始，对整个演示文稿进行放映。

◎ 原始文件：下载资源\实例文件\第12章\原始文件\花卉推广.pptx
◎ 最终文件：下载资源\实例文件\第12章\最终文件\花卉推广.pptx

01 选中目标对象

❶打开原始文件，切换到“幻灯片放映”选项卡。❷单击“开始放映幻灯片”组中的“从头开始”按钮，如下图所示。

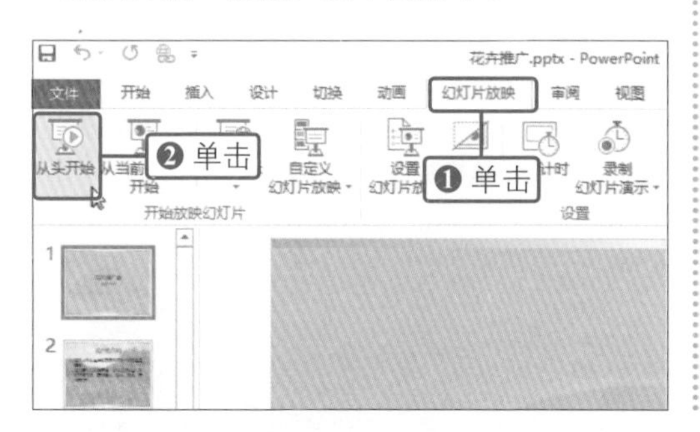

02 显示幻灯片的放映效果

执行了放映操作后，演示文稿就会进入全屏状态，并且从第一张幻灯片开始放映，如下图所示。

12.2.2 从当前幻灯片开始放映

执行从当前幻灯片开始放映的操作时，首先要选中开始放映的幻灯片，然后再执行放映操作。

01 选择开始放映的幻灯片

继续上例操作，在“幻灯片”窗格中单击开始放映的幻灯片，如右图所示。

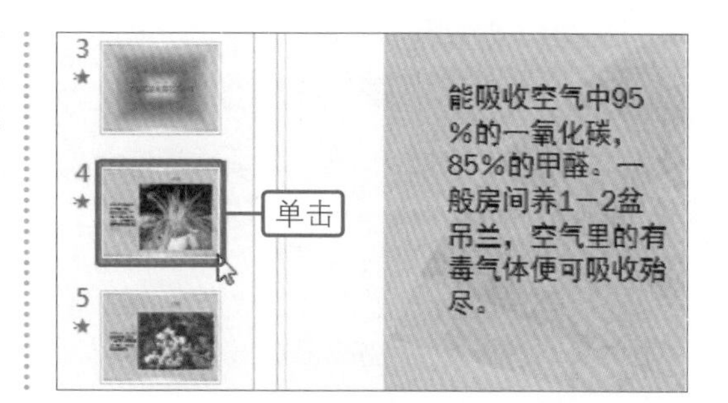

第12章

02 执行放映操作

❶切换到"幻灯片放映"选项卡。❷单击"开始放映幻灯片"组中的"从当前幻灯片开始"按钮，程序就会从所选幻灯片开始进行放映操作，如右图所示。

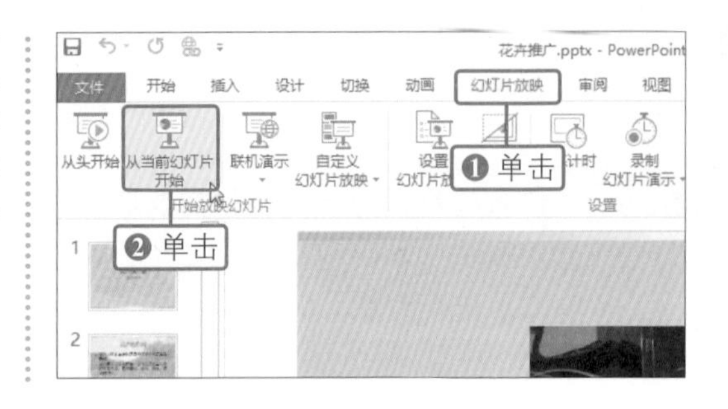

12.2.3 自定义放映幻灯片

通过"自定义放映幻灯片"功能，可以自己定义放映的幻灯片内容，并且可以为此次放映定义名称。如果对创建的内容不满意，还可以进行重新编辑或直接删除自定义放映的操作。

1. 创建自定义放映

创建自定义放映是一个定义放映名称、选择放映内容的过程。在进行自定义放映时，如果还没有一个放映选项，可以根据以下步骤进行创建。

◎ 原始文件：下载资源\实例文件\第12章\原始文件\花卉推广.pptx
◎ 最终文件：下载资源\实例文件\第12章\最终文件\花卉推广2.pptx

01 单击"自定义放映"选项

❶打开原始文件，切换到"幻灯片放映"选项卡。❷单击"开始放映幻灯片"组中的"自定义幻灯片放映"按钮。❸在展开的列表中单击"自定义放映"选项，如下图所示。

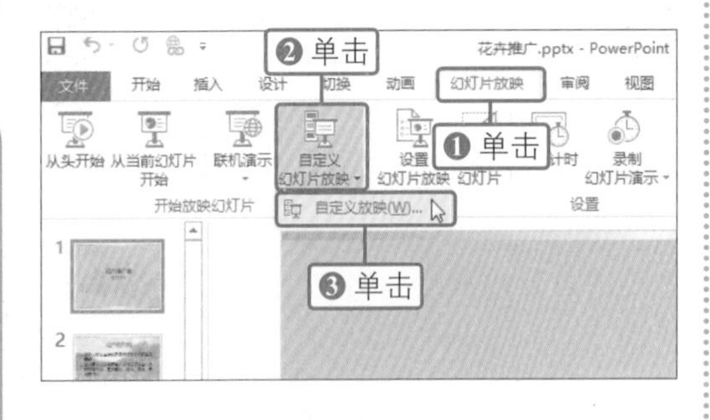

02 单击"新建"按钮

弹出"自定义放映"对话框，单击"新建"按钮，如下图所示。

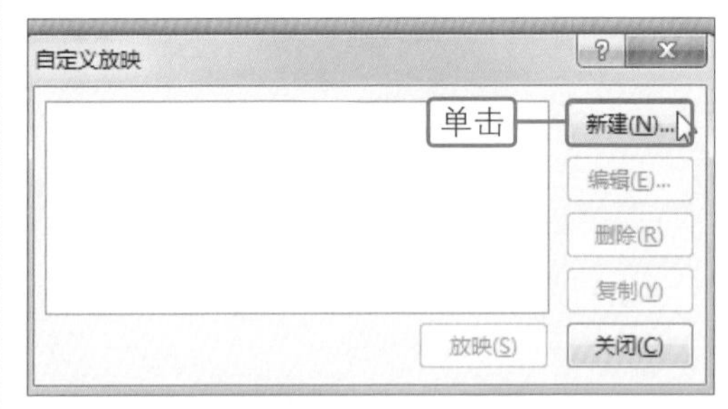

03 输入放映名称并添加幻灯片

❶弹出"定义自定义放映"对话框，在"幻灯片放映名称"文本框中输入放映的名称。❷在"在演示文稿中的幻灯片"列表框中勾选要添加到自定义放映的幻灯片。❸单击"添加"按钮，如右图所示。

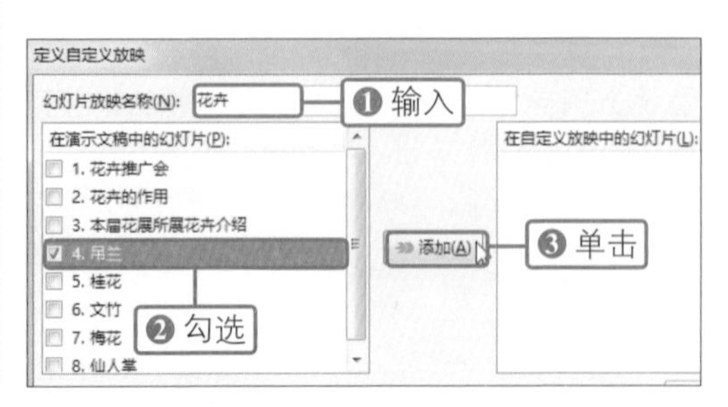

04 确定放映幻灯片内容的选择

❶参照步骤3的操作，将要在自定义放映中添加的幻灯片全部添加完毕。❷然后单击“确定”按钮，如下图所示，返回“自定义放映”对话框后，单击“关闭”按钮。

05 显示创建自定义放映的效果

经过以上操作，就完成了创建自定义放映幻灯片的操作，返回文稿中，单击“开始放映幻灯片”组中的“自定义幻灯片放映”按钮，在展开的下拉列表中即可看到创建的放映选项，单击该选项，就会执行放映自定义幻灯片的操作，如下图所示。

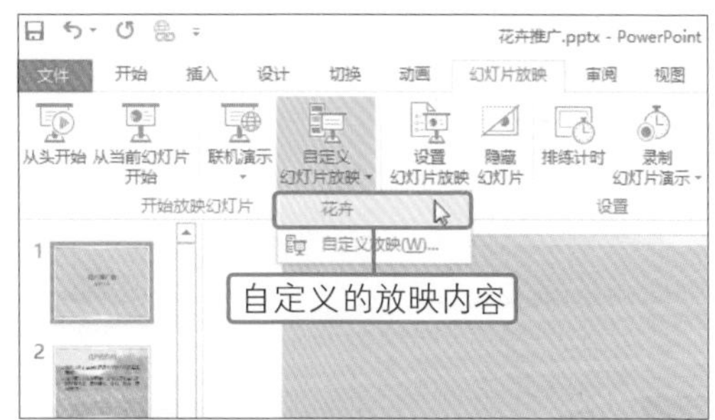

补充知识

将自定义放映幻灯片创建完毕后，返回“自定义放映”对话框，需要对定义的幻灯片进行放映时，直接单击“放映”按钮即可。

2. 编辑自定义放映

将自定义放映创建完毕后，当创建的内容需要重新编辑时，可对创建的自定义放映进行更改，操作步骤如下。

◎ 原始文件：下载资源\实例文件\第12章\原始文件\花卉推广.pptx
◎ 最终文件：下载资源\实例文件\第12章\最终文件\花卉推广2.pptx

01 单击“添加动画”按钮

❶继续上例操作，单击“开始放映幻灯片”组中的“自定义幻灯片放映”按钮。❷在展开的下拉列表中单击“自定义放映”选项，如下图所示。

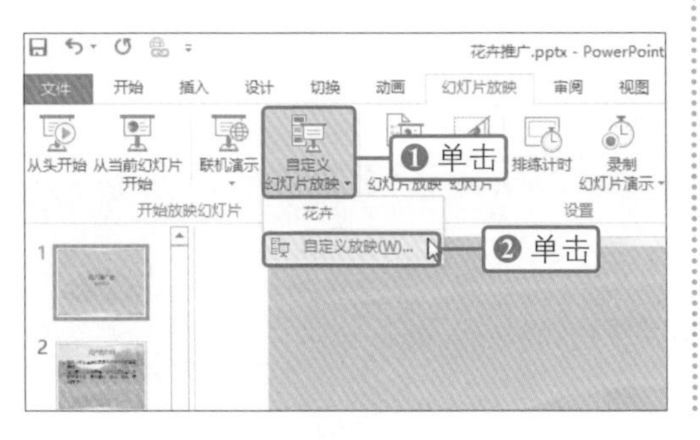

02 单击“编辑”按钮

❶弹出“自定义放映”对话框，在“自定义放映”列表框中选中要编辑的选项。❷然后单击“编辑”按钮，如下图所示。

03 移动放映中幻灯片的位置

❶弹出“定义自定义放映”对话框，在“在自定义放映中的幻灯片”列表框中选中要移动位置的幻灯片。❷单击“向上”按钮，将其移至适当位置，如下图所示。

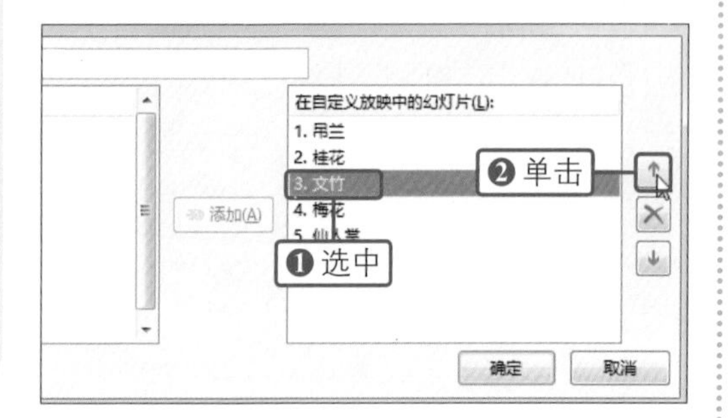

04 确定编辑幻灯片放映的操作

❶参照步骤3的操作，将放映中的所有幻灯片移动到合适的位置。❷然后单击“确定”按钮，如下图所示。

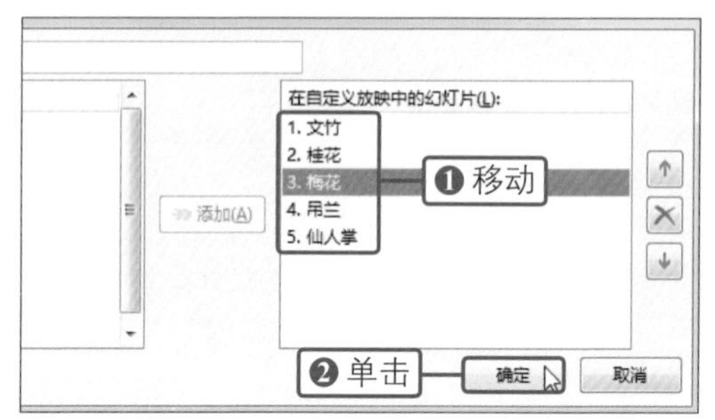

05 完成自定义放映的操作

返回“自定义放映”对话框后，单击“关闭”按钮，就完成了编辑自定义放映的操作，执行放映操作即可看到编辑后效果，如右图所示。

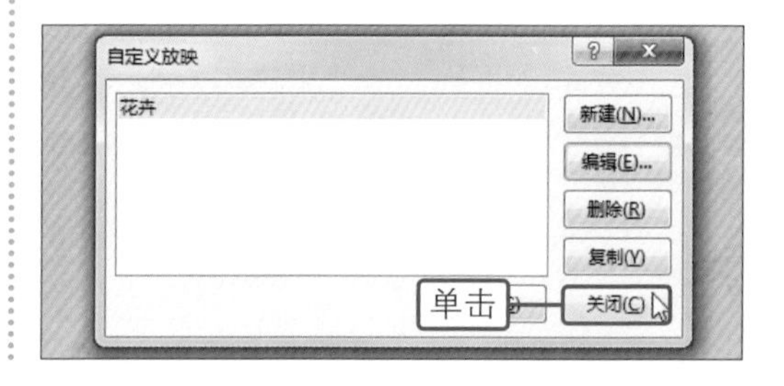

技巧提示　删除自定义放映

需要删除创建的自定义放映时，可单击“开始放映幻灯片”组中的“自定义幻灯片放映”按钮，在展开的下拉列表中单击“自定义放映”选项，弹出“自定义放映”对话框后，在“自定义放映”列表框中选中要删除的自定义放映，然后单击“删除”按钮。

12.3 共享幻灯片

为了能够与更多人分享演示文稿，可将制作好的演示文稿发送给好友，或是将演示文稿创建为不同的形式，在更多的程序中播放，达到共享幻灯片的目的。

12.3.1 使用电子邮件发送演示文稿

为了能够与远方的同事或朋友一起分享幻灯片，PowerPoint 2016提供了发送演示文稿功能，本小节将进行详细的介绍。

◎ 原始文件：下载资源\实例文件\第12章\原始文件\花卉推广.pptx
◎ 最终文件：无

01 单击“共享”命令

打开原始文件，单击“文件”按钮后，在弹出的菜单区域单击“共享”命令，如下图所示。

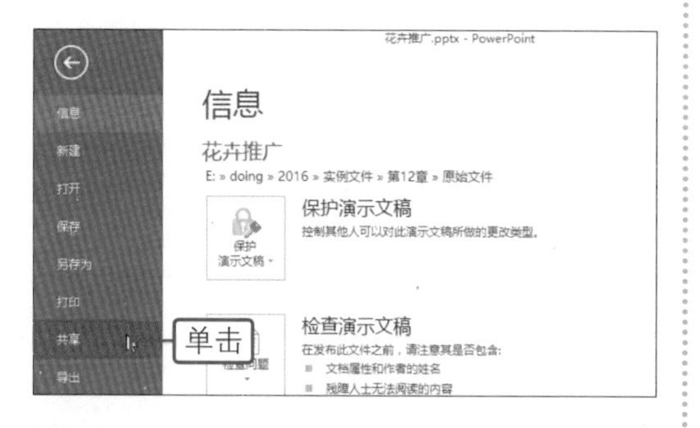

02 单击“作为附件发送”按钮

❶展开子菜单后，单击“电子邮件”命令。❷弹出下一级菜单后，单击“作为附件发送”按钮，如下图所示。

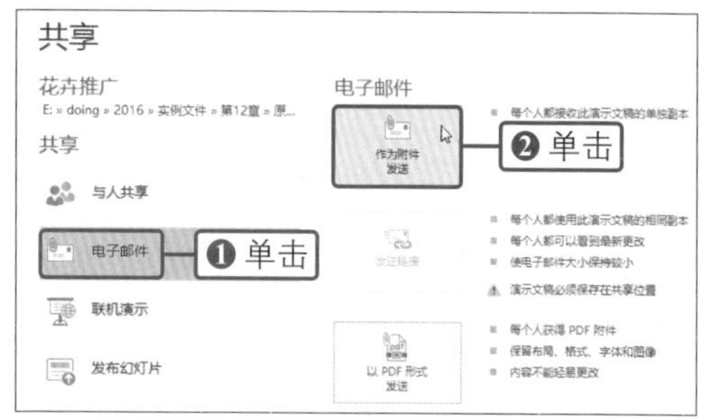

03 发送电子邮件

❶进入邮件界面，在“收件人”“主题”以及编辑区内输入相关内容。❷单击“发送”按钮，系统会自动执行发送操作，如右图所示。

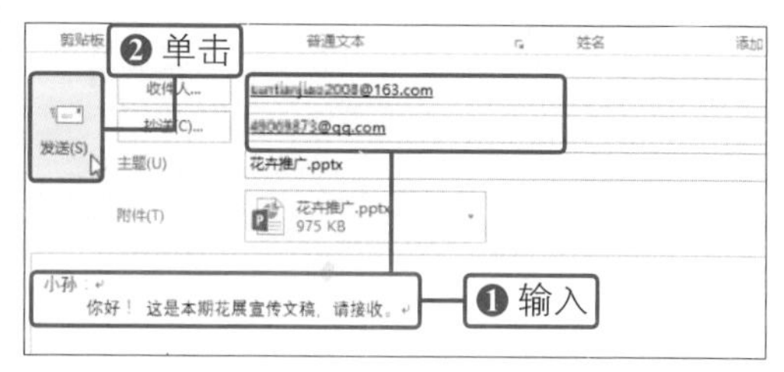

12.3.2 将演示文稿创建为讲义

讲义通常情况下是指教师为讲课而编写的教材。在PowerPoint中可以指文档的梗概、大纲内容。可在PowerPoint 2016中将演示文稿直接创建为讲义，创建时可根据需要选择适当的讲义版式，然后为讲义添加说明内容。

◎ 原始文件：下载资源\实例文件\第12章\原始文件\野生动物.pptx
◎ 最终文件：下载资源\实例文件\第12章\最终文件\野生动物.docx

01 单击“共享”命令

打开原始文件，单击“文件”按钮后，在弹出的菜单区域单击“导出”命令，如下图所示。

02 单击“创建讲义”按钮

❶弹出子菜单后，单击“创建讲义”命令。❷弹出下一级菜单后，单击“创建讲义”按钮，如下图所示。

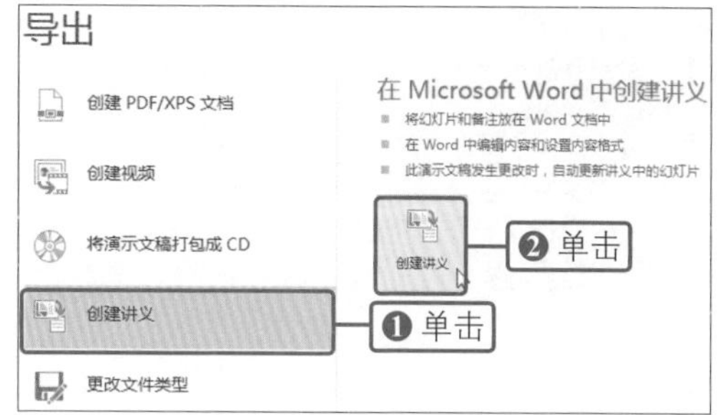

03 选择创建的讲义格式

❶弹出“发送到Microsoft Word”对话框，在“Microsoft Word使用的版式”组中单击“空行在幻灯片旁”单选按钮。❷单击“确定”按钮，如下图所示。

04 显示制作的讲义效果

经过以上操作，就完成了将幻灯片制作为讲义的操作，系统将自动弹出Word窗口，并将制作的讲义内容粘贴到文档中，粘贴时将会花费一些时间，讲义创建完毕后，光标将自动定位在第1张幻灯片的讲义旁，如下图所示。

12.3.3 将演示文稿创建为视频文件

在PowerPoint 2016中共享演示文稿时，可以将其直接创建为视频文件，这样在媒体文件播放器中也可以对演示文稿进行播放，增加了演示文稿传播的途径。

◎ 原始文件：下载资源\实例文件\第12章\原始文件\花卉推广.pptx
◎ 最终文件：下载资源\实例文件\第12章\最终文件\花卉推广.mp4

01 单击“导出”命令

打开原始文件，单击“文件”按钮后，在弹出的视图菜单区域中单击“导出”命令，如下图所示。

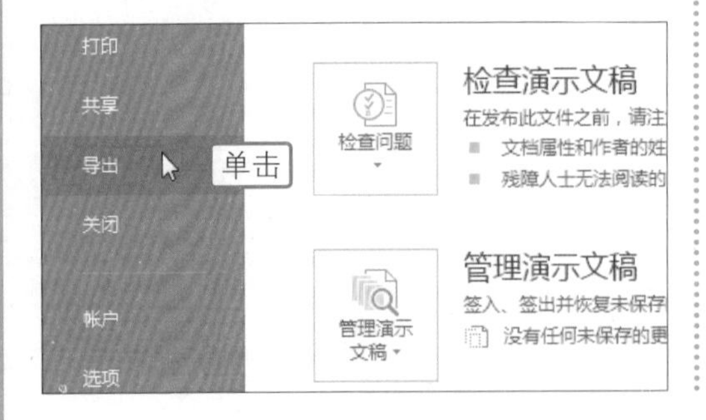

02 单击“创建视频”按钮

❶弹出子菜单后，单击“创建视频”命令。❷弹出下一级菜单后，可以看到程序默认将每张幻灯片的时间设置为5秒，也可根据具体情况对其进行更改。然后直接单击“创建视频”按钮，如下图所示。

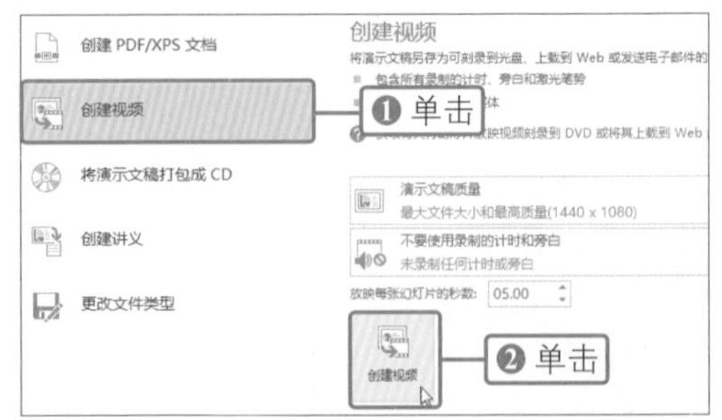

放映与共享演示文稿

03 设置视频文件的保存路径与名称

❶弹出“另存为”对话框，选择保存视频文件的路径。❷在“文件名”文本框中输入文件的保存名称，如下图所示。

04 显示制作的视频文件效果

单击“保存”按钮，完成后找到文件的保存路径并双击文件图标，即可对创建的视频文件进行播放，如下图所示。

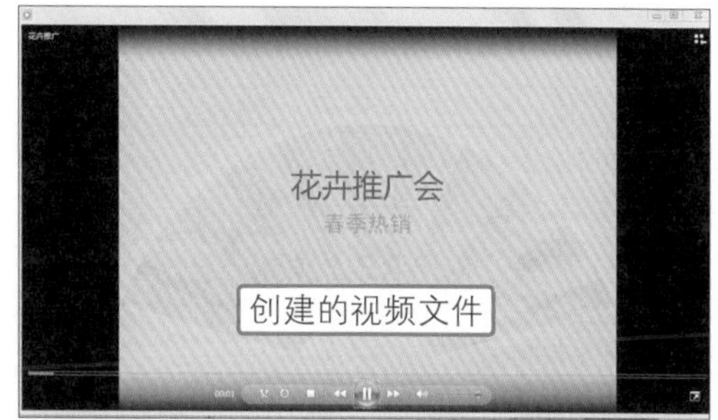

补充知识

PowerPoint 2016中将演示文稿创建为视频文件时，可选择的视频质量有“演示文稿质量”“互联网质量”“低质量”三种（生成的文件依次减小），可选择的视频格式则有MP4和WMV两种。

知识进阶 将幻灯片保存为图片

PowerPoint 2016中有很多实用的功能，如在保存演示文稿时，除了可以将演示文稿保存在当前位置或另存到其他位置外，还可以将演示文稿中的幻灯片保存为不同类型的图片格式。具体的操作方法如下。

扫码看视频

◎ 原始文件：下载资源\实例文件\第12章\原始文件\野生动物.pptx

◎ 最终文件：下载资源\实例文件\第12章\最终文件\野生动物

01 单击“浏览”按钮

打开原始文件，单击“文件”按钮后，❶在弹出的菜单区域单击“另存为”命令，❷在右侧面板中单击“浏览”按钮，如下图所示。

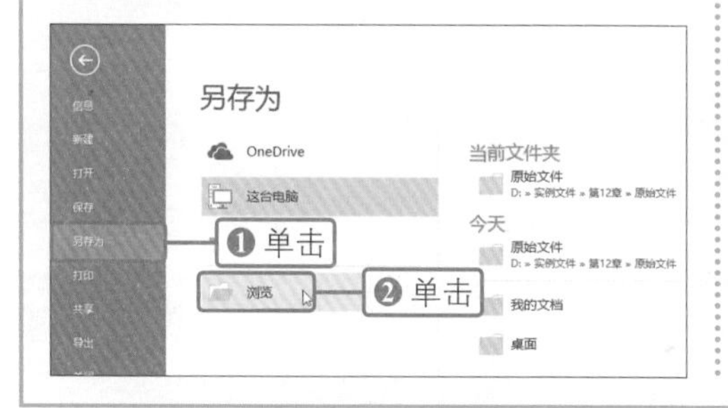

02 设置文件的保存类型

❶弹出“另存为”对话框，单击“保存类型”右侧的下三角按钮，❷在展开的下拉列表中单击“JPEG文件交换格式（*.jpg）”选项，如下图所示。

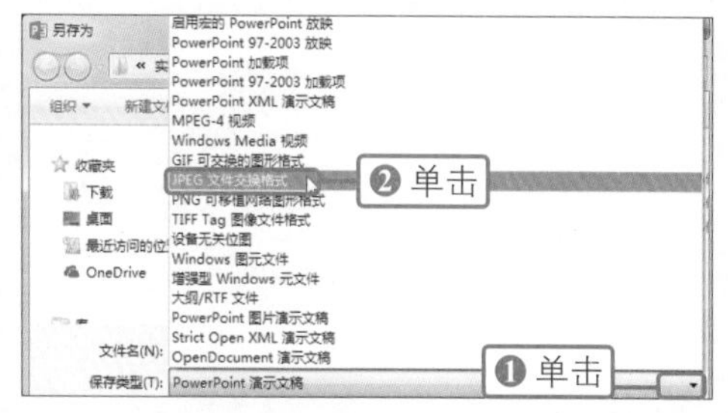

03 设置图片保存的路径

设置了文件的保存类型后，接下来设置图片要保存的路径，如下图所示，然后单击“保存”按钮。

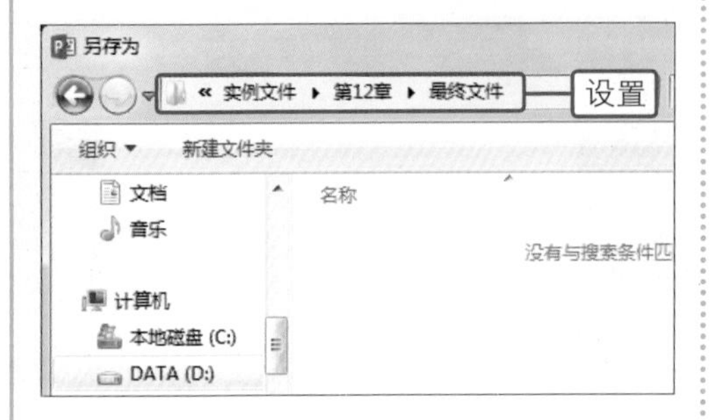

04 单击“所有幻灯片”按钮

弹出“Microsoft PowerPoint”提示框，询问想要导出哪些幻灯片，单击“所有幻灯片”按钮，如下图所示。

05 单击“确定”按钮

程序将演示文稿中的所有幻灯片都保存为图片后，弹出“Microsoft PowerPoint”提示框，提示演示文稿中的所有幻灯片都以独立文件方式保存到目标路径中，单击“确定”按钮，如下图所示。

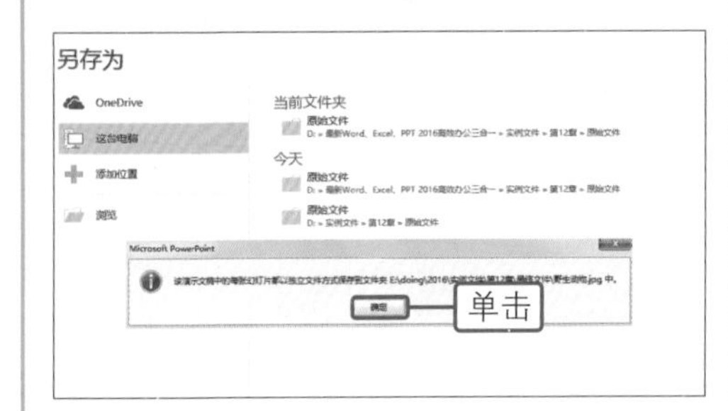

06 完成保存

经过以上操作，就完成了将演示文稿中的幻灯片保存为图片的操作，通过“我的电脑”窗口进入图片的保存路径，即可看到保存的图片内容，如下图所示。

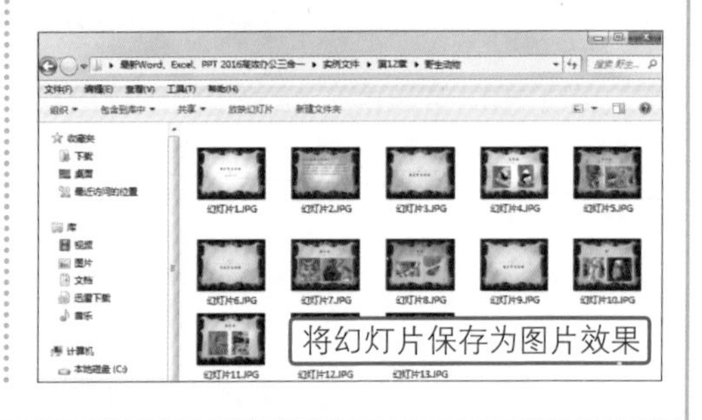

学习笔记

放映与共享演示文稿

第13章

13

制作市场调查报告

经过前面的学习，我们掌握了 Word、Excel、PowerPoint 这三个组件的使用方法。在日常工作中，可以将这三大组件结合起来使用，以制作出需要的文件。本章将结合 Word、Excel、PowerPoint 来制作一个市场调查报告，并对这三个组件的使用进行整体的回顾与拓展。

- 在Word中编辑报告内容
- 在Excel中制作与市场调查相关的表格和图表
- 创建市场调查演示文稿

13.1 在Word中编辑报告内容

在制作市场调查报告时，首先要创建一个Word文档，并对报告的文字内容以书面的形式进行编辑，同时还要对内容的格式、样式等进行设置和修改。

◎ 原始文件：下载资源\实例文件\第13章\原始文件\图片1.tif

◎ 最终文件：下载资源\实例文件\第13章\最终文件\市场调查报告.docx、调查对象比例表.xlsx、市场调查报告.pptx

扫码看视频

13.1.1 创建文档并输入内容

要制作市场调查报告，首先需要创建一个Word文档，为文档进行命名并输入文档内容。

01 创建Word文档

❶在要保存文档的文件夹中右击。❷在弹出的快捷菜单中单击“新建>Microsoft Word文档”命令，如下图所示。

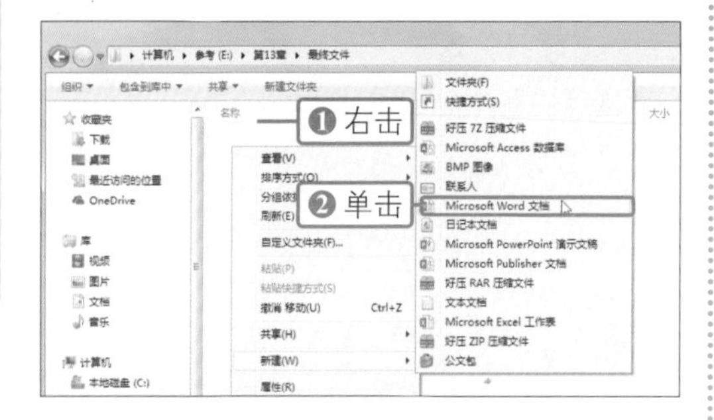

02 对文档进行重命名操作

将文档创建好后，选中文档的文件名文字，然后输入需要的名称，如“市场调查报告”，按【Enter】键确认，最后双击该文档图标，如下图所示。

03 输入市场调查报告内容

打开目标文档后，在页面中输入报告的标题内容，并结合【Enter】键输入其他需要输入的内容，如右图所示。

输入文本内容

××市居民家庭饮食消费状况调查报告
为了深入了解本市居民家庭在酒类市场和餐饮类市场的消费情况，特
本市某大学承担，调查时间是 2016 年 7 月至 8 月，调查方式为问卷式
取的样本总数是 1500 户。各项调查工作结束后，该大学将调查内容予
下：
一、调查对象的基本情况
(一)样品类属情况
在有效样本户中，工人 300 户，占总数比例 20%；农民 120 户，占总数
占总数比例 13.33%；机关干部 180 户，占总数比例 12%；个体户 240
经理 100 户，占总数比例 6.67%；科研人员 60 户，占总数比例 4%；
例 5.33%；医生 40 户，占总数比例 2.67%；其他 180 户，占总数比例

13.1.2 设置调查报告标题格式并插入图片

为了体现报告的专业和美观，需要对报告的标题进行特别的设置。在本例中，除了对标题的文本格式、效果等进行设置外，还会使用自选图形及图片对标题进行修饰。

01 设置标题字体

❶选中要设置字体的标题内容。❷单击“开始”选项卡下“字体”组中“字体”右侧的下三角按钮。❸在展开的列表中单击“华文楷体”选项，如下图所示。

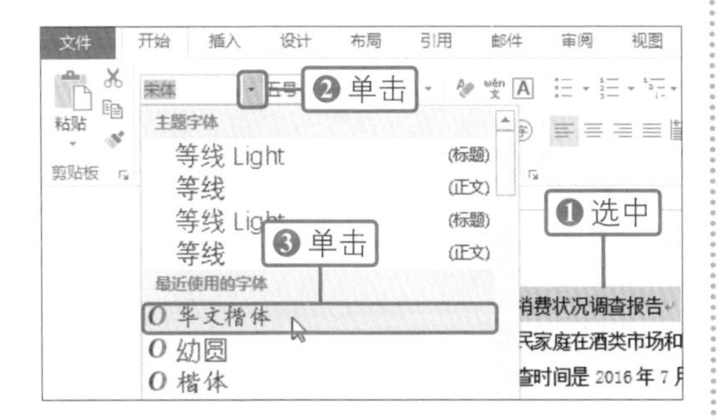

02 设置标题字号

❶此时可以看到标题内容设置的字体效果。❷随后继续单击“字体”组中“字号”右侧的下三角按钮。❸在展开的列表中选择“一号”选项，如下图所示。

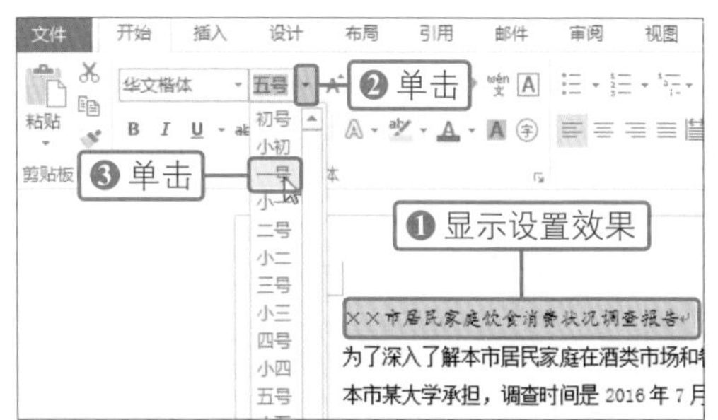

03 显示设置的效果

❶此时即可看到设置字体、字号后的标题效果。❷然后将光标定位在“调查报告”文字的前方，如下图所示。

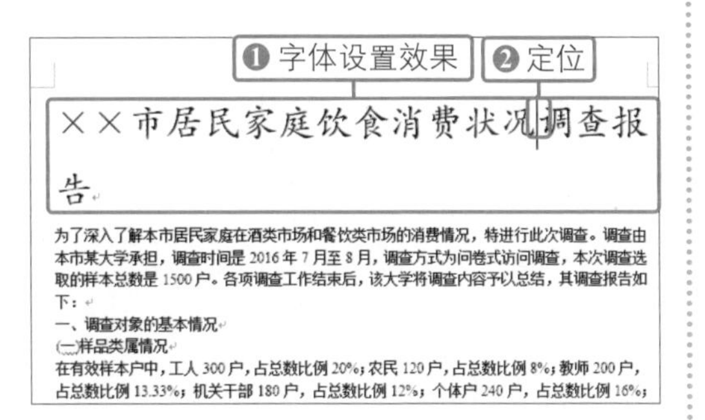

04 设置标题居中方式

❶按【Enter】键，将“调查报告”文字切换至下一段，然后选中标题文字。❷单击“开始”选项卡下“段落”组的“居中”按钮，如下图所示。

05 显示居中效果并设置插入图片位置

❶随后即可看到标题文字的设置效果。❷然后继续使用【Enter】键在标题文字的下方留出空白行，如下图所示。

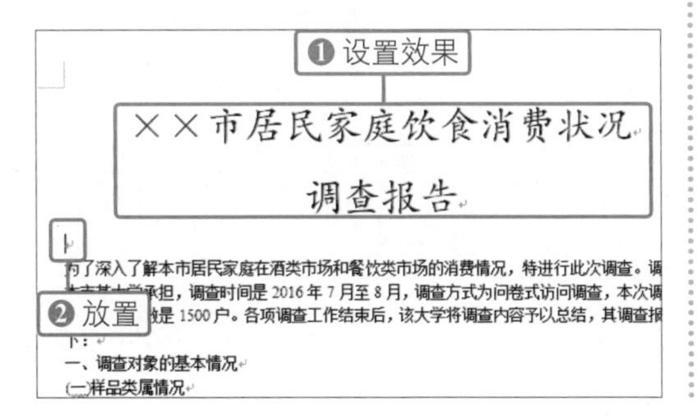

06 插入图片

❶切换至“插入”选项卡。❷单击“插图”组中的“图片”按钮，如下图所示。

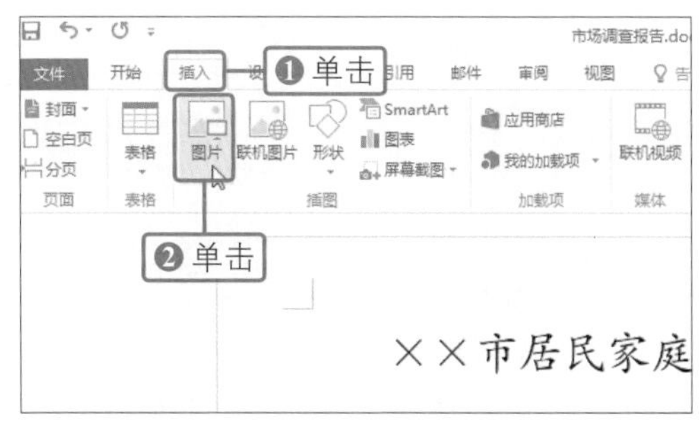

07 选择要插入的图片

❶弹出“插入图片”对话框，找到图片所在路径。❷然后选中要插入的图片，如下图所示，最后单击“插入”按钮。

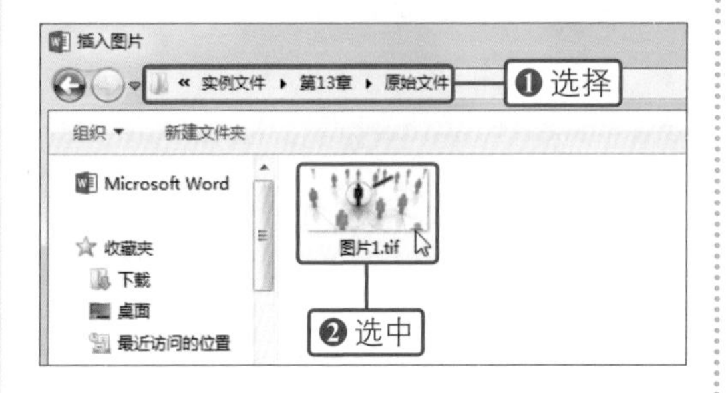

08 调整图片的大小

返回文档中，即可看到插入的图片，然后将鼠标指针放置在图片右下角，当其变为十字形状时，拖动鼠标调整大小，如下图所示。

09 展开图片样式库

❶选中图片，切换至“图片工具-格式”选项卡。❷单击“图片样式”组中的快翻按钮，如下图所示。

10 选择图片样式

在展开的图片样式库中选择合适的样式，如下图所示。

11 设置图片的对齐方式

❶可看到图片应用样式后的效果。❷然后继续选中图片，单击“开始”选项卡下“段落”组中的“居中”按钮，如下图所示。

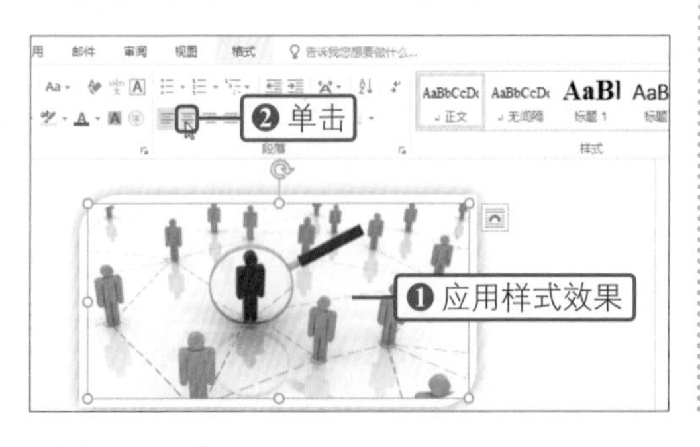

12 显示插入图片的最终效果

最后即可看到设置标题和插入图片的文档效果，如下图所示。

13.1.3 为市场调查报告的正文设置格式

为了使报告的主题鲜明、结果清晰，需要对报告的正文内容进行格式设置。在设置标题时，本例将直接套用Word中预设的标题样式。

01 打开“段落”对话框

❶将光标定位在要设置段落格式的文档前。❷单击“开始”选项卡下“段落”组的对话框启动器，如下图所示。

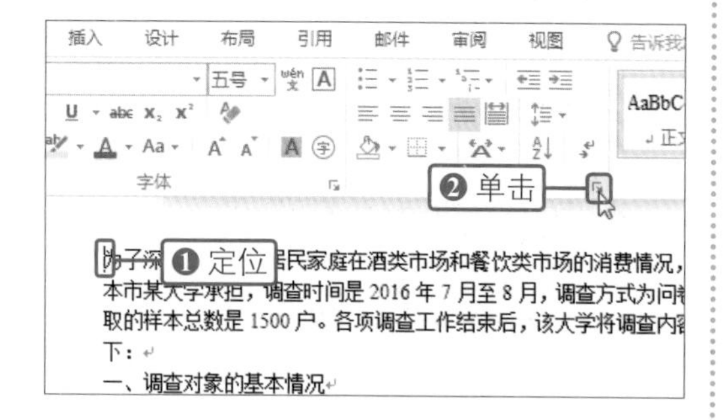

02 设置段落的缩进格式

❶弹出“段落”对话框，单击“缩进”选项组下的“特殊格式”右侧的下三角按钮。❷在展开的列表中单击“首行缩进”选项，如下图所示。单击“确定”按钮。

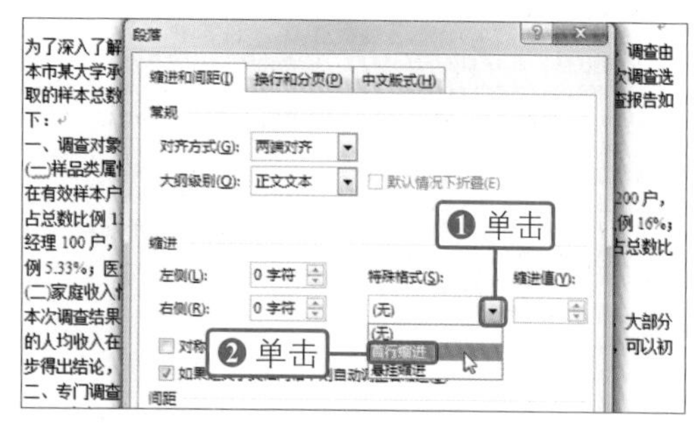

03 套用样式

❶将光标定位在要套用格式的文本前。❷单击“开始”选项卡下“样式”组的“标题1”样式，如下图所示。

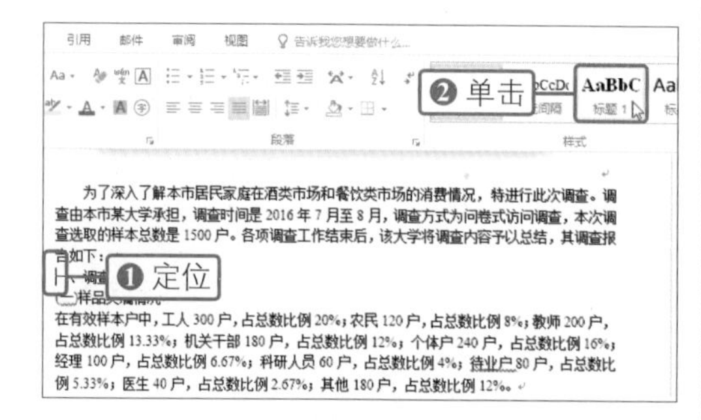

04 修改套用的样式

❶可看到应用样式后的标题效果。❷如果觉得应用后的样式不符合需要，可以右击“标题1”样式，在弹出的快捷菜单中单击“修改”选项，如下图所示。

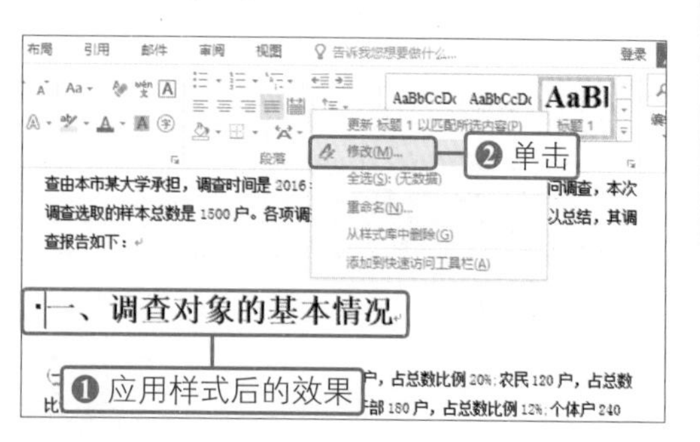

05 修改样式

弹出“修改样式”对话框，设置“格式”选项组下的“字体”为“楷体”、“字号”为“小三”，单击“确定”按钮，如下图所示。

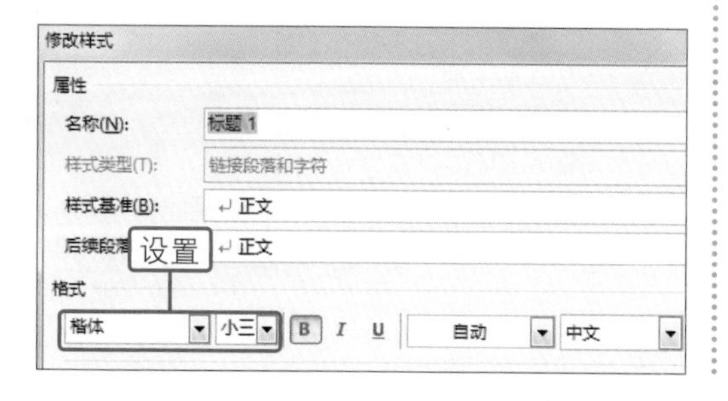

06 单击“格式刷”按钮

❶返回文档中，可看到修改样式后的标题效果，然后选中该标题文本。❷单击“开始”选项卡下“剪贴板”组中的“格式刷”按钮，如下图所示。

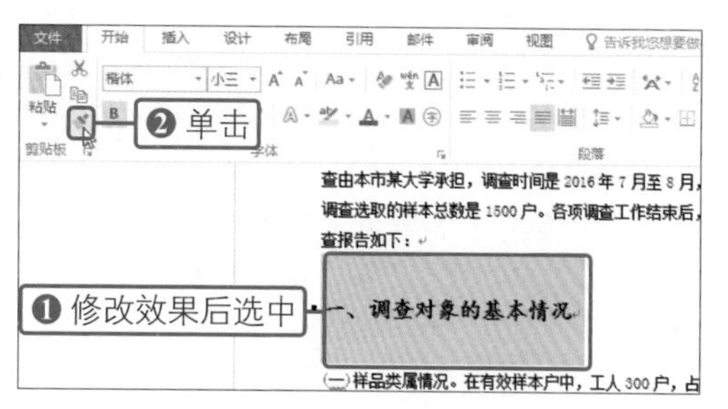

07 应用格式刷

此时可看到鼠标指针变为了一个刷子，拖动鼠标，选中要应用样式的文本，如下图所示。

(一)样品类属情况

在有效样本户中，工人 300 户，占总数比例 20%；农民 120 户，占总数比例 8%；占总数比例 13.33%；机关干部 180 户，占总数比例 12%；个体户 240 户，占总经理 100 户，占总数比例 6.67%；科研人员 60 户，占总数比例 4%；待业户 80 例 5.33%；医生 40 户，占总数比例 2.67%；其他 180 户，占总数比例 12%。

(二)家庭收入情况

本次调查结果显示，从本市总的消费水平来看，相当一部分居民还达不到小康的人均收入在 2000 元左右，样本中只有约 5.3%的消费者收入在 4000 元以上。步得出结论，本市总的消费水平较低，商家在定价的时候要特别慎重。

二、专门调查部分 拖动

(一)酒类产品的消费情况

1.白酒比红酒消费量大。

08 显示应用效果

可看到选中的文本应用了与步骤6中相同的标题样式，然后用相同的方法为其他文本应用样式，效果如下图所示。

在夏季也有较大的市场潜力。目前，本市的火锅店和海鲜馆遍布街头，形景观和特色。

三、结论和建议 显示应用效果

(一)结论

1.本市的居民消费水平还不算太高，属于中等消费水平，平均收入在 2000 分居民还没有达到小康水平。

2.居民在酒类产品消费上主要是用于自己消费，并且以白酒居多，用于个人牌以家乡酒为主。

3.消费者在买酒时多注重酒的价格、质量、包装和宣传，也有相当一部分消

09 套用样式并对其进行修改

随后，为文档中的其他文本应用“标题2”样式，并用相同的方法修改该样式，且为其他段落设置首行缩进，即可看到如下图所示的效果。

一、调查对象的基本情况

(一)样品类属情况 应用其他样式效果

在有效样本户中，工人 300 户，占总数比例 20%；农民 120 户，占总数比 200 户，占总数比例 13.33%；机关干部 180 户，占总数比例 12%；个体户 240 例 16%；经理 100 户，占总数比例 6.67%；科研人员 60 户，占总数比例 4%；占总数比例 5.33%；医生 40 户，占总数比例 2.67%；其他 180 户，占总数比例

(二)家庭收入情况

10 勾选“导航窗格”复选框

❶切换至“视图”选项卡下。❷在“显示”组中勾选“导航窗格”复选框，如下图所示。

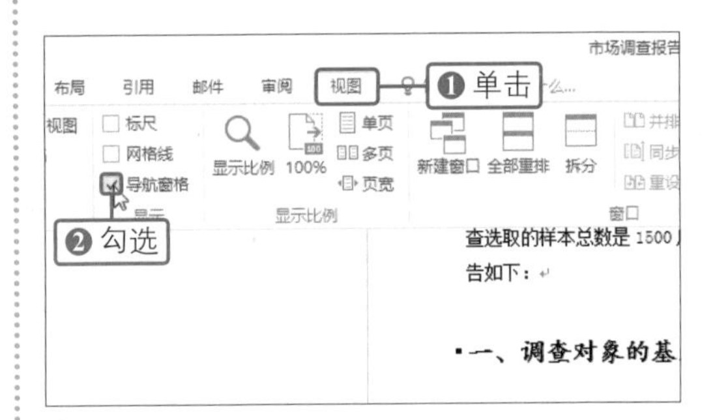

11 根据导航切换至需要的位置

此时可看到文稿的左侧出现了一个导航窗格，在该窗格中可看到应用了“标题1”和标题样式的文本，❶单击要查看的标题文本，❷可发现右侧的文档切换至了相应的文本内容处，如右图所示。

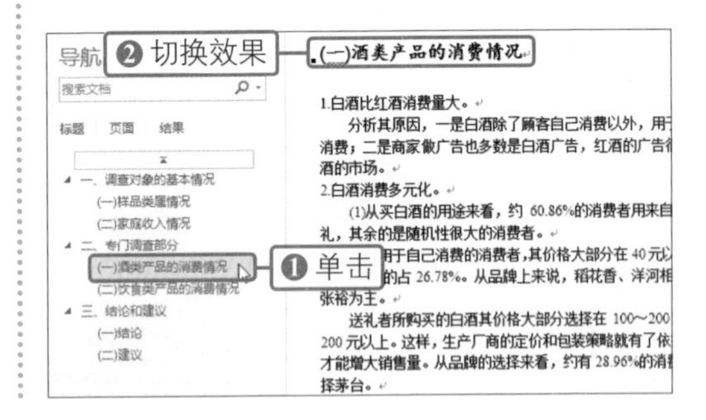

技巧提示 文字旋转轻松做

在 Word 中需要改变文字的方向时，除了单击“文字方向”按钮外，还有一种便捷的方法：选中要设置的文字内容，设置字体为“@ 字体名称”，如“@ 宋体”或“@ 黑体”，即可使这些文字逆时针旋转 90°。

13.2 在Excel中制作与市场调查相关的表格和图表

为了表明调查户数的统计情况，可以在Excel中制作与市场调查相关的表格，随后还可以快速地在Word中插入图表。

13.2.1 在Excel中制作表格并设置格式

为调查报告制作表格，目的是便于数据的更新与统计，以及图表的插入操作。

01 对工作表标签进行重命名

❶创建一个空白工作簿，右击第一个工作表标签。❷在弹出的快捷菜单中单击“重命名”命令，如下图所示。

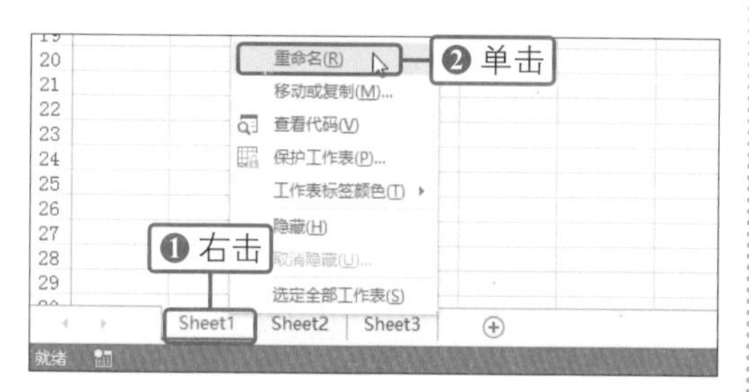

02 重命名工作表

当标签变为灰色底后，输入新的工作表名称，然后按下【Enter】键，即可完成工作表的重命名操作。

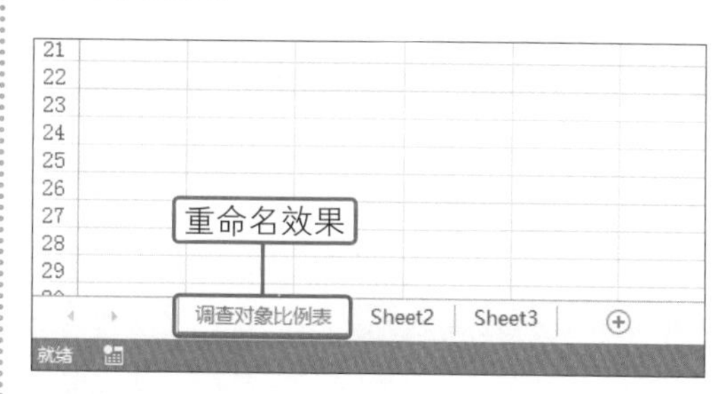

03 设置工作表标签颜色

❶右击工作表标签。❷在弹出的快捷菜单中单击“工作表标签颜色>红色”选项，如下图所示。

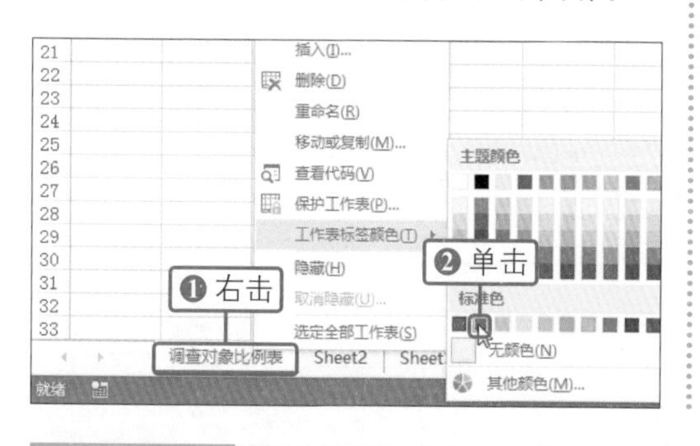

04 输入表格内容

❶可看到工作表标签设置成红色。❷然后在该工作表的工作区输入文本内容。

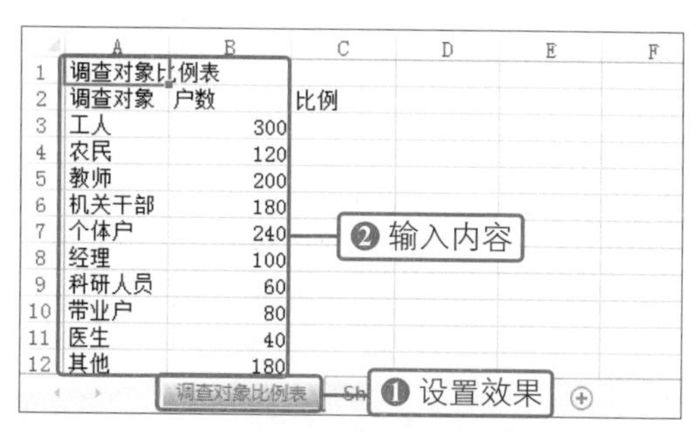

技巧提示 快速输入“√”

左手按住【Alt】键不放，右手在键盘右边的小键盘区依次输入“41420”，再放开左手的【Alt】键，这样“√”就出来了。需要注意的是，“41420”只能使用小键盘区输入，而不能使用主键盘区上方的数字键输入。

05 对表格标题进行合并居中操作

❶选中单元格区域A1:C1。❷单击“开始”选项卡下“对齐方式”组中的“合并后居中”下三角按钮。❸在展开的列表中单击“合并后居中”选项，如下图所示。

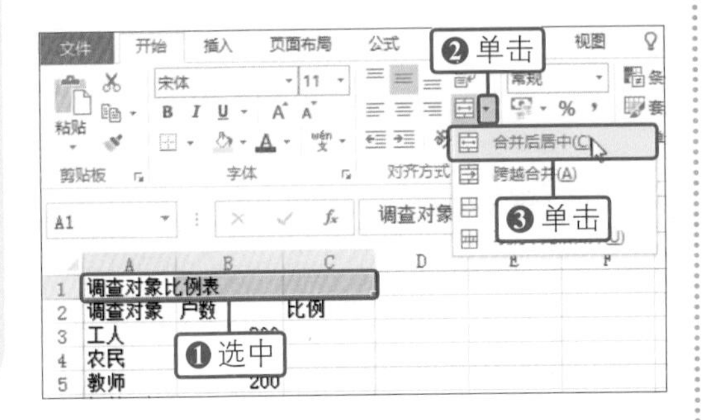

06 为表格内容设置对齐方式

❶选中除标题以外的表格单元格区域。❷单击“开始”选项卡下“对齐方式”组中的“居中”按钮，如下图所示。

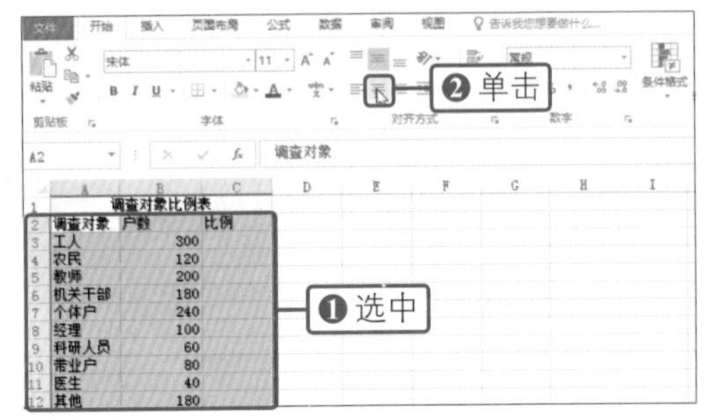

07 美化表格

随后可看到设置居中对齐方式后的表格效果，在此基础上为表格设置合适的字体和字号，得到如下图所示的表格效果。

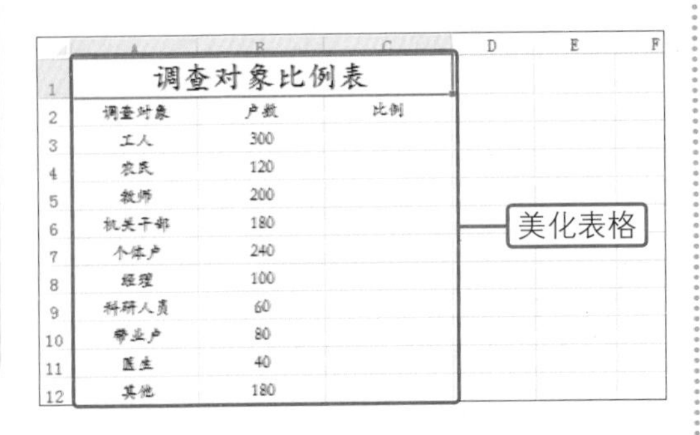

08 自动求和

❶在单元格A13中输入“合计”文本。❷选中单元格B13。❸单击“公式”选项卡下“函数库”组中的“自动求和”下三角按钮。❹在展开的列表中单击“求和”选项，如下图所示。

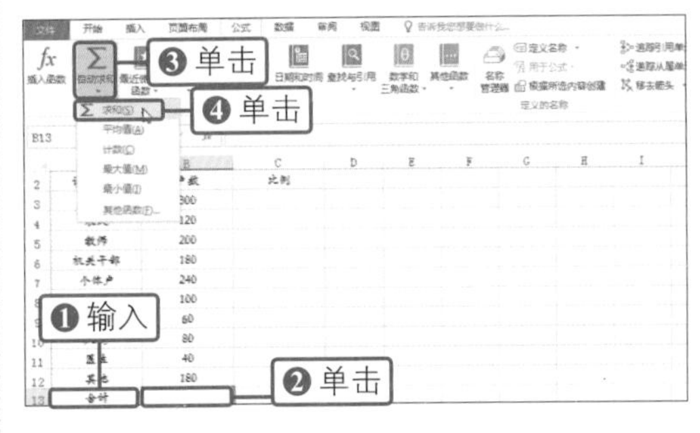

09 显示自动求和公式

此时，在单元格B13中自动出现了一个求和公式“SUM(B3:B12)”，如下图所示。确认公式无误后按下【Enter】键，即可得到合计值。

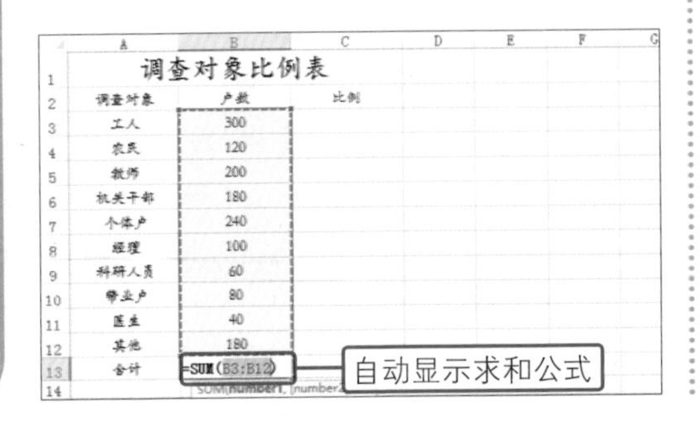

10 输入并复制公式

❶在单元格C3中输入公式“B3/B13”，并按下【Enter】键，得到工人占合计人数的比例。❷将单元格C3中的公式向下复制至C13单元格中，如下图所示。

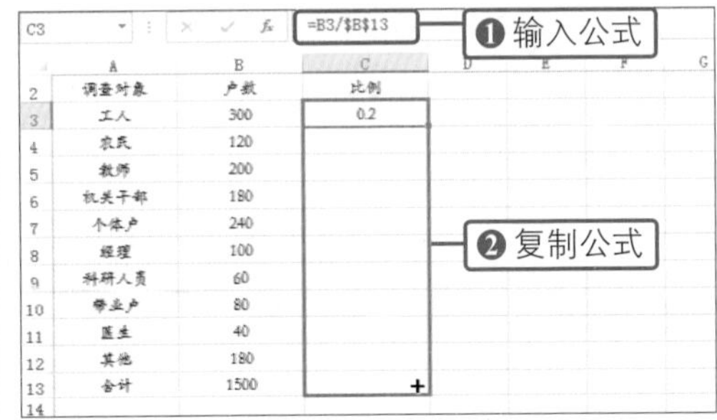

制作市场调查报告

11 设置比例的百分比样式

❶可看到填充公式后的比例值，选中比例值，❷单击“开始”选项卡“数字”组的“百分比样式”按钮，如下图所示。

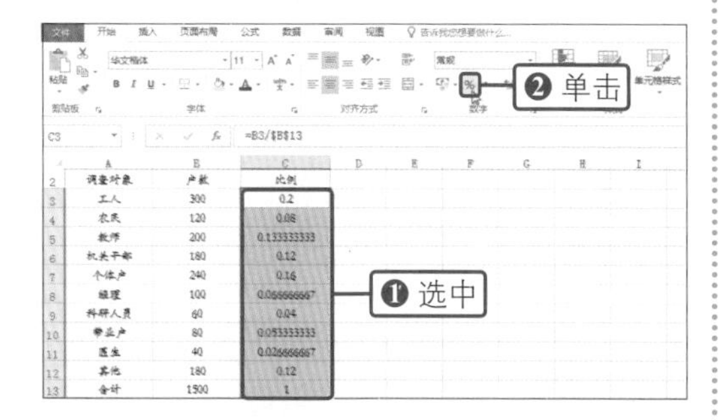

12 增加小数位数

❶设置后可看到选中的区域都应用了百分比样式。❷继续选中这些样式区域，在“数字”组中双击“增加小数位数”按钮，如下图所示。

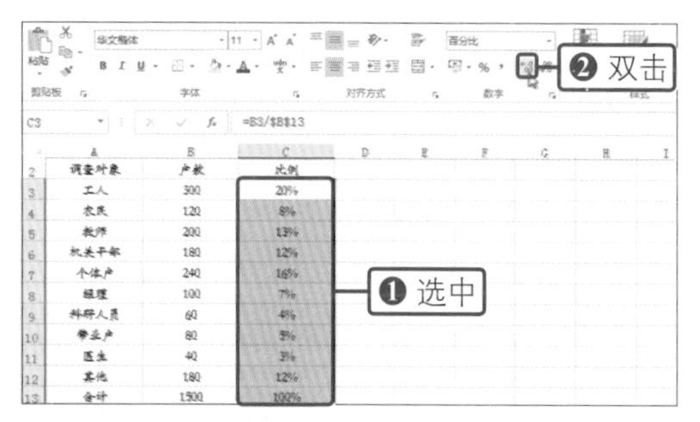

13 显示设置效果

可发现比例值区域的数据增加了两位小数，如下图所示。

调查对象比例表

调查对象	户数	比例
工人	300	20.00%
农民	120	8.00%
教师	200	13.33%
机关干部	180	12.00%
个体户	240	16.00%
经理	100	6.67%
科研人员	60	4.00%
待业户	80	5.33%
医生	40	2.67%
其他	180	12.00%
合计	1500	100.00%

显示设置效果

14 添加框线

❶选中要添加框线的区域。❷单击“开始”选项卡下“字体”组中“边框”右侧的下三角按钮。❸在展开的列表中单击“所有框线”选项，如下图所示。

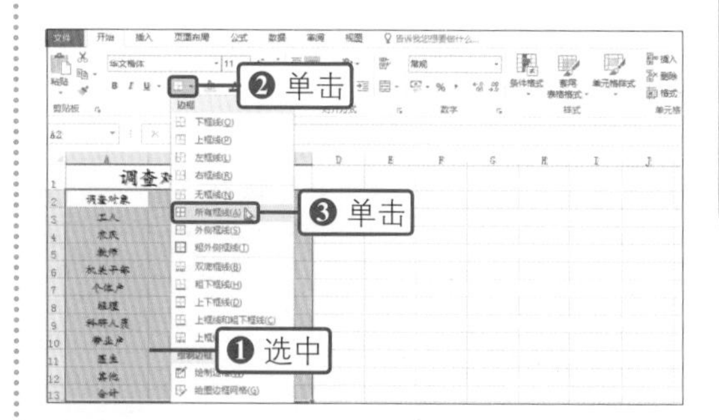

15 显示添加框线后的效果

随后即可看到添加框线后的表格效果，如下图所示。

调查对象比例表

调查对象	户数	比例
工人	300	20.00%
农民	120	8.00%
教师	200	13.33%
机关干部	180	12.00%
个体户	240	16.00%
经理	100	6.67%
科研人员	60	4.00%
待业户	80	5.33%
医生	40	2.67%
其他	180	12.00%
合计	1500	100.00%

添加框线效果

16 保存工作簿

单击“文件”按钮，❶在视图菜单中单击“保存”按钮，自动切换至“另存为”界面。❷然后单击“浏览”按钮，如下图所示。

17 设置保存位置和文件名

❶弹出“另存为”对话框，设置文件保存位置。❷在“文件名”文本框中输入“调查对象比例表”，单击“保存”按钮，如下图所示。

18 显示保存工作簿的效果

❶关闭工作簿，找到工作簿的保存位置。❷可看到制作的“调查对象比例表”工作簿图标，如下图所示。

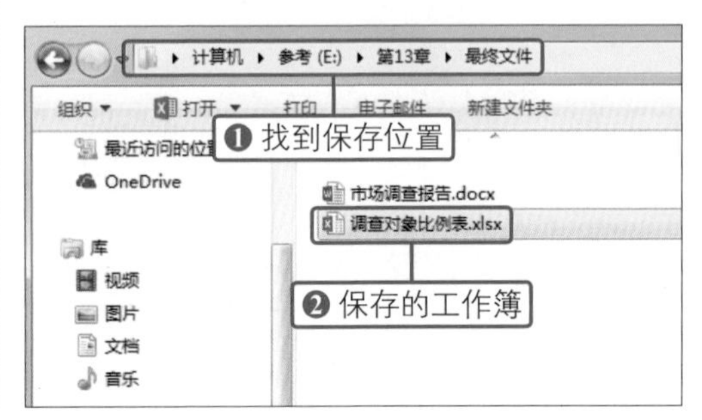

13.2.2 制作市场调查报告图表

图表是最形象的数据表现工具，为了使表格中的数据能更形象地说明问题，本例将在Excel表格中插入图表，并对其进行相关的设置。

01 插入图表

❶打开上小节中保存的工作簿，选中含有数据的任意单元格。❷单击“插入”选项卡下“图表”组中的对话框启动器，如下图所示。

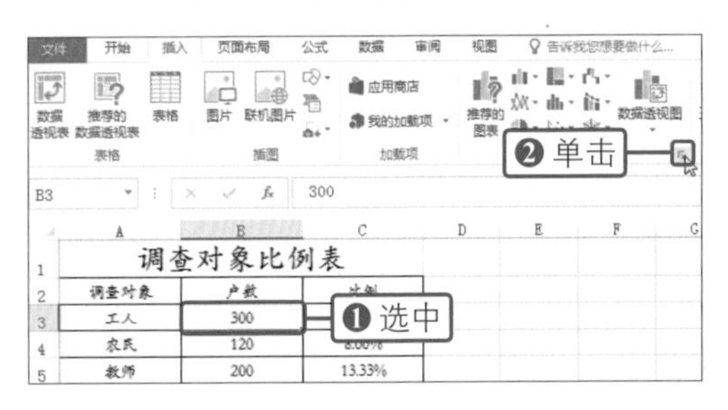

02 选择要插入的图表

❶弹出“插入图表”对话框，切换至“所有图表”选项卡下。❷单击“饼图”选项。❸然后单击“饼图”图标，如下图所示。

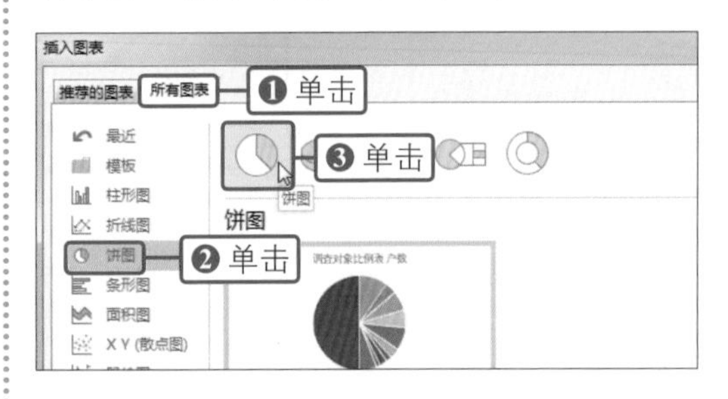

03 显示插入的图表效果

单击“确定”按钮，返回工作表中，即可看到插入的图表效果，如下图所示。

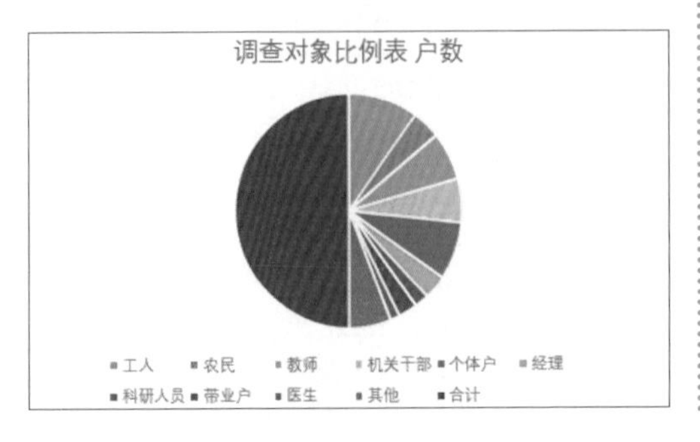

04 选择数据

选中图表，单击“图表工具-设计”选项卡下的“数据”组中的“选择数据”按钮，如下图所示。

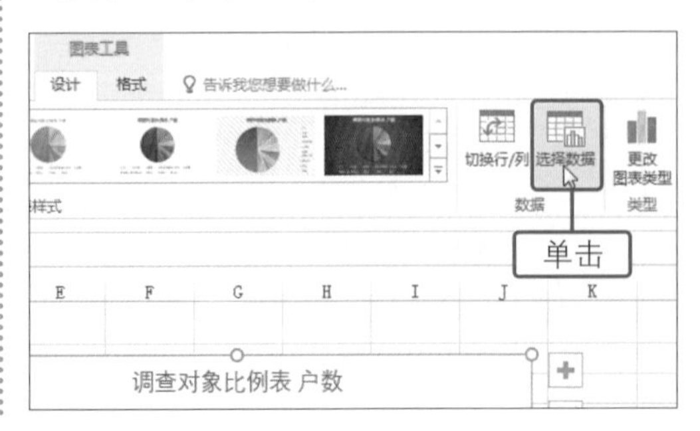

05 重新设置图表数据区域

❶弹出“选择数据源”对话框，在“图表数据区域”后的文本框中输入新的数据区域。❷然后单击“确定”按钮，如下图所示。

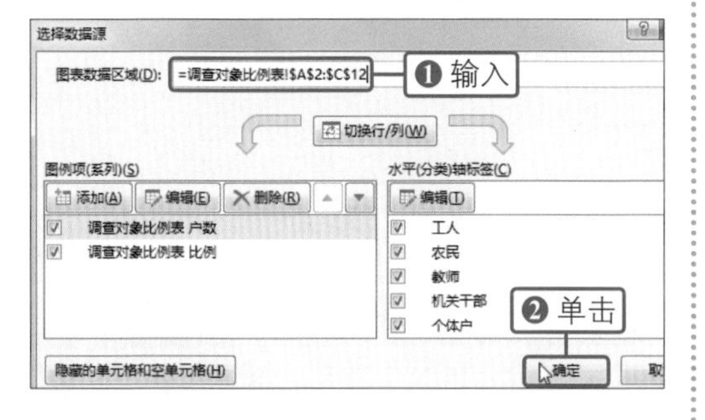

06 添加数据标签

❶返回工作表中，可看到重新选择数据源后的图表效果。❷然后单击图表右上角的“图表元素”按钮。❸在弹出的快捷菜单中单击“数据标签>更多选项”选项，如下图所示。

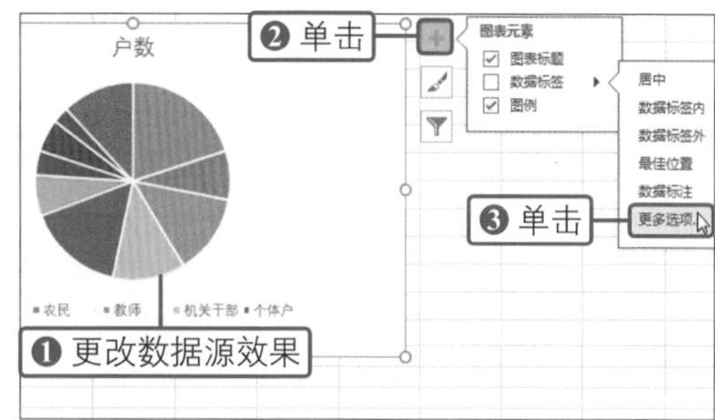

07 勾选标签

在工作表的右侧弹出了一个名为“设置数据标签格式”的任务窗格，在“标签选项”选项组下勾选要显示的标签，或者是取消勾选不需要显示的标签，如下图所示。

08 删除图例和图表标题

❶单击“关闭”按钮，返回图表中，可看到设置标签后的图表效果。❷然后右击图表中的图例。❸在弹出的快捷菜单中单击“删除”命令，如下图所示。

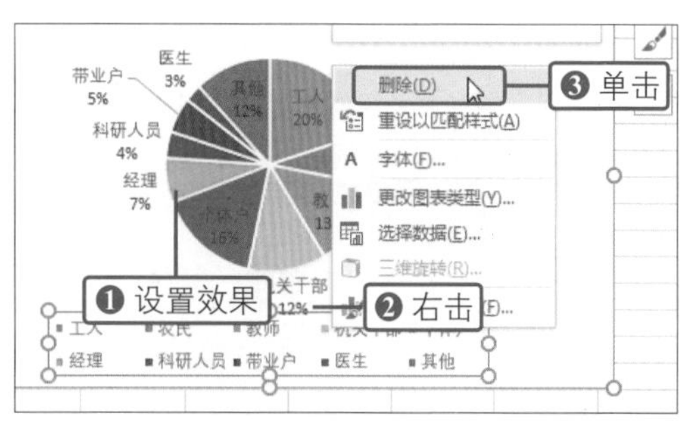

09 显示图表的设置效果

用相同的方法删除图表标题，即可看到图表效果，如下图所示。

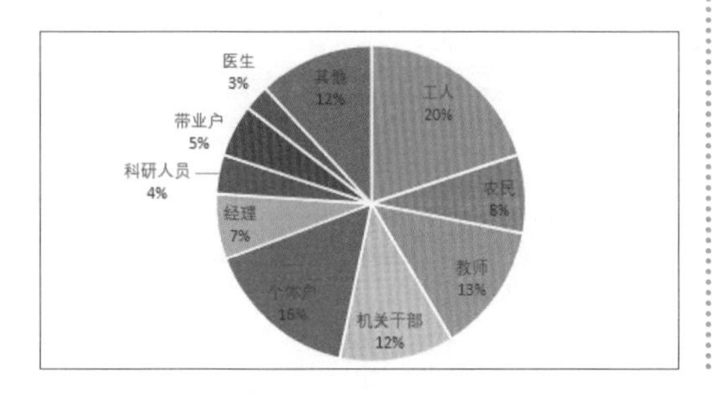

10 更改图表颜色

❶选中图表，单击“图表工具-设计”选项卡下“图表样式”组中的“更改颜色”下三角按钮。❷在展开的列表中选择需要更改的颜色，如下图所示。

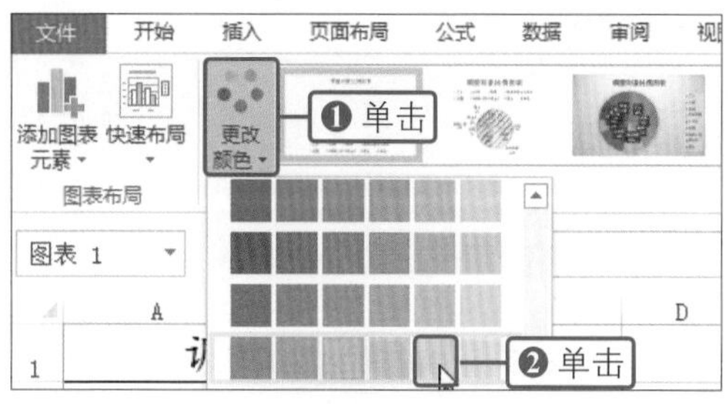

11 显示更改颜色后的效果

随后即可看到更改颜色后的图表效果，如下图所示。

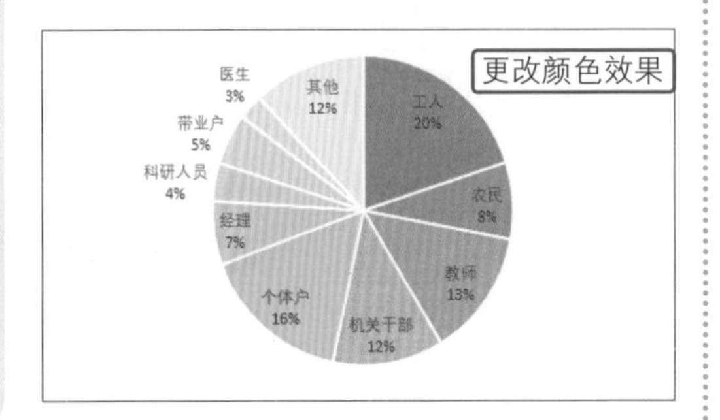

12 对表格数据进行升序排序

❶选中B列中含有数据的任意单元格。❷单击“数据”选项卡下“排序和筛选”组中的“升序”按钮，如下图所示。

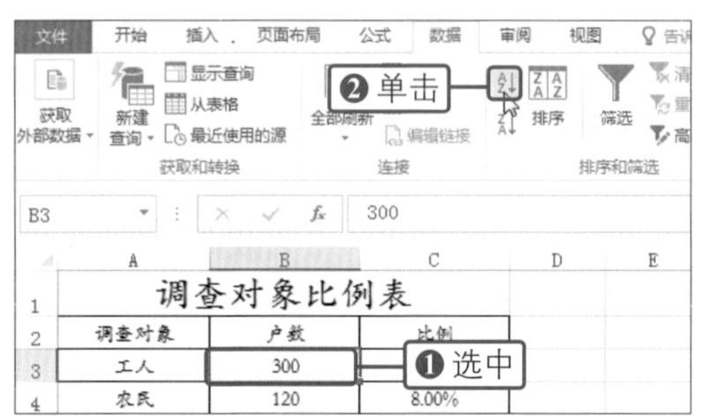

13 显示排序后的图表及表格效果

❶可看到表格中的户数按照升序的方式进行了排列。❷且图表中的各个区域也按照顺时针的方式进行了升序排列，如下图所示。

调查对象比例表

调查对象	户数	比例
医生	40	2.67%
科研人员	60	4.00%
带业户	80	5.33%
经理	100	6.67%
农民	120	8
机关干部	180	12
其他	180	12.00%
教师	200	13.33%
个体户	240	16.00%
工人	300	20.00%
合计	1500	100.00%

❶升序排列

❷顺时针升序排列

14 设置数据标签格式

❶由于发现图表中的百分比数据标签与工作表中的数值不符，所以右击图表中的数据标签。❷在弹出的快捷菜单中单击“设置数据标签格式”命令，如下图所示。

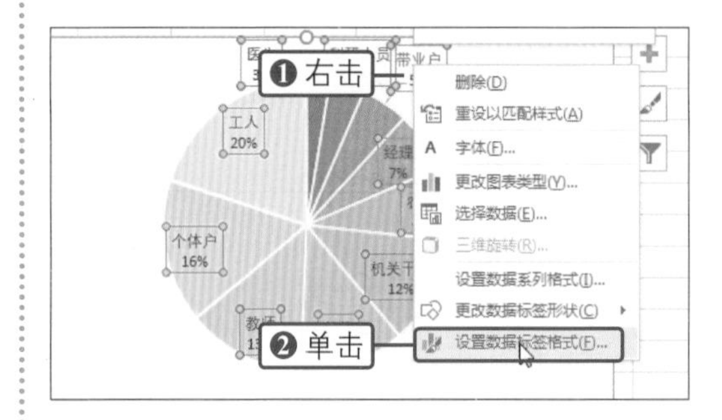

15 设置数据标签的数字格式

❶在弹出的“设置数据标签格式”窗格中单击“数字”左侧的三角按钮。❷再单击“类别”选项组下右侧的下三角按钮。❸在展开的列表中单击“百分比”选项，如下图所示。

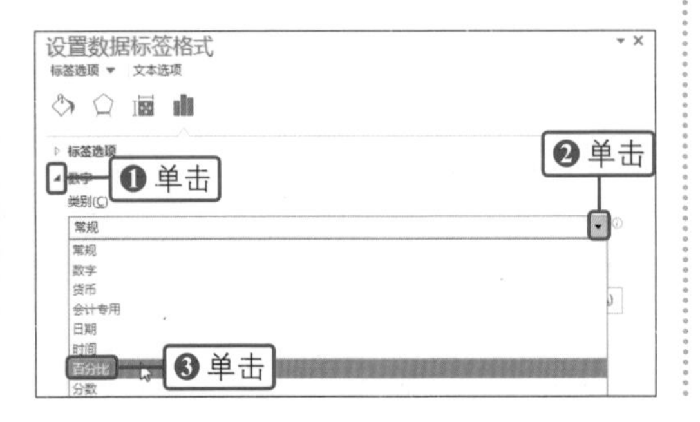

16 显示图表的最终设置效果

单击“关闭”按钮，返回图表中，可发现图表中的百分比数据与工作表中的一致了，如下图所示。

调查对象比例表

调查对象	户数	比例
医生	40	2.67%
科研人员	60	4.00%
带业户	80	5.33%
经理	100	6.67%
农民	120	
机关干部	180	
其他	180	12.00%
教师	200	13.33%
个体户	240	16.00%
工人	300	20.00%
合计	1500	100.00%

最终效果

制作市场调查报告

13.2.3 在文档中插入图表并进行美化

为了使文档中的内容更为形象，可以在相关的文字内容下插入图表，并可以在文档中对图表进行美化设置，使其与文档完美结合。

01 定位要插入图表的位置

打开“市场调查报告”文档，在要插入图表的位置插入空白行，如下图所示。

一、调查对象的基本情况

(一)样品类属情况

在有效样本户中，工人 300 户，占总数比例 20%；农民 120 户，占总数……200 户，占总数比例 13.33%；机关干部 180 户，占总数比例 12%；个体户 2……例 16%；经理 100 户，占总数比例 6.67%；科研人员 60 户，占总数比例 4%……占总数比例 5.33%；医生 40 户，占总数比例 2.67%；其他 180 户，占总数比……

插入空白行

02 复制工作簿中的图表

❶右击“调查对象比例表”图表。❷在弹出的快捷菜单中单击“复制”命令，如下图所示。

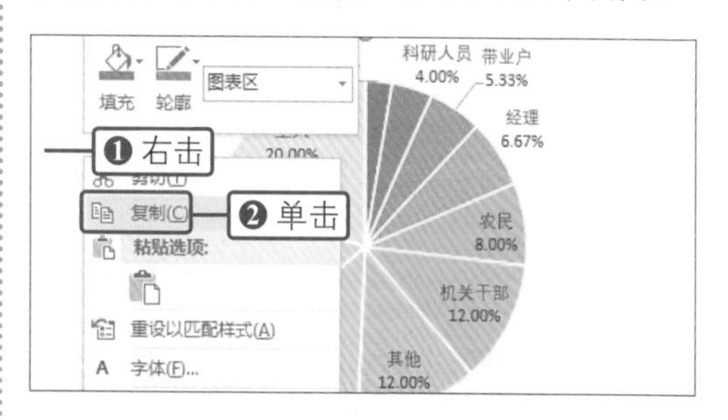

03 粘贴工作簿中的图表

❶在要插入图表的位置处右击。❷在弹出的快捷菜单中单击“粘贴选项”下的“使用目标主题和嵌入工作簿”命令，如下图所示。

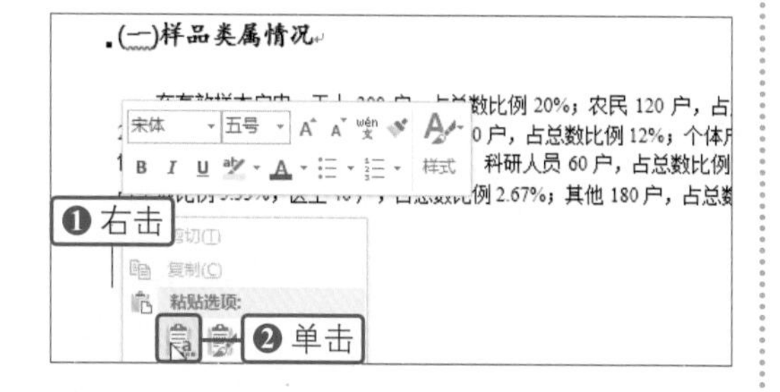

04 显示插入图表的文档效果

随后将图表居中，即可看到文档中插入的图表效果，如下图所示。

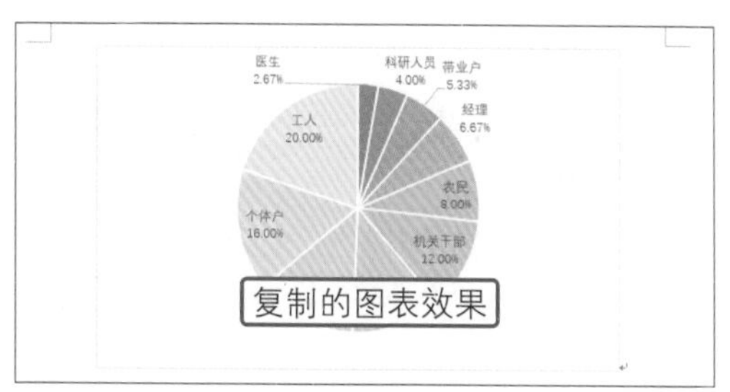

05 在文档中设置图表的字体

❶选中文档中的图表。❷单击“开始”选项卡下“字体”组中“字体”右侧的下三角按钮。❸在展开的列表中选择“华文楷体”选项，如下图所示。

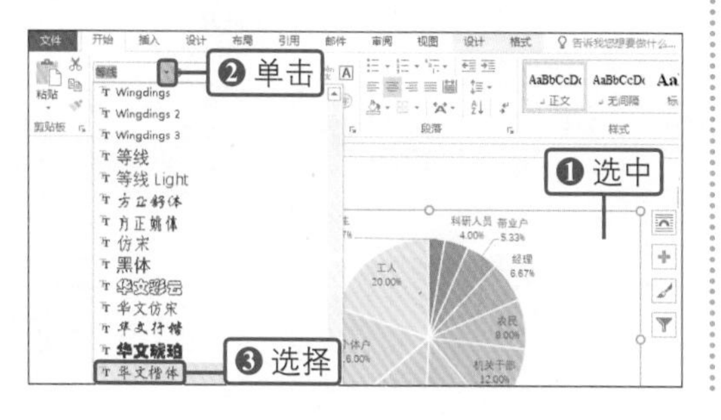

06 增大图表中的字号

单击“字体”组中的“增大字号”按钮，如下图所示。

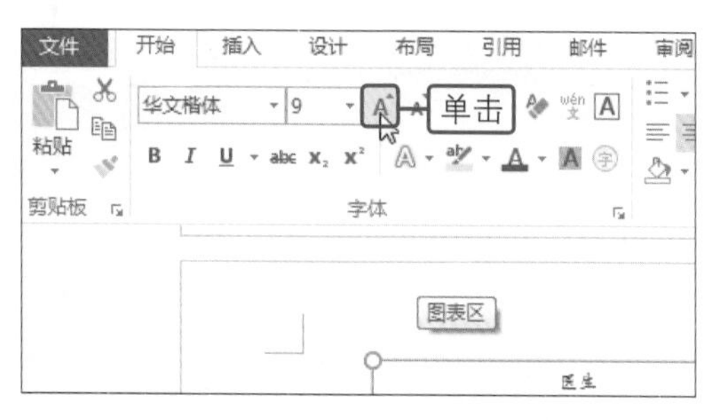

07 设置图表边框的线条颜色和粗细

❶切换至“图表工具-格式”选项卡。❷设置“形状轮廓”为“黑色，文字1”，然后单击“形状轮廓”右侧的下三角按钮。❸单击“粗细>1.5磅”选项，如下图所示。

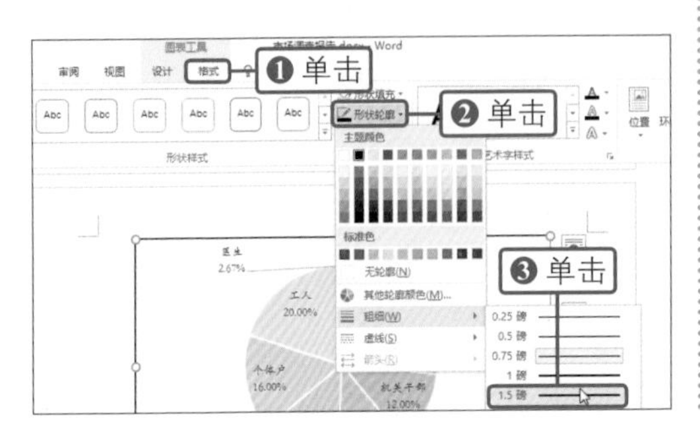

08 显示文档图表的最终效果

随后即可看到插入文档中的图表的最终效果，如下图所示。

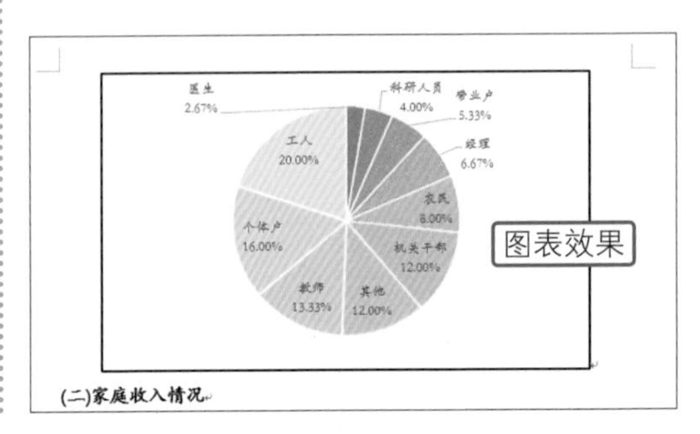

13.3 创建市场调查演示文稿

演示文稿与Word和Excel最大的区别就在于其可以动态播放。为了便于对已制作好的市场调查文稿进行观看，本例将其制作成了演示文稿，并将相关的文档和工作簿链接到文稿中。

13.3.1 为演示文稿添加对象

由于在前面的小节中已经制作好了Word格式的文档报告，所以在为演示文稿添加文字内容时，可以直接将文字内容复制粘贴到演示文稿中，然后再对文字内容进行其他的设置。

01 切换演示文稿视图

❶打开一个空白的演示文稿，切换至“视图”选项卡。❷在“演示文稿视图”组中单击“大纲视图”按钮，如下图所示。

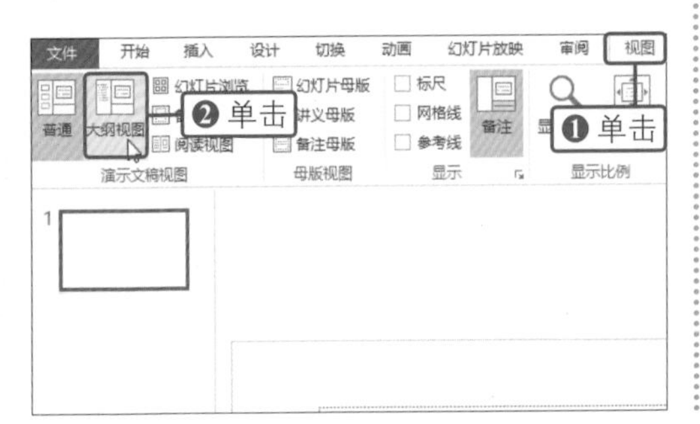

02 显示大纲视图效果

此时可以看到显示大纲视图后的文稿效果，如下图所示。

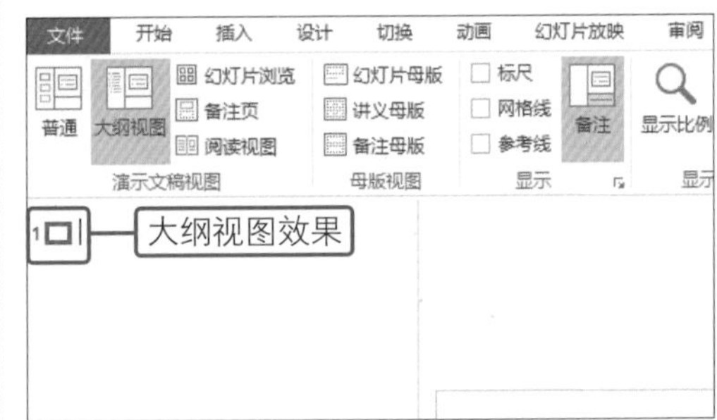

03 复制文本

❶打开市场调查报告文档，选中并右击文档中的大标题。❷在弹出的快捷菜单中单击“复制”命令，如下图所示。

04 粘贴文本

❶切换至文稿中，右击大纲窗格中的空白位置。❷在弹出的快捷菜单中单击“粘贴选项”下的“保留源格式”按钮，如下图所示。

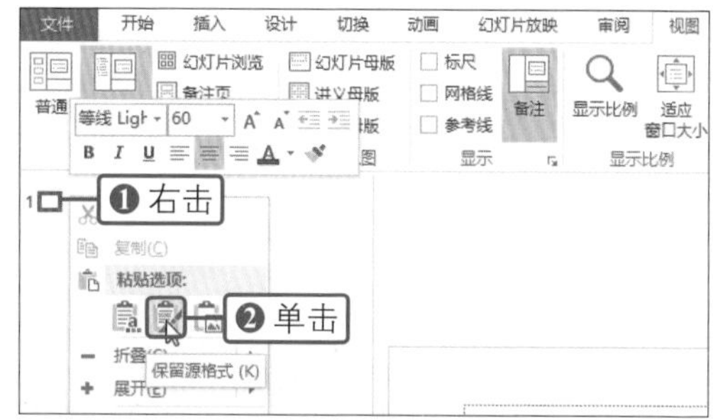

05 显示粘贴效果

此时可以看到粘贴后的大纲效果，如下图所示。

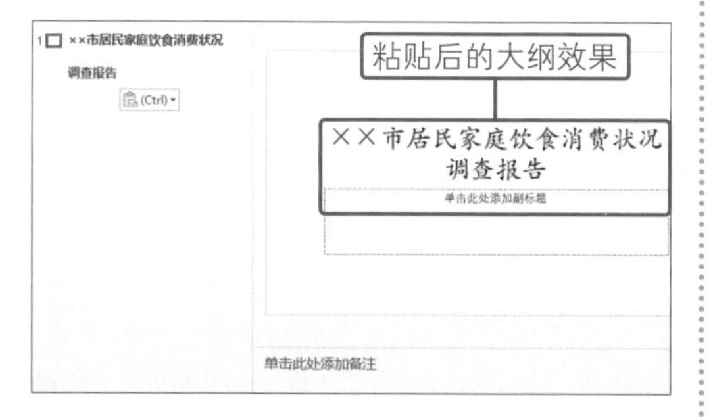

06 定位至下一张幻灯片

当需要往另外一张幻灯片中粘贴内容时，可以按下【Enter】键，即可将光标定位到下一张幻灯片中，如下图所示。

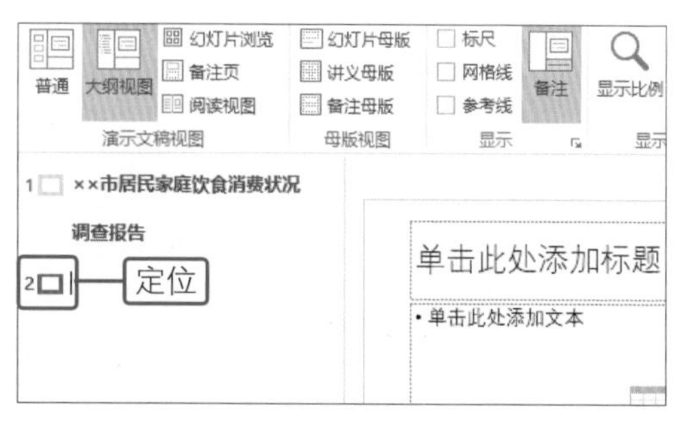

07 粘贴其他标题文本

随后，应用复制粘贴的方式为其他幻灯片粘贴其他标题的文本内容，效果如下图所示。

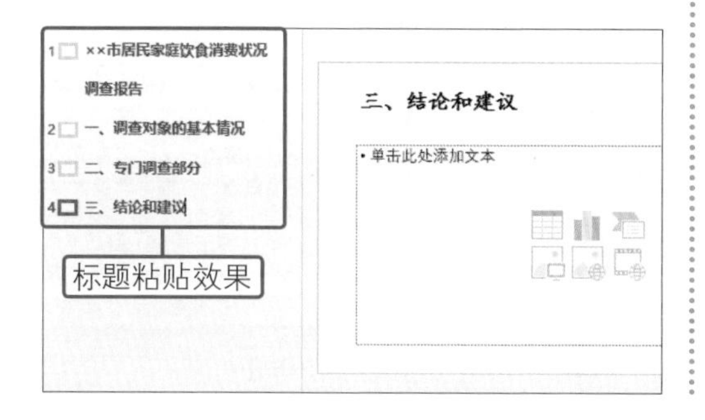

08 更改幻灯片版式

❶选中第一张幻灯片。❷单击“开始”选项卡下“幻灯片”组中“版式”右侧的下三角按钮。❸在展开的列表中单击“仅标题”图标，如下图所示。

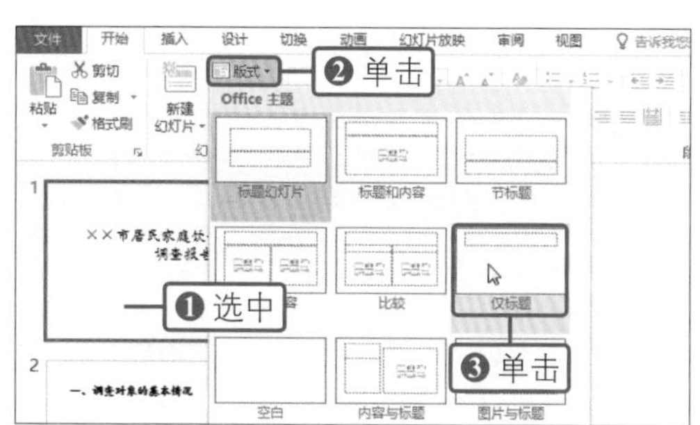

09 设置标题中的文本框大小

随后可看到第一张幻灯片仅显示了标题，由于标题居于幻灯片的上方，所以可以拖动鼠标将标题框加高，使得标题中的文字位于幻灯片的中间部分，如下图所示。

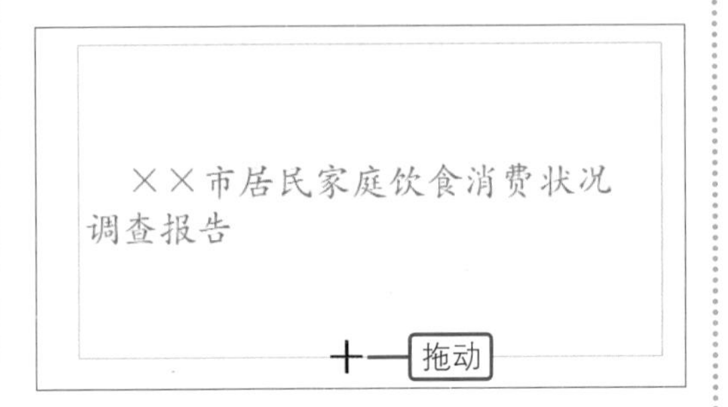

10 打开段落对话框

❶然后对标题中的文字进行居中设置。❷由于发现两行文字过于紧凑，所以单击“段落”组中的对话框启动器，如下图所示。

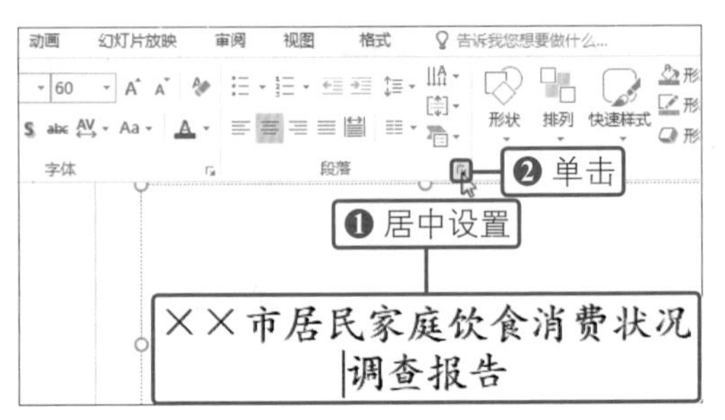

11 设置段落间距

弹出“段落”对话框，设置“间距”选项组下的“段前”和“段后”都为“50磅”，最后单击“确定”按钮，如下图所示。

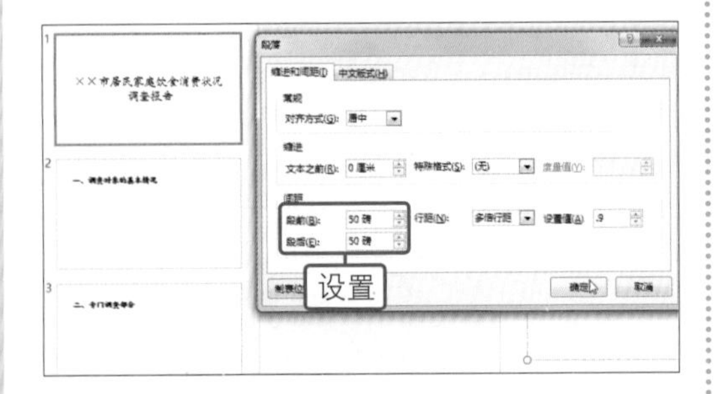

12 显示设置效果

返回文稿中，即可看到设置段落后的标题效果，如下图所示。

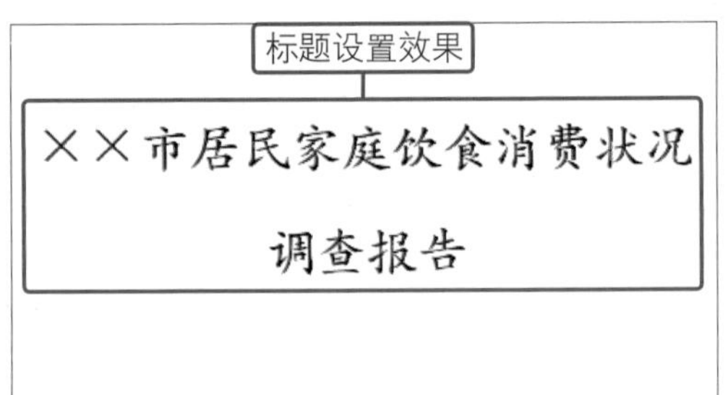

13 粘贴文本内容

将“市场调查报告”文档中的内容复制粘贴到文稿中，如下图所示。

一、调查对象的基本情况

复制粘贴

- (一)样品类属情况
- 在有效样本户中，工人300户，占总数比例20%；农民120户，占总数比例8%；教师200户，占总数比例13.33%；机关干部180户，占总数比例12%；个体户240户，占总数比例16%；经理100户，占总数比例6.67%；科研人员60户，占总数比例4%；待业户80户，占总数比例5.33%；医生40户，占总数比例2.67%；其他180户，占总数比例12%。
- (二)家庭收入情况
- 本次调查结果显示，从本市总的消费水平来看，相当一部分居民还达不到小康水平，大部分的人均收入在2000元左右，样本中只有约5.3%的消费者收入在4000元以上。因此，可以初步得出结论，本市总的消费水平较低，商家在定价的时候要特别慎重。

14 新建幻灯片

❶在粘贴专门调查部分的内容时，可以发现一张幻灯片根本不够容纳文本内容，将文稿切换至普通视图下，此时就可以右击第3张幻灯片。❷在弹出的快捷菜单中单击“新建幻灯片”命令，如下图所示。

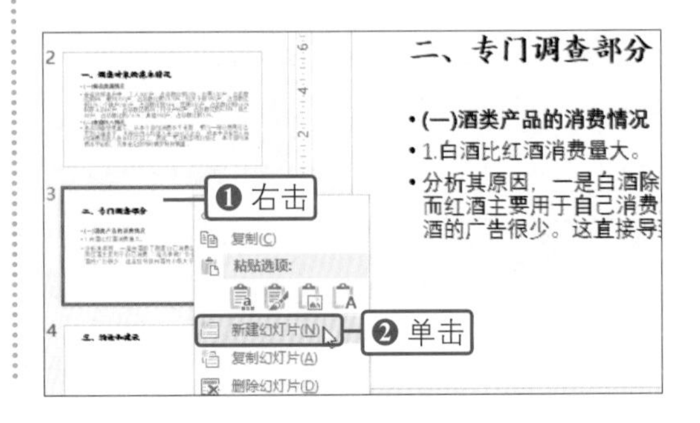

15 完成文本内容的粘贴和设置

随后在新建的幻灯片中复制粘贴文本内容，如果一张幻灯片不够容纳全部文本，则可继续使用相同的方法新建幻灯片，如右图所示。

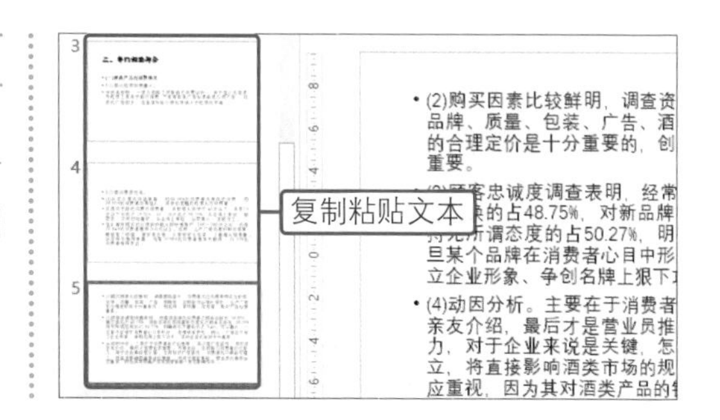

13.3.2 设置演示文稿的主题与动画

为了使演示文稿在播放时画面更为美观、效果更为生动，就需要对其设置主题、动画等效果。

01 单击"主题"组的快翻按钮

❶继续上例操作，切换至"设计"选项卡。❷单击"主题"组的快翻按钮，如下图所示。

02 选择要使用的主题样式

在展开的主题库中选择需要的样式，如下图所示。

03 显示设置的主题效果

即可看到文稿中的幻灯片都应用了该样式，如下图所示。

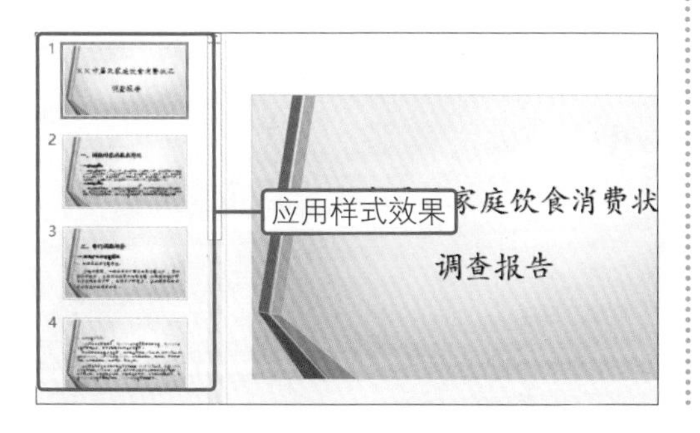

04 为幻灯片设置切换动画

❶选中第1张幻灯片。❷切换至"切换"选项卡。❸单击"切换到此幻灯片"组中的"分割"样式，如下图所示。

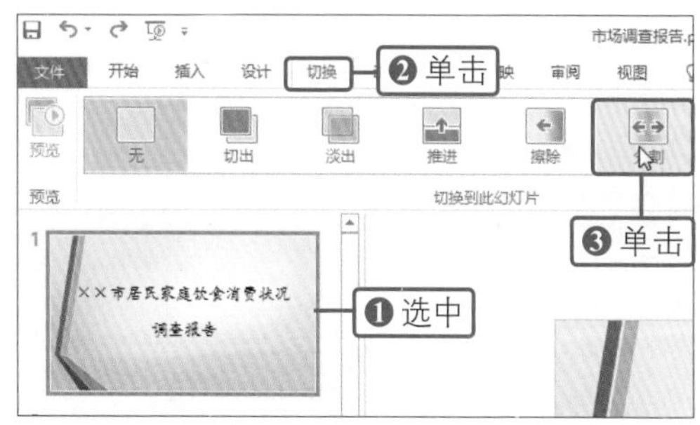

05 设置切换的动画效果

❶单击“切换到此幻灯片”组中的“效果选项”下三角按钮。❷在展开的列表中单击“左右向中央收缩”选项，如下图所示。

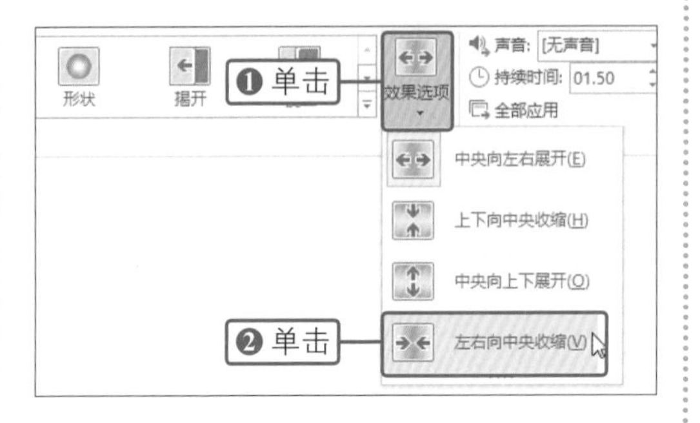

06 设置持续时间

❶在“计时”组中设置“持续时间”为“04.00”。❷然后单击“全部应用”按钮，如下图所示。

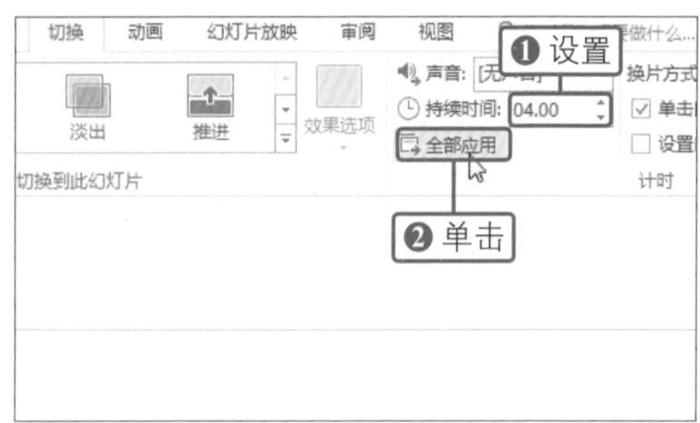

07 显示设置的动画效果

随后预览幻灯片的动画设置效果，如下图所示。

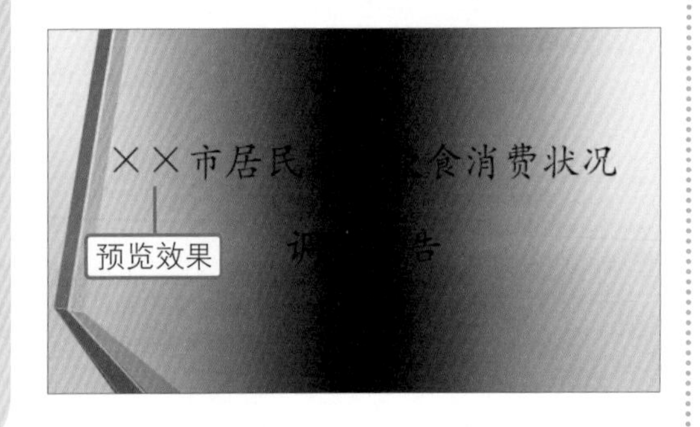

08 为幻灯片中的标题框应用动画效果

❶选中第一张幻灯片的标题框。❷单击“动画”选项卡下“动画”组中的快翻按钮，如下图所示。

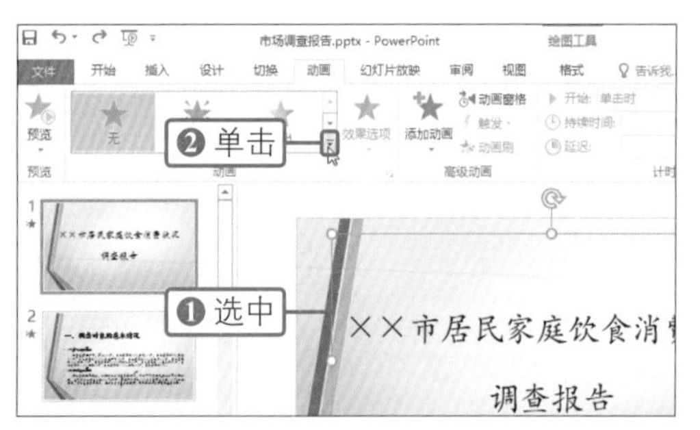

09 选择动画的进入效果

在展开的动画库中单击“进入”组下的“擦除”图标，如下图所示。

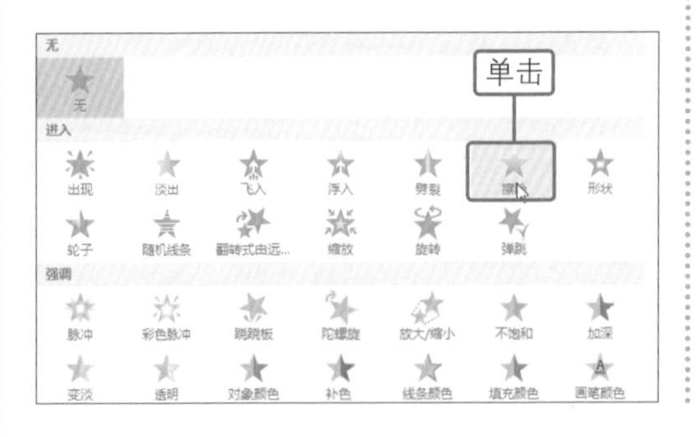

10 设置持续时间

然后单击“计时”组中“持续时间”右侧的数字调节按钮，将其调节为“03.00”，如下图所示。

11 显示套用主题与设置动画后的效果

随后即可看到设置动画后的标题框效果，如右图所示。

12 预览幻灯片

❶如果想要预览设置后的效果，则可单击“动画”选项卡下“预览”组中的“预览”下三角按钮。❷在展开的列表中单击“预览”选项，如下图所示。

13 显示幻灯片的预览效果

随后即可看到幻灯片的预览效果，如右图所示。

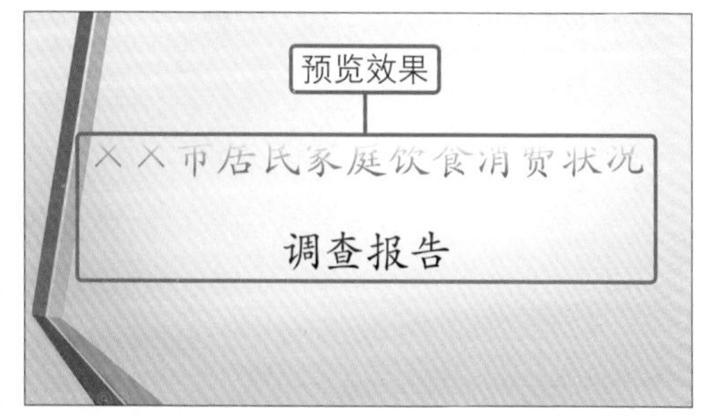

13.3.3 将市场调查报告链接到演示文稿中

为了使Word和Excel的市场调查报告与演示文稿的联系更为紧密，下面就将其链接到演示文稿中，以确保在观看幻灯片时能够随时预览。

01 插入幻灯片

❶选中演示文稿的最后一张幻灯片，然后单击“开始”选项卡下“幻灯片”组中的“新建幻灯片”下三角按钮。❷在展开的列表中单击“仅标题”图标，如下图所示。

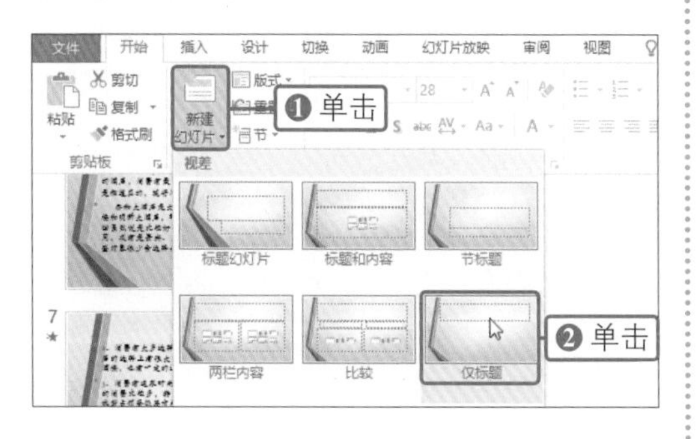

02 编辑幻灯片

随后即可看到插入的效果，在标题文本框中输入并选中要链接的文本内容，如下图所示。

第13章

03 插入超链接

❶切换到“插入”选项卡。❷单击“链接”组中的“超链接”按钮，如下图所示。

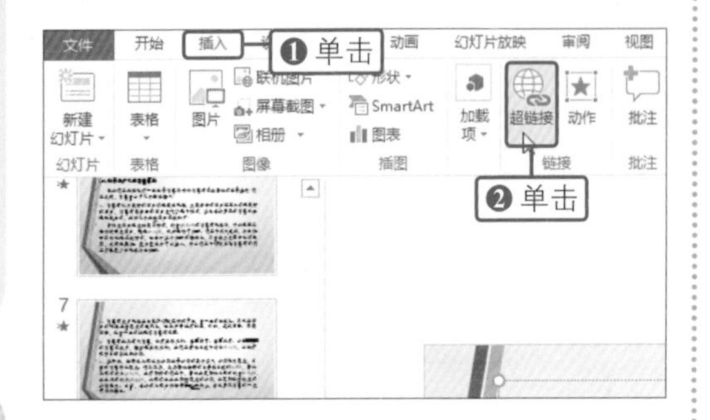

04 选择链接的文档

❶弹出“插入超链接”对话框，设置“查找范围”为要链接的文件位置。❷然后在列表框中选中要链接的文档，如“市场调查报告.docx”。❸最后单击“确定”按钮，如下图所示。

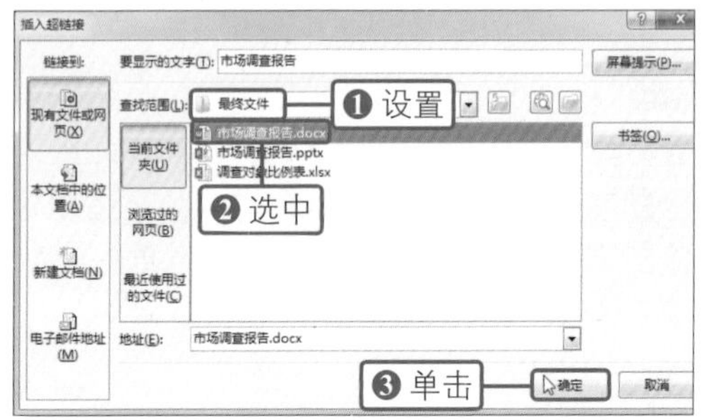

05 显示插入超链接后的效果

至此就完成了为幻灯片插入超链接的操作，如下图所示。

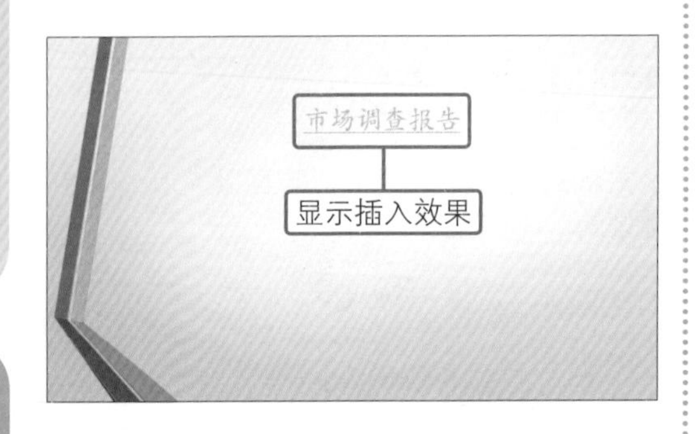

06 插入链接的表格和图表

❶如果还想要在其他位置处插入超链接，可用相同的方法打开“插入超链接”对话框，选中要插入的文件。❷最后单击“确定”按钮，如下图所示。

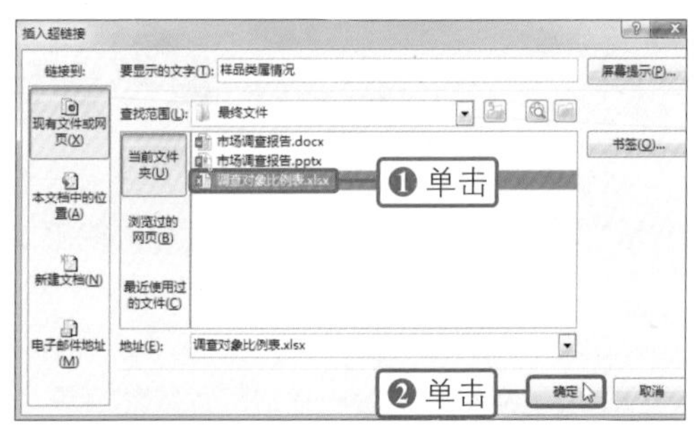

07 单击链接文本

随后放映幻灯片，单击该链接即可打开对应的文档或表格，如右图所示。

一、调查对象的基本情况

• (一)样品类属情况 单击

• 在有效样本户中，工人300户，占总数比例20%；农民户，占总数比例13.33%；机关干部180户，占总数比例16%；经理100户，占总数比例6.67%；科研人员60占总数比例5.33%；医生40户，占总数比例2.67%；其

• (二)家庭收入情况